安装工人技术学习丛书

安 装 电 工

（第三版）

张能武　方光辉　主编

中国建筑工业出版社

图书在版编目（CIP）数据

安装电工/张能武，方光辉主编．—3版．—北京：
中国建筑工业出版社，2011.10
安装工人技术学习丛书
ISBN 978-7-112-13462-5

Ⅰ．①安…　Ⅱ．①张…②方…　Ⅲ．①建筑安装
工程-电工　Ⅳ．①TU85

中国版本图书馆CIP数据核字（2011）第156331号

安装工人技术学习丛书
安装电工
（第三版）
张能武　方光辉　主编
*
中国建筑工业出版社出版、发行（北京西郊百万庄）
各地新华书店、建筑书店经销
霸州市顺浩图文科技发展有限公司
世界知识印刷厂印刷
*
开本：850×1168毫米　1/32　印张：12½　字数：335千字
2011年10月第三版　　2011年10月第八次印刷
定价：**29.00**元
ISBN 978-7-112-13462-5
（21204）

本书内容共分六章。第一章介绍基础知识；第二章介绍变压器的安装与检修；第三章介绍室内配线的安装；第四章讲解室外配线的安装；第五章主要是电动机的安装与检修；第六章主要讲解照明装置。

本书突出知识的系统性和实用性，通俗易懂，图文并茂，对安装电工在施工现场的操作有详细的描述，同时也包含现场电工需要掌握的基本的电气理论，适合于广大安装电工使用。

* * *

责任编辑：刘　江　张　磊
责任设计：张　虹
责任校对：肖　剑　赵　颖

出版说明

20世纪70年代末，为满足广大安装工人工作和学习要求，我社出版了一套《安装工人技术学习丛书》。这套丛书基本上是按照安装工种编写的，分《管工》、《电焊工》、《气焊工》、《通风工》、《安装钳工》、《安装电工》、《电工试调》、《热工试调》、《空调试调》、《水暖维修工》、《设备起重工》、《筑炉工》等12本，以当时的陕西省建筑工程局为主体，组织有关人员编写，给安装工人的学习和培训带来巨大帮助，社会反响良好。该套丛书从出版到现在已经30多年，由于相关的技术和标准规范等已经发生了非常大的变化，已经不再适应现在的安装行业，因此我社重新组织相关人员进行了修订。

本套丛书从当前安装行业的实际情况出发，对原有的12本书进行整合，对丛书的分册办法进行重新的划分和规划，力求满足安装行业迫切需要提高工作技能，掌握工作技巧的广大安装工人的需求。

这套丛书以安装工人应知应会的内容为主体编写，着重介绍工作中需要掌握的实用操作技术，辅以必要的理论知识，对于工程质量标准和安全技术，做适当的叙述，各工种有关的新技术、新机具和新材料，也进行必要的介绍。

这套丛书可供具有初中以上文化程度的工人学习，也可作技工培训读物。

前　言

随着现代科学技术的发展，我国各行各业的电气化程度越来越高，从事电工领域的人员也越来越多。为进一步提高电气设备从业人员的基本素质和专业技能，增强各级各类职业院校在校生的动手操作能力，我们根据多年从事电气设备安装运行，维护、检修的实际工作经验，并参考最新国家及行业的标准、规范、规程，较系统地介绍了常用电气设备及线路的安装、运行与检修的技能。

本书共分六章，主要介绍了安装电工具备的基本知识、变压器的安装与检修、室内配线的安装、室外配线的安装、电动机的安装与检修、照明装置。本书是结合我国目前电力系统的实际情况，紧密联系生产实际。在编写过程中，力求做到科学性、适用性、先进性、可靠性。本书图文并茂、通俗易懂。着重介绍操作技术，辅以必要的理论知识，即详细介绍操作步骤，简要叙述为何要这样做。在内容组织上体现了职业教育的性质、任务和培养目标，既可为企业职业资格和岗位技能培训服务，也可供工矿企业、乡镇企业及广大从事电气设备安装、维护的电工，专业技术人员参考用书。

本书由张能武、方光辉共同主编。参加编写的人员还有：邓杨、唐雄辉、刘文花、吴亮、王荣、刘明洋、陈锡春、刘玉妍、周小渔、王春林等。我们在编写过程中参考了相关图书出版物，并得到江南大学机械工程学院、江苏电工学会、无锡技师学院等单位大力支持和帮助，在此表示感谢。

由于时间仓促，编者水平有限，书中不妥之处在所难免，敬请广大读者批评指正。

目　录

第一章　基础知识

第一节　电工常用工具及仪器仪表

一、常用电工工具

1. 验电器

验电器是检验导线和电气设备是否带电所用的一种常用工具。它分为低压验电器和高压验电器两种。低压验电器又称为测电笔。是电工最常用的一种检测工具，用于检查低压电气设备是否带电。检测电压的范围为60～500V。常用的有钢笔式和螺钉旋具式两种（如图1-1*a*、*b*所示），前端是金属探头，内部依次装接氖泡、安全电阻和弹簧，弹簧与后端外部的金属部分相接触。按其显示元件不同分为氖管发光指示式和数字显示式两种。氖管发光指示式验电器由氖泡、电阻、弹簧、笔身和笔尖等部分组成，数字显示式验电器如图1-1*c*所示。

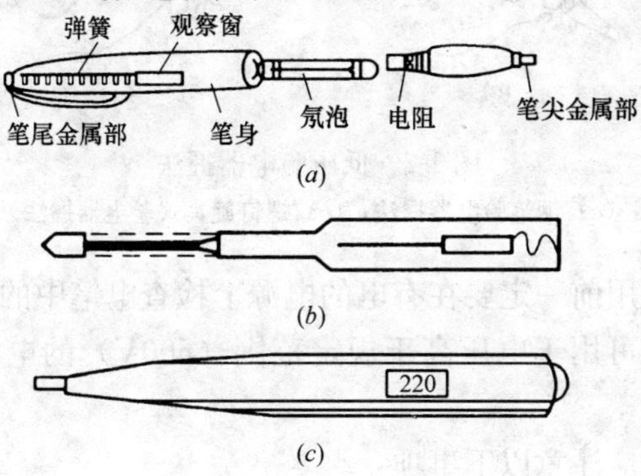

图1-1　低压验电器

（*a*）钢笔式；（*b*）螺钉旋具式；（*c*）数字显示式

使用低压验电器，必须按图 1-2 所示正确姿势握笔，以食指触及笔尾的金属体，笔尖触及被测物体，使氖管小窗背光朝向自己。当被测物体带电时，电流经带电体、电笔、人体到大地形成通电回路。只要带电体与大地之间的电位差超过 60V，电笔中的氖泡就发光，电压高发光强，电压低光弱。用数字显示式测电笔验电，其握笔方法与氖管指示式电笔相同，但带电体与大地间的电位差在 2～500V 之间，电笔都能显示出来。由此可见，使用数字式测电笔，除了能知道线路和电气设备是否带电以外，还能够知道电体电压的具体数据。

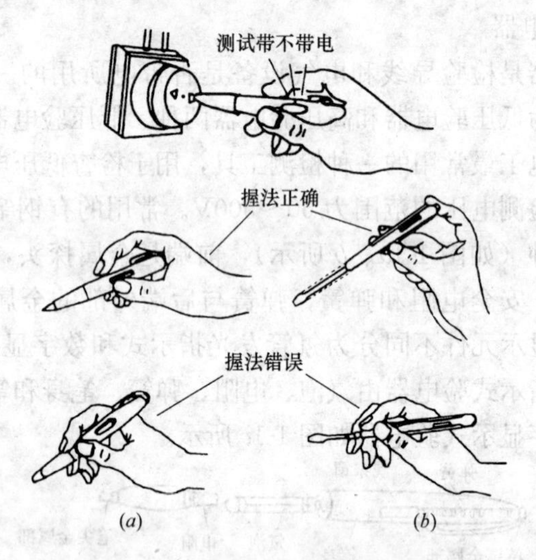

图 1-2　低压验电器握法

（a）钢笔验电器握法；（b）螺钉旋具式验电器握法

电笔使用前一定要在有电的电源上检查电笔中的氖泡是否损坏；电笔不可用于电压高于规定范围（500V）的电源，以免发生危险。

使用时应注意以下事项：

（1）一般用右手握住电笔，左手背在背后或插在衣裤口袋中。

（2）人体的任何部位切勿触及与笔尖相连的金属部分。

（3）防止笔尖同时搭在两线上。

（4）验电前，先将电笔在确实有电处试测，只有氖管发光，才可使用。

（5）在明亮光线下不易看清氖管是否发光，应注意避光。

2. 高压验电器

高压验电器又称高压测电器，如图 1-3 所示。10kV 高压验电器由金属钩、氖管、氖管窗、紧固螺钉、护环和握柄组成。使用时用手握住护环，金属钩钩住带电体，有电时氖管发光。高压验电器在使用时应特别注意手握部件不得超过护环。使用高压验电器的注意事项如下。

（1）在雨、雪、雾或湿度较大的天气，不允许在户外使用，以免发生危险。

（2）验电器在使用前，要检查确认其性能是良好的。

（3）人体与带电体之间要有 0.7m 以上的距离，检测时要小心防止发生相间短路或对地短路事故。

（4）验电时，必须戴符合要求的绝缘手套，要有人在旁边监护，且不可单独操作，如图 1-4 所示。

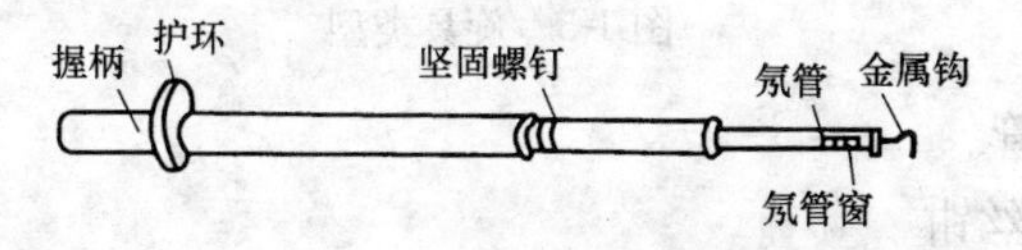

图 1-3　10kV 高压验电器

3. 旋具

用于紧固或拆卸一字槽螺钉。木柄和塑柄螺钉旋具分普通式和穿心式两种。穿心式能承受较大的扭矩，并可在尾部用手锤敲击。方形旋杆螺钉旋具能用相应的扳手夹住旋杆扳动，以增大扭矩（一字形螺钉旋具类型如图 1-5 所示）。一字形螺钉旋具常用的有 50mm、100mm、150mm 和 200mm 等规格，电工必备的是 50mm、150mm 两种。

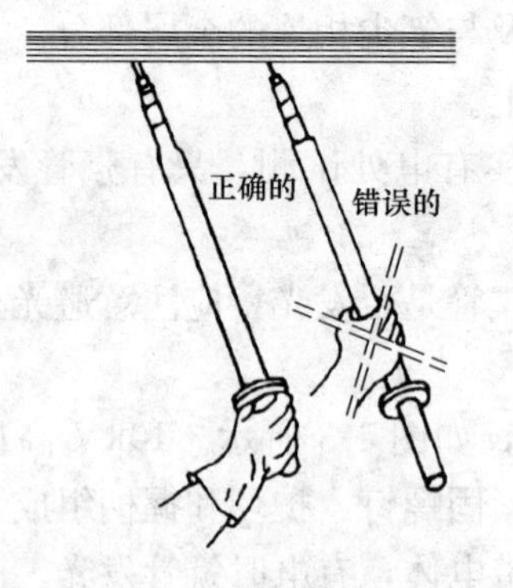

图 1-4　10kV 高压验电器使用方法

使用旋具时的注意事项：

（1）电工不可使用金属杆直通柄顶的旋具，以避免触电事故的发生。

（2）用旋拆卸或坚固带电螺栓时，手不得触及旋具的金属杆，以免发生触电事项。

（3）为避免旋具的金属杆触电及带电体时手指碰触金属杆，用旋具应在旋具金属杆上穿套绝缘管。

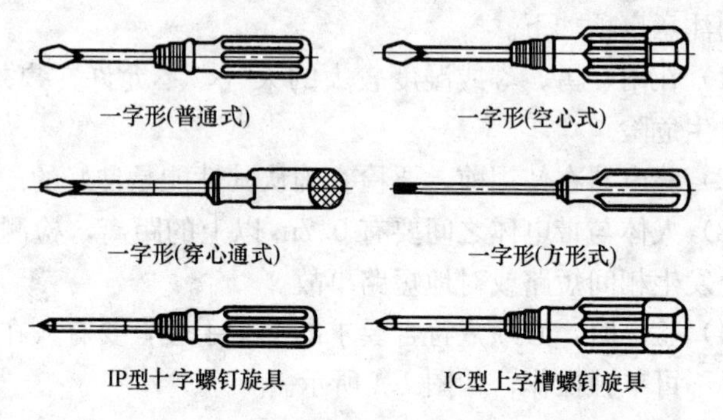

图 1-5　旋具类型

4. 钢丝钳

电工常用的钢丝钳有 150mm、175mm、200mm 及 250mm 等多种规格。可根据内线或外线工种需要选购。钳子的齿口也可用来紧固或拧松螺母。钳子的刀口可用来剖切软电线的橡皮或塑料绝缘层。带刃口的钢丝钳还可以用来切断钢丝。钢丝钳均带有橡胶绝缘套管和不带橡胶绝缘套管两种，带有橡胶绝缘套管可适用于 500V 以下的带电作业，如图 1-6 所示。

钢丝钳的使用方法和使用钢丝钳时的注意事项如下：

（1）钢丝钳的使用方法

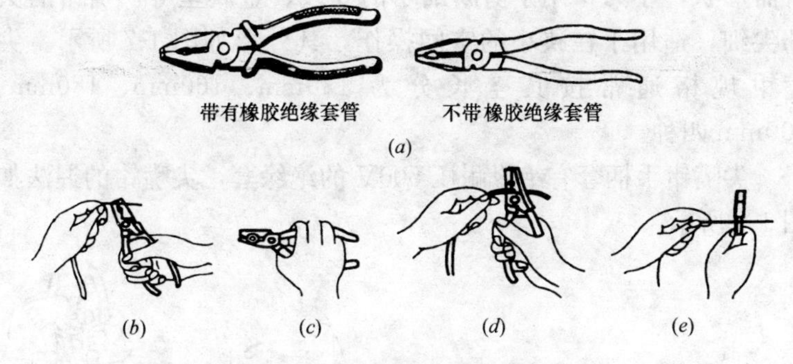

图 1-6　钢丝钳类型和用途

(a) 类型；(b) 弯绞导线；(c) 坚固螺母；(d) 剪切导线；(e) 侧切钢丝

① 使用钳子是用右手操作。将钳口朝内侧，便于控制钳切部位，用小指伸在两钳柄中间来抵住钳柄，张开钳头，这样分开钳柄灵活。

② 钳子的刀口可用来切剪电线、铁丝。剪 8 号镀锌铁丝时，应用刀刃绕表面来回割几下，然后只需轻轻一扳，铁丝即断。

③ 铡口也可以用来切断电线、钢丝等较硬的金属线。

④ 钳子的绝缘塑料管耐压 500V 以上，有了它可以带电剪切电线。使用中切忌乱扔，以免损坏绝缘塑料管。

⑤ 用钳子缠绕抱箍固定拉线时，钳子齿口夹住铁丝，以顺时针方向缠绕。

(2) 使用钢丝钳时的注意事项

① 电工在使用钢丝钳之前，必须保证绝缘手柄的绝缘性能良好，以保证带电作业时的人身安全。

② 用钢丝钳剪切带电导线时，严禁用刀口同时剪切相线和零线；或同时剪切两根相线，以免发生短路事故。

5. 尖嘴钳

修口钳（俗称尖嘴钳）也是电工（尤其是内线电工）常用的工具之一。

钳头用于夹持较小螺钉、垫圈、导线和把导线端头弯曲成所需形状，小刀口用于剪断细小的导线、金属丝等。嘴钳的头部尖细，适用于在狭小的空间操作，其外形如图 1-7 所示。尖嘴钳规格通常按其全长分为 130mm、160mm、180mm、200mm 四种。

尖嘴钳手柄套有绝缘耐压 500V 的绝缘套，尖嘴钳的握法如图 1-8 所示。

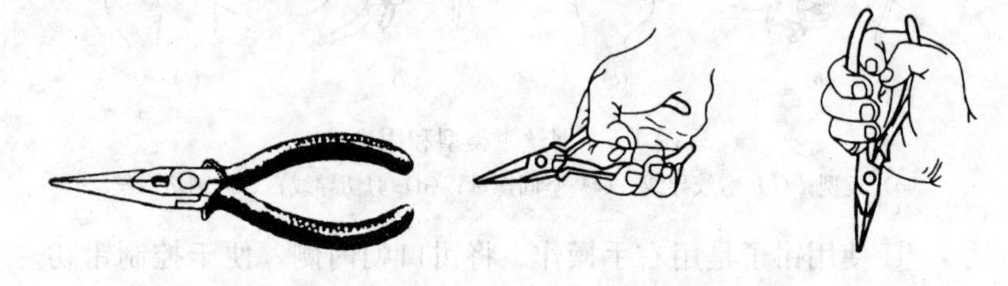

图 1-7　尖嘴钳　　　　　　图 1-8　尖嘴钳的握法

6. 断线钳

用于切断较粗的、硬度不大于 HRC30 的金属线材、刺丝及电线等。有双连臂、单连臂、无连臂三种形式。钳柄分有管柄式、可锻铸铁柄式和绝缘柄式等（如图 1-9 所示）。断线钳的规格见表 1-1。

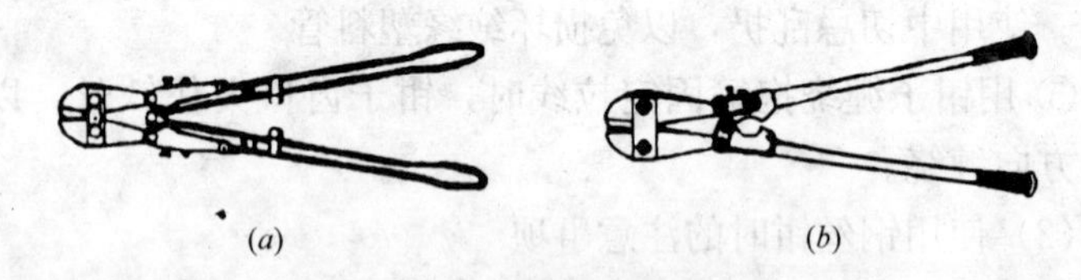

图 1-9　断线钳类型

(*a*) 普通式（铁柄）；(*b*) 管柄式

断线钳的规格　　　　**表 1-1**

规格(mm)		300	350	450	600	750	900	1050
长度(mm)		305	365	460	620	765	910	1070
剪切直径(mm)	黑色金属	≤4	≤5	≤6	≤8	≤10	≤12	≤14
	有色金属(参考)	2～6	2～7	2～8	2～10	2～12	2～14	2～16

7. 电工刀

电工刀分为普通式和三用式两种，普通式电工刀如图1-10所示，有大号和小号两种，三用式电工刀增加了锯片和锥子的功能。使用电工刀时，刀口应朝外部切削，切忌面向人体切削。剖削导线绝缘层时，应使刀面与导线成较小的锐角，以避免割伤线芯。电工刀刀柄无绝缘保护，不能接触或剖削带电导线及器件。新电工刀刀口较钝，应先开启刀口然后再使用。电工刀使用后应随即将刀身折进刀柄，注意避免伤手。

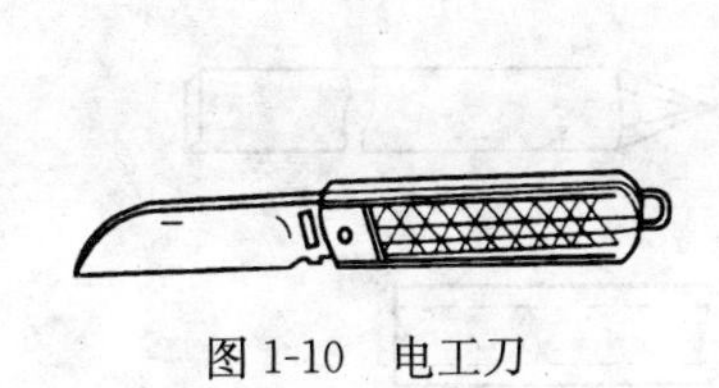

图1-10 电工刀

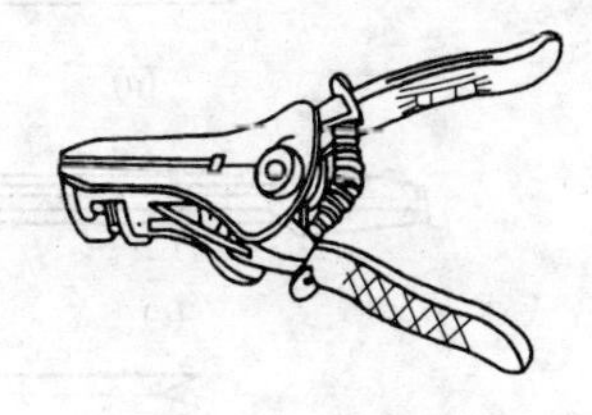

图1-11 剥线钳

8. 剥线钳

剥线钳用来剥削直径3mm及以下绝缘导线的塑料或橡胶绝缘层，其外形如图1-11所示。它由钳口和手柄两部分组成。剥线钳钳口分有0.5～3mm的多个直径切口，用于不同规格线芯线直径相匹配，切口过大难以剥离绝缘层，切口过小会切断芯线，剥线钳也装有绝缘套。使用剥线钳剥去绝缘层时，定好剥削的长度后，左手持导线，右手向内紧握钳柄，导线绝缘层被剥断后自由飞出。剥线钳一般不在带电的场合使用。

9. 电工用凿

电工常用的凿有圆榫凿、小扁凿、大扁凿和长凿等几种。

(1) 圆榫凿。圆榫凿（如图1-12*a*所示）又称麻线凿或鼻冲，用于在混凝土结构的建筑物上凿打木榫孔。

(2) 小扁凿。小扁凿（如图1-12*b*所示）用来在砖墙上凿打方形榫孔。电工常用凿口宽约12mm的小扁凿。凿孔时，也要经常拔出凿身，以利排出灰沙、碎砖，同时观察墙孔开凿得是否平整，大小是否合适，孔壁是否垂直。

(3) 大扁凿。大扁凿（如图 1-12*c* 所示）用来凿打角钢支架和撑脚等的埋设孔穴。电工常用凿口宽约 16mm 的大扁凿。使用方法与小扁凿相同。

(4) 长凿。长凿（如图 1-12*d*、*e* 所示）用来凿出通孔。如图 1-12（*d*）所示长凿由中碳圆钢制成，用来在混凝土墙上凿出通孔；如图 1-12（*e*）所示长凿由无缝钢管制成，用来在砖墙上凿出通孔。

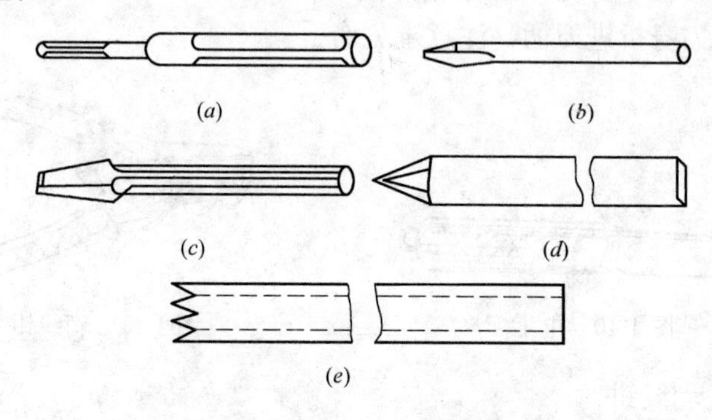

图 1-12 电工用凿

（*a*）圆榫凿；（*b*）小扁凿；（*c*）大扁凿；（*d*）在混凝土墙上凿孔用的长凿；（*e*）在砖墙上凿孔用的长凿

10. 手电钻

手电钻是一种头部装有钻头、内部装有单相电动机、靠旋转来钻孔的手持电动工具。电钻可分为 3 类。

(1) 手电钻。功率最小，使用范围仅限于钻木和作电动改锥用，不具有太大的实用价值，不建议购买。

(2) 冲击钻。可以钻木、钻铁和钻砖，但不能钻混凝土，有的冲击钻上说明可钻混凝土，其实并不可行，但对于钻瓷砖和砖头外层很薄的水泥是绝对没有问题的。

(3) 锤钻（电锤）。可在任何材料上钻洞，使用范围最广。

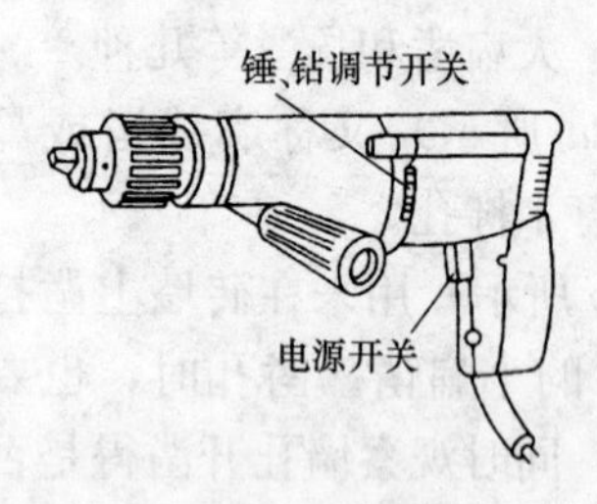

图 1-13 冲击钻

这三种电钻价格由低到高排列，功能也随之增多，具体如何选用，需要结合各自的适用范围及要求。它有普通电钻和冲击电钻两种。冲击电钻的外形如图 1-13 所示。

手电钻、冲击钻、电锤的使用注意事项：

(1) 金属外壳要有接地或接零保护。塑料外壳应防止碰、磕、砸；不要与汽油及其他溶剂接触。

(2) 钻孔时不宜用力过大过猛，以防止工具过载；转速明显降低时，应立即把稳，减少施加的压力；突然停止转动时，必须立即切断电源。

(3) 安装钻头时，不许用锤子或其他金属制品物件敲击，手拿电动工具时，必须握持工具的手柄，不要一边拉软导线，一边搬动工具，要防止软导线擦破、割破和被轧坏等。

(4) 较小的工件在被钻孔前必须先固定牢固，这样才能保证钻时使工件不随钻头旋转，保证作业者的安全。

11. 电烙铁

电烙铁是钎焊（也称锡焊）的热源，其规格有 15W、25W、45W、75W、100W、300W 等多种。功率在 45W 以上的电烙铁，通常用于强电元件的焊接；弱电元件的焊接一般使用 15W、25W 功率等级的电烙铁。电烙铁有外热式和内热式两种，如图 1-14 所示。

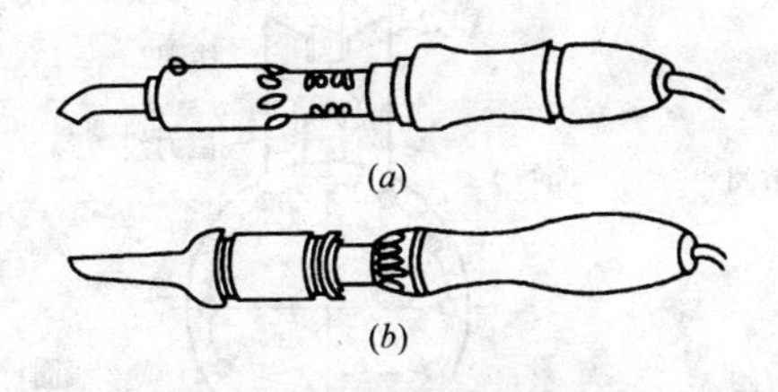

图 1-14 电烙铁

(a) 外热式电烙铁；(b) 内热式电烙铁

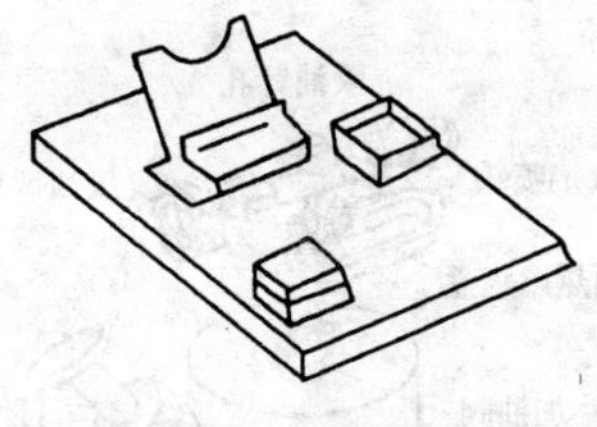

图 1-15 烙铁架

使用电烙铁应注意以下事项：

(1) 为了不影响电烙铁头的拆装，使用过程中应轻拿轻放，不得敲击电烙铁，以免损坏内部发热元件。

（2）烙铁头应经常保持清洁，使用时可常在石棉毡上擦几下以除去氧化层。

（3）烙铁使用日久，烙铁头上可能出现凹坑，影响正常焊接。此时可用锉刀对其整形，加工到符合要求的形状再浸锡。

（4）使用中的电烙铁不可搁在木架上，而应放在特制的烙铁架（如图 1-15 所示）上，以免烫坏导线或其他物件引起火灾。

（5）使用烙铁时不可随意甩动，以免焊锡溅出伤人。

12. 喷灯

喷灯是利用喷射火焰对工件进行局部加热的工具。有汽油喷灯、煤油喷灯和酒精喷灯。结构如图 1-16 所示。使用时应注意以下事项：

（1）使用前应仔细检查油桶是否漏油，喷嘴是否通畅，有无漏气处。并按喷灯所要求的燃料油种类，禁止在煤油或酒精喷灯内注入汽油使用。

（2）喷灯的加油、放油和修理应在熄火后方可进行。

（3）喷灯点火时，喷嘴前严禁有人，工作场所无可燃物。

（4）先在点火碗内注入燃料油，作为点燃用，待喷嘴烧热后再慢慢打开进油阀，打气加压前应先关闭进油阀。

13. 断条侦察器

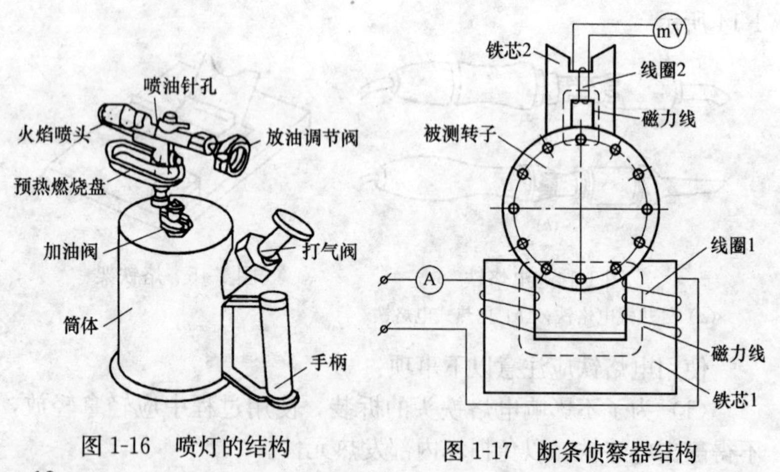

图 1-16　喷灯的结构

图 1-17　断条侦察器结构

断条侦察器用于检查电动机转子，如图 1-17 所示。它由一大一小两只线圈和铁芯组成。使用时，先将被测转子放在大铁芯 1 上，线圈接 220V 交流电。慢慢转动被测转子。如果转子有断条，则相当于变压器的二次线圈开路，流过线圈的电流将下降。使用时应注意以下事项：

(1) 检查时，电流表计数的变化不应超过 5%，否则需逐槽检查。

(2) 逐槽检查时，再将小线圈放在被测转子外圆，铁芯口对准被测的鼠笼条，组成另一只变压器。

14. 紧线器

紧线器又称线钳和拉线钳，用来收紧室内瓷瓶线路和室外架空线路的导线。紧线器的种类很多，常用的有平口式和虎头式两种，其外形如图 1-18 所示。

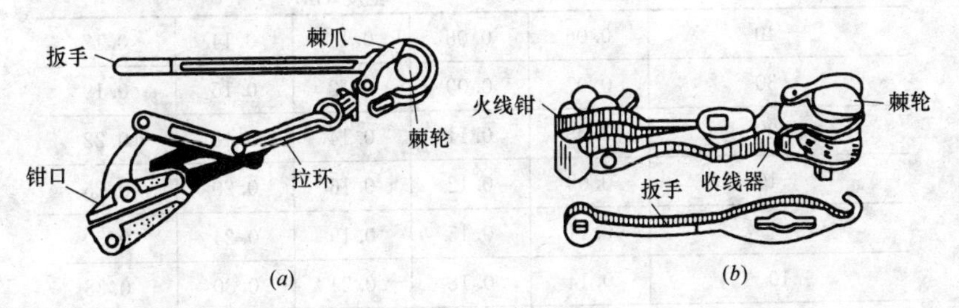

图 1-18 紧线器类型

(a) 平口式；(b) 虎头式

使用时应注意以下事项：

(1) 应根据导线的粗细，选用相应规格的紧线器。

(2) 使用紧线器时，如果发现有滑线（逃线）现象，应立即停止使用，采取措施（如在导线上绕一层铁丝）将导线确实夹牢后，才可继续使用。

(3) 在收紧时，应紧扣棘爪和棘轮，以防止棘爪脱开打滑。

15. 导线弧垂测量尺

导线弧垂测量尺又称弛度标尺，用来测量室外架空线路导线

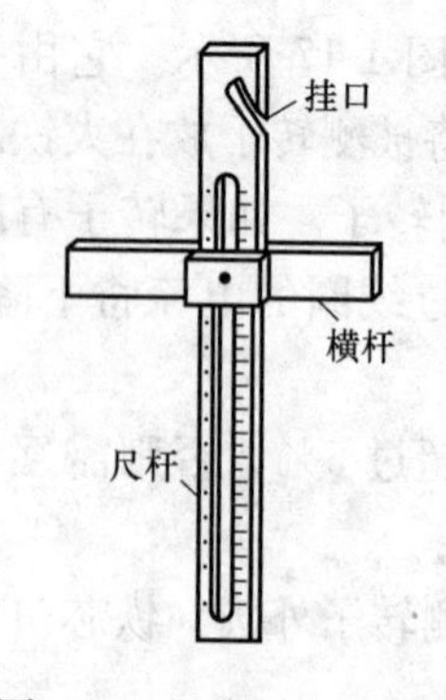

图 1-19 导线弧垂测量尺

弧垂，其外形如图 1-19 所示。使用时应根据表 1-2 所示值，先将两把导线弧垂测量尺上的横杆调节到同一位置上；接着将两把标尺分别挂在所测档距的同一根导线上（应挂在近瓷瓶处），然后两个测量者分别从横杆上进行观察，并指挥紧线；当两把测量尺上的横杆与导线的最低点成水平直线时，即可判定导线的弛度已调整到预定值。

架空导线弧垂参考值 **表 1-2**

环境温度(℃)	档距（m）				
	30	35	40	45	50
	驰度（m）				
−40	0.06	0.08	0.11	0.14	0.17
−30	0.07	0.09	0.12	0.15	0.19
−20	0.08	0.11	0.14	0.18	0.22
−10	0.09	0.12	0.16	0.20	0.25
0	0.11	0.15	0.19	0.24	0.30
10	0.14	0.18	0.24	0.30	0.38
20	0.17	0.23	0.30	0.38	0.47
30	0.21	0.28	0.37	0.47	0.58
40	0.25	0.35	0.44	0.56	0.69

16. 绝缘安全用具

电工绝缘安全用具，按其功能可分为绝缘操作用具和绝缘防护用具两大类。

（1）绝缘操作用具

绝缘操作用具，主要是在带电操作、测量和其他需要直接接触带电设备的环境下使用的绝缘用具。绝缘操作杆由工作部分、绝缘部分和手握部分组成，如图 1-20 所示。

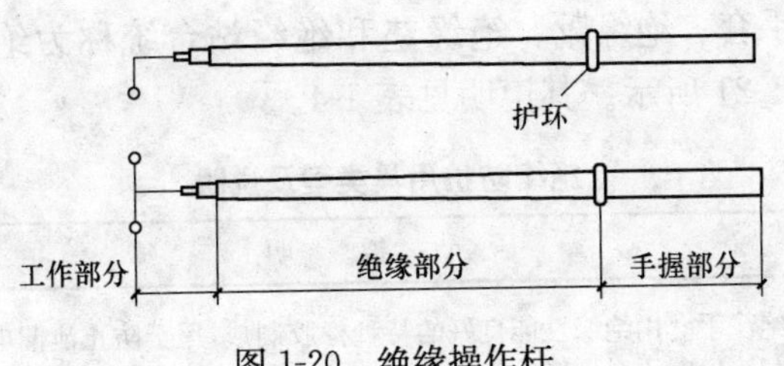

图 1-20　绝缘操作杆

为了保证操作人员有足够的安全距离，在不同工作电压下所使用的操作杆规格亦不相同，不可任意取用。绝缘操作杆规格与工作电压的对应关系如表 1-3 所列。

绝缘操作杆规格　　　　**表 1-3**

规格/mm	棒长/mm		工作部位长度/nm	绝缘部位长度/mm	手握部位长度/mm	棒身直径/mm	钩子宽度/mm	钩子终端直径/mm
	全长	节数						
500V	1640	1		1000	455			
10kV	2000	2	185	1200	615	38	50	13.5
35kV	3000	3		1950	890			

使用时应注意以下事项：

① 使用前应仔细检查绝缘杆各部分的连接是否牢固，有无损坏和裂纹，并用清洁干燥的毛巾擦拭干净。

② 手握绝缘杆进行操作时，手不得超过护环。

③ 雨天室外使用的绝缘杆，应加装喇叭形防雨罩，防雨罩宜装在绝缘部分的中部，罩的上口必须与绝缘部分紧密结合，以防止渗漏，罩的下口与杆身应保持 20～30mm 距离。

④ 操作时要戴干净的线手套或绝缘手套，以防止因手出汗而降低绝缘杆的表面电阻，使泄漏电流增加，危及操作者的人身安全。

(2) 绝缘防护用具

绝缘防护用具，主要指对可能发生的电气伤害起防护作用的绝缘用具。

绝缘手套、绝缘靴、绝缘垫和绝缘站台统称为绝缘防护用具，如图 1-21 所示。其说明见表 1-4。

绝缘防护用具类型及说明　　表 1-4

类　型	说　　明
绝缘手套	绝缘手套用绝缘性能良好的特种橡胶制成，用于防止泄漏电流、接触电压和感应电压对人体的伤害。其外形如图 1-21 所示。使用时应注意以下事项： ①使用前绝缘手套应进行外观检查，不应有粘胶、裂纹、气泡和外伤 ②戴上绝缘手套后，手容易出汗，因此应在绝缘手套内衬上吸汗手套（如普通线手套），以增加手与带电体的绝缘强度 ③平时绝缘手套应放在干燥、阴凉处，现场应放置在特制的木架上 图 1-21　绝缘手套
绝缘靴	绝缘靴是用特种橡胶制成的，里面有衬布，外面不上漆，这与涂光亮黑漆的普通橡胶水鞋在外观上有所不同。其外形如图 1-22 所示。使用时应注意以下事项： ①绝缘靴不得当做雨靴使用，普通橡胶鞋也不得取代绝缘靴 ②绝缘靴应经常检查，如果发现严重磨损、裂纹和外伤，则应停止使用 图 1-22　绝缘靴
绝缘垫	绝缘垫也是用特种橡胶制成的，其表面有防滑槽纹，如图 1-23 所示。使用时应注意以下事项： ①绝缘垫不得与酸、碱、油类物质和化学药品等接触 ②要保持清洁、干燥，不受阳光直射，远离热源 ③要隔一段时间应使用温水清洗一次 图 1-23　绝缘垫
绝缘站台	绝缘站台是电工带电操作用的辅助保护用具，它可取代绝缘靴和绝缘垫。其外形如图 1-24 所示。使用时应注意以下事项： ①台面的边缘不得伸出支持绝缘瓷瓶的边缘 ②支撑台面的绝缘瓷瓶高度（从地面至站台面）不应小于 100mm ③绝缘站台应放置在坚硬、干燥的地点 ④用于室外时，如果地面松软，则应在站台下面垫一块坚实的垫板，以免台脚陷入泥土或站台触及地面而降低其绝缘性能 图 1-24　绝缘站台

二、仪器仪表

对于电气安装工程中涉及的仪器仪表，可按测量对象不同大体分为两大类，即电工测量仪器仪表和电子测量仪器仪表。

由于电的形态特殊，它看不见、听不到、摸不着，所以在电工技术领域里，电工测量仪表就起到十分重要的作用。电工测量仪表专门用于测量有关电的物理量和电气参数（电压、电流、电阻、功率及频率等），经过转换还可以间接测量多种非电量（温度、湿度、压力、磁通、速度等）。因此，了解仪表的安装和接线，正确使用仪表是现场电工必须掌握的基本知识。

1. 仪器仪表简介

(1) 电工仪器仪表

常用电工仪器仪表的分类及技术性能见表 1-5。

常用电工仪器仪表的分类及技术性能　　表 1-5

类型	分类说明
电工仪器仪表的分类	①指示仪表。按仪表的工作原理不同，指示仪表可分为磁电系仪表、电磁系仪表、电动系仪表、感应系仪表和静电系仪表等几种；按测量参数不同又可分为电压表、电流表、功率表、电能表、功率因数表、频率表等 ②数字仪表和巡回检测装置 ③扩大量程装置和变换器 ④比较仪表 ⑤记录仪表
电工仪表的技术性能	电工仪表的技术要求《电测量指示仪表通用技术条件》对电工仪表的技术性能作了具体规定，可概括为以下 4 个方面： ①足够的准确度。仪表的误差不超过表 1-6 所规定 ②合适的灵敏度。仪表的灵敏度越高，量限越小；灵敏度越低，准确度越低。因此，仪表应有合适的灵敏度 ③功率消耗小。仪表消耗的功耗越小，对被测电路的影响越小，测量越准确 ④良好的读数装置。仪表标度尺的刻度应尽可能均匀，刻度线较密的地方，灵敏度低，刻度线较疏的地方，灵敏度高。刻度不均匀的地方，规定标明工作部分的长度不应小于标度尺的 85%

用满度相对误差表示的电工仪表的等级　表 1-6

γ_m	≤±0.1%	≤±0.2%	≤±0.5%	≤±1.0%	≤±1.5%	≤±2.5%	≤±5.0%
等级	0.1	0.2	0.5	1.0	1.5	2.5	5.0

（2）电子仪器仪表

电子仪器仪表的分类、测量的特点及测量内容见表 1-7。

电子仪器仪表的分类、测量的特点及测量内容　表 1-7

类型	说　明
按功能不同可分	①显示波形类。用作逻辑分析的有逻辑分析仪。用作一般显示的有单踪示波器、双踪示波器、多扫描示波器等。用作超高频显示的有取样示波器。用作波形记忆的有记忆示波器和数字存储示波器 ②指示电平类。用作电压指示的有电子毫伏表和数字电压表、数字多用表等。用作功率指示的有功率计和数字电平表等 ③分析信号类。用作频率、周期、相位分析的有电子计数器和数字式相位计。用作失真度、调制度分析的有自动失真度仪、调制度分析仪等。用作频谱分析的有模拟频谱仪和数字频谱仪 ④网络分析类。用作频率特性曲线显示的有扫描仪和矢量电压表。用作网络参数获取的有网络分析仪等 ⑤参数检测类。用作电路元件参数检测的电桥、Q 表和数字式 RLC 测量仪等。用作电力电子器件参数测定的晶体管图示仪和集成电路测试仪等 ⑥提供信号类。用作提供正弦信号的低频信号发生器、高频信号发生器和标准信号发生器等。用作提供函数信号、噪声信号、脉冲信号、合成信号等的各种信号发生器等
电子测量的特点	①测量频率范围宽 ②量程范围广 ③测量准确度高 ④测量速度快 ⑤易于实现遥控 ⑥易于实现测量过程的自动化和计算机化
电子测量的内容	①电能量的测量，如电压、电流、电功率等的测量 ②电路、元器件参数的测量，如电阻、电感、电容、阻抗的品质因数、电子元器件参数等的测量 ③电信号特性的测量，如频率、波形、周期、时间、相位、谐波失真度、调幅度及逻辑状态等的测量 ④电路性能的测量，如放大倍数、衰减量、灵敏度、通频带、噪声系数等的测量 ⑤特性曲线的显示，如幅频特性、器件特性等的显示

(3) 仪表的符号及标记

为了正确选择和使用仪表，就必须了解这些符号的含义。现将常见的仪表标记符号和它们的含义列于表 1-8 中。

常见的仪表标记与含义 **表 1-8**

符号	名称和含义	符号	名称和含义
（磁电系符号）	磁电系仪表	⊥	仪表工作时垂直放置
（电磁系符号）	电磁系仪表	⊓	仪表工作时水平放置
（电动系符号）	电动系仪表	∠60°	仪表工作时与水平面倾斜 60°放置
（感应系符号）	感应系仪表	☆	仪表绝缘强度试验电压为 500V
—	直流	☆ 2	仪表绝缘强度试验电压为 2000V
～	交流	（无标记）	A 组仪表，使用条件：工作环境 0～+40℃
$\widetilde{-}$	交直流两用	△ B	B 组仪表，使用条件：工作环境 −20～+50℃
≋	三相交流	▽ C	C 组仪表，使用条件：工作环境 −40～+60℃
1.5	准确度等级例如 1.5 级	□ Ⅲ	防御外磁场能力第Ⅲ级

2. 电压表

测量电路电压的仪表叫做电压表，也称伏特表，表盘上标有符号“V”。因量程不同，电压表又分为毫伏表、伏特表、千伏表等多种品种规格，在其表盘上分别标有 mV、V、kV 等字样。电压表分为直流电压表和交流电压表，二者的接线方法都是与被测电路并联（如图 1-25 所示）。

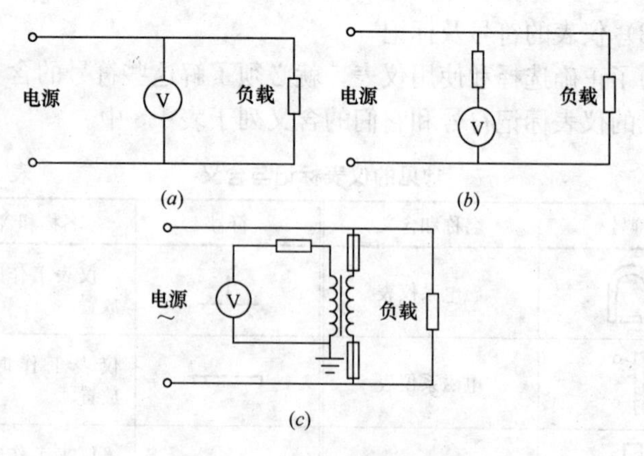

图 1-25　电压表接线示意图

(*a*) 电压表的直接接入；(*b*) 电压表通过附加电阻接入；
(*c*) 交流电压表经电压互感器接入

(1) 直流电压表的接线方法

在直流电压表的接线柱旁边通常也标有“+”和“-”两个符号，接线柱的“+”(正端)与被测量电压的高电位连接；接线柱的“-”(负端)与被测量电压的低电位连接（如图 1-25*a* 所示）。正负极不可接错，否则，指针就会因反转而打弯。

(2) 交流电压表的接线方法

在低压线路中，电压表可以直接并联在被测电压的电路上。在高压线路中测量电压，由于电压高，不能用普通电压表直接测量，而应通过电压互感器将仪表接入电路（如图 1-25*b* 所示）。为了测量方便，电压互感器一般都采用标准的电压比值，例如 3000/100V、6000/100V、1000/100V 等。其二次绕组电压总是 100V。因此，可用 0～100V 的电压表来测量线路电压。通过电压互感器来测量时（如图 1-25*c* 所示），一般都将电压表装在配电盘上，表盘上标出测算好了的刻度值，从表盘上可以直接读取所测量的电压值。

为了防止因电表过载而损坏，可采用二极管来保护。保护二极管的接线方法（如图 1-26）所示。

3. 电流表

电流表的内阻很小，使用时应串接在电路中，如图 1-27 所示。直流电流表使用时还须注意电流正负极性，避免接错。

(1) 直流电流表的接线方法

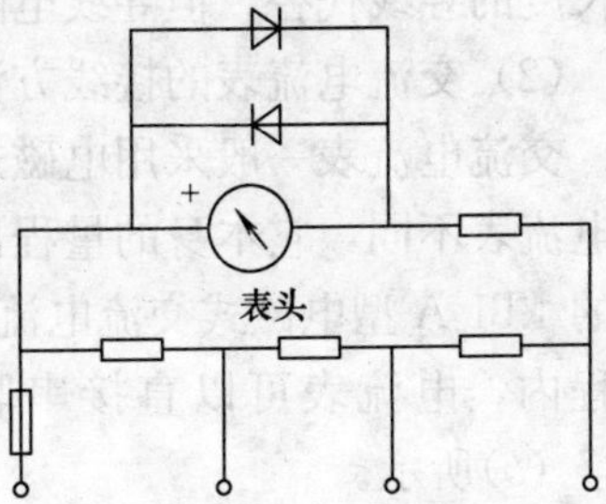

接线前要搞清电流表极性。通常，直流电表流的接线柱旁边标有“+”和“−”两个符号，“+”接线柱接直流电路的正极，“−”接线柱接直流电路的负极。接线方法如图 1-27（*a*）所示。

图 1-26　表头的二极管保护示意图

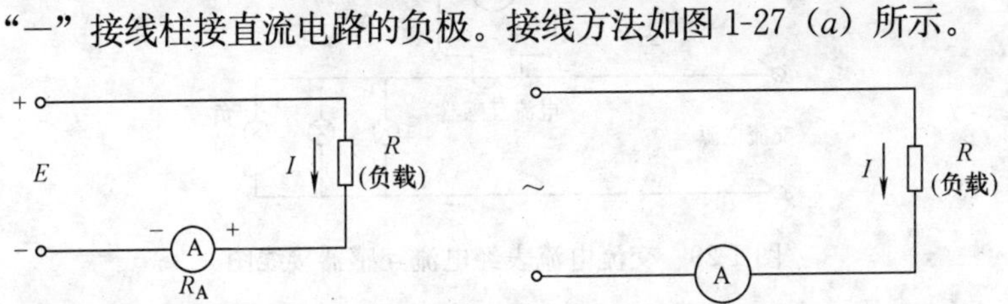

图 1-27　电流表的接线方法

（*a*）直流电流的测量；（*b*）交流电流的测量

分流器在电路中与负载串联，使通过电流表的电流只是负载电流的一部分，而大部分电流则从分流器中通过。这样，就扩大了电流表的测量范围（接线如图 1-28 所示）。如果分流器与电流表之间的距离超过了所附定值导线的长度，则可用不同截面和不

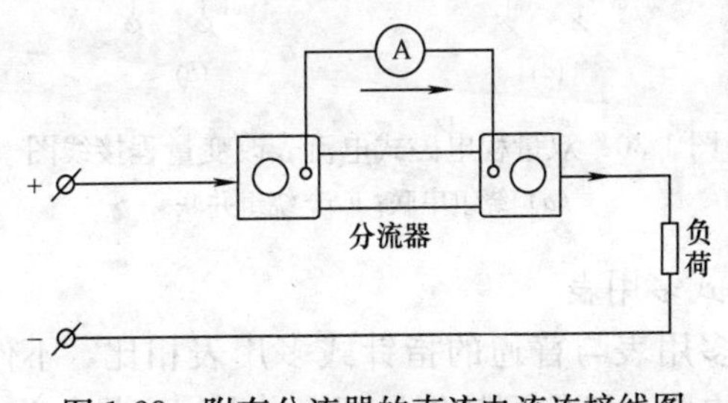

图 1-28　附有分流器的直流电流连接线图

同长度的导线代替，但导线电阻应在 0.035Ω±0.002Ω 以内。

（2）交流电流表的接线方法

交流电流表一般采用电磁式仪表，其测量机构与磁电式的直流电流表不同，它本身的量程比直流电流表大。在电力系统中常用的 1T1-A 型电磁式交流电流表，其量程最大为 200A。在这一量程内，电流表可以直接串联于负载电路中，接线方法如图 1-27（*b*）所示。

电磁式电流表采用电流互感器来扩大量程，其接线方法如图 1-29 所示。

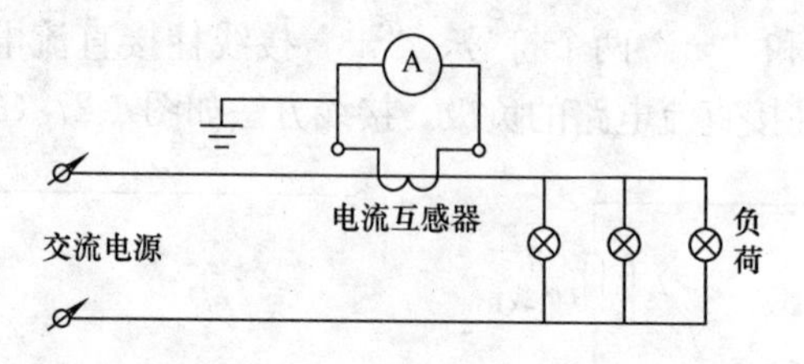

图 1-29　交流电流表经电流互感器接线图

多量程电磁式电流表，通常将固定线圈绕组分段，再利用各段绕组串联或并联来改变电流的量程，如图 1-30 所示。

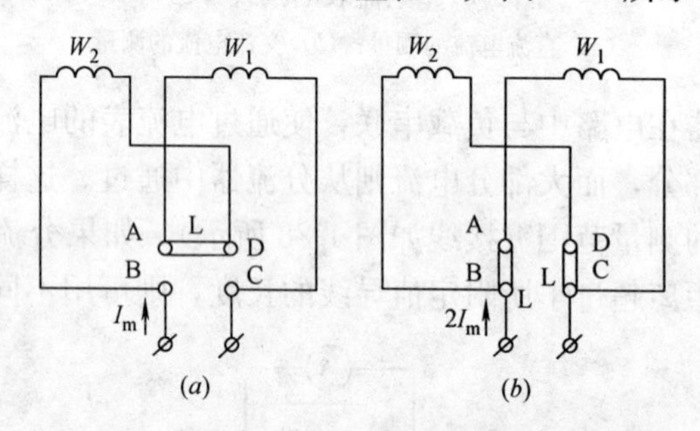

图 1-30　双量程电磁式电流表改变量程接线图

（*a*）绕组串联；（*b*）绕组并联

4. 数字式多用表

数字式多用表与普通的指针式多用表相比，不但能测量电压、电流、电阻，还能测量信号频率、电容容量，并具有自动校零、自动显示极性、过载指示、读数保持等功能。常用的 DT-830 型数字式多用表为例，介绍其基本结构、使用方法及注意事项。

(1) 基本结构

DT-830 型数字式多用表面板功能如图 1-31 所示。DT-830 型数字式多用表要由 3 位半数字电压表、测量电路、量程选择开关等 3 大部分组成，电路结构如图 1-32 所示。其中：数字电压表采用大规模集成电路 7106 双积分 A/D 转换器，液晶显示采用人字号 LCD 或（LED）显示器。测量电路通过 AC/DC 转换器、I/U 转换器、R/U 转换器，将各种被测量和电参量转换为毫伏级的直流电压，送至 A/D 转换器，供数字电压表处理和显示用。量程选择开关置于不同的位置，可组成具有不同测量功能的电路。

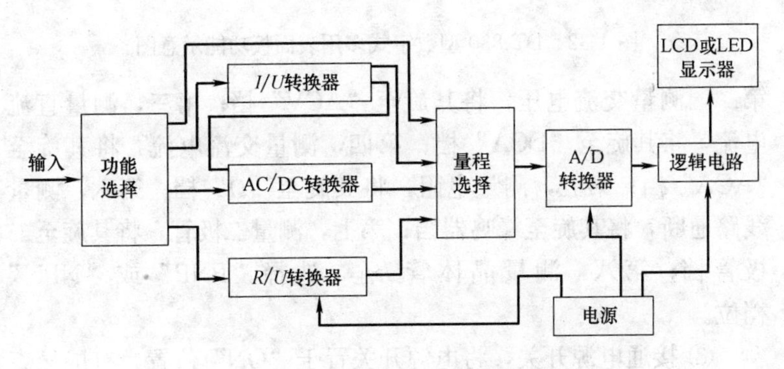

图 1-31 DT-830 型数字式多用表电路结构

(2) 使用方法

① 测试表笔插孔位置选择。将黑表笔插入“COM”口，红笔根据被测量的不同插入对应插口。“V·Ω”测量电压、电阻；“mA”口用于测量 200μA～200mA 各档电流；“10A”口用于测 10A 以内的电流。

② 择合适的档位开关。根据被测量物理量不同将选择开关置于不同位置。第一，测量直流电压，将其旋至“DCV”档；

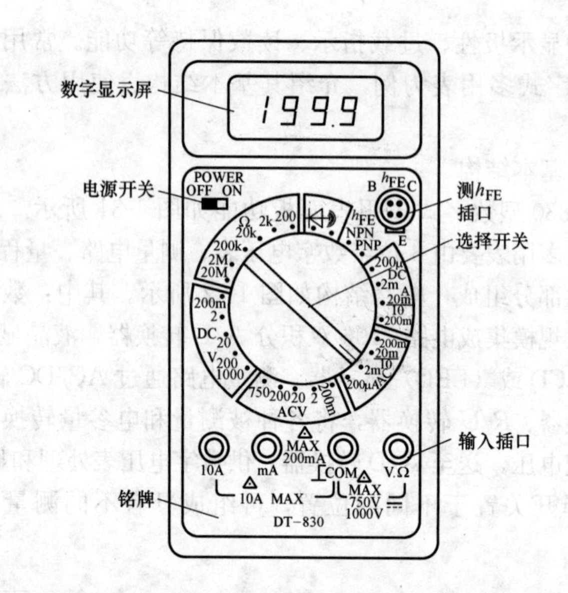

图 1-32　DT-830 型数字式多用表面板功能示意图

第二，测量交流电压，将其旋至“ACV”档；第三，测量直流电流，将其旋至“DCA”档；第四，测量交流电流，将其旋至“ACA”档；第五，测量电阻，将其旋至“Ω”档；第六，测量线路通断，将其旋至蜂鸣器档；第七，测量二极管，将其旋至二极管档；第八，测量晶体管 h_{FE}，选择“PNP”或“NPN”档位。

③ 接通电源开关，将电源开关置于“ON”位置，有屏显表明接通电源。

（3）注意事项

① 严禁在测量较高电压或较高电流时转动选择开关。

② 严禁带电测量电阻。

③ 登记表出现欠电压指示后，应及时更换电池。

④ 用高阻档测量电阻时，应防止人体电阻并入待测电阻，使测量误差增大。

5. 万用电桥

电桥分直流电桥和交流电桥两大类。直流电桥主要用来测量电阻，交流电桥主要用来测量电容、电感等元件的参数。具备测量 R、L、C 功能的电桥，称为万用电桥。用电桥法在低频（如 kHz）情况下测元件的参数，测量的准确度将远远高于伏安法和万用表法。下面以 QS18A 型万用电桥为例，介绍其基本结构及使用方法。

（1）基本结构

QSl8A 型万用电桥的基本结构如图 1-33 所示，主要由桥体、1kHz 晶体管振荡器和晶体管检流仪等 3 部分组成。

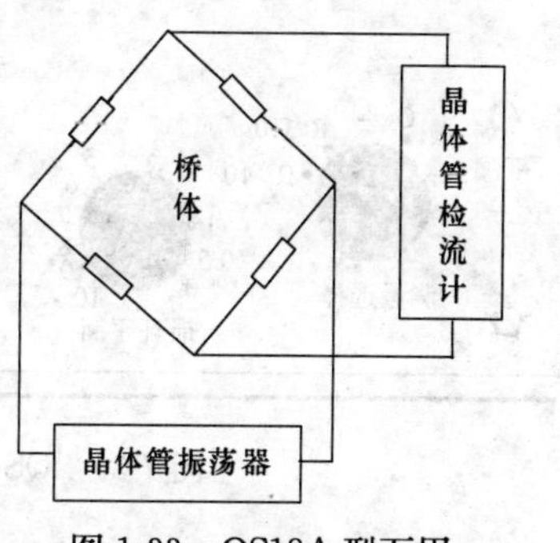

图 1-33　QS18A 型万用电桥的基本结构

电桥面板如图 1-34 所示。面桥说明如下：

外-内 1kHz——开关用来选择内部或外部电源。

外接——插孔用来外接音频电源。

量程——选择开关根据面板所指量程进行选择。

被测——接线柱用来连接被测元件。

测量选择——开关用来选择元件测试内容及作电源开关用。

损耗微调——用来微调平衡时的损耗，通常放在“0”位。

损耗倍率开关在测电容时旋至“D×1”或“D×0.1”档，测电感时旋至“9×l”档。

损耗平衡——用来指示被测电容、电感的损耗读数。

灵敏度——旋钮用以控制电桥放大器的增益。

读数——旋钮可粗调/细调电桥的平衡状态。

（2）使用方法

① 测电阻操作步骤：第一步，估计被测电阻大小，将量程开关置于合适位置。如被测电阻在 10Ω 以内，应将量程开关置于“10Ω”位置；测量选择开关置于“$R\leqslant 10\Omega$”位置。第二步，

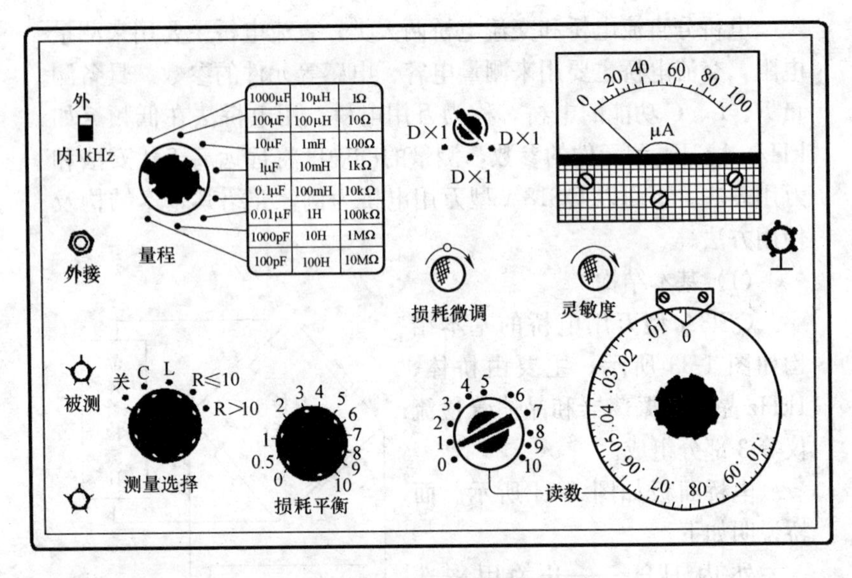

图 1-34　QS18A 型万用电桥面板

调节读数旋钮，使电桥平衡，则被测电阻值为：R_x＝“量程”开关指示值×“读数”指示值。

② 测电容操作步骤：第一步，估计被测电容量大小，将量程开关置于合适位置。如被测电容为 4.7μF，应将量程选择开关置于“10μF”档；测量选择开关置于“C”位置；损耗倍率开关置于“D×0.1”档（普通电容置于“D×0.01”档）。第二步，反复调节“读数”和“损耗平衡”旋钮，直到电表指零，可逐渐增大“灵敏度”使电桥平衡，则被测电容量及损耗因数分别为：

C_x＝“量程”开关指示值×“读数”指示值

D_x＝损耗倍率指示值×“损耗平衡”指示值

③ 测电感操作步骤：第一步，估计被测电感量大小，将量程开关置于合适位置；将测量选择开关置于“L”位置；损耗倍率开关置于“Q×1”档。第二步，反复调节“读数”和“损耗平衡”旋钮，直到电表指零，电桥平衡。则被测电感量及品质因数分别为：

$$L_x = \text{“量程”开关指示值} \times \text{“读数”指示值}$$

$$Q_x = \text{损耗倍率指示值} \times \text{“损耗平衡”指示值}$$

6. 钳形表

当用一般电流表测量电路电流时，常用的方法是把电流表串联在电路中。在施工现场临时需要检查电气设备的负载情况或线路流过的电流时，要先把线路断开，然后把电流表串联到电路中。这工作既费时又费力，很不方便，如果采用钳形电流表测量电流，就无需把线路断开，而直接测出负载电流的大小。但钳形表准确度不高，通常为2.5级或5级，所以它只适用于对设备或线路运行情况进行粗略了解，不能用作精确测量。但由于测量时不切断电路，使用方便，在安装和维修工作中应用较广。

(1) 钳形表的结构

钳形表是由电流互感器和整流系电流表组成，外形结构如图1-35所示，电流互感器的铁芯在捏紧扳手时即张开如图中虚线位置，使被测电流通过的导线不必切断就可进入铁芯的窗口，然后放松扳手，使铁芯闭合。这样，通过电流的导线相当于互感器的初级绕组，而次级绕组中将出现感应电流，与次级相连接的整流系电流表指示出被测电流的数值。

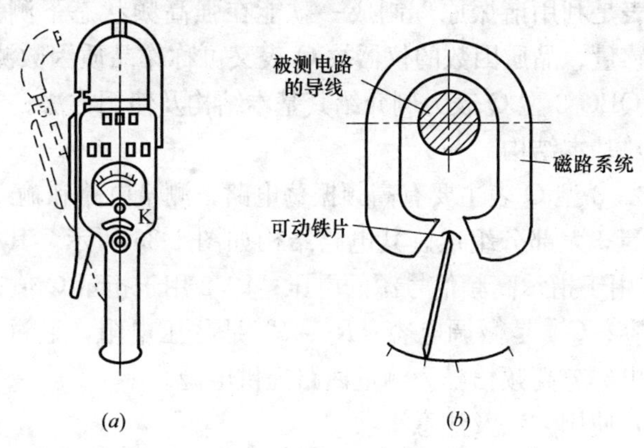

图1-35 钳形电流表结构图

(*a*) 外形图；(*b*) 结构示意图

（2）钳形表的使用

钳形表使用方便，但准确度较低。通常只用在不便于拆线或不能切断电路的情况下进行测量。

① 估计被测电流大小，将转换开关置于适当量程；或先将开关置于最高档，根据读数大小逐次向低档切换，使读数超过刻度的 1/2，得到较准确的读数。

② 测量低压可熔保险器或低压母线电流时，测量前应将邻近各相用绝缘板隔离，以防钳口张开时可能引起相间短路。

③ 有些型号的钳形电流表附有交流电压量限，测量电流、电压时应分别进行，不能同时测量。

④ 测量 5A 以下电流时，为获得较为准确的读数，若条件许可，可将导线多绕几圈放进钳口测量，此时实际电流值为钳形表的示值除以所绕导线圈数。

⑤ 测量时应戴绝缘手套，站在绝缘垫上。读数时要注意安全，切勿触及其他带电部分。

⑥ 钳形电流表应保存在干燥的室内，钳口处应保持清洁，使用前应擦拭干净。

7. Q 表

Q 表是利用谐振原理制成一款能在强高频状态下测量电容量、电感量、品质因数的仪器故 Q 表又可称作品质因数测量仪。下面以 QBG-3 型 Q 表为例介绍其基本结构及使用方法。

（1）基本结构

QBG-3 型 Q 表主要有高频振荡电路、测量电路和输入/输出指示器等 3 大部分组成。其电路结构如图 1-36 所示。其中电压表 PV1 用于指示高频信号源的电压；PV2 用于指示 Q 值；C_s 是主调电容；C'_s 是微调电容；R_1、R_2 是分压电阻，通过两者的分压取出部分高频信号为测量回路提供电源。

（2）使用方法及注意事项

① 使用前的检查

a. 对“定位”电压表和“Q”值表进行机械调零；

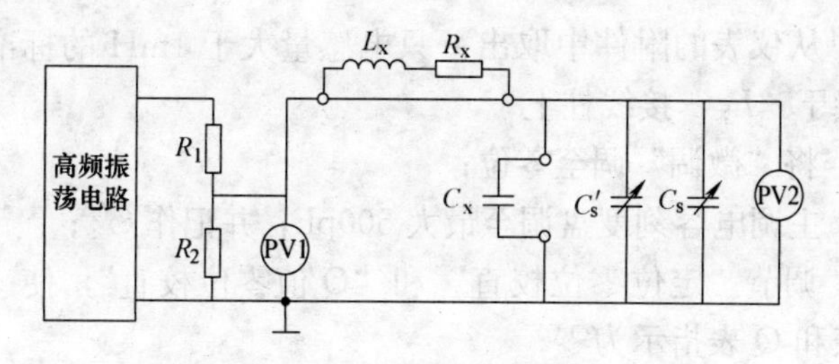

图 1-36 QBG-3 型 Q 表电路基本结构

b. 并将“定位粗调”逆时针旋到底；

c. 将“定位零位校直”和“Q 值零位校直”旋至中间位置；

d. 将“微调”旋钮旋至零位。

② Q 值的测量

a. 将被测线圈接到位于机箱顶部的“L_x”接线柱上；

b. 调节“频率旋钮”和“波段开关”至测量所需频率点；

c. 将“Q 值范围”置于合适档位；

d. 调节“定位零位校直”使“定位”电压表的指针指到“Q×1”处；

e. 调整主调电容度盘（“Q 值”电压表右边的 C/L 刻度盘）到远离谐振点；

f. 调节“Q 值零位校直”使 Q 表指针指在零点上；

g. 调节主调电容度盘和“微调”旋钮使回路谐振；

h. 读取 Q 表指示最大值，即为被测线圈的 Q 值。

③ 电感量的测量

a. 估计被测线圈的电感值，在“f、L 对照表”上找出对应的频率；

b. 调节“波段开关”和“频率旋钮”到这一频率值；

c. 调节主调电容刻度盘使 Q 表指示最大；

d. 将此时主调电容刻度盘上读出的电感值乘以“f、L 对照表”中的倍率，即为被测线圈的电感量。

④ 容量的测量

A. 对于小于 460pF 电容量的测量，可按下列步骤进行：

a. 从仪表的附件中取出一只电感量大于 1mH 的标准电感，将其接于“L_x”接线柱上；

b. 将“微调”调至零位；

c. 主调电容刻度盘调至最大 500pF，并记作 C'_s；

d. 调节“定位零位校直”和“Q 值零位校直”，使“定位”电压表和 Q 表指示为零；

e. 调节“定位粗调”和“定位细调”，使“定位”电压表指针指在“Q×1”处；

f. 调节“频率旋钮”和“波段开关”使 Q 表指示最大；

g. 将被测电容接到“C_x”接线柱上；

h. 重新调节主电容刻度盘使 Q 表指示最大，并将此值记作 C''_s。从而得出被测电容量为：$C_x = C'_s - C''_s$

B. 对于大于 460pF 电容量的测量，可按下列步骤进行：

a. 将标准电感接于“L_x”接线柱上；

b. 调节主调电容刻度盘，使 Q 表指示最大，并记作 C'_s；

c. 取下标准电感，将其与被测电容串联后再接到“L_x”接线柱上；

d. 重新调节主调电容刻度盘，使 Q 表指示最大，并记作 C''_s。从而得出被测电容量为：$C_x = C'_s C''_s / (C''_s - C'_s)$

⑤ 注意事项

a. 被测元件与接线柱之间连接的导线越粗越好，越短越好；

b. 仪表通电后应预热 10min；

c. 测量时，为避免人体感应引起误差，人手尽量不要靠近被测元件。

8. 电能表

(1) 电能表的结构与原理接线图

电能表是专门用来测量电能的，是一种能将电能累计起来的积算式仪表。根据工作原理，可分为感应式电能表，磁电式电能表，电子式电能表等。原理接线图如图 1-37 所示。

感应式交流电能表广泛应用于各种电能计量场所，是使用量最多的电气仪表。在结构上，三相表和单相表的电磁元件和圆盘个数不等，其他零件的种类基本相同，只是外形有所差别。其转动原理完全一样。

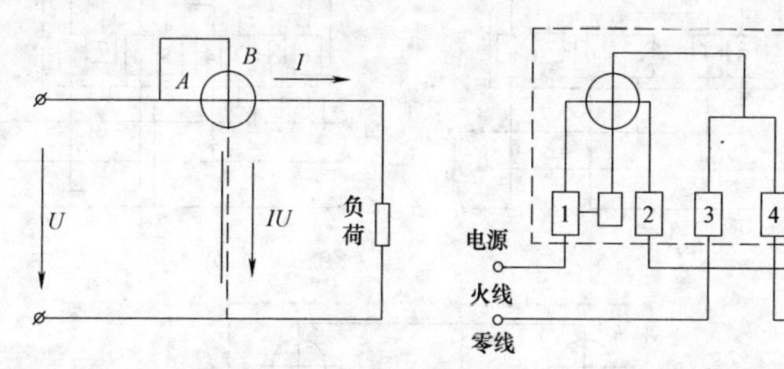

图 1-37　电能表原理接线图示意　　图 1-38　DD 型单相电能表测量电能的接线示意

(2) 电能表的正确使用

① 单相电能的测量应使用单相电能表，其接线如图 1-38 所示。正确的接法是：电源的火线从电能表的 1 号端子进入电流线圈，从 2 号端子引出接负载；零线从 3 号端子进入，从 4 号端子引出。

② 三相电能的测量。三相三线有功电能表的接线有直接插入和间接插入两种。如图 1-39 (*a*)、(*b*)、(*c*) 所示。

三相有功电能的测量，可根据负荷情况，使用三相三线有功电能表或三相四线有功电能表。当三相负荷平衡时，可使用三相三线表，当三相负荷不平衡时，应使用三相四线表。三相四线有功电能表的接线也有直接接入和间接插入两种。如图 1-40 (*a*)、(*b*)、(*c*) 所示。

直接接入式三相电能表计量的电能，可直接从其计度器的窗口上两次读数差算出。采用间接接入式三相电能表计量电能时，其实际计量的电能数，应是将两次查表读数的差乘以电流互感器和电压互感器的比率后所得的数值。

9. 接地摇表

在施工现场，众多接地体的电阻值是否符合安全规范要求，

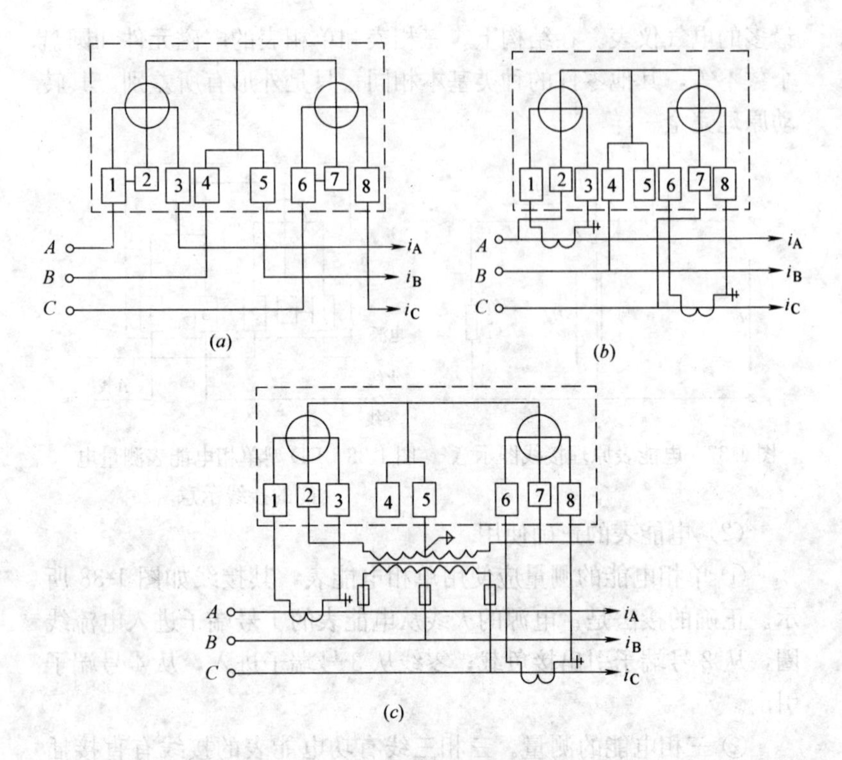

图 1-39　三相三线有功电能表测量三相有功电能的接线

(a) 直接接入；(b) 经电流互感器接入；(c) 经电流互感器、电压互感器接入

可使用接地电阻测试仪来测量。接地电阻测试仪（又称接地摇表）除用于测量接地电阻值和低阻导体电阻值之外还可以测量土壤电阻率。

(1) 接地摇表的结构原理

目前国产常用的接地摇表为 ZC-8 型和 ZC-29 型，见表 1-9，它们具有体积小、重量轻、便于携带、使用方便等特点。接地电阻测试仪的基本原理如图 1-41 所示。

接地摇表由手摇发电机、检流计、电流互感器和滑线变阻器等构成。当手摇发电机转动时，便产生交流电动势，交流电流从发电机的一个极开始，经由电流互感器一次绕组，接地极、大地

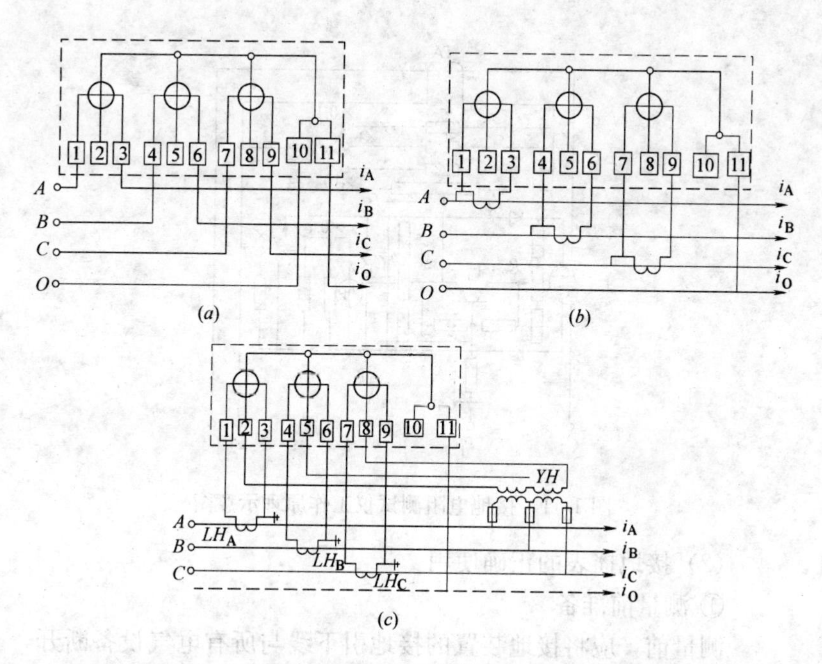

图 1-40　三相四线有功电能表测量三相有功电能的接线

(*a*) 直接接入；(*b*) 经电流互感器接入；(*c*) 经电流互感器、电压互感器接入

和探测针后回到发电机的另一个极构成回路。此时电流互感器便感应出电流，使检流计指针偏转并指示被测电阻值。

常见接地电阻测试仪型号　　　　**表 1-9**

型号	量限(Ω)	最小刻度分格(Ω)	准确度(%)		电源
			额定值 30%以下	额定值 30%	
ZC-8	0～1	0.01	为额定值的±1.5	为指示值的±5	手摇发电机
	0～10	0.1			
	0～100	1			
	0～1000	10			
ZC-29	0～10	0.1	为额定值的±1.5	为指示值的±5	手摇发电机
	0～100	1			
	0～1000	10			

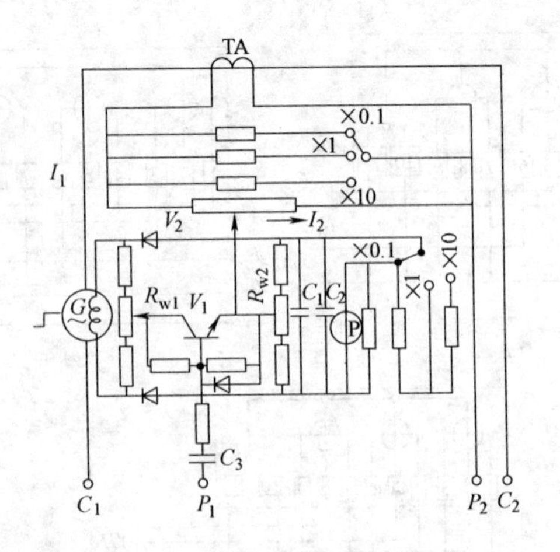

图 1-41　接地电阻测试仪工作原理示意图

(2) 接地摇表的正确使用

① 测量前准备

测量前，应将接地装置的接地引下线与所有电气设备断开，同时按测量接地电阻或低阻导体电阻以及测量土壤电阻率不同的使用目的，对照有关仪表的使用说明正确接线。

② 测量

测量时，应先将仪表放在水平位置，检查检流计指针是否对在中心线上（如不在中心线上，应调整到中心线上），然后将“倍率标度”放在最大倍数上，慢慢转动发电机摇把，同时旋转“测量标度盘”，使检流计指针平衡。当指针接近中心线时，加快摇把转速，达到 120r/min，再调整测量标度盘，使指针指于中心线上，此时用测量标度盘的读数乘以倍率标度的倍数即得所测的接地电阻值。

10. 兆欧表

(1) 兆欧表的结构及其原理电路

在电机、电器和供用电线路中，绝缘材料的好坏对电气设备的正常运行和安全用电有着重大影响，而绝缘电阻是绝缘材料性能的重要标志。绝缘电阻是用兆欧表来测量的，它是一种简便的测量大电阻的指示仪表，其标度尺的单位是兆欧，用 MΩ 来表示，1MΩ=1000000Ω，兆欧表又称“摇表”，外形如图 1-42 所示，其原理电路如图 1-43 所示。

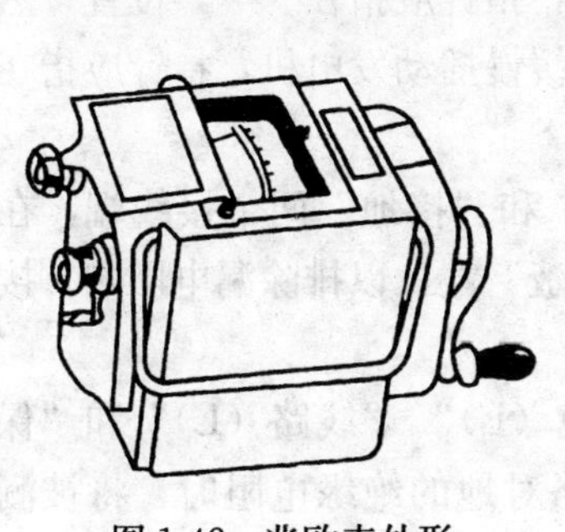

图 1-42　兆欧表外形

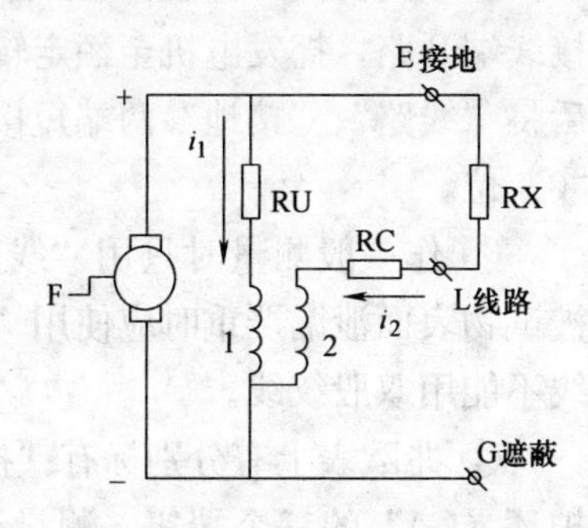

图 1-43　兆欧表的原理电路
F—发电机；RC，RU—附加电阻；
1、2—动圈；RX—待测绝缘电阻

选用兆欧表的额定电压应与被测线路或设备的工作电压相对应，兆欧表电压过低会造成测量结果不准确；过高则可能击穿绝缘。其额定电压的选择见表 1-10。另外兆欧表的量程也不要超过被测绝缘电阻值太多，以免引起测量误差。

兆欧表额定电压的选择　　　　**表 1-10**

被测对象	被测设备的额定电压(V)	兆欧表的额定电压(V)
线圈绝缘电阻	500 以下 500 以上	500 1000
电力变压器线圈绝缘电阻 电机线圈绝缘电阻	500 以上	1000～2500
发电机线圈绝缘电阻	500 以下	1000
电气设备绝缘电阻	500 以下 500 以上	500～1000 2500
瓷　瓶	—	2500～5000

(2) 兆欧表的正确使用

① 电测量前必须切断被测设备的电源，并接地短路放电，

确实证明设备上无人工作后方可进行。被测物表面应擦拭干净，有可能感应出高电压的设备，应做好安全措施。

② 兆欧表在测量前的准备：兆欧表应放置在平稳的地方，接线端开路，摇发电机至额定转速，指针应指在“∞”位置；然后将“线路”、“接地”两端短接，缓慢摇动发电机，指针应指在“0”位。

③ 作一般测量时只用“线路”和“接地”两个接线端，在被试物表面泄漏严重时应使用“屏蔽”端，以排除漏电影响。接线不能用双股绞线。

④ 兆欧表上有分别标有“接地（E)”、“线路（L)”和“保护环（G)”的三个端钮。测量线路对地的绝缘电阻时，将被测线路接于L端钮上，E端钮与地线相接（如图1-44*a*所示）。

⑤ 测量完后，在兆欧表没有停止转动和被测设备没有放电之前，不要用手去触及被测设备的测量部分或拆除导线，以防电击。对电容量较大的设备进行测量后，应先将被测设备对地短路后，再停摇发电机手柄，以防止电容放电而损坏兆欧表。

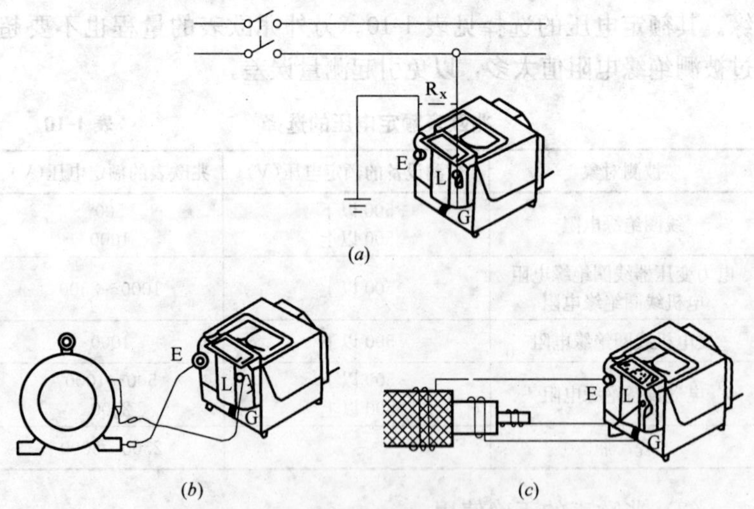

图1-44　用兆欧表测量绝缘电阻的接线

(*a*) 测线路绝缘电阻；(*b*) 测电动机绝缘电阻；(*c*) 测电缆绝缘电阻

测量电动机定子绕组与机壳间的绝缘电阻时，将定子绕组接在L端钮上，机壳与E端钮连接（如图1-44*b*所示）。测量电缆芯线对电缆绝缘保护层的绝缘电阻时，将L端钮与电缆芯线连接，E端钮与电缆绝缘保护层外表面连接，将电缆内层绝缘层表面接于保护环端钮G上（如图1-44*c*所示）。

保护环G的作用如图1-45所示。其中图1-45（*a*）所示为未使用保护环，两层绝缘表面的泄漏电流也流入线圈，使读数产生误差。图1-45（*b*）所示为使用保护环后，绝缘表面的泄漏电流不经过线圈而直接回到发电机。

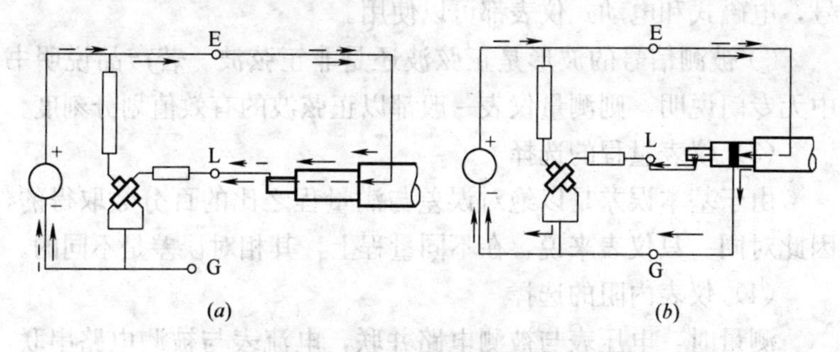

图1-45　保护环的作用
（*a*）未使用保护环；（*b*）使用保护环

11. 测量仪表的选择

要完成一项电工测量任务，首先要根据测量的要求，合理选择仪表和测量方法。所谓合理选择仪表，就是根据工作环境、经济指标和技术要求等恰当地选择仪表的类型、精度和量程，并选择正确的测量电路和测量方法，以达到要求的测量精确度。

（1）仪表精确度的选择

仪表的精确度指仪表在规定条件下工作时，在它的标度尺工作部分的全部分度线上，可能出现的基本误差。基本误差是在规定条件下工作时，仪表的绝对误差与仪表满量程之比的百分数。仪表的精确度等级用来表示基本误差的大小。精确度等级越高，基本误差越小。精确度等级与基本误差如表1-11所示。

仪表精确度等级和基本误差值 **表 1-11**

仪表精确度等级	0.1	0.2	0.5	1.0	1.5	2.5	5.0
基本误差(%)	±0.1	±0.2	±0.5	±1.0	±1.5	±2.5	±5.0

(2) 仪表类型的选择

① 测量对象是直流信号还是交流信号。测量直流信号，一般可选用磁电式仪表，如果用磁电式仪表测量交流电流和电压，还需要加整流器。测量交流信号一般选用电动式或电磁式仪表。

② 被测交流信号是低频还是高频。对于 50Hz 工频交流信号，电磁式和电动式仪表都可以使用。

③ 被测信号的波形是正弦波还是非正弦波。若产品说明书中无专门说明，则测量仪表一般都以正弦波的有效值划分刻度。

(3) 仪表量程的选择

由于基本误差是以绝对误差与满量程之比的百分数取得的，因此对同一只仪表来说，在不同量程上，其相对误差是不同的。

(4) 仪表内阻的选择

测量时，电压表与被测电路并联，电流表与被测电路串联，仪表内阻对被测电路的工作状态必然产生影响。

第二节 电 工 识 图

一、识图的基本方法、步骤及注意事项

1. 识图的基本方法

(1) 结合电工、电子线路等相关基础知识看图。

(2) 结合电路元器件的结构和工作原理看图。无论何种电气图，都是由各种电子元器件组成的，只要了解这些元器件的性能、结构、工作原理、相互控制关系以及在整个电路中的地位和作用，要看懂电气图就不难了。

(3) 结合典型电路看图。典型电路就是常见的基本电路，如电动机正、反转控制电路，顺序控制电路，行程控制电路等。不

管多么复杂的电路，总能将其分割成若干个典型电路，先搞清每个典型电路的原理和作用，然后再将典型电路串联组合起来看，就能大体把一个复杂电路看懂了。

（4）结合有关图纸说明看图。在看各种电气图时，一定要看清电气图的技术说明。它有助于了解电路的大体情况，便于抓住看图重点。达到顺利看图的目的。

（5）结合电气图的制图要求看图。电气图的绘制有一些基本规则和要求。这些规则和要求是为了加强图纸的规范性、通用性和示意性而规定的。

2. 识图的基本步骤

（1）阅读说明书。对任何一个系统、装置或设备，在看图之前应首先了解它们的机械结构、电气传动方式、对电气控制的要求、电动机和电器元件的大体布置情况以及设备的使用操作方法，各种按钮、开关、指示器等的作用。此外还应了解使用要求、安全注意事项等。对系统、装置或设备有一个较全面完整的认识。

（2）看图纸说明。图纸说明包括图纸目录、技术说明、元器件明细表和施工说明书等。识图时，首先要看清楚图纸说明书中的各项内容，弄清设计内容和施工要求。这样就可以了解图纸的大体情况并抓住识图重点。

（3）看标题栏。图纸中标题栏也是重要的组成部分，它包括电气图的名称及图号等有关内容，因此可对电气图的类型、性质、作用等有明确认识，同时可大致了解电气图的内容。

（4）看概略图（系统图或框图）。看图纸说明后，就要看概略图，从而了解整个系统或分系统的概况，即它们的基本组成、相互关系及其主要特征，为进一步理解系统或分系统的工作方式、原理打下基础。

（5）看电路图。电路图是电气图的核心，对一些小型设备，电路不太复杂，看图相对容易些。对一些大型设备，电路比较复杂，看图难度较大。不论怎样都应按照由简到繁、由易到难、由粗到细的步骤逐步看深、看透，直到完全明白、理解。一般应先看相关的逻辑图和功能图。

（6）看接线图。接线图是以电路图为依据绘制的，因此要对照电路图来看接线图。看接线图时，也要先看主电路，再看辅助电路。看接线图要根据端子标志、回路标号，从电源端顺次查下去，弄清楚线路的走向和电路的连接方法。即弄清楚每个元器件是如何通过连线构成闭合回路的。

3. 识图注意事项

（1）必须熟悉电气施工图的图例、符号、标注及画法。

（2）必须具有相关电气安装与应用的知识和施工经验。

（3）能建立空间思维，正确确定线路走向。

（4）电气图与土建图对照识读。

（5）明确施工图识读的目的，准确计算工程量。

（6）善于发现图中的问题，在施工中加以纠正。

二、电气图形符号

1. 电气设备基本图形符号

电气设备基本图形符号及说明见表 1-12。

电气设备基本图形符号及说明　　表 1-12

新符号	旧符号	说　明
— 或 - - -	—	直流
～	～	交流
$\overline{\sim}$	$\overline{\sim}$	交直流
～	～	低频（工频）
≈	≈	中频（音频）
≋	≋	高频（超声频、载频或射频）

续表

新符号	旧符号	说　明
[symbol]	[symbol]	具有交流分量的整流电流
M	M	中间线
N	N	中性线
+	+	正极
−	−	负极
[symbol]	[symbol]	手动操作
[symbol]		贮存机械能操作
(M)- -	(D)- - -	电动机操作
[symbol]		脚踏操作
[symbol]		凸轮操作
[symbol]	[symbol]	接地一般符号
[symbol]		无哭声接地（抗干扰接地）
[symbol]	[symbol]	保护接地
[symbol] 或 [symbol]	[symbol] 或 [symbol]	接机壳或接底板
[symbol]	[symbol]	闪络、击穿
[symbol]	[symbol]	导线间对地绝缘击穿

续表

新符号	旧符号	说　明
		故障
		导线间绝缘击穿
		理想电流源
		理想电压源
		柔软导线
		二股绞合导线
3 3	3 3	电缆直通接线盒(示出带三根导线)单线表示
3 3 3	3 3 3	电缆连接盒,电缆分线盒(出示带三根导线T形连接)单线表示
		架空线路
F *T* *V* *S* *F*	*F* *T* *V* *S* *F*	电话 电报和数据传输 视频通路(电视) 声道(电视或无路或电广播) 示例:电话线路或电话电路
		地下线路
		滑触线
		中性线
		保护线
		具有保护线和中性线的三相配线

续表

新符号	旧符号	说　明
(1) 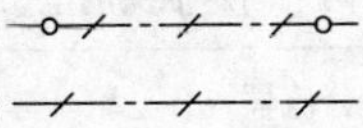 (2)		接地装置 (1)有接地极 (2)无接地极
		端子
		同轴电缆
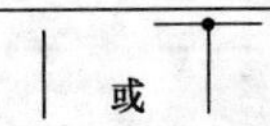 或		导线的连接
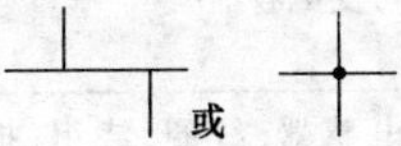 或	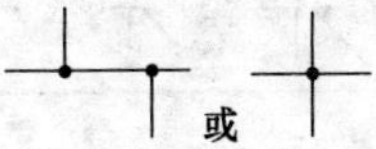 或	导线的多线连接
		插头和插座
	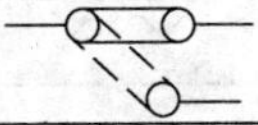	断开的连接片
 或	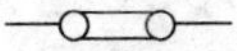	接通的连接片
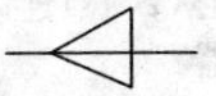	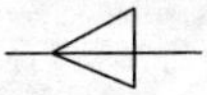	电缆终端头
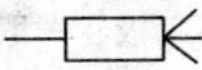		滑动(滚动)连接器
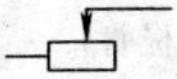	=	滑动连接变阻器
		电阻器的一般符号
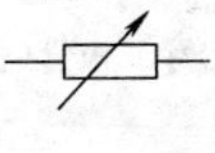	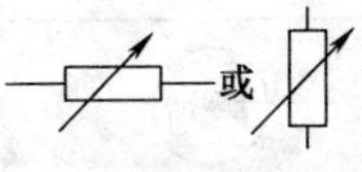 或	可变电阻器
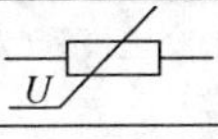 U	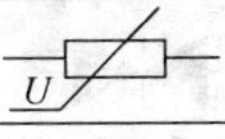 U	压敏电阻器
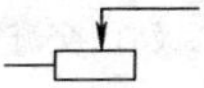	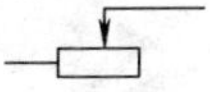	滑线式电阻器
	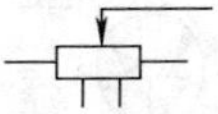	两个固定抽头的可变电阻器

续表

新符号	旧符号	说　明
		两个固定抽头的电阻器
		分流器
+	+ −	极性电容器
		滑动触点电位器
	或	可变电容器
		电感器、线圈、绕组、扼流圈
		磁心（铁心）有间隙的电感器
		带磁心（铁心）的电感器
		带磁心（铁心）连续可调的电感器
		半导体二极管一般符号
		发光二极管
		隧道二极管
		单向击穿二极管（稳压二极管）
		双向击穿二极管（双向稳压二极管）
		双向二极管、交流开关二极管
		PNP 型半导体管

续表

新符号	旧符号	说明
		NPN型半导体管
		集电极接管壳的NPN型半导体管
		光电二极管
		光敏电阻
	E	光电池
		两相绕组
3 或		三个独立绕组
		三角形连接的三相绕组
		开口三角形连接的三相绕组
		中性点引出的星形连接的三相绕组
		星形连接的三相绕组
		曲折形或双星形互相连接的三相绕组
		双三角连接的六相绕组
	或	集电环或换向器上的电刷
M	D	直流电机
G	F	直流发电机

续表

新符号	旧符号	说　明
G ～	F ～	交流发电机
M ～	D ～	交流电动机
M	D 或 D	串励直流电动机
M	D	并励直流电动机
M	D	他励直流电动机
M	D	永磁直流电动机
M 1～	～	单相交流串励电动机
MS 1～		单相永磁同步电动机
M 3～		三相交流串励电动机
M 3～		单相笼形异步电动机
M 3～		三相笼形异步电动机

续表

新符号	旧符号	说　明
M 3～		三相绕线转子异步电动机
TG ～		交流测速发电机
TG —		电磁式直流测速发电机
TG —		永磁式直流测速发电机
或	单线　多线	双绕组变压器一般符号
或	单线　多线	三绕组变压器一般符号
或	单线　多线	自耦变压器一般符号
或	单线　多线	电流互感器、脉冲变压器
或		电抗器、扼流圈一般符号
或	单线　多线	电压互感器

续表

新符号	旧符号	说明
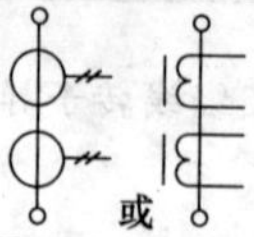 或	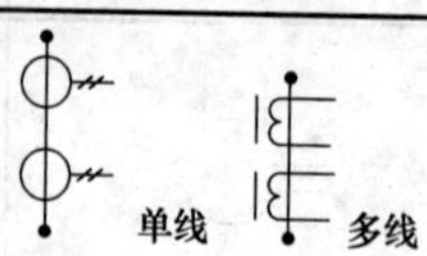 单线 多线	具有两个铁芯和两个二次绕组的电流互感器
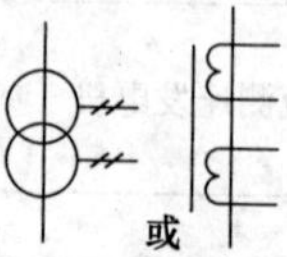 或	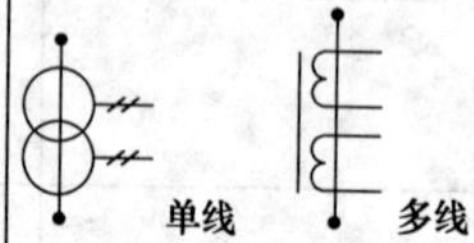 单线 多线	在一个铁芯上有两个二次绕组的电流互感器
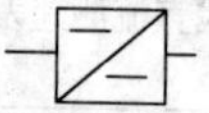		直流变流器方框符号
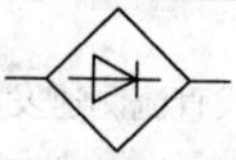		桥式全波整流器方框符号
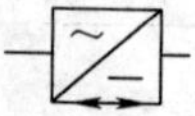		整流器、逆变器方框符号
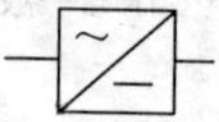		整流器方框符号
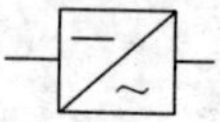		逆变器方框符号
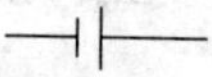	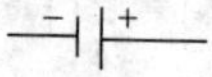	原电池或蓄电池
	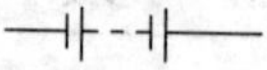	蓄电池组或原电池组
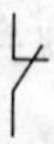	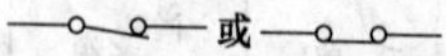 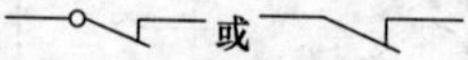 或 或	动断(常闭)触点
 或	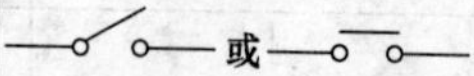 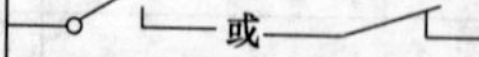 或 或	动合(常开)触点
	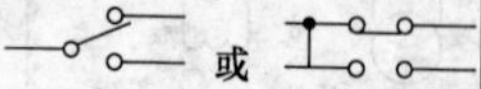 或	先断后合的转换触点

续表

新符号	旧符号	说明
或	或	当操作器件被吸合时延时闭合的动合(常开)触点
	或	中间断开的双向触点
或		当操作器件被释放时延时断开的动合(常开)触点
或		当操作器件被吸合时延时断开的动断(常闭)触点
或		当操作器件被释放时延时闭合的动断(常闭)触点
或	或	开关一般符号
E		动合(常开)按钮
E		带动断(常闭)和动合(常开)触点的按钮
		接触器(在非动作位置触点断开)
		手动开关一般符号
E		动断(常闭)按钮

续表

新符号	旧符号	说　明
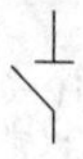		隔离开关
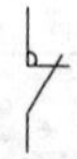	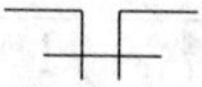	接触器（在非动作位置触点闭合）
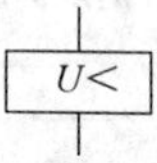 $U<$	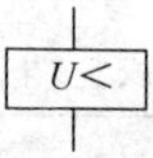 $U<$	欠压继电器线圈
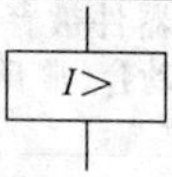 $I>$	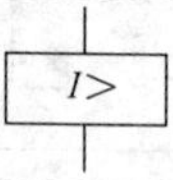 $I>$	过渡继电器线圈
 A	 A	电流表
 V	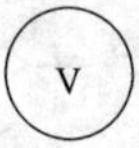 V	电压表
 W	 W	功率表
		示波器
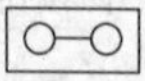		直流电焊机
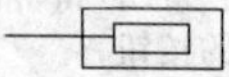	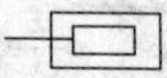	电阻加热装置
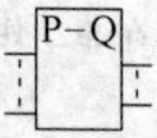 P−Q		减法器
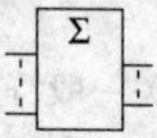 Σ		加法器
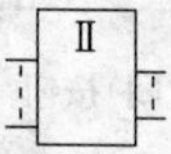 Π		乘法器

2. 插座、开关基本图形符号

插座、开关基本符号及说明见表 1-13。

插座、开关基本符号及说明　　　　表 1-13

符号	说明	符号	说明
	单相插座		带保护接点插座及带接地插孔的单相插座
	暗装		暗装
	密闭(防水)		密闭(防水)
	防爆		防爆
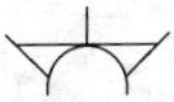	带接地插孔的三相插座	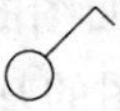	单极开关
	带接地插孔的三相插座暗装	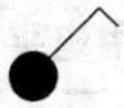	暗装
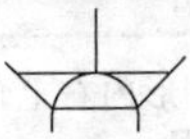	密闭(防水)	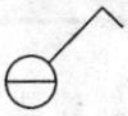	密闭(防水)
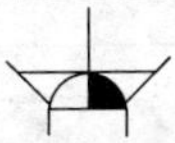	防爆		防爆
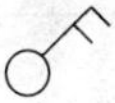	双极开关	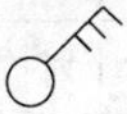	三极开关
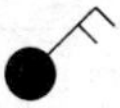	暗装	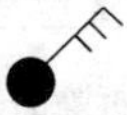	暗装
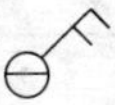	密闭(防水)	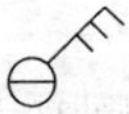	密闭(防水)
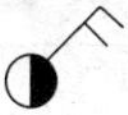	防爆	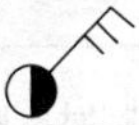	防爆
	带熔断器的插座	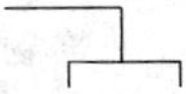	电信插座的一般符号 注:可用文字或符号加以区别 如: TP—电话—、TX—电传

续表

符号	说明	符号	说明
	开关一般符号		TV—电视、M—传声器、*—扬声器(符号表示)、FM—调频
	单极拉线开关	(a) (b)	一般或保护型按钮盒 (a)示出一个按钮 (b)示出两个按钮
	单极双控拉线开关		
	多拉开关(如用于不同照度)		钥匙开关
	单极限时开关		定时开关

3. 有关施工用电平面图的基本图例

有关施工用电平面图的基本图例及说明见表 1-14。

有关施工用电平面图的基本图例及说明　　表 1-14

图　例	名　称	说　明
6	新建建筑物	▲表示出入口,图形内右上角点数或数字表示层数
	原有建筑物	
	计划扩建的预留地或建筑物	
	拆除的建筑物	
	临时房屋密闭式	
	临时房屋敞棚式	
	建筑物下面的通道	

续表

图 例	名 称	说 明
	散状材料露天堆场	需要时可注明材料名称
	其他材料露天堆场或露天作业场	
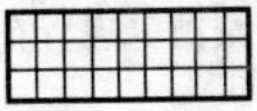	铺砌场地	
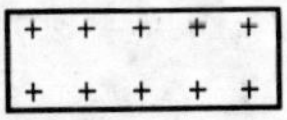	敞棚或敞廊	
	水池、坑槽	
 	围墙及大门	左上图为实体性质的围墙，下图为通透性质的围墙，若仅表示围墙时不画大门
	台阶	箭头指向表示向下
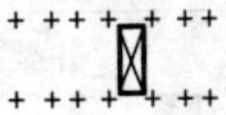	露天桥式吊车	
	施工用临时道路	
	挡土墙	被挡土在“突出”的一侧
	挡土墙上设围墙	
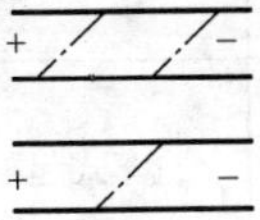	填方区、挖方区、未整平区及零点线	“+”表示填方区； “-”表示挖方区； 中间为未整平区； 点画线为零点线
	填挖边坡	下边线为虚线时表示填方
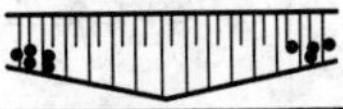	护坡	

续表

图 例	名 称	说 明
	地表排水方向	
1 40.00	截水沟或排水沟	“1”表示 1%的沟底纵向坡度,“40.00”表示变坡点间距离,箭头表示水流方向
—— 代号 ——	管线	管线代号按国家现行有关标准的规定标注
—— 代号 ——	地沟管线	
⊢—代号—⊣		
—+— 代号 —+—	管桥管线	

4. 常用施工机械图例

常用施工机械图例见表 1-15。

常用施工机械图例 表 1-15

图例	名称	图例	名称
	塔轨		井架
	塔吊		门架
	少先吊		外用电梯
	卷扬机		履带式起重机
	缆式起重机		汽车式起重起
	铁路式起重机		皮带运输机

续表

图例	名称	图例	名称
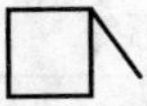	多斗挖土机		推土机
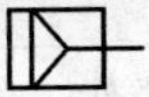	铲运机		混凝土搅拌机
	灰浆搅拌机		挖土机：
	洗石机	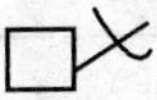	正铲
	打桩机	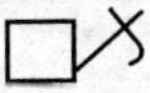	反铲
	水泵		抓铲
	圆锯		拉铲

三、电气文字符号

1. 电气设备种类的基本分类符号

电气设备种类的基本分类符号见表 1-16。

电气设备种类的基本分类符号　　　　表 1-16

符号	种　类	举　例
A	组件 部件	分离元件放大器、磁放大器、激光器、微波激射器、印制电路板等
B	变换器（从非电量到电量或相反）	送话器、热电池、光电池、测功计、晶体换能器、自整角机、拾音器、扬声器、耳机、磁头等
C	电容器	可变电容器、微调电容器、极性电容器等
D	二进制逻辑单元、延迟器件、存储器件	数字集成电路和器件、延迟线、双稳态元件、单稳态元件、寄存器
E	杂项、其他元件	光器件、热器件
F	保护器件	熔断器、避雷器等
G	电源、发电机、信号源	电池、电源设备、振荡器、石英晶体振荡器
H	信号器件	光指示器、声指示器
K	继电器、接触器	—

续表

符号	种类	举例
L	电感器、电抗器	感应线圈、线路陷波器、电抗器等
M	电动机	—
N	模拟集成电路	运算放大器、模拟/数字混合器件
P	测量设备、试验设备	指示、记录、积算、信号发生器、时钟
Q	电力电路的开关	断路器、隔离开关
R	电阻器	可变电阻器、电位器、变阻器、分流器、热敏电阻等
S	控制电路的开关选择器	控制开关、按钮、限制开关、选择开关、选择器等
T	变压器	电压、电流互感器
U	调制器、变换器	鉴频器、解调器、变频器、编码器等
V	电子管器件、半导体器件	电子管、晶体管、二极管、显像管等
W	传输通道、波导、天线	导线、电缆、波导、偶极天线、拉杆天线等
X	端子、插头、插座	插头和插座、测试塞孔、端子板、焊接端子片、连接片
Y	电气操作的机械装置	制动器、离合器、气阀等

2. 电气设备和元件新旧的文字符号

电气设备和元件的新旧文字符号见表1-17。

电气设备和元件的新旧文字符号　　表1-17

名称	新符号	旧符号	名称	新符号	旧符号
发电机	G	F	汽轮发电机	G、GT	QLF
直流发电机	G、GD	ZF	励磁机	G、GE	L
交流发电机	G、GA	JF	电动机	M	D
同步发电机	G、GS	TF	直流电动机	M、MD	ZD
异步发电机	G、GA	YF	交流电动机	M、MA	JD
永磁发电机	G、GM	YCF	同步电动机	M、MS	TD
水轮发电机	G、GH	SLF	异步电动机	M、MA	YD

续表

名称	新符号	旧符号	名称	新符号	旧符号
笼型电动机	M、MC	LD	电阻器	R	R
互感器	T	H	变阻器	R	R
电流互感器	T、TA	LH	电位器	R、RP	W
电压互感器	T、TV	YH	启动电阻器	R、RS	QR
整流器	U	ZL	制动电阻器	R、RB	ZDR
变流器	U	BL	频敏电阻器	R、PR	PR
逆变器	U	NB	绕组	W	Q
变频器	U	BP	电枢绕组	W、WA	SQ
断路器	Q、QF	DL	定子绕组	W、WS	DQ
隔离开关	Q、QS	GK	转子绕组	W、WR	ZQ
自动开关	Q、QA	ZK	励磁绕组	W、WE	LQ
转换开关	Q、QC	HK	控制绕组	W、WC	KQ
刀开关	Q、QK	DK	变压器	T	B
控制开关	S、SA	KK	电力变压器	T、TM	LB
行程开关	S、ST	CK	控制变压器	T、TC	KB
限位开关	S、SL	XK	升压变压器	T、TU	SB
终点开关	S、SE	ZDK	降压变压器	T、TD	JB
微动开关	S、SS	WK	自耦变压器	T、TA	OB
脚踏开关	S、SF	TK	整流变压器	T、TR	ZB
按钮开关	S、SB	AN	电炉变压器	T、TF	LB
接近开关	S、SP	JK	稳压器	T、TS	WY
继电器	K	J	附加电阻器	R、RA	FR
电压继电器	K、KV	YJ	电容器	C	C
电流继电器	K、KA	LJ	电感器	L	L
时间继电器	K、KT	SJ	电抗器	L	DK
频率继电器	K、KF	PJ	启动电抗器	L、LS	QK
压力继电器	K、KP	YLJ	感应线圈	L	GQ
控制继电器	K、KC	KJ	电线	W	DX
信号继电器	K、KS	XJ	电缆	W	DL
接地继电器	K、KE	JDJ	母线	W	M
接触器	K、KM	C	避雷器	F	BL
电磁铁	Y、YA	DT	熔断器	F、FU	RD
制动电磁铁	Y、YB	ZDT	照明灯	E、EL	ZD
牵引电磁铁	Y、YT	QYT	指示灯	H、HL	SD
起重电磁铁	Y、YL	QZT	蓄电池	G、GB	XDC
电磁离合器	Y、YC	CLH	光电池	B	GDC

续表

名称	新符号	旧符号	名称	新符号	旧符号
晶体管	V	BG	测速发电机	B、BR	CSF
电子管	V、VE	G	送话器	B	S
调节器	A	T	受话器	B	SH
放大器	A	FD	拾声器	B	SS
晶体管放大器	A、AD	BF	扬声器	B	Y
电子管放大器	A、AV	GF	耳机	B	EJ
磁放大器	A、AM	CF	接线柱	X	JX
变换器	B	BH	连接片	X、XB	LP
压力变换器	B、BP	YB	测量仪表	P	CB
位置变换器	B、BQ	WZB	天线	W	TX
温度变换器	B、BT	WDB	插头	X、XP	CT
速度变换器	B、BV	SDB	插座	X、XS	CZ
自整角机	B	ZZJ			

3. 辅助文字符号

辅助文字符号是用来表示电气设备、装置、元器件以及线路的功能、状态和特征的，如“ST”表示启动，“STP”表示停止，“GN”表示绿色等。辅助文字符号也可以放在表示种类的基本文字符号的单字母符号后面组成双字母符号，如“BR”表示测速发电机。为了简化文字符号，如辅助文字符号由两个以上字母组成时，则可以采用其第一位字母进行组合，如“MC”表示笼形电动机。辅助文字符号还可以单独使用，如“ASY”表示异步，“SYN”表示同步，“GN”表示闭合，“OFF”表示断开等。国家规定的新、旧标准电气设备、装置和元器件常用辅助文字代号见表1-18所示。

4. 补充文字符号

若国家标准《电气技术中的文字符号制订通则》GB/T 7159—1987中所列的基本文字符号和辅助文字符号仍不够使用时，则可以按下述原则予以增加补充文字符号。

（1）在不违背文字符号编制原则的条件下，可以采用国际标准中的电气技术文字符号。

电气设备、装置和元器件常用辅助文字代号新旧对照表

表 1-18

名称	新标准(GB 7159)	旧标准(GB 312)		名称	新标准(GB 7159)	旧标准(GB 312)	
		单组合	多组合			单组合	多组合
正	FW	Z	Z	闭合	ON	BH	BH
反	R	F	F	断开	OFF	DK	DK
主	M	Z	Z	启动	ST	Q	Q
辅	AUX	F	F	停止	STP	T	T
高	H	G	G	自动	A. AUT	Z	Z
低	L	D	D	手动	M. MAN	S	S
红	RD	H	H	交流	AC	JL	J
绿	GN	L	L	电压	V	Y	Y
黄	YE	U	U	电流	A	L	L
白	WH	B	B	时间	T	S	S
蓝	HL	A	A	同步	SYN	T	T
中	M	Z	Z	异步	ASY	Y	Y
升	U	S	S	控制	C	K	K
降	D	J	J	信号	S	X	X
直流	DC	ZL	Z	附加	ADD	F	F

(2) 在优先采用标准中规定的单字母符号、双字母符号和辅助文字符号的前提下，可补充标准未列出的双字母符号和辅助文字符号。

(3) 补充文字符号应按有关电气名词术语国家标准或专业标准中规定的英文术语缩写而成，同一设备若有几种名称时，则应选用其中的一个名称。当设备名称、功能、状态或特征为一个英文单词时，一般应采用该单词的第一位字母构成文字符号，需要时也可用前两位字母或者采用缩略语或约定的习惯法则构成；当设备名称、功能、状态或特征为两个或三个英文单词时，则一般采用该两个或三个单词的第一字母，以构成文字符号。基本文字符号一般不得超过两位字母，辅助文字符号则一般不能超过三位字母。

(4) 由于拉丁字母“I”、“O”容易同阿拉伯数字“1”、“0”混淆，因此不允许单独作为文字符号来使用。

第三节　电气安全与节能知识

一、安全用电常识

1. 电工安全操作规程

（1）工作前必须检查工具、测量仪表和防护用具是否完好。

（2）任何电气设备内部未经验明无电时，一律视为有电，不准用手触及。

（3）不准在设备运转时拆卸修理电气设备，必须在停车、切断设备电源、取下熔断器、挂上"禁止合闸，有人工作"的警示牌，并验明无电后，才可进行工作。

（4）在总配电盘及母线上进行工作时，在验明无电后应挂临时接地线，装拆接地线都必须由值班电工进行。

（5）临时工作中断后或每天开始工作前，都必须重新检查电源确已断开，并验明无电。

（6）每次维修结束时，必须清点所带工具和零件，以防遗失和遗留在设备内而造成事故。

（7）由专门检修人员修理电气设备时，值班电工必须进行登记，完工后要做好交代，共同检查，然后才可以送电。

（8）必须在低压配电设备上带电进行工作时，要经过领导批准，并有专人监护。工作时要戴工作帽，穿长袖衣服，戴绝缘手套，使用绝缘工具，并站在绝缘物上进行操作，相邻带电部分和接地金属部分应用绝缘板隔开，严禁使用锉刀、钢尺等进行工作。

（9）严禁带负载操作动力配电箱中的刀开关。

（10）带电装卸熔断器时，要戴防护眼镜和绝缘手套，必要时使用绝缘夹钳，站在绝缘垫上操作。

（11）熔断器的容量选择应能满足要求。

（12）电气设备金属外壳必须接地（接零），接地线要符合标准，不应断开带电设备的外壳接地线。

(13) 拆除电气设备或线路后，对可能继续供电的线头必须用绝缘布包扎好。

(14) 安装灯头时，开关必须接在相线上，灯头（座）必须接在零线上。

(15) 对临时装设的电气设备，必须将金属外壳接地。严禁将电动工具的外壳接地和工作零线拧在一起插入插座。必须使用两线带地或三线带地插座，或者将外壳接地线单独接到接地干线上，以防接触不良时引起外壳带电。用橡胶软电缆接移动设备时，专供保护接零的芯线中不允许有工作电流通过。

(16) 动力配电盘、配电箱、开关、变压器等各种电器设备附近，不准堆放各种易燃、易爆、潮湿和其他影响操作的物件。

(17) 使用梯子时，梯子与地面之间的角度以60°左右为宜。在水泥地面上使用梯子时，要有防滑措施。对没有搭钩的梯子，在工作中要有人扶持。使用人字梯时拉绳必须牢固。

(18) 使用喷灯时，油量不得超过容器容积的3/4，打气要适当，不得使用漏油、漏气的喷灯。不准在易燃易爆物品附近点燃喷灯。

(19) 使用Ⅰ类电动工具时，要戴绝缘手套，并站立在绝缘垫上工作。最好加设漏电保护断路器或安全隔离变压器。

(20) 电气设备发生火灾时，要立刻切断电源，并使用1211灭火器或二氧化碳灭火器灭火，严禁使用水或泡沫灭火器。

2. 触电与急救的基本知识

(1) 电流对人体的伤害

外部的电流经过人体，造成人体器官组织损伤，甚至死亡，称为触电。触电有两种类型，即电击和电伤。电击是指电流通过人体内部，对人体内脏及神经系统造成破坏导致死亡；电伤是指电弧通过人体外部表皮造成伤害。在触电事故中，电击和电伤常会同时发生。触电的伤害程度与通过人体电流的大小、流过的途径、持续的时间、电流的种类、交流电的频率及人体的健康状况等因素有关，其中以通过人体电流的大小对触电者的伤害程度起决定性作用。人体对触电电流的反应见表1-19。

人体对触电电流的反应　　表1-19

电流/mA	交流电(50Hz)		直流电
	通电时间	人体反应	人体反应
0～0.5	连续	无感觉	无感觉
0.5～5	连续	有刺麻、疼痛感．无痉挛	无感觉
5～10	数分钟内	痉挛、剧痛，但可以摆脱电源	有针刺、压迫及灼热感
10～30	数分钟内	迅速麻痹，呼吸困难，不能自由	压痛、刺痛，灼热强烈、有抽搐
30～50	数秒至数分钟	心跳不规则，昏迷，强烈痉挛	感觉强烈，有剧痛痉挛
50～100	超过3s	心室颤动，呼吸麻痹，心脏麻痹而停跳	剧痛，强烈痉挛，呼吸困难或麻痹

由于触电时对人体的危害性极大，为了保障人的生命安全，使触电者能够自行脱离电源，因此各国都规定了安全操作电压。我国规定的安全电压：对50～500Hz的交流电压安全额定值（有效值）为42V、36V、24V、12V、6V五个等级，供不同场合选用，还规定安全电压在任何情况下均不得超过50V有效值。当电气设备采用大于24V的安全电压时，必须有防止人体直接接触带电体的保护措施。

（2）触电的原因及形式

从电流对人体的伤害中可以看出，必须安全用电，并且应该以预防为主。为了最大限度地减少触电事故的发生，应从实际出发分析触电的原因与形式，并针对不同的情况提出预防措施，见表1-20。

（3）触电的急救

一旦发生触电事故，抢救者必须保持冷静，首先应使触电者脱离电源，然后进行急救。其方法及说明见表1-21。

触电的原因及形式 表 1-20

类型	说 明
触电的原因	不同的场合，引起触电的原因也不一样，触电的原因可以归纳为以下几类： a. 线路架设不合规格，采用一线一地制的违章线路架设，当接地零线被拔出、线路发生短路或接地桩接地不良时，均会引起触电；室内导线破旧、绝缘损坏或敷设不合规格，容易造成触电或碰线短路引起火灾；无线电设备的天线、广播线、通信线与电力线距离过近或同杆架设，如遇断线或碰线时电力线电压传到这些设备上引起触电；电气维修工作台布线不合理，绝缘线被电烙铁烫坏引起触电等 b. 用电设备不符合要求，电烙铁、电熨斗、电风扇等家用电器绝缘损坏、漏电及其外壳无保护接地线或保护接地线接触不良；开关、插座的外壳破损或相线绝缘老化，失去保护作用；照明电路或家用电器由于接线错误致使灯具或机壳带电引起触电等 c. 电工操作制度不严格、不健全、带电操作、冒险修理或盲目修理，且未采取切实的安全措施，均会引起触电；停电检修电路时，刀开关上未挂"警告牌"，其他人员误合刀开关造成触电；使用不合格的安全工具进行操作，如用竹竿代替高压绝缘棒、用普通胶鞋代替绝缘靴等，也容易造成触电 d. 用电不谨慎，违反布线规程，在室内乱拉电线，在使用中不慎造成触电；换熔丝时，随意加大规格或任意用钢丝代替铅锡合金丝，失去保险作用，引起触电；未切断电源就去移动灯具或家用电器，如果电器漏电就会造成触电；用水冲刷电线和电器，或用湿布擦拭，引起绝缘性能降低而漏电，也容易造成触电
触电的形式	人体触及带电体有三种不同情况，分别为单相触电、两相触电和跨步电压触电： a. 单相触电。指人站在地上或其他接地体上，而人的某一部位触及一相带电体，称为单相触电，如图 1-46(*a*)、(*b*)所示。在我国低压三相四线制中性点直接接地的系统中，单相触电电压为 220V 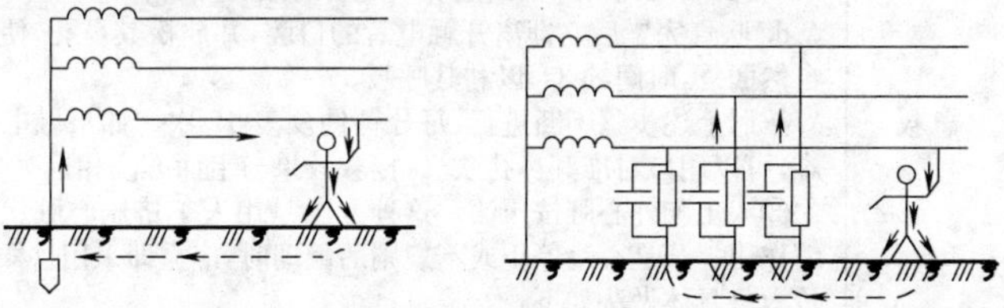 (*a*) (*b*) 图 1-46 单相触电 b. 两相触电。指人体两处同时触及两相带电体，称为两相触电，如图 1-47 所示。两相触电加在人体上的电压为线电压，所以其触电的危险性最大 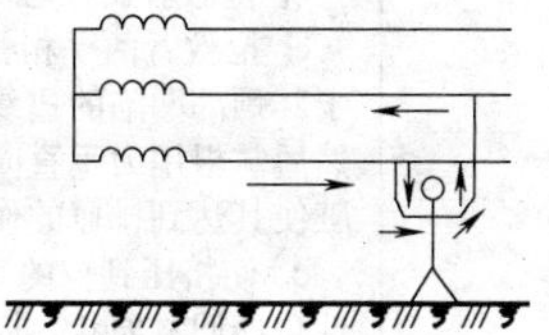 图 1-47 两相触电 c. 跨步电压触电。带电体着地时，电流流过周围土壤，产生电压降，人体接近着地点时，两脚之间形成跨步电压，其大小决定于离着地点的远近及两脚正对着地点方向的跨步距离，跨步电压在一定程度上也会引起触电事故，称为跨步电压触电。通常，为了防止跨步电压触电，人体应距离接地体 20m 之外，此时的跨步电压为零

触电的急救方法及说明　　表 1-21

方法	说　明
脱离电源	使触电者迅速脱离电源是极其重要的环节之一，触电时间越长，对触电者的伤害就越大。要根据具体情况和条件采取不同的方法，如断开电源开关、拔去电源插头或熔断器插件等；用干燥的绝缘物拨开电源线或用干燥的衣服垫住，将触电者拉开（仅适用于低压触电）。总之，用一切可行的办法使触电者迅速脱离电源。在高空发生触电事故时，触电者有被摔下的危险，一定要采取紧急措施，使触电者不致被摔伤或摔死
急救	触电者脱离电源后，应根据其受到电流伤害的程度，采取不同的施救方法。若停止呼吸或心脏停止跳动，决不可认为触电者已死亡而不去抢救，应立即进行现场人工呼吸和人工胸外心脏按压，并迅速通知医院救护。抢救必须分秒必争，时间就是生命 ①人工呼吸法。人工呼吸的方法很多，其中以口对口（或对鼻）的人工呼吸法最为简便有效，而且也最易学会，具体做法如下： a. 首先把触电者移动到空气流通的地方，最好放在平直的木板上，使其仰卧，不可用枕头。然后把头放向一边，掰开嘴，清除口腔中的杂物、义齿等。如果舌根下陷应将其拉出，使呼吸道畅通。同时解开衣领，松开上身的紧身衣服，使胸部可以自由扩张 b. 抢救者位于触电者一边，用一只手紧捏触电者的鼻孔，并用手掌的外缘部压住其额部，扶正头部使鼻孔朝天。另一只手托在触电者的颈后，将颈部略向上抬，以便接受吹气 c. 抢救者做深呼吸，然后紧贴触电者的口腔，对口吹气约 2s。同时观察其胸部有否扩张，以决定吹气是否有效和是否合适 d. 吹气完毕后立即离开触电者的口腔，并放松其鼻孔，使触电者胸部自然回复，时间约 3s，以利其呼吸。 按照上述步骤不断进行，每分钟约反复 12 次。如果触电者张口有困难，可以用口对准其鼻孔吹气，抢救效果与上面方法相近 ②人工胸外心脏按压法。这种方法是用人工挤压心脏代替心脏的收缩作用。凡是心跳停止或不规则的颤动时，应立即采用这样的办法进行抢救。具体做法如下： a. 使触电者仰卧，姿势与人工口对口呼吸法相同，但后背着地处应结实 b. 抢救者骑在触电者的腰部 c. 抢救者两手相叠，用掌根置于触电者胸骨下端部位，即中指指间置于其颈部凹陷的边缘，“当胸一手掌”，掌根所在的位置即为正确压区。然后掌根用力垂直向下挤压，使其胸部下陷 3～4cm 左右，可以压迫心脏使其达到排血的作用 d. 使挤压到位的手掌突然放松，但手掌不要离开胸壁，依靠胸部的弹性自动回复原状，使心脏自然扩张，大静脉中的血液就能回流到心脏中来 按照上述步骤连续不断地进行，每分钟约 60 次。挤压时定位要准确，压力要适中。不要用力过猛，以免造成肋骨骨折、气胸、血胸等危险。但也不能用力过小，达不到挤压目的

上述两种方法应对症使用，若触电者心跳和呼吸均已停止，则两种方法可交替使用；如果现场只有一个人实施抢救，则先行吹气两次，再挤压 15 次，如此反复进行。经过一段时间的抢救后，若触电者面色好转、口唇潮红、瞳孔缩小、心跳和呼吸恢复正常、四肢可以活动，这时可暂停数秒钟进行观察，有时触电者就此恢复。

如果还不能维持正常的心跳和呼吸，必须在现场继续进行抢救，尽量不要搬动，如果必须搬动，抢救工作绝不能中断，直到医务人员来接替抢救为止。

3. 电气防火、防爆、防雷的基本知识

(1) 电气火灾

电气火灾是电气设备因故障（如短路、过载等）产生过热或电火花［包括工作火花（如电焊火花飞溅）和故障火花（如拉闸火花、熔丝熔断火花等）］而引发的火灾，具体说明见表 1-22。

电气火灾预防方法及电火警的紧急处理步骤　　表 1-22

类型		说明
预防方法		在线路设计上应充分考虑负载容量及合理的过载能力；在用电上应禁止过度超载及“乱接乱搭电源线”；防止“短路”故障，用电设备有故障应停用并尽快检修；某些电气设备应在有人监护下使用，“人去停用(电)”。预防电火灾看来都是一些烦琐小事，可实际意义重大，千万不要麻痹大意。对于易引起火灾的场所，应注意加强防火，配置防火器材，使用防爆电器
电火警的紧急处理步骤	切断电源	当电气设备发生火警时，首先要切断电源（用木柄消防斧切断电源进线），防止事故的扩大和火势的蔓延以及灭火过程中发生触电事故。同时拨打“119”火警电话，向消防部门报警
	正确使用灭火器材	发生电火警时，决不可用水或普通灭火器（如泡沫灭火器）去灭火，因为水和普通灭火器中的溶液都是导体，一旦电源未被切断，救火者就有触电的可能。所以，发生电火警时应该使用干粉二氧化碳或 1211 灭火器灭火，也可以使用干燥的黄沙灭火
	安全事项	救火人员不要随便触碰电气设备及电线，尤其要注意断落到地上的电线。此时，对于火警现场的一切电线（电缆），都应按带电体处理

(2) 防爆

常见的与用电相关的爆炸有可燃气体、蒸汽、粉尘与助燃气体混合后遇到火源而发生爆炸。爆炸极限（空气中的含量比）：汽油 1%～6%，乙炔 1.5%～82%，液化石油气 3.5%～16.3%，家用管道煤气 5%～30%，氢气 4%～80%，氨气 15%～28%。还有粉尘，如碾米场所的粉尘，各种纺织纤维粉尘，达到一定程度也会引起爆炸。

为了防止易燃易爆气体发生爆炸，必须制定严密的防爆措施，包括合理选用防爆电气设备和敷设电气线路，保持场所良好的通风；保持电气设备的正常运行，防止短路、过载；安装自动断路保护装置，使用便携式电气设备时应特别注意安全；把危险性大的设备安装在危险区域外，防爆场所一定要选用防爆电机等防爆设备；线路接头采用熔焊或钎焊。

(3) 防雷

雷电是种自然现象，它产生的强电流、高电压、高温具有很大的破坏力和多方面的破坏作用。比如对建筑物和电力调度的破坏，对人畜的伤害，引起大规模停电，造成火灾或爆炸等。雷击的危害是严重的，必须采取有效的防护措施。

避雷针和避雷线是防止直击雷的有效措施。其作用是将雷电引向自身，并将电流泻入大地，从而使附近的设备和建筑物免受雷击。防止雷电的感应过电压入侵电气设备和线路的主要方式是采用避雷器。

二、电气安全技术知识

1. 接地

接地的作用、类型及保护接地的安装要求见表 1-23。

2. 接零

(1) 接零的作用

接零的作用也是为了保护人身安全。因为零线阻抗很小，当一相碰壳时，就相当于该相短路，使熔断器或其他自动保护装置动作，从而切断电源达到保护目的。

接地的作用、类型及保护接地的安装要求　　表 1-23

类型		说　明
接地的作用		为了保证电气设备和人身安全，在整个电力系统中，包括发电、变电、输电、配电与用电的每个环节，所使用的各种电气设备和电器装置都需要接地。所谓接地，就是将电气设备或装置的某一点与大地进行可靠的电连接。如电动机、变压器和开关设备的外壳接地（或中性点接地）。假设这些设备应该接地而没有接地，那么对设备的安全运行和人身的安全就存在威胁
接地的类型	保护接地	在电力系统中，凡是为了防止电气设备及装置的金属外壳发生意外带电而危及人身和设备安全的接地，叫做保护接地
	工作接地	在电力系统中，凡因设备运行需要而进行的接地，叫做工作接地，例如，配电变压器低压侧中性点的接地，发电机输出端的中性点接地等
	过电压保护接地（防雷接地）	为了消除电气装置或设备的金属结构免遭大气或操作过电压危险的接地，叫过电压保护接地
	静电接地	为了防止可能产生或聚集静电荷而对设备或设施构成威胁而进行的接地，叫静电接地
	隔离接地	把不能受干扰的电气设备或把干扰源用金属外壳屏蔽起来，并进行接地，能避免干扰信号影响电气设备正常工作，隔离接地也叫做金属屏蔽接地
	电法保护接地	为保护管道不受腐蚀，采用阴极保护或牺牲阳极保护等接地，叫电法保护接地
保护接地的安装要求		在以上各种接地中，以保护接地应用得最多最广，一般电工在日常施工和维修中，遇到的机会也最多。低压电网的接地方式有以下几类，如图 1-48 所示。符号含义如下：第一个字母表示低压系统对地关系，T 表示一点直接接地，I 表示所有带电部分与大地绝缘或经人工中性点接地。第二个字母表示装置的外露可导电部分的对地关系，T 表示与大地有直接的电气连接，而与低压系统的任何接地点无关，N 表示与低压系统的接地点有直接的电气连接。第二个字母后面的字母表示中性点与保护线的组合情况，S 表示分开的，C 表示公用的，C-S 表示部分是公共的
		①接地电阻不得大于 4Ω，应采用专用带有保护接地插脚的插头 ②保护接地干线截面应不小于相线截面的 1/2，单独用电设备应不小于 1/3 ③同一供电系统中采用了保护接地就不能同时采用保护接零 ④必须有防止中性线及保护接地线受到机械损伤的保护措施 ⑤保护接地系统每隔一定时间要进行检验以检查其接地状况

续表

类型	说　明
可免予保护接地要点	有以下几种情况的，可免予保护接地： ①安装在不导电的建筑材料且离地面 2.2m 以上人体不能直接触及的电气设备，若要接触时人体已与大地隔绝 ②直接安装在已有接地装置的机床或其他金属构架上的电气设备 ③在干燥和不良导电面(如木板、塑料或沥青)的居民住房或办公室里，所使用的各种电具，如电风扇、电熨斗等 ④电度表和铁壳熔丝盒 ⑤由 36V 或 12V 安全电源供电的各种电具的金属外壳 ⑥采用 1∶1 隔离变压器提供的 220V 或 380V 电源的移动电具

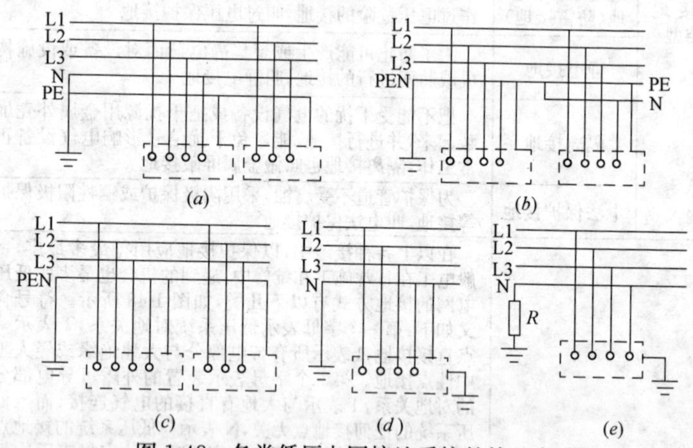

图 1-48　各类低压电网接地系统的接地方式

(*a*) TN-S 系统；(*b*) TN-C-S 系统；(*c*) TT-C 系统；(*d*) TT 系统；(*e*) IT 系统

PE—保护接地导线；PEN—中线和保护线公用线

(2) 保护接零的安装要求

① 保护零线在短路电流作用下不能熔断。

② 采用漏电保护器时应使零线和所有相线同时切断

③ 零线一般取与相线相等的截面。

④ 零线应重复接地。

⑤ 架空线路的零线应架设在相线的下层。

⑥ 零线上不能装设断路器、刀开关或熔断器。

⑦ 防止零线与相线接错。

⑧ 多芯导线中规定用黄绿相间的线做保护零线。

⑨ 电气设备投入运行前必须对保护接零进行检验。

三、电气安全与节能

（一）电气安全

1. 安全电压

人体触及带电体时，所承受到的电压称为接触电压。所谓安全电压，就是对人体不产生严重反应的接触电压。它等于通过人体的安全电流（mA）与人体电阻（kΩ）的乘积。

（1）人体安全电流

对人体安全电流的确定，通常按以下三个基本电气安全准则来考虑：

① 感觉的电流上限值：电流流经人体的持续时间可以相当长。

② 摆脱的电流上限值：可允许持续 20～30s。

③ 室不产生纤维性颤动的电流上限值：只限于瞬时作用，时间不能超过 1s。

目前，一般都以通过人体的电流强度×时间＝30mA·s，作为人体允许的安全电流加以考虑。

（2）人体电阻

人体的电阻值变化范围很大，可因皮肤表面的干湿程度不同而呈现不同的阻值，甚至人体的精神状态不同，其阻值也会发生变化。人体电阻值还具有非线性的特征，当接触电压升高时，阻值会明显降低，如图 1-49 所示。

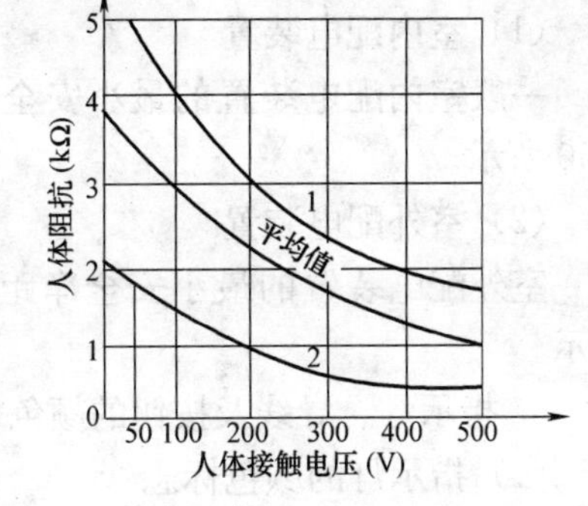

图 1-49　人体电阻与接触电压的关系

1—干燥时；2—潮湿时

人体内部电阻一般约为500Ω。人体皮肤的电阻随着条件不同在很大的范围内变化，一般在1～100kΩ之间变化。在实际应用时，为了确保安全，人体电阻往往取所在环境条件下的最小值。

(3) 不同状态下的安全电压

按不同状态下允许接触电压的最高界限值，作为安全电压。国际上目前通用的数值见表1-24。不过，目前我国12V电压相当于第二种接触状态的25V以下电压；36V电压相当于第三种接触状态的50V以下电压。不同状态下的安全电压均不相同，也就是说："安全"电压是相对的，某一情况下的安全电压，在另一状态可能是危险电压，对此应该有足够的认识。

各种接触状态和安全电压　　表1-24

类别	安全电压(V)	接触状态
第一种	2.5以下	人体大部分浸于水中的状态
第二种	25以下	人体显著淋湿状态 人体一部分经常接触到电气装置金属外壳和构造物时的状态
第三种	50以下	除第一、二种以外的情况，对人体加有接触电压后，危险性高的状态

2. 室内与室外配电装置安全净距

(1) 室内配电装置

一般室内配电装置的最小安全净距见表1-25，其校验如图1-50所示。

(2) 室外配电装置

室外配电装置的最小安全净距见表1-26，其校验如图1-51所示。

3. 指示灯、导线及按钮的颜色安全标志

(1) 指示灯的颜色标志

指示灯的颜色是保障人身安全、便于操作和维修的一种措施。指示灯颜色标志的含义及用途见表1-27。

室内配电装置的最小安全净距　　　表 1-25

类别	额定电压(kV) /mm									
	0.4	1～3	6	10	15	20	35	60	110J	110
带电部分至接地部分(A_1)	20	75	100	125	150	180	300	550	850	950
不同相的带电部分之间(A_2)	20	75	100	125	150	180	300	550	900	1000
带电部分至栅状遮栏(B_1)	800	825	850	875	900	930	1050	1300	1600	1700
带电部分至网状遮栏(B_2)	100	175	200	225	250	280	400	650	950	1050
带电部分至板状遮栏(B_3)	—	105	130	155	—	—	330	580	—	980
无遮挡裸导体至地面(C)	50	105	130	155	180	210	330	580	880	980
不同时停电检修的无遮挡裸导体之间的水平净距(D)	2300	2375	2400	2425	2450	2480	2600	2850	3150	3250
出线套管至屋外通道的路面(E)	3650	4000	1000	4000	4000	4000	4000	4500	5000	5000

注：1. 110J 系指中性点直接接地电力网，下同。
2. 海拔超过 1000m 时，本表所列 A 值按每升高 100m 增大 1%进行修正，B、C、D 值应分别增加 A_1 值的修正差值。

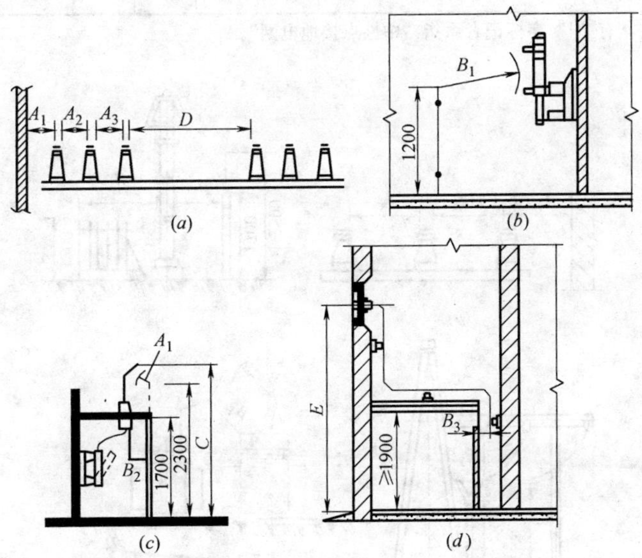

图 1-50　室内配电装置最小安全净距校验图

(*a*) 带电部分至接地部分、不同相的带电部分之间和不同时停电检修的无遮挡裸导体之间的水平净距；(*b*) 带电部分至栅状遮挡的净距；(*c*) 带电部分至网状遮挡和无遮挡裸导体至地（楼）面的净距；(*d*) 带电部分至板状遮挡和出线套管至屋外通道的路面的净距

室外配电装置的最小安全净距　　表 1-26

类别	额定电压(kV)									
	0.4	1～10	15～20	35	60	110J	110	220J	330J	500J
带电部分至接地部分(A_1)	75	200	300	400	650	900	1000	1800	2600	3800
不同相的带电部分之间(A_2)	75	200	300	400	650	1000	1100	2000	2800	4400～4600
带电部分至栅状遮栏(B_1)	825	950	1050	1150	1350	1650	1750	2550	3350	4500
带电部分至网状遮栏(B_2)	175	300	400	500	700	1000	1100	1900	2700	—
无遮挡裸导体至地面(C)	2500	2700	2800	2900	3100	3400	3500	4300	5100	7500
不同时停电检修的无遮挡裸导体之间的水平净距(D)	2000	2200	2300	2400	2600	2900	3000	3800	4600	5800

注：有“J”字标记者系指“中性点接地电网”。

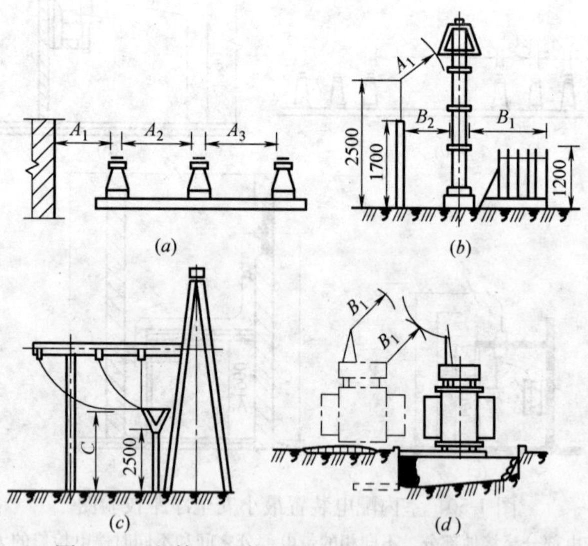

图 1-51　室外配电装置最小安全净距校验图（一）

(*a*) 带电部分至接地部分和不同相的带电部分之间的净距；
(*b*) 带电部分至围栏的净距；

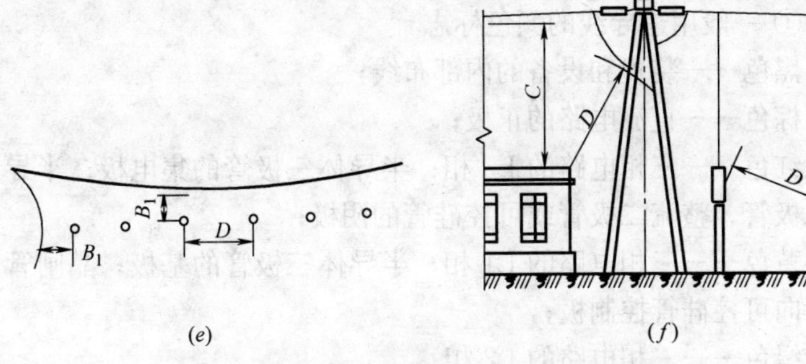

图 1-51 室外配电装置最小安全净距校验图（二）

（c）带电部分和绝缘子最低绝缘部位对地面的净距；

（d）设备运输时，其外廓至无遮挡裸导体的净距；

（e）不同时停电检修的无遮挡裸导体之间的水平和垂直交叉净距；

（f）带电部分至建筑物和围墙顶部的净距

指示灯颜色标志的含义及用途　　表 1-27

颜色	含义	用途举例
红色	反常情况	①指示由于过载、行程过头或其他事故 ②由于一个保护元件的作用，机器已被迫停车
黄色	小心	①电流、温度等参变量达到它的极限值 ②自动循环的信号
绿色	准备启动	①机器准备启动 ②全部辅助元件处于待工作状态。各种零件处于启动位置，液压或电压处于规定值 ③工作循环已完成，机器准备再启动
白色（无色）	工作正常，电路已通电	①主开关处于工作位置 ②速度或旋转方向选择 ③个别驱动或辅助的传动在工作 ④机器正在运行
蓝色	以上颜色未包括的各种功能	

（2）导线的颜色标志

电路中裸导线、母线、绝缘导线应使用统一的颜色，既可用来识别导线的用途，也是指导正确操作和安全使用的重要标志。

① 一般用途导线的颜色标志

黑色——装置和设备的内部布线；

棕色——直流电路的正极；

红色——三相电路的L3相；半导体三极管的集电极；半导体二极管、整流二极管或可控硅管的阴极；

黄色——三相电路的L1相；半导体三极管的基极；晶闸管和双向可控硅管控制极；

绿色——三相电路的L2相；

蓝色——直流电路的负极；半导体三极管的发射极；半导体二极管、整流二极管或可控硅管的阳极；

淡蓝色——三相电路的零线或中性线；直流电路的接地中线；

白色——双向可控硅管的主电极；无指定用色的半导体电路；

黄与绿双色——安全用的接地线（每种色宽约15～100mm交替贴接）；

红与黑色并行——用双芯导线或双根绞线连接的交流电路。

② 接地线芯或类似保护目的线芯的颜色标志

电缆中的接地线芯或类似保护目的用线芯，都必须采用绿—黄组合颜色的标志。而且必须强调，绿—黄组合颜色的标志不允许用于其他线芯。绿—黄两种颜色的组合，其中任一种均不得少于30%，不大于70%，并且在整个长度上保持一致。在多芯电缆中，绿—黄组合线芯应放在缆芯的最外层，其他线芯应尽量避免使用黄色或绿色作为识别颜色。

③ 多芯电缆线芯的颜色标志。

二芯电缆——红、浅蓝；

三芯电缆——红、黄、绿；

四芯电缆——红、黄、绿、浅蓝。

其中，红、黄、绿用于主线芯，浅蓝用于中性线芯。

④ 导线数字标记的颜色规定

电线电缆用数字识别时，载体应是同一种颜色；所有用于识别数字的颜色应相同；载体颜色与标志颜色应明显不同。多芯电缆绝缘线芯采用不同的数字标志，应符合下列规定：

二芯电缆——0，1；

三芯电缆——1，2，3；

四芯电缆——0，1，2，3。

其中，数字1、2、3用于主线芯，0用于中性线芯。一般情况下，数字标志的颜色应为白色，数字标志应清晰，字迹应清楚。

(3) 按钮的颜色标志

按钮属于主令电器，主要用于发布命令，对电路实施闭合或断开命令等。因此。按钮的颜色标志对人身和设备安全具有重要意义。

一般按钮的颜色标志和带灯按钮的颜色标志的含义及用途见表1-28和表1-29。

一般按钮颜色标志的含义及用途　　表1-28

颜色	含　义	用途举例
红色	停车、开断	①一台或多台电动机的停车 ②机器设备的一部分停止运行 ③磁力吸盘或电磁铁的断电 ④停止周期性的运行
	紧急停车	①紧急开断 ②防止危险性过热的开断
绿色或黑色	启动、工作、点动	①控制回路激磁 ②辅助功能的一台或多台电动机开始启动 ③机器设备的一部分启动 ④激励磁力吸盘或电磁铁点动或缓行
黄色	返回的启动、移动出界、正常工作循环或移动一开始时去抑制危险情况	在机器已完成一个循环的始点，机械元件返回；按黄色按钮的功能可取消预置的功能

续表

颜色	含 义	用途举例
白色或蓝色	以上颜色所未包括的特殊功能	与工作循环无直接关系的辅助功能 控制保护继电器的复位

带灯按钮颜色标志的含义及用途 表 1-29

指示灯颜色	彩色按钮含义	指派给按钮的功能	用途举例
红色	尽可能不用红指示灯	停止(不是紧急开断)	
黄色	小心	抑制反常情况的作用开始	电流、温度等参变量接近极限值 黄色按钮的作用能消除预先选择的功能
绿色	当按钮指示灯亮时,机器可以启动	机器或某一元件启动	工作正常 用于副传动的一台或多台电动机启动 机器元件的启动 磁力卡盘或夹块励磁
蓝色	以上颜色和白色所不包括的各种功能	以上颜色和白色所不包括的功能	辅助功能的控制
白色	继续确认电路已通电、一种功能或移动已开始或预选	电路闭合或开始运行或预选	任何预选择或任何启动运行

4. 影响电气安全的因素

(1) 绝缘性能

绝缘性能主要用绝缘电阻、绝缘介电强度（耐压强度）、泄漏电流和介质损耗等指标来衡量。

① 绝缘电阻。绝缘电阻是衡量绝缘性能的基本指标。测量绝缘电阻时，通常应先断开设备或线路的电源。在对装有大容量电容的设备或线路以及绝缘介电强度大的设备（如变压器等）进行测量时，除了断开电源外，还要用专门工具（接地的绝缘放电杆）进行放电。

② 绝缘介电强度。为了检查电气设备及绝缘材料承受过电压的能力，应进行绝缘介电强度试验，即耐压试验。

进行绝缘介电强度试验时，通常先以任意速度将试验电压升至规定值的40%，然后以每秒增加3%的速度，逐渐将试验电压升至规定值，并按规定保持一段时间。试验结束时，应先在5s内把试验电压降低到规定值的25%以下，再切断电源。绝缘介电强度试验的持续时间一般为1min（如对绝缘油或瓷质材料），对固体有机材料或电缆胶则为5min。在试验期间，被试部件不应出现闪络或被击穿。

③ 泄漏电流。泄漏电流是指由于绝缘不良而在不应通电的途径中所通过的电流。泄漏电流试验一般只对某些安全要求较高的设备或器件（工具），例如，手持式电动工具、阀型避雷器、电气安全用具等进行。

a. 手持式电动工具的泄漏电流值。手持式电动工具在额定负载及额定运行条件下，运行达到实际稳定温度时的泄漏电流值不能超过下列数值：

Ⅰ类工具0.75A；

Ⅱ类工具0.25A；

Ⅲ类工具0.50A。

b. 灯具的泄漏电流值。灯具（带灯和不带灯状态下）的金属外壳与电源各极之间所测得的泄漏电流，应不超过下列数值：

所有的0类和Ⅱ类灯具；

可移动的Ⅰ类灯具0.5mA。

固定式Ⅰ类灯具：

额定输入≤1kW的1.0mA；

额定输入>1kW的1.0mA/kW但最大值为5.0mA。

测量时，测量电路的负载电阻应是2kΩ+50Ω。

(2) 间距

绝缘是保证电气设备和电力线路正常工作的最基本的内部条件，而间距则是最基本的外部条件。为了防止人体触及或接近带电体，防止车辆等物体碰撞或过分接近带电体，防止电气短路事故和因此而引发火灾，在带电体与地面之间、带电体与其他设备或设施之间、带电体与带电体之间，均须保持一定的间隔与距离，这种间隔与距离，通常称之为安全距离。

① 线路间距

即室内低压线路。各种室内低压线路与工业管道、设备间的距离，应符合表 1-30 的要求。

室内低压线路与工业管道、工艺设备间的最小距离　表 1-30

<table>
<tr><th colspan="3">布线方式</th><th>导线穿金属管/mm</th><th>明设绝缘导线/mm</th><th>裸母线/mm</th><th>配电设备/mm</th></tr>
<tr><td rowspan="2">煤气管道</td><td colspan="2">平行</td><td>100</td><td>500</td><td>1000</td><td>1500</td></tr>
<tr><td colspan="2">交叉</td><td>100</td><td>300</td><td>300</td><td>—</td></tr>
<tr><td rowspan="2">乙炔管道</td><td colspan="2">平行</td><td>100</td><td>1000</td><td>2000</td><td>3000</td></tr>
<tr><td colspan="2">交叉</td><td>100</td><td>500</td><td>500</td><td>—</td></tr>
<tr><td rowspan="2">氧气管道</td><td colspan="2">平行</td><td>100</td><td>500</td><td>1000</td><td>1500</td></tr>
<tr><td colspan="2">交叉</td><td>100</td><td>300</td><td>500</td><td>—</td></tr>
<tr><td rowspan="3">蒸汽管道</td><td rowspan="2">平行</td><td>上方</td><td>1000</td><td>1000</td><td rowspan="2">1000</td><td rowspan="2">500</td></tr>
<tr><td>下方</td><td>500</td><td>500</td></tr>
<tr><td colspan="2">交叉</td><td>300</td><td>300</td><td>500</td><td></td></tr>
<tr><td rowspan="3">暖热水管道</td><td rowspan="2">平行</td><td>上方</td><td>300</td><td>300</td><td rowspan="2">1000</td><td rowspan="2">100</td></tr>
<tr><td>下方</td><td>200</td><td>200</td></tr>
<tr><td colspan="2">交叉</td><td>100</td><td>100</td><td>500</td><td></td></tr>
<tr><td rowspan="2">通风管道</td><td colspan="2">平行</td><td>—</td><td>200</td><td>1000</td><td>100</td></tr>
<tr><td colspan="2">交叉</td><td>—</td><td>100</td><td>500</td><td>—</td></tr>
<tr><td rowspan="2">上、下水道</td><td colspan="2">平行</td><td>—</td><td>200</td><td>1000</td><td>100</td></tr>
<tr><td colspan="2">交叉</td><td>—</td><td>100</td><td>500</td><td>—</td></tr>
<tr><td rowspan="2">压缩空气管道</td><td colspan="2">平行</td><td>—</td><td>200</td><td>1000</td><td>100</td></tr>
<tr><td colspan="2">交叉</td><td>—</td><td>100</td><td>500</td><td>—</td></tr>
<tr><td rowspan="2">工艺设备</td><td colspan="2">平行</td><td>—</td><td>—</td><td>1500</td><td>—</td></tr>
<tr><td colspan="2">交叉</td><td>—</td><td>—</td><td>—</td><td>—</td></tr>
</table>

② 变、配电设备的间距

a. 变压器。室内安装的变压器，其外廓与变压器室四壁间的最小距离，应不小于表1-31的数值。

变压器外廓与变压器室四壁之间的最小距离（m） 表1-31

项　目	变压器容量(kVA)(m)	
	≤1000	≥1250
变压器与后壁、侧壁之间；	0.6	0.8
变压器与变压器室门之间	0.8	1.0

室外安装的变压器，外廓之间的距离一般不小于1.5m，外廓与围栏或建筑物的间距不小于0.8m，室外配电箱底部离地面的高度一般为1.3m。

b. 配电装置。室内外配电装置的带电部分与其他带电体或接地体等设施之间的最小安全净距，应不小于表1-25及表1-26的数值。

c. 配电装置的通道。室内配电装置各种通道的最小宽度不应小于表1-32所列的数值。

室内配电装置各种通道的最小宽度（m） 表1-32

布置方式	通道分类(m)		
	维护通道	操作通道	通向防爆间隔的通道
一面有开关设备时	1	1.5	1.2
两面有开关设备时	1.2	2	1.2

当采用成套手车式开关柜时，操作通道的宽度不应小于下列数值：

一面有开关柜时：单车长＋1.2m；

两面有开关柜时：双车长＋0.9m。

③ 用电设备的间距

常见的用电设备间距应不小于表1-33所列的数值。

④ 检修间距

a. 在低于1kV的低压操作中，人体所携带的工具等与带电体的间距不应小于0.1m。

用电设备的间距 **表 1-33**

分类	距离/m	分类	距 离/m
车间的低压配电盘底口离地面的高度		扳把开关离地面的高度	1.4
暗装的	1.4	拉线开关离地面的高度	3
明装的	1.2	吊灯与地面的垂直距离	—
电源插座离地面的高度	—	室内干燥场所	1.8
暗装的	0.2～0.3	室内危险场所和较潮湿场所	2.5
明装的	1.3～1.5	室外	3
电能表板底边离地面的高度	1.8		

b. 在1kV以上的高压无遮挡操作中，人体及所携带的工具等与带电体的距离不应小于下列数值：

1～10kV：0.7m；

20～35kV：1.0m。

用绝缘杆操作时，上述距离可减为：

1～10kV：0.4m；

20～35kV：0.6m。

c. 在线路上工作时，人体及所携带的工具等与临近带电线路的最小距离不应小于下列数值：

l～10kV：1.0m；

35kV：2.5m。

如不足上述数值时，邻近线路应停电。

d. 工作中使用喷灯或气焊时，其火焰不得喷向带电体，火焰与带电体的最小距离不得小于所列数值：

1～10kV：1.5m；

35kV：3.0m。

e. 在架空线路附近进行起重作业时，起重机具（包括被吊物体）与线路导线之间的最小距离不得小于下列数值：

≤1kV：1.5m；

10～20kV：2.0m；

35～110kV：4.0m。

（二）电气节能

节约能源是我国经济建设中的一项重大政策，节约用电又是节约能源工作中的重要方面。节约用电关系到企业的经济效益和居民的日常生活，在国民经济中具有非常重要的意义。把电能消耗指标作为全面技术经济分析的重要部分。合理地选择电气设备及其控制方式，在尽量不增加或少增加投资的前提下，能取得显著的节电效果。

要做到节约用电，首先要做到合理用电。所谓合理用电主要包括以下几个方面：

（1）企业供电的合理化；

（2）电能转换为机械能的合理化；

（3）电能转换为热量的合理化；

（4）电能转换为化学能的合理化；

（5）企业照明的合理化。

常用的节电方法见表1-34。

节电方法 **表1-34**

设备	方法	节电要点	备注
变、配电设备	①将轻负荷变压器停止运行	减少铁损和铜损	需要比较铁损和铜损，因为往往发生由于其他变压器负荷率上升，反而引起铜耗增加。配电线路迂回也会引起线路有功损耗的增加； 对现有设备要改变电压是困难的，可以在新建工程或增加设备时逐渐改变； 必须进行技术经济比较； 需要进行技术分析。实行定额管理
	②控制变压器的运行台数	减少配电线路损耗	
	③提高配电电压	减少铁损和铜损	
	④改变配电方式		
	⑤采用高效率变压器		
	⑥提高功率因数		
	⑦加强用电管理	限制电能的浪费	

续表

设备	方　　法	节电要点	备　　注
照明设备	①采用高效电光源	减少电能损耗	
	②采用功率因数高的设备		必须进行技术经济比较；
	③减少照明灯具的密度	减少电能消耗	必须保证不影响照度；
	④安装调光装置	减少电能消耗	对照明方式和灯具选择进行技术经济比较
	⑤路灯自动控制	减少电能消耗	
	⑥照明设计合理化	减少电能消耗	
通风机、水泵	①间隙运转（不必要时停止运转）	减少电能消耗	必须分析电动机、断路器是否有频繁启动的能力； 运转曲线为2级时此法有效； 经过技术经济比较选择调速方法； 通风机和电动机因形式和转速不同而效率有所不同
	②控制台数	减少电能消耗	
	③使用变级电动机调速	减少电能消耗	
	④采用调速装置	减少电能消耗	
	⑤采用高效率设备	减少电能消耗	
压缩机	①采用高效率设备	减少电能消耗	控制工作台数达到节电效果
	②控制台数	减少电能消耗	
	③控制输出压力	减少电能消耗	
	④不必要时停止运转	减少电能消能	

第二章　变压器的安装与检修

第一节　变压器的结构

一、概述

变压器是根据电磁感应原理，利用在两个或两个以上绕组中实现交流电压、交流电流的变换或阻抗及相位变换的静止电气设备。变压器的应用极为广泛，除了在电力系统中的电压等级变换（以满足高压输电、低压供配电的巨大需要外）；还可以用来改变电流（例如变流器、大电流发生器等）；变换阻抗（例如利用改变线圈的连接方法来改变变压器的极性或级别）等。

变压器的种类很多，根据用途的不同可以分为输配电用的电力变压器、冶炼用的电炉变压器、电解用的整流变压器、焊接用的电焊变压器、实验用的调压变压器等。而电力变压器则又可分为单相变压器、三相变压器和自耦变压器，虽然变压器的种类很多，在结构上也各有特点，但是它们的基本原理和基本结构是一样的。不管什么用途的变压器，它们都是由铁心和绕组两大主要部分组成。

电力变压器用于将某一等级的交流电压、电流变换成同频率的另一等级的交流电压、电流，以满足不同负载的需要。电力变压器除了包括铁芯、绕组及绝缘套管以外，还包括用以保证变压器的安全而可靠地运行的油箱、冷却装置、保护装置等。其结构如图 2-1 所示。

二、变压器的结构和作用

1. 铁芯

铁芯是电力变压器最基本的组成部分，其作用是构成导磁。

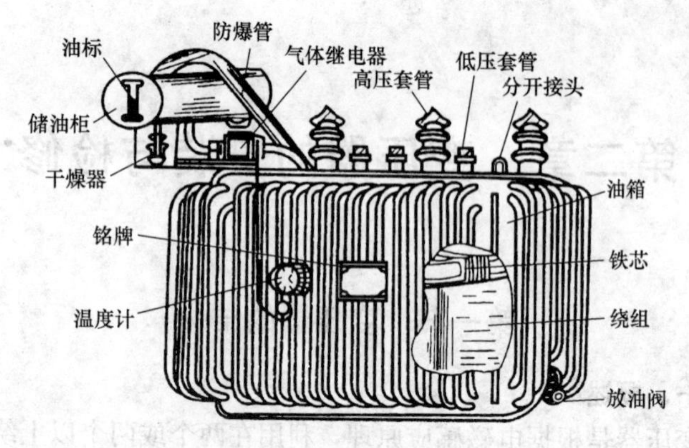

图 2-1 电力变压器的结构

为了减少铁芯的磁滞和涡流损耗，铁芯用厚度为 0.3～0.5mm 的硅钢片冲剪成几种不同尺寸，并在表面涂厚为 0.01～0.13mm 的绝缘漆，烘干后按一定规则叠装而成。铁芯由芯柱、铁轭和夹紧装置组成。绕组套装在铁芯柱上。

2. 绕组

绕组也是电力变压器最基本的组成部分，它与铁芯合称电力变压器本体，是建立磁场和传输电能的电路部分。电力变压器绕组由高压绕组，低压绕组，对地绝缘层（主绝缘），高、低压绕组之间绝缘件及由燕尾垫块、撑条构成的油道，高压引线，低压引线等组成。不同容量、不同电压等级的电力变压器，绕组形式也不一样。一般电力变压器中常采用同心式和交叠式两种结构形式。

(1) 同心式绕组

同心式绕组是把高压绕组与低压绕组套在同一个铁芯上，一般是将低压绕组放在里边，高压绕组套在外边，以便绝缘处理。但大容量输出电流很大的电力变压器，低压绕组引出线的工艺复杂，往往把低压绕组放在高压绕组的外面。同心式绕组结构简单、绕制方便，故被广泛采用。按照绕制方法的不同，同心式绕组又可分为圆筒式、螺旋式、连续式、纠结式等几种，具体说明见表 2-1。

同心式绕组的组成结构说明　　表 2-1

类　型	说　明
圆筒式绕组	①双层圆筒式绕组。用一根或数根并联的扁导线绕制而成，层间连线用过渡线。在层间沿圆周均匀地放置若干根撑条，构成垂直油道。这种绕组的制造工艺简单，但机械强度较差，适用于容量为 10～630kV・A 的三相电力变压器的电压低于 500V 的绕组。 ②多层圆筒式绕组。用圆导线或扁导线绕制，同一层线匝的排列与双层圆筒式绕组相同。为了增加导线层的散热表面，用垂直油道将绕组分成两部分。用作高压绕组时有分接线引出，供调节电压比用。这种绕组适用于容量为 10～630kV・A 的三相电力变压器，绕组的电压可达 35kV。 ③分段圆筒式绕组。这种绕组不同于多层圆筒式的地方在于沿绕组高度分成若干个单独的线段，线段之间可用绝缘纸板圈和垫块构成水平油道，也可以用绝缘纸板圈或角环隔开。一般用于容量 1000kV・A 以下三相电力变压器中作高压绕组，电压可达 35kV
螺旋式绕组	它是按螺旋线绕制成匝间带油道的若干线匝组成，每匝并联的几种扁导线按轴向平放，而并联导线又按同心式布置，且须采取换位做法。由于匝间有轴向油道而形成了线饼，如一匝为一个线饼的称单螺旋式绕组；一匝为两个线饼的称双螺旋式绕组；一匝为四个线饼的称四螺旋转式绕组。螺旋式绕组一般用于容量 800kV・A 以上、电压 35kV 以下三相电力变压器的低压绕组
连续式绕组	它是用单线或不超过四根并联扁导线连续绕成若干串联线饼。为使引出线在最外层引出，在绕制过程中绕组需要进行翻饼，单数线饼为“反饼”，偶数线饼为“正饼”，线饼间也垫有绝缘垫块，形成油道。这种绕组绕制麻烦，但机械强度高、散热好、饼间无焊头，一般用于容量为 63kV・A 以上、电压为 3～110kV 三相电力变压器的高压绕组；或用于容量为 10000kV・A 三相电力变压器的中压绕组和低压绕组
纠结式绕组	它的外形和连续式绕组相似，也是由扁导线绕成一个个线饼，每两个线饼为一组，然后再交叉串联成一路，这样一个线饼内的线匝是交替排列的，故焊点较多。但相邻两匝间电位差为连续式绕组的数倍，两线饼间的等效电容以及匝间电容都比连续式绕组大许多倍。过电压时，起始电压能比较均匀地分布在各线饼及线匝间，从而能显著地改善冲击电压的分布，提高变压器的防雷性能。可以说，该类绕组是较好的绕组结构形式，一股容量为 500kV・A 以上的三相电力变压器的高压绕组多采用这种形式。 纠结式绕组中，全部用纠结线饼的，称全纠结式绕组，一般用于电压为 220kV・A 及以上的三相电力变压器；一部分用纠结线饼和一部分用连续线饼组成的绕组，称纠结连续绕组。纠结连续绕组用于电压为 60～220kV 的三相电力变压器，它的外形与连续式绕组类似

(2) 交叠式绕组

交叠式绕组又叫交错式绕组，在同一铁芯柱上，高压绕组、低压绕组交替排列、间隙较多、绝缘较复杂、包扎工作量较大。它的优点是力学性能较好、引出线的布置和焊接比较方便、漏电抗较小，一般用于电压为35kV及以下的电炉变压器中。

3. 分接开关

分接开关又称调压开关，是调整电压比的装置，可分为无励磁分接开关和有载调压分接开关两种：

(1) 无励磁分接开关

无励磁分接开关，也叫无载调压开关，其作用是在变压器的一次侧和二次侧均在网路开断的情况下，用以变换一次或二次绕组的分接，改变其有效匝数，进行分级调压。根据《油浸式电力变压器技术参数和要求》GB/T 6451—2008中有关规定。无励磁调压变压器的调压范围：电压等级为6kV、10kV、35kV；额定容量为6300kV·A及以下和电压等级为63kV，额定容量为5000kV·A及以下的高压分接范围±5%；电压等级为35kV，额定容量为8000kV·A及以上和电压等级为63kV、110kV，额定容量为6300kV·A及以上和电压等级为220kV，额定容量为31500kV·A及以下的高压分接范围±2×2.5%。三绕组变压器，电压等级为110kV，额定容量为6300kV·A及以上，电压等级为220kV，额定容量为31500kV·A及以上的高压分接范围±2×2.5%；电压等级为110kV，额定容量为6300～31500kV·A的中压分接范围±2×2.5%；电压等级为110kV，额定容量为40000kV·A及以上的中压分接范围±5%。无励磁分接开关动作位置准确、操作灵活方便、有良好的绝缘性能和稳定性、机械强度高、寿命长。

目前电力变压器使用的无励磁分接开关有：三相中性点调压无励磁分接开关、三相中部调压无励磁分接开关、三相中部调压横条型无励磁分接开关、单相无励磁分接开关等。

(2) 载调压分接开关

有载调压分接开关是在变压器负载运行中用以变换一次或二次绕组的分接，改变其有效匝数，进行分级调压。有载调压变压器的调压范围按《油浸式电力变压器技术参数和要求》GB/T 6451—2008 中规定，电压等级为 6kV、10kV，额定容量为 1600kV·A 及以下的高压分接范围±4×2.5%；电压等级为 35kV，额定容量为 2000kV·A 及以上的高压分接范围±3×2.5%；电压等级为 63kV、110kV，额定容量为 6300kV·A 及以上的高压分接范围±8×2.5%。三绕组变压器，电压等级为 110kV，额定容量为 6300kV·A 及以上的高压分接范围±8×1.25%；电压等级为 110kV，额定容量为 40000kV·A 及以上的中压分接范围±5%；电压等级为 220kV，额定容量为 31500kV·A 及以上的高压分接范围±8×1.25%。

为了实现带载切换，需要有过渡电路。构成过渡电路中的限流器，可采用电抗器或电阻器。由于电抗器有载分接开关体积大、耗用材料多，目前主要采用油浸的电阻型有载分接开关。

有载分接开关由以下三部分组成：

① 选择开关。预先接通欲切换的分接处，不担负切换负载电流的任务。

② 接触器（切换开关）。专门担负瞬间切换负载电流的任务，要求具备快速机构。

③ 限流器。换流过程中起限制电流作用，不使相邻分接头短路。采用的电阻器或电抗器，安放在切换开关里。

4. 油箱和底座

油箱和底座是油浸式电力变压器的支持部件，支持着器身和所有附件。油箱里装有为绝缘和冷却用的变压器油。油箱是用钢板加工制成的容器，要求机械强度高、变形小、焊接处不渗漏。油浸电力变压器油箱的结构与它的容量大小有关，分为平顶及拱顶两种。平顶油箱的箱盖是平的，多用于 6300kV·A 以下的变压器；拱顶油箱的箱沿设在下部，上节箱身做成钟罩形，多用于 8000kV·A 以上的变压器。箱身做成椭圆形，机械强度较高，所需油量也较小。油箱底部用槽钢等钢铁材料做成垫底，底座下面装滚轮，以便安装和短距离推运变压器用。大型油浸电力变压器还可以采用可扭转 90°的底座结构。

5. 散热器

(1) 片式散热器

油浸式电力变压器的冷却装置包括散热器和冷却器。不带强油循环的称为散热器；带强油循环的称为冷却器。片式散热器是用板料厚度为 1mm 的波形冲片，靠上下集油盒或油管经焊接组成。焊接工艺要求高、机械强度较差，但节油、重量轻、节省制造板料。20kV・A 以下的油浸式电力变压器，平顶油箱的散热面已足够；50～200kV・A 的油浸式电力变压器可采用固定片式（PG 型）散热器；200～6300kV・A 油浸式电力变压器，可采用可拆片式（PC 型）散热器，散热器通过法兰盘固定在油箱壁上。

(2) 扁管散热器

扁管散热器分为自冷式和风冷式两种。自冷式的只在集油盒单面焊接扁管。风冷式扁管散热器有 88 管、100 管、120 管三种。扁管在集油盒两侧焊接。为了加强冷却，每只散热器下安装两台电风扇，不吹风时，散热能力为额定散热量的 60%左右。

(3) 冷却器

冷却器有强油风冷却器、新型大容量风冷却器、强油水冷却器等。

6. 储油柜

储油柜又名油枕，装在油箱的斜上方，有油管和油箱相通。当变压器油的体积随油温变化而膨胀或缩小时，储油柜起着储油和补油的作用，以保证油箱内充满油，储油柜还能减少油与空气的接触面，防止油被过速氧化和受潮。一般储油柜的容积为变压器油箱的 1/10，储油柜上装有油位表（油标管），用以观察油位的变化。储油柜下部设一集泥器，其作用是收集油中沉淀的机械杂质、油泥和水分。集泥器下部又设有排污阀门，运行中应定期排放集泥器收集的油泥和水分。目前我国生产的油浸式电力变压器的储油柜有三种基本形式。

① 不带防爆管和气体继电器的储油柜，用于容量为 630kV·A及以下变压器。

② 带有防爆管和气体继电器的储油柜，用于容量为 800～630kV·A 的变压器。

③ 隔膜式储油柜，用于容量为 8000kV·A 及以上的变压器。

7. 防爆管

防爆管又名安全气道，装在油箱的上盖上，由一个喇叭形管子与大气相通，管口用薄膜玻璃板或酚醛纸封住。为防止正常情况下防爆管内油面升高使管内气压上升而造成防爆膜松动或破损及引起气体继电器动作，在防爆与储油柜之间连接一小管，如图 2-2 所示，以使两处压力相等。防爆管的作用是当变压器内部发生故障时，将油里分解出来的气体及时排出，以防止变压器内部压力骤然增高而引起油箱爆炸或变形。容量为 800kV·A 以上的油浸式变压器均装有防爆管，且其保护膜的爆破压力应低于 50662.5Pa。

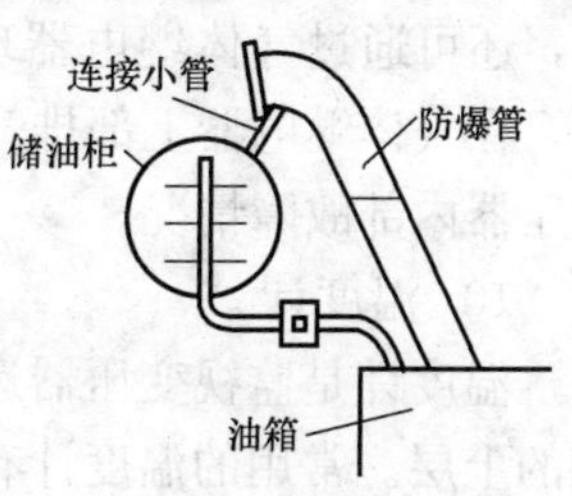

图 2-2 防爆管与储油柜间的连接小管

8. 吸湿器

吸湿器又名呼吸器，吸湿器内装有吸附剂硅胶，油枕内的绝缘油通过吸湿器与大气连通，内部吸附剂吸收空气中的水分和杂质，以保持绝缘油的良好性能。

为了显示硅胶受潮情况，一般采用变色硅胶。变色硅胶原理是利用二氯化钴（$CoCl_2$）所含结晶水数量不同而有几种不同颜色做成。二氯化钴含有 6 个分子结晶水时，呈粉红色；含有 2 个分子结晶水时呈紫红色；不含结晶水时呈蓝色。变化硅胶配制方法是把二氧化钴配成质量分数为 5%的溶液，然后选用一定数量的硅胶在 120～160℃烘箱干燥 5～6h。冷却后放入配好质量分数为5%的二氯化钴溶液中，浸泡10～15min，待吸饱二氯化钴后呈粉红色，再经120～160℃烘干变成蓝色便可使用。安装在隔膜式储油柜上的吸湿器在罩内可不注油，以保证储油柜呼吸畅通。

9. 气体继电器

气体继电器又称瓦斯继电器，是变压器的保护装置，装在油箱和储油柜的连接管上。容量在800kV·A及以上的油浸式电力变压器均装有气体继电器（根据使用部门与制造厂协商，800kV·A以下的变压器也可供气体继电器）。气体继电器的作用是当变压器内部发生故障（如绝缘击穿、匝间短路、铁芯故障等）产生气体。或油箱漏油使油面降低时，给值班人员发出报警信号或切断电源以保护变压器，不使故障扩大。在检查故障情况时，还可通过气体继电器玻璃窗口观察分解出的气体颜色及数量，在气体继电器上部排气阀口还取出气样进行分析。用以判断变压器内部故障情况。

10. 温度计

温度计是监视变压器运行温度的表计。一般都把测温点放于油的上层。常用的温度计有水银式、压力式、电阻式等。

11. 高、低压绝缘套管

绝缘套管是油浸式电力变压器箱外的主要绝缘装置。变压器绕组的引出线必须穿过绝缘套管，使引出线之间及引出线与变压器外壳之间绝缘，同时起固定引出线的作用。绝缘套管应具有足够的绝缘能力、机械强度和良好的热稳定性、体积小、重量轻、便于维护检修等性能。

第二节　变压器的安装

一、施工准备

1. 基础验收

变压器就位前，要先对基础进行验收，并填写“设备基础验收记录”。基础的中心与标高应符合工程设计需要，轨距应与变压器轮距互相吻合，具体要求如下：

(1) 轨道水平误差不应超过 5mm。

(2) 实际轨距不应小于设计轨距，误差不应超过+5mm。

(3) 轨面对设计标高的误差不应超过±5mm。

2. 器身检查

变压器、电抗器到达现场后，应进行器身检查。器身检查可分为吊罩（或吊器身）或不吊罩直接进入油箱内进行。

(1) 免除器身检查的条件

当满足下列条件之一时，可不必进行器身检查：

① 制造厂规定可不作器身检查者。

② 容量为 1000kVA 及以下、运输过程中无异常情况者。

③ 就地生产仅作短途运输的变压器、电抗器，如果事先参加了制造厂的器身总装，质量符合要求，且在运输过程中进行了有效的监督，无紧急制动、剧烈震动、冲撞或严重颠簸等异常情况者。

(2) 器身检查要求

① 周围空气温度不宜低于 0℃，变压器器身温度不宜低于周围空气温度。当器身温度低于周围空气温度时，应加热器身，宜使其温度高于周围空气温度 10℃。

② 当空气相对湿度小于 75%时，器身暴露在空气中的时间不得超过 16h。

③ 调压切换装置吊出检查、调整时，暴露在空气中的时间应符合表 2-2 的规定。

调压切换装置露空时间　　表 2-2

环境温度(℃)	>0	>0	>0	<0
空气相对湿度(%)	<65	65～75	75～85	不控制
持续时间不大于(h)	24	16	10	8

④ 时间计算规定：带油运输的变压器、电抗器，由开始放油时算起；不带油运输的变压器、电抗器，从揭开顶盖或打开任

一堵塞算起，到开始抽真空或注油为止。空气相对湿度或露空时间超过规定时，必须采取相应的可靠措施。

⑤ 器身检查时，场地四周应清洁和有防尘措施；雨雪天或雾天，不应在室外进行。

（3）起吊

钟罩起吊前，应拆除所有与其相连的部件。器身或钟罩起吊时，吊索与铅锤线的夹角不宜大于30度。必要时可使用控制吊梁。起吊过程中，器身与箱壁不得碰撞。

（4）器身检查的主要项目和要求

① 运输支撑和器身各部位应无移动现象，运输用的临时防护装置及临时支撑应予拆除，并经过清点做好记录以备查。

② 所有螺栓应紧固，并有防松措施；绝缘螺栓应无损坏，防松绑扎完好。

③ 铁芯应无变形，铁轮与夹件间的绝缘垫应良好；铁芯应无多点接地；铁芯外引接地的变压器，拆开接地线后铁芯对地绝缘应良好；打开夹件与铁轮接地片后。铁轮螺杆与铁芯、铁轮与夹件、螺杆与夹件间的绝缘应良好；当铁轮采用钢带绑扎时，钢带对铁轮的绝缘应良好；打开铁芯屏蔽接地引线，检查屏蔽绝缘应良好；打开夹件与线圈压板的连线，检查压钉绝缘应良好；铁芯拉板及铁轮拉带应紧固，绝缘良好（无法打开检查铁芯的可不检查）。

④ 绕组绝缘层应完整，无缺损、变位现象；各绕组应排列整齐，间隙均匀，油路无堵塞；绕组的压钉应紧固，防松螺母应锁紧。

⑤ 绝缘围屏绑扎牢固，围屏上所有线圈引出处的封闭应良好。

⑥ 引出线绝缘包扎紧固，无破损、折弯现象；引出线绝缘距离应合格，固定牢靠，其固定支架应紧固；引出线的裸露部分应无毛刺或尖角，且焊接应良好；引出线与套管的连接应牢靠，接线正确。

⑦ 无励磁调压切换装置各分接点与线圈的连接应紧固正确；

各分接头应清洁，且接触紧密，引力良好；所有接触到的部分，用规格为0.05mm×10mm塞尺检查，应塞不进去；转动接点应正确地停留在各个位置上，且与指示器所指位置一致；切换装置的拉杆、分接头凸轮、小轴、销子等应完整无损；转动盘应动作灵活，密封良好。

⑧ 有载调压切换装置的选择开关、范围开关应接触良好，分接引线应连接正确、牢固，切换开关部分密封良好，必要时抽出切换开关芯子进行检查。

⑨ 绝缘屏障应完好，且固定牢固，无松动现象。

⑩ 检查强油循环管路与下轮绝缘接口部位的密封情况；检查各部位应无油泥、水滴和金属屑末等杂物。变压器有围屏者，可不必解除围屏，由于围屏遮蔽而不能检查的项目，可不予检查。

（5）器身检查完毕后要求

器身检查完毕后，必须用合格的变压器油进行冲洗，并清洗油箱底部，不得有遗留杂物。箱壁上的阀门应开闭灵活、指示正确。导向冷却的变压器还应检查和清理进油管接头和联箱。

（6）充氮的变压器、电抗器检查

充氮的变压器、电抗器需吊罩检查前，必须让器身在空气中暴露15min以上，使氮气充分扩散后方可进行；当须进入油箱中检查时，必须先打开顶部盖板，从油箱下面闸阀向油箱内吹入清洁干燥空气进行排气，待氮气排尽后方可进入箱内，以防窒息。

采用抽真空进行排氮时，排氮口应装设在空气流通处。破坏真空时应避免潮湿空气进入。当含氧量未达到18%以上时，人员不得入内。

3. 开箱检查

开箱后，应重点检查下列内容，并填写“设备开箱检查记录”。

（1）设备出厂合格证明及产品技术文件应齐全。

（2）设备应有铭牌，型号规格应和设计相符，附件、备件核对装箱单应齐全。

（3）变压器、电抗器外表无机械损伤，无锈蚀。

（4）油箱密封应良好，带油运输的变压器，油枕油位应正常，油液应无渗漏。

（5）变压器轮距应与设计相符。

（6）油箱盖或钟罩法兰连接螺栓齐全。

（7）充氮运输的变压器及电抗器，器身内应保持正压，压力值不低于0.01MPa。

二、变压器、电抗器搬运就位

变压器、电抗器搬运就位由起重工为主操作，电工配合。搬运最好采用吊车和汽车，如机具缺乏或距离很短而道路又有条件时，也可以用捯链吊装、卷扬机拖运、滚杠运输等。变压器在吊装时，索具必须检查合格。钢丝绳必须系在油箱的吊钩上，变压器顶盖上盘的吊环只可作吊芯用，不得用此吊环吊装整台变压器。

变压器就位时，应注意其方法和施工图相符，变压器距墙尺寸按施工图规定，允许偏差±25mm。图纸无标注时，纵向按轨道定位，横向距墙不小于800mm，距门不小于1000mm，并适当照顾到屋顶吊环的铅垂线位于变压器中心，以便于吊芯。

三、变压器、电抗器干燥

变压器、电抗器干燥的类型及说明见表2-3。

变压器、电抗器干燥的类型及说明　　表2-3

类　型	说　明
新装变压器、电抗器干燥制定条件	(1)带油运输的变压器及电抗器： ①绝缘油电气强度及微量水试验合格； ②绝缘电阻及吸收比(或极化指数)符合现行国家标准《电气装置安装工程电气设备交接试验标准》GB 50150—2006的相应规定； ③介质损耗角正切值tanδ(%)符合规定(电压等级在35kV以下及容量在4000kVA以下者,可不作要求)。 (2)充气运输的变压器及电抗器： ①器身内压力在出厂至安装前均保持正压； ②残油中微量水不应大于30ppm； ③变压器及电抗器注入合格绝缘油后：绝缘油电气强度微量水及绝缘电阻应符合现行国家标准《电气装置安装工程电气设备交接试验标准》GB 50150—2006的相应规定。 (3)当器身未能保持正压，而密封无明显破坏时，则应根据安装及试验记录全面分析作出综合判断，决定是否需要干燥

续表

类 型	说 明

设备进行干燥时，各部温度监控条件

(1)当为不带油干燥利用油箱加热时，箱壁温度不宜超过110℃，箱底温度不得超过100℃，绕组温度不得超过95℃。

(2)带油干燥时，上层油温不得超过85℃。

(3)热风干燥时，进风温度不得超过100℃。

(4)干式变压器进行干燥时，其绕组温度应根据其绝缘等级而定，见表2-4。

绕组温度等级的确定　　表2-4

绝缘等级	绕组温度(℃)	绝缘温度	绕组温度(℃)
A级	80	D级	120
B级	100	E级	145
C级	95		

(5)干燥过程中，在保持温度不变的情况下，绕组的绝缘电阻下降后再回升，110kV及以下的变压器、电抗器持续6h保持稳定，且无凝结水产生时，可认为干燥完毕。

(6)变压器、电抗器干燥后应进行器身检查，所有螺栓压紧部分应无松动，绝缘表面应无过热等异常情况。如不能及时检查时，应先注以合格油，油温可预热至50～60℃，绕组温度应高于油温

铁损干燥

(1)磁化线圈：用耐热绝缘导线缠绕在油箱上；线圈匝数的60%分布在油箱的下部，40%分布在油箱的上部。在线圈上部或中部抽出10%作为温度调节之用。两部分线圈的间距约为箱体长度的1/4。如油箱有保温隔热层，磁化线圈则缠绕在隔热层表面上。

(2)加热电源：磁化线圈宜采用单相电源，电源容量可按下式计算：

$$S_g=\frac{P}{\cos\varphi}=\frac{\Delta P\cdot F_0}{\cos\varphi}=\frac{\Delta P\cdot HL}{\cos\varphi}\quad(\text{kVA})$$

式中　P——功率消耗(kW)；

$\cos\varphi$——功率因数；

F_0——绕有磁化线圈的油箱侧面积(m^2)；

L——油箱周长(m)；

H——绕有磁化线圈的油箱高度(m)；

ΔP——有效单位面积(绕有磁化线圈的油箱侧面)的功率消耗(kW/m^2)，见表2-5。

不保温油箱有效面积的功率消耗 $\Delta\rho$(kw/m^2)　　表2-5

油箱形式	环境温度(℃)								
	0	5	10	15	20	25	30	35	40
平面油箱	2.03	1.94	1.85	1.75	1.66	1.57	1.48	1.38	1.29
管式油箱	2.70	2.58	2.46	2.34	2.22	2.09	1.97	1.85	1.72

注：$\cos\varphi=0.7$

续表

<table>
<tr><th>类型</th><th>说明</th></tr>
<tr><td>铁损干燥</td><td>
(3)磁化线圈参数计算

$$匝数 \quad N=a\cdot\frac{U}{L} \quad (匝)$$

$$电流 \quad I=\frac{P}{U\cdot\cos\varphi}\times 10^3 \quad (A)$$

式中 a——系数(电位梯度),按表2-6确定。

系数a值 表2-6

<table>
<tr><td>$\Delta P(kW/m^2)$</td><td>0.8</td><td>1.0</td><td>1.2</td><td>1.4</td><td>1.6</td><td>1.8</td><td>2.0</td><td>2.2</td><td>2.4</td><td>2.6</td><td>2.8</td><td>3.0</td></tr>
<tr><td>a</td><td>2.26</td><td>2.02</td><td>1.84</td><td>1.74</td><td>1.65</td><td>1.59</td><td>1.59</td><td>1.49</td><td>1.44</td><td>1.41</td><td>1.38</td><td>1.34</td></tr>
</table>

(4)升温干燥:开始干燥时,应打开油箱下部放油阀门和顶盖上的人孔盖板,保持油箱里面的空气流通。磁化线圈接通电源后,使芯部绝缘的温度逐渐升高,并限制每小时的升温速度不超过5℃,最后稳定在95℃。当绝缘电阻下降后再上升并稳定6h以上,即认为干燥合格。

为了提高干燥效率,在干燥过程中可以采取真空排潮措施,即当变压器芯部绝缘温度达到80℃以上时,开始抽真空,把油箱里蒸发的潮气抽出,冷凝后,加以排除。

(5)温度调节:加热温度可采用下列任一种方法进行调节:
①增减磁化线圈的匝数。在一定的外加磁化电压下,增、减匝数调温
②提高或降低磁化电压
③适时开停电源
</td></tr>
<tr><td>铜损干燥</td><td>
(1)电源容量

$$S_g=1.25S_eU_d\% \quad (kVA)$$

式中 S_g——被干燥变压器的额定容量(kVA);
$U_d\%$——被干燥变压器的短路电压(阻抗电压)的百分值。

(2)电源电压

$$U_g=U_e\cdot U_d\% \quad (V)$$

式中 U_e——加电源侧线圈的额定电压(V)。

(3)接线:被干燥的变压器一般均由低压侧加压,高压侧线圈短接。

(4)升温操作:干燥开始时,可将电源电压提高,以125%的额定电流加热,控制温升每小时不大于5℃,并打开油箱顶盖上的人孔,使潮气蒸发排出。当高压线圈温度达到80℃±5℃时,保持此温度,持续24h,如各线圈的绝缘电阻、介质损失角正切值$\tan\delta$及油耐压强度无显著变化,干燥就可以结束。

干燥过程中,如采用真空排潮措施,应将油放出少许,使油面降至顶盖下200mm,以免抽真空时将油抽出
</td></tr>
<tr><td>零序电流干燥</td><td>
(1)电源容量

$$S_g=\frac{P}{\cos\varphi}$$

式中 P——干燥时所需功率(kW),按下表查取;
$\cos\varphi$——功率因数,中小型变压器取0.4~0.5(大型变压器取0.5~0.7)。
</td></tr>
</table>

续表

<table>
<tr><th>类　型</th><th>说　　明</th></tr>
<tr><td>零序电流干燥</td><td>零序电流干燥法干燥变压器所需功率(环境温度 15～20℃) 表 2-7 | 变压器容量(kVA)	干燥所需功率(kW)	
	油箱不保温	油箱保温
320 以下	2～4	1.5～3.5
560～1800	7～10	5～7.5
2400～5600	12～14	8～10 | (2)电源电压 三相并联接线　$U_g=\sqrt{\dfrac{P\cdot X_0}{3\cos\varphi}}$ (V) 开口三角接线　$U_g=\sqrt{\dfrac{3P\cdot X_0}{3\cos\varphi}}$ (V) 式中　P——干燥功率(kW),按表 2-7 查取; X_0——变压器零序电抗(Ω),由设备说明书中查取; $\cos\varphi$——功率因数,取 0.4～0.5。 (3)干燥电源电流 三相并联接线　$I_g=3I_0=3\dfrac{U_0}{X_0}$ 开口三角接线　$I_g=I_0=\dfrac{U_0}{X_0}$ (4)接线:接电源侧为星形接线时,应将三相的引线端头连接在一起,在它们与中性点之间接进干燥电源;若为三角形接线时,应将角形接线侧的一个连接点拆并,在拆开的端头之间接进干燥电源。干燥时,不通电线圈应开路;当不通电侧为三角形接线,且为高压绕组时,宜将三个连接点均拆开。 (5)升温操作 ①变压器在无油干燥时,干燥过程同铁损操作工艺 ②变压器在带油干燥时,干燥过程同铜损操作工艺</td></tr>
<tr><td>烘箱干燥</td><td>对小型变压器采用这种方法则很简单。干燥时只要将器身吊入烘箱,控制内部温度为 95℃,每小时测一次绝缘电阻,干燥便可顺利进行。干燥过程中,烘箱上部应有出气孔以释放蒸发出来的潮气</td></tr>
</table>

四、变压器安装施工

1. 变压器本体及附件安装

(1) 变压器、电抗器基础的轨道应水平，轮距与轨距应配合；装有气体继电器的变压器、电抗器，应使其顶盖沿气体继电器气流方向有1%～1.5%的升高坡度（制造厂规定不须安装坡度者除外）。当须与封闭母线连接时，其套管中心线应与封闭母线安装中心线相符。

（2）装有滚轮的变压器、电抗器，其滚轮应转动灵活。在设备就位后，应将滚轮用能拆卸的制动装置加以固定。

2. 密封处理

（1）设备的所有法兰连接处，应用耐油密封垫（圈）密封；密封垫（圈）必须无扭曲、变形、裂纹和毛刺；密封垫（圈）应与法兰面的尺寸相配合。

（2）法兰连接面应平整、清洁；密封垫应擦拭干净，安装位置应准确；其搭接处的厚度应与其原厚度相同，橡胶密封垫的压缩量不宜超过其厚度的1/3。

3. 大中型变压器油箱安装

（1）油箱安装之前应先安装底座。底座推放到变压器基础轨道上以后，应检查滚轮与轨距是否符合。底座顶面应保持水平，允许偏差5mm；如果误差太大，可以调整滚轮轴的高低位置。

（2）调理油箱的位置，使其方向正确并与基础轨道的中心线一致，然后落放到底座上，插入螺栓和压板组装起来。

4. 冷却装置安装

（1）冷却器装置在安装前应按制造厂规定的压力值用气压或油压进行密封试验，并应符合下列要求：

① 散热器可用0.05MPa表压力的压缩空气检查，应无漏气；或用0.07MPa表压力的变压器油进行检查，持续30min，应无渗漏现象；

② 强迫油循环风冷却器可用0.25MPa表压力的气压或油压，持续30min进行检查，应无渗漏现象；

③ 强迫油循环水冷却器用0.25MPa表压力的气压或油压进行检查，持续1h应无渗漏；水、油系统应分别检查渗漏。

（2）冷却装置安装前应用合格的绝缘油经净油机循环冲洗干净，并将残油排尽。

（3）冷却装置安装完毕后应马上注满油，以免由于阀门渗漏造成本体油位降低，使绝缘部分露出油面。

（4）风扇电动机及叶片应安装牢固，并应转动灵活，无卡阻现象；试转时应无震动、过热；叶片应无扭曲变形或与风筒擦碰等情况，转向应正确；电动机的电源配线应采用具有耐油性能的绝缘导线；靠近箱壁的绝缘导线应用金属软管保护；导线排列应整齐；接线盒密封良好。

（5）管路中的阀门应操作灵活，开闭位置应正确；阀门及法兰连接处应密封良好。

（6）外接油管在安装前，应进行彻底除锈并清洗干净；管道安装后，油管应涂黄漆，水管涂黑漆，并应有流向标志。

（7）潜油泵转向应正确，转动时应无异常噪音、震动和过热现象；其密封应良好，无渗油或进气现象。

（8）差压继电器、流速继电器应经校验合格，且密封良好，动作可靠。

（9）水冷却装置停用时，应将存水放尽，以防天寒冻裂。

5. 有载调压切换开关安装

有载调压切换开关的主要部件在制造厂已与变压器装配在一起，安装时只需进行检查和动作试验。如需进行安装应按制造厂说明书进行，并应符合下列要求：

（1）传动机构：（包括操动机构、电动机、传动齿轮和杠杆）应固定牢靠，连接位置正确，且操作灵活、无卡阻现象；传动机构的摩擦部分应涂以适合当地气候条件的润滑脂。

（2）切换开关的触头及铜编织线应完整无损，且接触良好；其限流电阻应完整，无断裂现象。

（3）切换装置的工作顺序应符合产品出厂要求；切换装置在极限位置时，其机械连锁与极限开关的电气连锁动作应正确。

（4）位置指示器应动作正常，指示正确。

（5）切换开关油箱内应清洁，油箱应做密封试验且密封良好；注入油箱中的绝缘油，其绝缘强度应符合产品的技术要求。

6. 储油柜（油枕）安装

（1）储油柜安装前应清洗干净，除去污物，并用合格的变压器油冲洗。隔膜式（或胶囊式）储油柜中的胶囊或隔膜式储油柜中的隔膜应完整无破损，并应和储油柜的长轴保持平行、不扭偏。胶囊在缓慢充气胀开后应无漏气现象。胶囊口的密封应良好，呼吸应畅通。

（2）储油柜安装前应先安装油位表；安装油位表时应注意保证放气和导油孔的畅通；玻璃管要完好。油位表动作应灵活，油位表或油标管的指示必须与储油柜的真实油位相符，不得出现假油位。油位表的信号接点位置正确，绝缘良好。

（3）储油柜利用支架安装在油箱顶盖上。油枕和支架、支架和油箱均用螺栓紧固。

7. 升高座安装

（1）升高座安装前，应先完成电流互感器的试验；电流互感器出线端子板应绝缘良好，其接线螺栓和固定件的垫块应紧固，端子板应密封良好，无渗油现象。

（2）安装升高座时，应使电流互感器铭牌位置面向油箱外侧，放气塞位置应在升高座最高处。

（3）电流互感器和升高座的中心应一致。

（4）绝缘筒应安装牢固，其安装位置不应使变压器引出线与之相碰。

8. 气体继电器（又称瓦斯继电器）安装

（1）气体继电器应做密封试验，轻瓦斯动做容积试验，重瓦斯动做流速试验，各项指标合格后，并有合格检验证书方可使用。

（2）气体继电器应水平安装，观察窗应装在便于检查一侧，箭头方向应指向储油箱（油枕），其与连通管连接应密封良好，其内壁应“清拭”干净，截油阀应位于储油箱和气体继电器之间。

（3）打开放气嘴，放出空气，直到有油溢出时，将放气嘴关上，以免有空气进入使继电保护器误动作。

（4）当操作电源为直流时，必须将电源正极接到水银侧的接点上，接线应正确，接触良好，以免断开时产生电弧。

9. 套管安装

（1）套管在安装前要按下列要求进行检查：

①瓷套管表面应无裂缝、伤痕；

②套管、法兰颈部及均压球内壁应清擦干净；

③套管应经试验合格；

④充油套管的油位指示正常，无渗油现象。

（2）当充油管介质损失角正切值 tanδ（%）超过标准，且确认其内部绝缘受潮时，应予干燥处理。

（3）高压套管穿缆的应力锥进入套管的均压罩内，其引出端头与套管顶部接线柱连接处应擦拭干净，接触紧密；高压套管与引出线接口的密封波纹盘结构（魏德迈结构）的安装应严格按制造厂的规定进行。

（4）套管顶部结构的密封垫应安装正确，密封应良好，连接引线时，不应使顶部结构松扣。

10. 干燥器（吸湿器、防潮呼吸器、空气过滤器）安装

（1）检查硅胶是否失效（对浅蓝色硅胶，变为浅红色即已失效；对白色硅胶一律烘烤）。如已失效，应在 115～120℃温度下烘烤 8h，使其复原或换新。

（2）安装时，必须将干燥器盖子处的橡皮垫取掉，使其畅通，并在盖子中装适量的变压器油，起滤尘作用。

（3）干燥器与储气柜间管路的连接应密封良好，管道应通畅。

（4）干燥器油封油位应在油面线上，但隔膜式储油柜变压器应按产品要求处理（或不到油封，或少放油，以便胶囊易于伸缩呼吸）。

11. 净油器安装

（1）安装前先用合格的变压器油冲洗净油器，然后同安装散热器一样，将净油器与安装孔的法兰联结起来。其滤网安装方向

应正确并在出口侧。

（2）将净油器容器内装满干燥的硅胶粒后充油。油流方向应正确。

12. 安全气道（防爆管）安装

（1）安全气道安装前内壁应“清拭”干净，防爆隔膜应完整，其材质和规格应符合产品规定。

（2）安全气道斜装在油箱盖上，安装倾斜方向应按制造厂规定，厂方无明确规定时，宜斜向储油柜侧。

（3）安全气道应按产品要求与储油柜连通，但当采用隔膜式储油器和密封式安全气道时，二者不应连接。

（4）防爆隔膜信号接线应正确，接触良好。

13. 温度计安装

（1）套管温度计安装，应直接安装在变压器上盖的预留孔内，并在孔内适当加些变压器油，刻度方向应便于观察。

（2）电接点温度计安装前应进行计量检定，合格后方能使用。油浸变压器一次元件应安装在变压器顶盖上的温度计套筒内，并加适当变压器油；二次仪表挂在变压器一侧的预留板上。干式变压器一次元件应按厂家说明书位置安装，二次仪表装在便于观测的变压器护网栏上。软管不得有压扁或死弯，富余部分应盘圈并固定在温度计附近。

（3）干式变压器的电阻温度计，一次元件应预埋在变压器内，二次仪表应安装在值班室或操作台上，温度补偿导线应符合仪表要求，并加以适当的附加温度补偿电阻校验调试后方可使用。

14. 电压切换装置安装

（1）变压器电压切换装置各分接点与线圈的连线压接正确，牢固可靠，其接触面接触紧密良好，切换电压时，转动触点停留位置正确，并与指示位置一致。电压切换装置的拉杆、分接头的凸轮、小轴销子等应完整无损，转动盘应动作灵活，密封良好。

（2）电压切换装置的传动机构（包括有载调压装置）的固定

应牢靠，传动机构的摩擦部分应有足够的润滑油。

(3) 有载调压切换装置的调换开关触头及铜辫子软线应完整无损，触头间应有足够的压力（一般为 8～10kg）；有载调压切换装置转动到极限位置时，应装有机械连锁与带有限开关的电气连锁；有载调压切换装置的控制箱，一般应安装在值班室或操作台上，连线应正确无误，并应调整好，手动、自动工作正常，档位指示正确。

15. 压力释放装置安装

密封式结构的变压器、电抗器，其压力释放装置的安装方向应正确，使喷油口不要朝向邻近的设备，阀盖和升高座内部应清洁，密封良好；电接点应动作准确，绝缘应良好。

16. 注油

(1) 绝缘油必须按规定试验合格后，方可注入变压器、电抗器中。不同牌号的绝缘油或同牌号的新油与旧油不宜混合使用，如必须混合时，应进行混油试验。

(2) 绝缘油取样：取样应在晴天、无风沙时进行，温度应在0℃以上。取油样用的大口玻璃瓶应洗刷干净，取样前用烘箱烘干。混油试验取样应标明实际比例。油样应取自箱底或桶底。取样时，先开启放油阀，冲去阀口脏物，再将取样瓶冲洗两次，然后取样封好瓶口（如运往外地检验，瓶口宜蜡封）；绝缘油检验后，如绝缘强度（耐压）不合格，应进行过滤。

(3) 为防止注油时在变压器、电抗器的芯部凝结水分，要求注入绝缘油的温度在 10℃左右，芯部的温度与油温之差不宜超过 5℃，并应尽量使芯部温度高于油温；注油应从油箱下部油阀进油，加补充油时应通过油枕注入。对导向强油循环的变压器，注油应按制造厂的规定执行。

(4) 胶囊式储油柜注油应按制造厂规定进行，一般采取油从变压器油箱逐渐注入，慢慢将胶囊内空气排净，然后放油使储油柜内油面下降至规定油位。如果油位计也是带小胶囊结构时，应先向油表内注油，然后进行储油柜的排气和注油。

(5) 冷却装置安装完毕后即应注油，以免由于阀门渗漏造成变压器绝缘部分露出油面；油注到规定油位，应从油箱、套管、散热器、防爆筒、气体继电器等处多次排气，直到排尽为止。

(6) 注油完毕，在施加电压前，变压器、电抗器应进行静置，静置时间规定为110kV及以下24h。静置完毕后，应从变压器、电抗器的套管、升高座、冷却装置、气体继电器及压力释放装置等有关部位进行多次放气。

17. 变压器联线

(1) 变压器的一、二次联线、地线、控制管线均应符合现行国家施工验收规范的规定。

(2) 变压器一、二次引线施工，不应使变压器的套管直接承受应力。

(3) 变压器工作零线与中性点接地线，应分别敷设。工作零线宜用绝缘导线；变压器中性点的接地回路中，靠近变压器处，宜做一个可拆卸的连接点。

(4) 油浸变压器附件的控制线，应采用具有耐油性能的绝缘导线。靠近箱壁的导线，应用金属软管保护。

18. 整体密封检查

变压器、电抗器安装完毕后，应在储油柜上用气压或油压进行整体密封试验，所加压力为油箱盖上能承受0.03MPa的压力，试验持续时间为24h，应无渗漏。油箱内变压器油的温度不应低于10℃。整体运输的变压器、电抗器可不进行整体密封试验。

五、电力变压器安装中出现的缺陷及其排除

(一) 注油时空气未排净

注油时空气未排净时反映出的现象、故障原因及排除方法如下：

1. 缺陷反映出的现象

当注油时未彻底排除空气，安装后试运行中将出现假油位和轻瓦斯动作频繁的现象。

2. 故障原因

变压器安装后注油，未按正确程序排气，使变压器本体及注油的组件有空气存在，导致瓦斯继电器频繁动作。

3. 排除方法

（1）大型变压器安装后，注油时的正确排气程序是：采取"先低后高、先动后静、隔离油箱、分别排净"的方法，是指排气塞位置低的先排，排气塞位置高的后排，指驱动油循环的部件先排，不能驱动油循环部件后排。

（2）具体排气程序及方法

① 将合格的变压器油注至油位计 2/3 位置，在排气过程中若油位降至下限，应随时补充注油。

② 对潜油泵进行排气。先适当开启冷却器下蝶阀，拧松潜油泵的 3 个放气塞，再适当开启潜油泵进、出油阀门，等放气塞溢油后，依次拧紧各放气塞。此时，潜油泵中气体排除干净。

③ 净油器进行排气。先开启净油器下蝶阀，关闭其上蝶阀，拧松净油器顶部放气塞，等放气孔溢出油后，拧紧放气塞，再开启净油器上蝶阀，则净油器中气体排净。

④ 冷却器进行排气。开启冷却器下蝶阀，关闭其上蝶阀，拧松冷却器上集油盒顶部 3 个放气塞，待它们分别溢油后再拧紧。

⑤ 冷却器组支架集油槽排气。拧松集油槽顶部两个放气塞，待溢油后，拧紧放气塞，再开启所有冷却器的上蝶阀。

⑥ 瓦斯继电器进行排气。拧松且取下放气塞圆帽，拧松放气阀排空气，再启动所有潜油泵强油循环 1min 左右。一旦大量气体从瓦斯继电器冲出，立即关闭潜油泵再拧紧瓦斯继电器。

⑦ 储油柜排气。拧下储油柜顶部的两个放气塞，边加油边用木棒反复压下隔膜，等到放气孔溢油，则停止注油，拧紧放气塞，再将油位指示调至与变压器油位一致。

⑧ 检查各部分密封情况及紧固螺母。放气塞要密封严，拧紧螺母及放气塞，以防外界空气进入。

⑨ 防止假油位。各部空气排净后，将变压器油静止 2h 左

右，让油中分解的气体聚集，再从瓦斯继电器中放出，严防空气经瓦斯继电器进入储油柜，造成假油位。

⑩ 压力释放阀进行排气。拧松压力释放阀侧面放气塞，放出气体后再拧紧。

⑪ 有载分接开关油室进行排气。先拧下放气塞的盖帽，用螺丝刀拧松放气螺钉，进行排气，放净空气后再拧紧螺钉和盖帽。

（二）分接开关运输、安装中产生的缺陷

1. 缺陷将造成后果

（1）手柄断裂、螺母松动等缺陷，均能使开关动作不灵而失误，调压不准，影响运行。

（2）分接开关内有空气，使变压器气体继电器产生频繁动作等。

（3）开关调节不到位，不仅使动、静触头错位，接触不良，开关过热，严重的不到位，送电将造成开关烧毁。开关调节不当，不仅使开关不能准确调压，还产生接触不良、开关过热或引起闪络放电等故障。

（4）操作机构不灵活，使开关不能完成准确调压的任务。接线错误不仅影响调压，可能造成绕组短路、开路等故障。

2. 排除缺陷的方法

（1）开关接触不良缺陷的排除

① 安装前检查无载鼓形分接开关时，未彻底检查环内弹簧压力适中与否，弹簧压力过大或过小，造成接触不良。排除的方法：如弹簧压力过大可取下进行回火，使其压力适中，再装上，经试压合适为好；反之弹簧压力过小，取下进行淬火处理，无热处理条件的可更换压力适中的新弹簧。

② 对扇形触头的无载分接开关，如弹簧压力过大或过小，采用①中所述方法处理；如属弹簧和弹簧轴卡涩，弹簧不起作用，不能推动扇形触头与固定触头接触，采取选用弹簧内径正公差的弹簧换上，也可不换弹簧，将固定弹簧小轴取下，将其外圆

车一刀即可。

③ 对于夹片式触头的无载开关接触不良，主要是定位销子松动，不能使开关准确定位，使触头接触不良，这是由于销子外径小，销子孔内径大，应按定位销孔尺寸及公差配车新的定位销换上。

④ 如属开关接触处较脏，安装前未解体擦拭，或虽解体擦拭，但未清理干净，仍有油泥堆积在动、静触头表面，使触点间形成一层油泥膜，造成接触不良。

⑤ 分接开关动、静触头未对正，有错位现象，使接触面小，造成接点熔伤，如触头熔伤面小，深度又不大，可将动、静触头接触工作面用0号砂布打磨光平，调整二者相应位置，使二者对齐即可，如熔伤面大，应更换新触头与调整错位缺陷。

（2）分接开关的切换开关未到位的排除

安装前，解体分接开关检测时未装正，当开关装入变压器上，将切换开关装不到位，即未将曲柄插入连杆槽中。

① 原因及分析。吊装条件差，采取人工抬上装配；安装人员检查不仔细，技能差，判别方法不对头，经验少；安装后测试不准，不严或未进行有关测试，对开关认真的切换过渡时间测量，就不会产生装不到位缺陷；对切换顺序也未作试验或试验不准。

② 产生的后果。若分接开关中的切换开关装不到位，则动、静触头不能往返切换，当投入运行进行切换时，就会造成开关烧毁。

③ 安装中注意事项。

a. 安装人员应加强技术学习，了解变压器及开关等组件结构、动作原理及调试；

b. 加强安装过程中的检查、监看、监听等工作；

c. 安装后一定要进行电压比试验、直流电阻测定、动作顺序及过渡时间的测量。

（3）有载分接开关的选择器脱离位置缺陷

① 故障现象

进行分接开关操作时，瓦斯继电器信号接点动作，同时电压表指针大幅度摆动，变压器发出受冲击的声音，变压器跳闸而停电。

② 故障原因

a. 当变压器安装后做开关操作时，发现如上异常现象，说明安装中有缺陷，不能投运，否则由缺陷会引起变压器更多故障，应进行检测。

b. 通过诊断和检查，发现分接开关选择器 6 个动触头降压侧端面出现微度烧伤，若时间长则将出现重度烧伤，触点有放电痕迹，弹簧销子过热变色。

c. 仔细查看是选择器脱离位置，并且槽轮拨盘不灵活，检查中用手动操作到空档位置时，选择器却先于切换开关动作，且选择器触头与开关动触头发生偏差，拨动槽轮，选择器先动作，使选择器带负载变换，则产生很大的分接间短路电流，将开关与绕组烧坏。

d. 这个缺陷是选择器的槽轮拨盘与带伞齿轮的主轴间配套过紧造成的，属于制造质量问题，安装人员在安装前未检查出来。

③ 修复方法

拆下选择器，将伞齿轮轴从槽轮拨盘中打出，卡在车床三爪卡盘上找正，将配合轴颈精车一刀，使轴颈处和拨盘内径配合符合要求，再一一装上。

关于回弹现象缺陷的解决，应修整切换开关静触头对动触头的冲击力，使二者在切换后期有适当缓冲，减少回弹。经仔细检查，原开关上的缓冲衬垫是采用钢片和皮革叠积起来的，它的缓冲效果差。可采用活塞缓冲器结构代替钢片、皮革叠积衬垫，解决了回弹缺陷。正确进行安装操作，方能减少缺陷的产生。

（三）一、二次套管安装中发现缺陷

1. 缺陷产生的原因及分析

（1）套管产生裂纹，裙边碎落。主要是在运输、安装过程中，吊装方法不当而碰坏；胶垫变形或尺寸不符，紧固时受内应力作用将瓷套胀裂。

（2）套管表面不干净。在运输前包装不严，途中灰尘溅入套管表面，安装中又未擦干净，滤、注油过程变压器油溅在套管上，和灰尘混为油污，一旦变压器投运后，套管将发生闪络或放电。

（3）套管和箱盖间绝缘胶垫变形或尺寸不符。可能制造厂发出不合格产品；也许安装时垫好垫后，拧压紧螺母用力不当，把绝缘胶垫压得变形。运输包装不好，被其他铁质零件长时间挤压。

（4）安装后，一、二次套管发热，套管发热是引线与套管铜导电杆之间接触不良所致。若绕组引线为铝导线，通过铜铝线夹与套管导电杆连接的，可能螺栓未拧紧而松动；套管导杆接地不严、接触面小、接触不良而发热；铜、铝线夹的铜、铝临界面电腐蚀严重，造成接触不良。

2. 修理方法

（1）对瓷套裂纹或裙边破碎的套管，可将其铜导电杆完好地取出，用同规格、经试验合格且无裂纹的瓷套换上，紧固好。

（2）对套管表面不洁，有油污、灰尘的，应用干净的抹布擦拭干净。擦干净后可在其外表面上涂上硅油（如201甲基硅油）或涂上蜡类涂料，可防止套管闪络。

（3）检查绝缘胶垫变形或尺寸不符时，应选用合格的新胶垫换上，更换后拧螺母时，应对角拧紧，用力均匀，防止新变形发生。

（4）对于套管发热的处理，要查出造成发热原因，然后采取下列修理措施：

① 一次套管发热的排除。如属套管导电杆与铜、铝线夹连接处螺母退扣松动，用手拧紧即可，拧紧时用力不可过猛，以免拧碎瓷套座；如属导电杆和线夹接触不严，应将过渡接头的线夹

调平整，再紧固好，使二者接触良好；如线夹铜、铝临界面电蚀，对电蚀不严重的，用细砂布打磨光，电蚀严重的应更换新的、合格的线夹。如因套管表面脏，又易吸水分，由于脏物导电性使泄漏电流增加，造成套管发热，应擦净套管上脏物。

② 二次套管发热的排除。如铝排和垫片不平，垫片截面小，连接孔不符合要求，造成二次套管发热，应更换不合格的垫片。新垫片的厚度及直径都要比原垫片增大尺寸，确保垫片上的电流密度不超过1.5A/mm²，垫片要全部搪锡，以消除凹凸不平。对铝排进行检查，如弯角小于90°，要重新扳一下，调整好弯角，注意弯角边缘离开垫片边缘距离为垫片直径的30％以上。对于引线连接孔与套管中心不正造成发热的，应更换偏离较大的引线，新的连接孔不得偏于套管中心2～5mm，即偏离大小要适度。如因过载引起二次套管发热的，从管理与维护上着手，制定防过载措施。

（四）安装过程中引起的渗漏油

1. 易发生渗漏部位及渗漏程度与原因

（1）油箱焊缝处渗漏油。主要是焊接不良引起的，或焊接方法不当，使箱体内应力大，引起箱体钢板变形、胀裂焊口，从微小程度到明显渗漏都有。

（2）箱沿与箱盖之间渗漏。主要是耐油胶垫（条）未垫平，或胶条老化变硬，没有弹性压不紧；也可能胶条首末接口及斜度不当，又未粘接好，箱沿螺栓未拧紧。

（3）采用密封件密封处渗漏油。如一次、二次套管与箱盖连接处渗漏，储油柜密封处渗漏，冷却器及箱体法兰连接结合面渗油，各种阀门密封处渗漏。主要原因有：

① 安装时胶垫放得不正、不平、有错位，紧固时用力不当，使胶垫、胶圈处不紧而渗漏。

② 安装中使用不合格的密封件。如材料性能不满足要求，加工质量差，早已老化、变形、变硬。

（4）安装过程吊卸组部件时，把冷却器油管碰损伤，安装又未发觉，安装后出现漏油。

2. 渗漏缺陷的排除

(1) 大型变压器蝶阀处渗漏油的处理。主要是冷却器上下连接管法兰平面和油箱上下连接管法兰平面不在同一水平上，呈倾斜状态。法兰平面不在同一平面上，安装各阀门所垫的密封件厚度不一样，密封圈放置有里进外出现象，造成压力不均，不紧而渗漏。

排除方法是对上、下连接管法兰盘进行测量。如有倾斜，拧松螺母进行校正，因该处蝶阀所垫密封圈一般为6mm厚，可改用10mm厚的，能起到调节作用。校正及更换密封件后，当拧紧螺杆时，如密封圈滑动挤内一侧，应重新松开螺母调正再拧紧。更换的垫圈一定要擦净两面上的灰尘、油垢、黏附杂物。拧螺栓时应逐个循环地逐渐拧紧，使密封件受力均不滑移，密封垫圈一般压缩量为压缩前总厚度的30%～40%较为适宜。

(2) 安装时箱沿及箱盖密封不当渗漏的排除。对油浸变压器箱沿、箱盖间的密封尤为重要，该处密封面积大，密封不当或不严，渗漏面大，油流失快。

大型变压器该部分密封件为“O”形断面的圆橡皮条，由于密封处面积较小，接头处胶粘不好，拧紧过程受力不均匀等，易造成密封胶垫圈圆弧面龟裂而渗漏。

(五) 接线错误

1. 部分绕组反接

(1) 故障原因

① 在绕组重绕施工中，绕制的线圈部分线段或匝数首末引线端接反。通常易出现在分段线圈中，在分段缠绕时，由于将其中一部分线匝绕反，而接线后这两部分线圈反向；另一种情况是在多根并行绕制中，绕后进行串联连接，把头尾引出线弄错而接反，造成部分绕组电流相互抵消，相当于线圈数不等。

② 相中部分线匝接反（包括绕向反），该相绕组匝数减少了，故每匝承受的电压增大。出现了三相因匝数不等，三相电压

及电流产生不平衡。接反的这相过热、绝缘加速老化和损坏，导致该相绝缘击穿或烧毁故障；也因该相心柱漏磁增加，磁通的涡流损耗也增加，损耗增加所产生的热量，使铁芯及夹件过热，引起变压器过热，而出现其一系列事故。

(2) 解决办法

① 先查出反接相。采用匝数测定器将接反接错的相找出，再进一步检测是首尾引出线接错，还是部分线圈绕向反。

② 纠正错接、反接或绕向反的具体做法。如属串联线匝头尾接错，可将接错的头尾互换后再按规定接线方法接好；如属部分分段线圈方向绕反，将反向绕制的线段头尾引线调换一下，若调换困难，可重绕一部分，使绕向正确，注意首末引出线不可再错。

2. 绕组换位不当或换位错

(1) 换位不当及换位错的原因、故障排除

对于更换绕组大修，对旧绕组拆除检查时，分析不仔细，可能对绕组结构形式、换位方式及换位部位了解不详，草图绘错；或按图绕制时未看清图纸要求；也可能施工图纸上换位方式及部位和实际不符，从而绕制过程中该换位的未换位，该翻叠的未翻叠，或把换位部位弄错造成换错位。如用双根导线并绕圆筒式绕组时，并联导线沿径向叠绕排列，没有进行翻叠换位，或只换位不翻叠。在绕制纠结式绕组时，出现纠结单元底位未换位，或产生纠位错误；或插花纠结绕法时，没有进行插花等。上述不正当的换位做法，均造成换位不当或换位错误，使绕组不符合质量要求。

(2) 产生的后果

绕制线圈时该换位的未换位或换位部位不对而换错位等，均使并联导线的长度不一致，不仅线段因长度不等而直流电阻不等，同时造成换位处油路不通畅导致绕组发热，还会造成绕组与径向漏磁通交链数不相等造成磁路不平衡，导致变压器运行特性恶化。

（3）防止办法

绕制线圈时，认真执行绕制工艺。看清图纸规定，仔细检查记录上原始记载的换位方式及部位，弄清是否全换位，有无翻叠要求和插花方式，在没有新的要求时，一定要按图纸或实物原样进行绕制。对已换位错的，能返修的则返修，不能反修的，只有重新缠绕一套线组换上，重新绕的新绕组无绕向错误，首尾应正确连接。

3. 绕组接错故障

（1）接错的原因

在变压器外部三相引出线连接及分接开关同绕组引线之间错接，其主要原因是对绕组接线规律及绕组连接组别掌握不熟，又未仔细核对图纸或看铭牌连接组别。

（2）产生的后果

将造成变压器一、二次绕组端电压及二者变化与原来的不同，导致变压器额定端电压与电源电压不一致，使变压器不能正常运行。

（3）解决办法

对已接错线的变压器，查出是接线方法错还是连接组别错，可按正确的接线方式和连接组别更正过来。

4. 绕组连接组别接线错误的判断方法

采用带负荷检查电流相位，测主变压器一、二次侧有关数据，从数据中加以分析判断；也可采用绘制相量图，从相量图上看一、二次电流相位，并根据电流相位判断连接组别是否正确。如两台变压器并联运行时，将低压 U，U 相连接，高压端 U、U 端并，V、V 端并，W、W 端并后送电，用电压表测量低压 V 与 V 及 W 与 W，如果电压表指针均为零，说明这两台变压器连接组别相同。

六、变压器的试验

1. 电力变压器试验项目

（1）测量绕组连同套管的直流电阻。

(2) 检查所有分接头的变压比。

(3) 检查变压器的三相接线组别和单相变压器引出线的极性。

(4) 测量绕组连同套管的绝缘电阻、吸收比或极化指数。

(5) 测量绕组连同套管的介质损耗角正切值 $\tan\delta$。

(6) 测量绕组连同套管的直流泄漏电流。

(7) 绕组连同套管的交流耐压试验。

(8) 绕组连同套管的局部放电试验。

(9) 测量与铁芯绝缘的各紧固件及铁芯接地线引出套管对外壳的绝缘电阻。

(10) 非纯瓷套管的试验。

(11) 绝缘油试验。

(12) 有载调压切换装置的检查和试验。

(13) 额定电压下的冲击合闸试验。

(14) 检查相位。

(15) 测量噪声。

上述试验项目，对1600kVA以上油浸式电力变压器应按全部项目的规定进行；1600kVA及以下油浸式电力变压器的试验，可按本条所列的(1)～(4)，(7)，(9)～(12)，(15)款的规定进行；干式变压器的试验，可按本条的(1)～(4)，(7)，(9)，(12)～(15)款的规定进行；变流、整流变压器的试验，可按本条的(1)～(4)，(7)，(9)，(11)～(15)款的规定进行；电炉变压器的试验，可按本条的(1)～(4)，(7)，(9)，(10)～(15)款的规定进行。

2. 测量绕组连同套管的直流电阻

(1) 测量应在各分接头的所有位置上进行。

(2) 1600kVA及以下三相变压器，各相测得值的相互差值应小于平均值的4%，线间测得值的相互差值应小于平均值的2%；1600kVA以上三相变压器，各相测得值的相互差值应小于平均值的2%；线间测得值的相互差值应小于平均值的1%。

（3）变压器的直流电阻，与相同温度下产品出厂实测数值比较，相应变化不应大于2%。

3. 检查三相变压器的结线组别和单相变压器引出线的标记必须与设计要求及铭牌上的标记和外壳上的符号相符。

4. 检查所有分接头的变压比

与制造厂铭牌数据相比应无明显差别，且应符合变压比的规律。

5. 绕组连同套管的交流耐压试验

容量为8000kVA以下，绕组额定电压在110kV以下的变压器，应按表2-8。所列标准进行交流耐压试验。

电力变压器工频耐压试验电压标准　　表2-8

额定电压(kV)	3	6	10
最高工作电压(kV)	3.5	6.9	11.5
试验电压(kV)	15	21	30

注：1min工频耐受电压（kV）有效值。

6. 测量绕组连同套管的绝缘电阻、吸收比或极化指数

（1）绝缘电阻应不低于产品出厂试验值的70%。其最低允许值可参考表2-9。

油浸式电力变压器绝缘电阻的温度换算系数　　表2-9

高压绕组电压等级(kV)	温度(℃)							
	10	20	30	40	50	60	70	80
3～10	450	300	200	130	90	60	40	25

（2）当测量温度与产品出厂试验时的温度不符合时，可按表2-10换算到同一温度时的数值进行比较。当测量绝缘电阻的温度差不是表2-10中所列数值时。其换算系数A可用线性插入法确定，也可按下述公式计算：

$$A=\frac{1.5K}{10}$$

校正到20℃时的绝缘电阻值可用下述公式计算：

当实测温度为 20℃以上时：

$$R_{20}=AR_{t}$$

当实测温度为 20℃以下时：

$$R_{20}=\frac{R_{t}}{A}$$

式中　R_{20}——校正到 20℃时的绝缘电阻值（MΩ）；

R_{t}——在测量温度下的绝缘电阻值（MΩ）。

油浸式电力变压器绝缘电阻的温度换算系数　　表 2-10

温度差 K	5	10	15	20	25	30	35	40	45	50	55	60
换算系数 A	1.2	1.5	1.8	2.3	2.8	3.4	4.1	5.1	6.2	7.5	9.2	11.2

注：表中 K 为实测温度减去 20℃的绝对值。

7. 测量与铁芯绝缘的各紧固件及铁芯接地线引出套管对外壳的绝缘电阻

（1）进行器身检查的变压器，应测量可接触到的穿芯螺栓、轭铁夹件及绑轧钢带对铁轭、铁芯、油箱及绕组压环的绝缘电阻。

（2）采用 2500V 兆欧表测量，持续时间为 1min，应无闪络及击穿现象。

（3）当轭铁梁及穿芯螺栓一端与铁芯连接时，应将连接片断开后进行试验。

（4）铁芯必须为一点接地；对变压器上有专用的铁芯接地线引出套管时，应在注油前测量其对外壳的绝缘电阻。

8. 套管的试验

（1）测量套管主绝缘的绝缘电阻；采用 2500V 兆欧表测量，绝缘电阻值不应低于 1000MΩ。

（2）交流耐压试验，应符合下列规定：

①试验电压应符合规定要求；

②变压器套管、电抗器及消弧线圈套管，均可随母线或设备一起进行交流耐压试验。

9. 有载调压切换装置的检查和试验

（1）在切换开关取出检查时，测量限流电阻的电阻值，测得值与产品出厂数值相比，应无明显差别。

（2）在切换开关取出检查时，检查切换开关切换触头的全部动作顺序，应符合产品技术条件的规定。

（3）检查切换装置在全部切换过程中，应无开路现象；电气和机械限位动作正确且符合产品要求；在操作电源电压为额定电压的85%及以上时，其全过程的切换中应可靠动作。

（4）在变压器无电压下操作10个循环。在空载下按产品技术条件的规定检查切换装置的调压情况，其三相切换同步性及电压变化范围和规律，与产品出厂数据相比，应无明显差别。

（5）绝缘油注入切换开关油箱前，其电气强度应符合表2-11的规定。

绝缘油的试验项目及标准　　表 2-11

项目		标准	说明
外观		透明，无沉淀及悬浮物	5℃时的透明度
苛性钠抽出		不应大于2级	—
安定性	氧化后酸值	不应大于0.2mg(KOH)/g油	—
	氧化后沉淀物	不应大于0.05%	—
凝点(℃)		①DB-10，不应高于－10℃； ②DB-25，不应高于－25℃； ③DB-45，不应高于－45℃	①户外断路器，油浸电容式套管，互感器用油：气温不低于－5℃的地区，凝点不应高于－10℃。气温不低于－20℃的地区，凝点不应高于－25℃。气温低于－20℃的地区，凝点不应高于－45℃。 ②变压器用油： 气温不低于－10℃的地区，凝点不应高于－10℃。气温低于－10℃的地区，凝点不应高于－25℃或－45℃
界面张力		不应小于35mN/m	—
酸值[①]		不应大于0.03mg(KOH)/g油	—
水溶性酸(pH值)[②]		不应小于5.4	—
机械杂质[③]		无	—

续表

项目	标准				说明
闪点④	不低于(℃)	—	DB-25 140	DB-45 135	—
电气强度试验⑤	使用于15kV及以下者，不应低于25kV				①油样应取自被试设备。 ②试验油杯采用平板电极
介质损耗角正切值⑥ $\tan\delta$(%) *	90℃时不应大于0.5				—

注：表中"*"项为新油标准，注入电气设备后的 $\tan\delta$（%）标准为90℃时，不应大于0.7%。

10. 绝缘油的试验

试验项目及标准应符合表2-11的规定，绝缘油试验类别及适用范围应符合表2-12的规定。

电气设备绝缘油试验分类　　表2-12

试验类别	适用范围
电气强度试验	(1)6kV以上电气设备内的绝缘油或新注入上述设备前、后的绝缘油； (2)对下列情况之一者，可不进行电气强度试验： ①35kV以下互感器，其主绝缘试验已合格的 ②按有关规定不需取油的
简化分析	准备注入变压器、电抗器、互感器、套管的新油，应按表2-11中项目①～⑥的顺序规定进行
全分析	对油的性能有怀疑时，应按表2-7中的全部项目进行

11. 冲击合闸试验

在额定电压下应进行5次，每次间隔时间宜为5min，无异常现象；冲击合闸宜在变压器高压侧进行；对中性点接地的电力系统，试验时变压器中性点必须接地；发电机变压器组中间连接无操作断开点的变压器，可不进行冲击合闸试验。

12. 相位检查

检查变压器的相位必须与电网相位一致。

七、变压器安装结尾工作

变压器总装完毕，注满油后，其结尾工作有：

（1）整体检查。检查变压器在自身的基础上位置，倾斜度应符合安装施工图及变压器随机文件要求。

（2）变压器的密封检查与试验。检查各部位有无渗漏油现象，油位高低应符合规定，并且无假油位，进行密封试验应合格。

（3）取油样按规定进行试验。所试项目指标符合变压器油质量标准要求。

（4）接线及相序的测定。将变压器一次套管外引线接到配电站的母线上，使一次套管三相引线 U、V、W 分别接到母线三相 L1，L2，L3 上，并进行相序测定。

（5）接好接地线及避雷装置。注意变压器绕组不允许通过油箱或外壳（干式）接地；变压器油箱必须与变电所的总接地线回路相连接，操作过程中不可疏忽大意。

（6）调整与检查瓦斯继电器及其他保护装置。应根据规定调整好瓦斯继电器的整定值；检查纵联差动保护、电流速断保护、过电流保护、过负载保护及监视装置的安装是否正确，动作应灵敏。

（7）安装现场的清理。将所有安装所用机械拆除运走，安装工具及剩余材料也运走，场地清理干净，使道路畅通，保证现场照明齐全。

（8）现场消防设施安全放置位置应符合规定要求。

第三节　变压器的检修

一、电力变压器绕组故障检修

（一）电力变压器绕组故障类别

1. 电气故障类别

（1）绕组绝缘电阻低、吸收比小。

（2）绕组三相直流电阻不平衡。

（3）绕组局部放电或闪络。

（4）绕组短路故障。

（5）绕组接地故障。

（6）绕组断路故障。

（7）绕组击穿和烧毁故障。

（8）绕组绕错、接反等连接错误。

在上述绕组诸类故障中，几种故障往往是联系在一起的，又互为影响，如绕组受潮使绝缘电阻低并将导致绕组接地或绕组短路，绕组短路又可引发绕组过热使绝缘老化，造成绕组击穿或烧毁等。

2. 机械损伤故障

（1）密封装置老化、损坏造成密封不严。

（2）散热器、冷却器堵塞或产生裂纹。

（3）绕组受电动力或机械力而损伤和变形。

（4）分接开关错位或变形。

（5）绝缘瓷套管破裂。

（6）穿杆螺栓松动、铁夹件松动变形。

（7）油箱变形及渗漏。

绕组机械方面故障最终将导致电气故障的出现。如密封不严，出现漏油等，使油箱内油量减少，油面下降，绕组露出油面，外界空气、湿气从密封不严处侵入箱体，使绕组及绝缘油受潮，绝缘电阻下降等，从而引发出绕组局部放电、绕组匝间或相间短路和击穿故障。同时因为短路故障变压器严重发热，变压器油达到燃烧点燃烧爆炸。另外，电气故障也会导致故障出现，如绕组短路，在强大短路电流冲击下，使绕组产生变形等。

（二）绕组的更换及注意事项

轻度匝间短路、断线，个别绕组损坏，在有条件下应焊接处理，当匝间损坏严重，无法局部检修时，就需要更换绕组。

1. 线圈的绕制

电力变压器的线圈形式随电压高低和容量大小不同而不同。电力变压器的高压绕组一般是多层圆筒式，而低压绕组多是双层或三层圆筒式。高压绕组多用圆导线而低压绕组一般是扁导线。更换线圈是依原来形式配制一个或几个，所以对原线圈的一些参数要做必要的测量和记录。有的还要在测量基础上做一些简单的计算。测量时要认真仔细。一般测量的内容有导线线号、匝绝缘、绕组的内径、外径、轴向高度、线圈的层数、每层匝数、总匝数、线圈的层绝缘、端绝缘等。对被测的高、低压匝数及导线截面进行校核，应符合技术要求。

重绕绕组时要注意所用导线规格应与原来的导线规格一致。一般低压绕组可直接绕在胎模上，高压绕组要在绕线前用6mm厚的绝缘板在木模上粘制一个圆筒，然后将导线绕在纸筒上。如原有的纸筒未损坏，可用原纸筒绕制。绕线模和纸板筒都要按原件的尺寸预制，绕组制成后，轴身和轴向尺寸都与原有绕组相符。引线头长度适度，接头处打光焊牢。

(1) 绕组绕向

绕组绕向分“左绕”和“右绕”两种，要注意原有绕组的绕向并按其绕向绕制新绕组。从绕组起端俯视，导线是沿逆时针方向缠绕的为“左绕向”，相反，导线是顺时针方向缠绕的为“右绕向”（如图2-3所示）。绕组绕向必须保证正确无误，否则变压器将不能投入运行。

拆旧绕组时应将它的导线规格、绕向和匝数（如系高压绕组，还必须将各抽头的匝数）弄清楚并做好记录。因为不同制造厂和不同时期的产品，这些数据往往不是一样的。

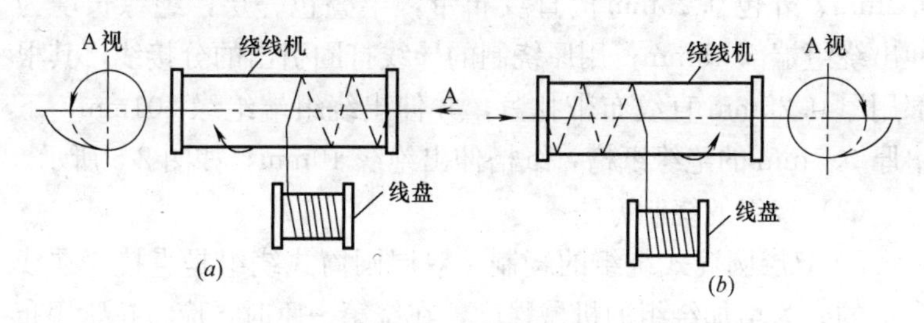

图2-3 绕组的绕向

(*a*) 左绕向；(*b*) 右绕向

（2）绕组出头的绝缘

绕组出头的绝缘包扎法应按下述方法处理，出头长度参照原来的长度或按结构确定。

① 400V 及以下圆筒式低压绕组。起（末）端的绝缘应在导线原有绝缘的基础上包 0.25mm 厚的直纹布带半叠一层，从导线弯折处开始包扎，长度 50mm；起（末）端弯折部分与下一匝相邻处，垫 0.5mm 厚（50kV · A 及以下垫 0.2mm 厚）的绝缘纸槽，长 60～80mm，并在首匝和相邻匝间垫 1.0mm 厚的绝缘纸垫条，此纸条与导线一起弯折，并伸出绕组端绝缘 50mm，外绕布带包扎紧，如图 2-4 所示（导线厚度小于 3.8mm 时可不垫纸条，而包以厚 0.12mm 的电缆纸带半叠一层，包至伸出绕组端绝缘 50mm 处）。

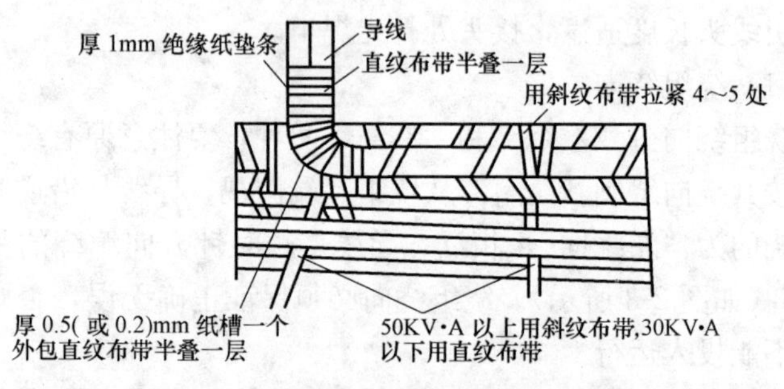

图 2-4　低压网筒式绕组出头绝缘包扎

② 6 ～ 10kV 圆筒式高压绕组。绕组起端的绝缘用厚 0.2mm、外包 0.25mm 的直纹布带，半叠包一层，绝缘长度为伸出绕组端部 15mm；用原绕制的导线打圈引出的分接线，其根部用厚 0.25mm 直纹布带扎紧，并伸出绕组端绝缘 501mm，下垫厚 0.5mm 的绝缘纸槽，纸槽伸出绝缘 10mm，如图 2-5 所示。

（3）绕组的绕制方法

① 双层圆筒式绕组的绕制。双层圆筒式绕组是直接绕在线模上的。为增加绕组的机械强度，在绕第一匝时，应将拉紧用布带沿圆周 5～6 处放好（起头处放一根，其余均匀放置）。拉紧布

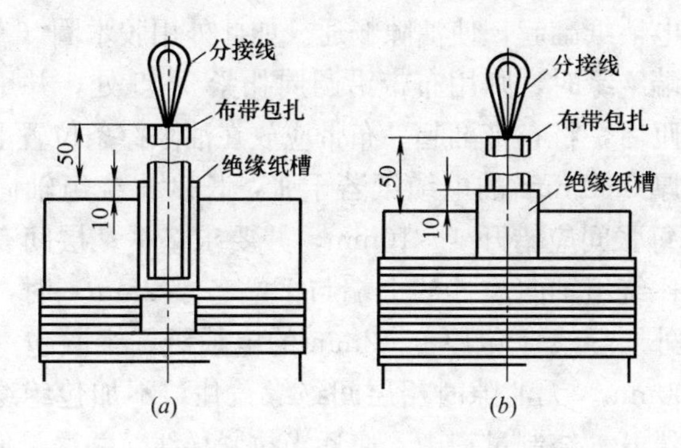

图 2-5　6～10kV 圆筒式绕组（圆线）分接线引出方法

（*a*）分接线于外层时，分接线外面不包绝缘纸槽，即图中纸槽下半段留出 10～20mm，不必上弯；

（*b*）分接线在层间引出时，须上、下两面放置绝缘纸槽，下半段弯上，压在分接线上，再于纸槽上绕线

带长度最好要大于绕组轴向尺寸，以便拉紧最后一匝（或两端分别放，这样布带可短些，其长度不限）。绕线时要用木槌打紧线匝（同时拉紧布带编织在线匝间）。如 6 根导线并绕时，要绕 1 匝编织一次，如 4 根导线并绕时，2 匝一次，其余 3～4 匝一次；如果绕组高度小于要求数值时，应在绕组中部线匝间垫 0.5～1.0mm 厚的纸条，用布带缠绕在导线上，以达到应有高度；层间有油隙撑条（长度比绕组轴向尺寸的上端与下端各小 2mm）时，拉紧布带处于撑条位置。为使绕组圆正，绕制时在油隙撑条间加置临时撑条（厚度比油隙撑条略小，绕完后抽去）；最后用布带拉紧末端出头后，在绕组表面包刺目带，半叠包一层；弯折处或换位处导线绝缘破裂时，应剥去原有绝缘，重包至要求厚度（或用绝缘纸垫）。

② 多层圆筒式绕组的绕制。多层圆筒式绕组绕在胶木纸筒上（或木芯上），胶木纸筒应比绕组轴向尺寸的上下端各小 2mm；绕组起头用布带拉紧。绕制时，端绝缘上的电话纸用导线压住，绕到一层的最后 1～3 匝时，应先放好端绝缘，其电话纸亦用导线压住。绕制与层间油隙相邻的线层时，3～6 匝后把

端绝缘的电话纸翻起，使油隙畅通。如此外用胶木圈（或红钢纸圈）作为端绝缘时，则用布带沿圆周扎紧 3～5 处，并用导线压住，绕几匝后，将布带翻起。布带应放在油隙撑条位置上；放层间绝缘（厚 0.12mm 的电缆纸若干张，长度比绕组轴向尺寸小 2mm）时每张间应错开 4～10mm，并要求垫平；层间有油隙撑条（长度比绕组轴向尺寸的上端与下端各小 2mm）时，应加临时撑条。外层导线应包厚 0.12mm 的电缆纸，半叠包一层，长约 80～100mm。无油隙时用层间绝缘盖住，不加包绝缘，各层外层处应错开；绕制过程中，应适当拉紧导线，并尽量使匝与匝靠紧；最后用匝带将头拉紧，将分接线用布带打圈固定位置，并在绕组表面用布带半叠包一层。

③ 螺旋式绕组的绕制。螺旋式绕组是绕在胶木纸筒的撑条上的。撑条是用胶木漆粘在胶木纸筒上，如并联导线较多时，要用绝缘铆钉将撑条铆在纸筒的边缘上，防止撑条偏移。撑条长度应长于绕组轴向尺寸 60mm；待绕组干燥处理后，再将胶木筒与撑条切齐；绕线时起端要适当留出一段距离，以便套装端绝缘；匝间油隙是由配好的垫块厚度决定的，将垫块串在撑条上，边绕绕组，边移置垫块；拐弯处或换位处导线绝缘破坏时，应剥去，重新包好。

2. 绕组的干燥、浸漆和烘干

绕组绕成后，进行干燥处理。干燥之后，将轴向尺寸压缩到所要求的高度，再浸漆和烘干。

(1) 绕组预烘

绕组浸漆前先放入烘炉中干燥，其温度 T 应满足 100℃$<T<$110℃。烘炉如果是热风加热，整个干燥过程应连续通风，干燥时间约 8h。如果是蒸汽加热，则在温度达到 100℃时起，每 1h 通风一次，4h 以后（即通风 4 次后），改为每 2h 通风一次，每次通风均为 15min，干燥时间为 10h。

(2) 浸漆

干燥完毕按要求压缩轴向尺寸，并修整外形，然后浸漆。绕组干燥后，浸漆前在空气中停留的时间不得超过12h。浸漆时，绕组温度应在70～80℃之间，浸入漆面后停留10min以上。待漆面不再翻起泡沫为止。取出绕组后滴净余漆（约30min），使线圈各处不存有漆包或漆瘤等，再放在干净地方晾干1h。

（3）烘干处理

浸漆晾干后的绕组再次放入干燥炉烘干，入炉时炉温不高于60℃，在70～80℃时预热3h，再升高到110～120℃烘干。连续式与螺旋式绕组烘干16h，圆筒式绕组约需20h，以漆完全干透，表面不粘手为标准。如果余漆滴得不净，晾干时间不足，漆的黏度高等，都会使烘干后的漆膜起皱或产生漆包等问题。

3. 绕组的套装

电力变压器通常低压绕组在内，高压绕组在外，套装要求如下：

（1）铁芯应清理干净，用布带临时捆绑立柱上散开的硅钢片，防止挂伤绕组，选定铁芯高、低压侧方向。

（2）安装好绕组下部绝缘垫块或硬木垫块，在铁芯柱上包缠0.5mm厚绝缘纸板2层（高度应高于绕组高度的5～10mm），如绕组带绝缘筒的，不必加纸板。按绕制的绕组标记套装三相低压绕组。在绕组与铁芯柱之间插入一定数目的半圆弧带梢木撑条（应从两层绝缘纸之间插入）。

（3）在低压绕组外包缠0.5mm厚绝缘板6层，如高压绕组带绝缘筒的不必加纸板。按绕制后的绕组标记套装三相高压绕组（高压引线朝铁芯高压侧，低压引线朝铁芯低压侧）。在高低压绕组之间插入一定数目的半圆弧带梢木撑条（应插在纸板之间）。而后安放好绕组上部绝缘垫块或硬木块。对高压绕组相间距离不足时，必须加相同绝缘隔板。

（4）插轭铁。装上夹件并用夹铁拉杆压紧。

（5）套装后要求：绕组组装要互相对称、正直，所垫纸垫或硬木垫要对称、排列整齐并压紧，绕组高度要一样，夹铁安装要平直、不歪斜。

（6）引线与抽头焊接及包绝缘，引线绝缘距离等应符合技术要求。焊接良好，排列平整，用木夹件坚固并装上分接开关。

(7) 进行组装后直流电阻与电压比试验。合格后器身整体可进烘房干燥。

4. 绕组修理工作中的注意事项

(1) 绕绕组时要记好匝数，绕平，绕紧，不准有脱边、压叠现象。发现有露铜处用布带包好（或用电话纸垫好）。

(2) 绕绕组前把一次和二次出线头位置布置好，以免有蹩劲现象。

(3) 一次绕组叠边不应低于 10mm 宽，二次绕组的叠边根据导线宽度决定。

二、变压器渗漏油修理

(一) 软连接渗漏油消除方法

软连接渗漏油原因分析及消除方法见表 2-13。

软连接渗漏油原因分析及消除方法　　表 2-13

原因分析	消除方法
油箱或组件上的密封面,大多数是采用胶条、胶垫来密封的。往往因为胶垫或胶条的质量达不到相应的要求而产生渗漏,其渗漏率在总渗漏中占的比例大 (1)密封胶垫(条)的材质问题。 (2)胶垫(条)的老化与龟裂。 (3)装配程序不符合工艺要求。 ①箱盖或法兰在装配时紧偏,与连接件间产生应力而翘曲变形,出现密封不严。 ②在装配时对密封胶垫(条)过于压紧,超过了密封材料的弹性极限,使其产生永久变形(变硬),而起不到密封作用。	(1)选用优质的密封胶垫(条) (2)把住密封材料进厂关 (3)采用辅助密封法 (4)箱盖(箱沿)与箱连接处的密封。箱盖(箱沿)与箱沿连接处的密封胶条(垫)是易渗漏的主要部位之一。应清理干净接触面上的脏物(如漆瘤、焊渣等)。接触面上不得喷上面漆。并应将胶条(垫)的接缝处粘牢,一般采用斜口搭接(斜角为 45°)和缝接。这两种接法均可用胶粘接或热接,其中以热接为好 (5)采用限位结构。在密封面上增加压紧限位件,采用如图 2-6 所示的箱沿限位结构,这样可确保密封胶条受压变形不超出弹性限度。限位件高度的确定方法:密封条的直径(垫的厚度)为 12mm,要求最大允许压缩 4mm,则在其紧固螺栓外应加 ϕ8mm 的限位圈,便可防止过压 (6)螺栓的紧固方法。箱盖、法兰或套管等用螺栓连接或固定,其紧固方法直接影响着密封效果,螺栓或螺母的紧固应该是对称地交替进行。如图 2-7 所示,其紧固顺序为 1→2→3→4→5→6→7→8,并且一次不应拧得过紧,一般应循环2～3 次为宜。对不同直径和不同结构的压紧螺钉拧紧的力矩也就不同。为防止拧得过紧或过松,应用力矩扳手进行最后校紧

续表

原因分析	消除方法
③密封面不清洁(如焊渣、漆瘤或其他杂物)或凹凹不平,密封垫(条)与其接触不良,导致密封不严	(7)密封面上的喷漆要求。密封面(胶条或胶垫与被密封的零件接触处)不得喷面漆,如套管孔周围、箱沿上等。主要是防止漆瘤、漆疮等,因醇酸面漆与油接触易脱落,致使胶垫(条)与密封面接触不良。这就要求在喷面漆时采用遮蔽法 (8)使同一组件各胶垫的承压面积相同。低压为0.4kV的复合式套管,其上下部分的胶垫受力相等,而承压面积却不等。此时面积大胶垫单位面积承力小,不容易压紧,从而产生渗漏。因此,应减小较大胶垫宽度,使双方承力相同为宜

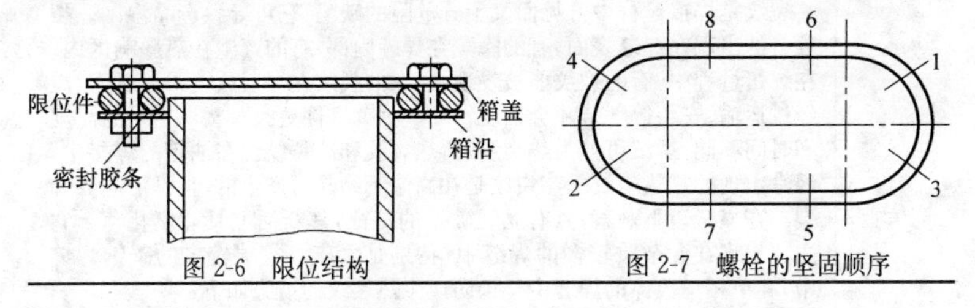

图 2-6　限位结构　　　图 2-7　螺栓的坚固顺序

(二) 硬连接渗漏油消除方法

焊接缺陷引起的渗漏，占硬连接渗漏的大多数。其消除方法见表 2-14。

硬连接渗漏油消除方法　　表 2-14

类型	消除方法
焊缝中的气孔	熔池在结晶过程中,某些气体来不及逸出时,便残存在焊缝中形成气孔。它以单个的或以蜂窝状的形态出现在焊缝的外表面或内部。在焊缝的纵断面上,气孔有沿焊缝长度方向呈链状分布,或成条状沿结晶方向分布;有的气孔贯穿整个焊缝厚度;有的弥散分布在整个焊缝断面上,其产生渗漏的可能性极大。预防产生气孔的措施如下: ①清除焊接处表面的脏物,在焊缝位置两侧20～40mm范围内都要把油、锈及其他污物除掉。除油可用有机溶剂,如酒精、汽油、四氯化碳等。若有困难则可先用抗锈能力强的焊条 ②焊条应保持干燥,焊前应烘干(温度为250～300℃),不得用明火直接烘烤 ③选用与母材相适应的焊条。焊接低碳钢时,适当增加氧化剂,可减少形成氢气孔的倾向 ④选择合理的焊接规范,对低氢型焊条应尽量采用短弧焊,并应适当地做摆动,以利气体逸出

续表

类型	消除方法
焊缝中的夹杂物	在焊接过程中，熔池结晶时凝固较快。在焊缝内便残存各种金属和非金属杂物。这些夹杂物可降低焊缝金属的塑性，增加产生热裂纹倾向。防止焊缝中产生夹杂物的方法如下： ①选择合适的焊条，可更好地脱氧、脱硫 ②多层或多层多道焊时，要仔细清除前层焊缝上的熔渣 ③选择合适的焊接电流和焊接速度，使熔池存在的时间不宜太短 ④要保证母材的化学成分和物理性能，尤其是含硫量，更要严格控制 ⑤操作时焊条要做适当的摆动，以利溶渣浮出，并充分保护熔池，防止空气侵入熔池
焊接热裂纹	裂纹是焊接过程中常见而又十分危险的缺陷，它可导致产品渗漏。裂纹有的出现在焊缝表面，有的隐藏在焊缝内部，有的产生在热影响区内。在焊接过程中，有的裂纹能被发现，也有的裂纹在焊后放置一段时间，或经过运输、安装等环节才会出现。后一种危害性更大。按产生时的温度和时间不同，裂纹可分为热裂纹、再热裂纹和冷裂纹。在油箱的焊接中，经常出现的是热裂纹。热裂纹是在高温下结晶时产生的，且是沿晶界分裂。在显微镜下观察，具有晶间破坏的特征，其断面上具有氧化色。它主要出现在含杂质较多的焊缝中（特别是含硫、磷、碳较多的碳钢焊缝中）和单相奥氏体的焊缝中。预防产生热裂纹的措施如下： ①控制钢材及焊条中易偏析的元素和有害杂质的含量，尽量减少硫、磷的含量。钢中含硫量不得大于 0.045％ ②降低焊缝中的含碳量，使其小于 0.15％ ③调整焊缝金属的化学成分，以改善焊缝组织，细化焊缝晶粒，减少或分散偏析杂质，控制低熔共晶的影响 ④提高焊条的碱度，以降低焊缝中的杂质含量，改善偏析程度 ⑤提高焊缝形态系数，采用多层或多层多道焊（多层焊时应连续焊完最后一层焊缝），如图 2-8 所示。焊前预热和焊后缓冷，以防止在焊缝中心处产生裂纹 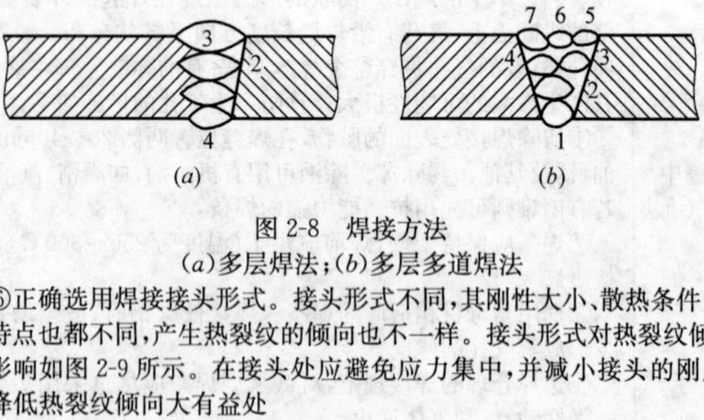 图 2-8 焊接方法 (*a*)多层焊法；(*b*)多层多道焊法 ⑥正确选用焊接接头形式。接头形式不同，其刚性大小、散热条件、结晶特点也都不同，产生热裂纹的倾向也不一样。接头形式对热裂纹倾向的影响如图 2-9 所示。在接头处应避免应力集中，并减小接头的刚度，对降低热裂纹倾向大有益处

续表

类型		消除方法
焊接热裂纹		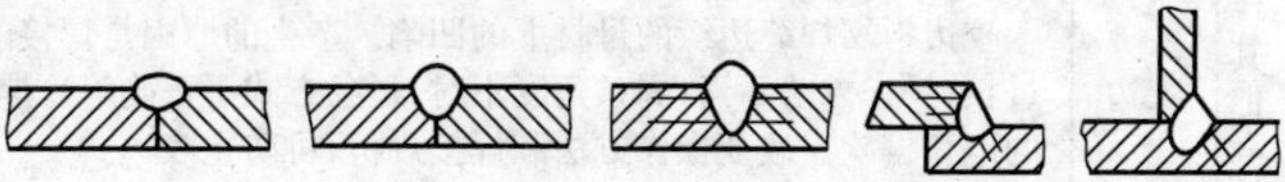 图 2-9　接头形式对热裂纹倾向的影响 (*a*)、(*b*)堆焊和熔深较浅的对接接头，抗裂性较高； (*c*)、(*d*)、(*e*)熔深较大的对接接头和搭接、丁字接头，抗裂性差 ⑦合理安排焊接次序，尽量使大多数焊缝能在较小的刚度下焊接，使各焊缝都有收缩的可能。尽量采用对称施焊，以利于分散应力，减少热裂纹。如图 2-10 所示，这样便可避免热量集中而产生应力变形 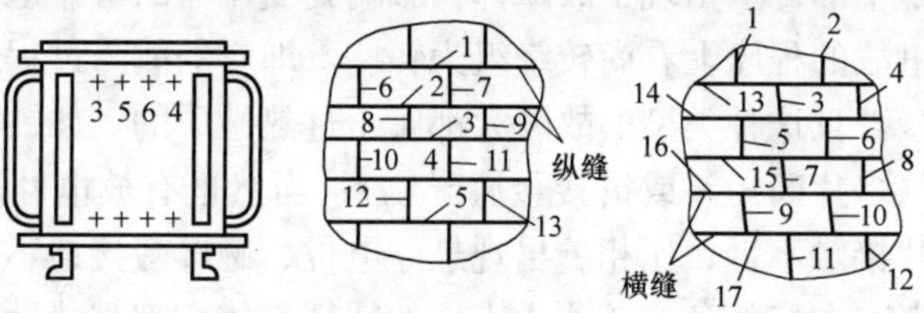 图 2-10　焊接顺序（按 1、2、3、…、17 顺序焊接） (*a*)油管焊接；(*b*)不合理平板拼焊；(*c*)合理平板拼焊 ⑧焊完时，应采用电弧引出板，或用断续电弧填满弧坑，以减少弧坑裂纹 ⑨在焊接角焊缝时，对接多层焊的第一道焊缝和单层单面焊缝要避免深而窄的剖口形式 ⑩当焊件的刚性增大时，焊件的裂纹倾向也随之增加，故焊接刚性大的焊件宜采取焊前预热和焊后消除应力的热处理措施
其他焊接缺陷	烧穿	焊接时熔化金属局部流失，致使在焊缝中形成孔洞。其产生原因是焊件坡口尺寸不合理，间隙太大，焊接电流过大，焊接速度太慢。解决方法是改变焊接规范，调整装配间隙
	未焊透	母材与焊缝金属之间未熔化而留下间隙（常出现在单面焊根部和双面焊中间）。产生的主要原因是焊接电流小，速度太快，坡口角度、间隙太小。在焊接过程中，熔深 $h \leqslant 0.75\delta$（δ 为线材厚）达不到要求。解决方法是增大电流，降低焊接速度，增加装配间隙
	弧坑	弧坑指焊缝熄弧处的低洼部分。产生的主要原因是熄弧太快，未反复向熄弧处填充金属。应该延缓熄弧时间，并反复向弧坑填充会属

续表

类型		消除方法
其他焊接缺陷	咬边	咬边指靠焊缝边缘的母材上的凹陷。产生的原因是焊接电流大，电弧过长，操作方法不当（焊条角度不对、运条方式不正确等），焊条药皮端部的电弧偏吹。改变操作方法和焊接规范，可防止咬边
	焊漏	被焊接母材熔化过深，致使熔融金属从焊缝背面漏出。主要原因是焊接电流太大，速度慢，接头坡口角度及间隙太大等

三、电力变压器铁芯故障检修

铁芯及其相关部件中包括：铁芯本体、接地部件、地屏和磁屏蔽等。这些部件在变压器中都起着举足轻重的作用，因此无论在哪个部件上出现了故障都将影响到变压器的可靠运行。但从突发事故的程序上看尚较绕组为轻些，即它的故障过程通常是比较缓慢，且这种类型的故障大都属于过热性质的，如铁芯的局部短路（多片间短路或搭接金属异物）；当然也有放电性质的，如接地片接触不良、压相碗出现悬浮电位、磁屏蔽接地不好等。对于前者，在气相色谱监测中表现的特征气体大都与热性质的指标如CH_4、C_2H_4、C_2H_6有关，同时还可能伴有CO、CO_2的出现。而对于后者，突出的特点是出现少量的C_2H_2气体。

（一）铁芯检修类型及质量标准

铁芯检修类型及质量标准见表2-15。

铁芯检修类型及质量标准　　表2-15

检修内容	质量标准
清扫及检查铁芯	①铁芯应平整清洁，无油污、水锈、起泡及锡焊珠或细铜线等；具有油道的铁芯，油道要清洁、畅通 ②恢复性大修后的铁芯，矽钢片的绝缘应完好无脱落现象 ③矽钢片之间要紧密、整齐、无缝隙，矽钢片不应有毛边
检查穿心螺钉绝缘	①在压紧螺钉垫下，不应有金属屑脏物和油垢 ②在压紧螺钉下面的绝缘垫不应小于1.5mm ③绝缘垫外径应大于穿钉眼圈外径2mm. 穿心螺钉所包绝缘厚度不小于1mm ④用1000V摇表测量绝缘电阻。其电阻值不得小于以下规定：10kV以下的设备，2MΩ；20～35kV设备，5MΩ

续表

检修内容	质量标准
轭铁夹件与夹件绝缘	①在铁质夹件下，必须垫以绝缘纸．其厚度如下：50kV·A以下变压器，0.8mm；50kV·A以上变压器，1.5mm ②对木质夹件的要求：选用干燥硬质木材，木材不得有裂纹、蛀蚀，木夹件可以经过领导允许改为铁夹件，非木质夹件不可改为木质夹件
新处理的矽钢片及其绝缘	①矽钢片绝缘漆应均匀、完整、清洁 ②矽钢片应平坦，不应有毛刺、皱纹、片间短路、过热变色等 ③经绝缘处理的矽钢片其绝缘厚度不应超过0.03mm，且矽钢片绝缘电阻不小于50～10Ω/cm^2
铁芯装配	①抽矽钢片均不许漏下一片或多插一片 ②铁芯接缝处应严密，允许最大间隙不超过2mm ③单面绝缘的矽钢片，不得将两面无绝缘对插一起
铁芯接地	①铁芯必须进行接地，且仅允许一点接地，接地点应在低压侧 ②接地面应采用铜片，其规范应不小于0.5mm厚，宽×长＝20mm×50mm

（二）变压器铁芯拆卸的顺序

当进行变压器的整体（或局部的）检修或处理绕组及更换绝缘或处理铁芯故障时，往往要拆卸铁轭甚至拆卸铁芯柱（应向制造厂索取结构图纸）。由于现行变压器所采用的铁芯大都是晶粒取向的冷扎硅钢片，为了减少在拆卸时对它们的损伤或不致影响它们的性能，在拆卸过程中要十分注意施工操作。

1. 电气试验

（1）用兆欧表测试绝缘或断线。初步判明是铁芯接地断线，或是穿心螺杆绝缘损坏，还是绕组短路或是断线。

（2）测试各绕组的直流电阻。初步判明绕组和回路连接线有无断线或短路现象，为进一步分析判断故障提供数据。

（3）进行电压由零升起的空载试验。通过试验，可以判明绕组的匝间短路或不完全的匝间短路、铁芯硅钢片的短路、局部硅钢片震动、不正常的鸣响以及铁芯的其他故障。

2. 绘制结构图

为了拆卸后回装时不致发生错误，在拆卸之前，一定要绘制出铁轭的总轮廓草图，记录出各级铁芯的顺序及尺寸。而后，在拆卸解体时，边拆边勾绘补充草图并注明尺寸，分类的按叠装顺序放置在专用的托盘上，切勿摔击或碰撞，以避免硅钢片表面的绝缘膜破损或者性能受到影响。

3. 拆卸铁芯部件的顺序排列

拆卸铁芯后的元部件，更要绘制好草图，并按拆卸的顺序进行排列。在拆卸过程中，还要把拆下的元部件做好标记或顺序，以免回装时混乱或安放错位。如为金属部件，可用刮刀作标记，如为绝缘部件，可用白布带或带绳的小纸牌标记。所有拆卸的带有标记的元部件除按顺序排列外，尚应在所勾绘的草图上作出标记。尤其是检修新型或对结构不甚熟悉的变压器时，此种草图应力求较详细地绘制出绕组的排列位置、出头方向、各侧引出线以及分接开关的引线连接，还有铁芯上所属的元部件等，以保证检修后的回装顺利。

4. 变压器的器身解体顺序

变压器器身的解体顺序是：拆掉引线及其附属件；拆上夹件和上铁轭附件；拆上铁轭硅钢片，取出端部绝缘件，最后是拔出绕组。

（1）拆上铁轭穿心螺杆。先拆下一根穿心螺杆后，将绝缘管取下，再将光裸的螺杆穿入原处并拧紧螺母，然后用同样顺序拆下第二根穿心螺杆，取下绝缘管并穿入原处。当拆除第三根穿心螺杆后，再将第二根和第一根螺杆取下，最后取下钢夹件。对特大型变压器，因具有多根穿心螺杆，拆卸时，可只穿入两根光裸螺杆，待拆完后，再取下光裸的螺杆，拆下上夹件。

（2）拆上铁轭（挑插板）。将拆下的硅钢片按原来的顺序整齐的置于专用的平托盘中。为不紊乱次序，硅钢片应一叠（一般是两片）、一叠地取下。

铁轭硅钢处片的拆卸工作应小心从事，以免损伤硅钢片的绝缘。铁轭硅钢片拆除中，要随时注意检查，把需要更换的损伤硅钢片剔出单独放置，并做好记录。对于经检查还能应用的硅钢片，则应置于一起，放在干燥处，用塑料布封盖好，防止落灰和生锈。

(3) 上铁轭拆除后，铁芯柱上部的硅钢片将散开成扇状，为防止铁芯柱捆扎的胶带拉断而倒坍和硅钢片角部受伤，也为拔出绕组和绝缘件方便，需将铁芯柱片沿孔穿上带子扎紧。对于斜接缝铁芯，拆上铁轭时需用“Ⅱ”形卡子将铁芯柱上端面卡紧，边拆边卡，勿使铁芯柱松散。

（三）穿心螺杆绝缘损坏的修理

夹紧铁轭的穿心螺杆，应该与铁芯硅钢片和钢夹件间均应有可靠的绝缘。因此，在穿心螺杆上套以可靠的绝缘管（一般为胶纸管），而穿心螺杆与钢夹件间要加放专门的绝缘垫圈（对于超高压变压器的穿心螺杆的一端尚需可靠接地）。在运行中的变压器铁芯的穿心螺杆绝缘出现的故障，一般是穿心螺杆可能与铁芯硅钢片或与钢夹件相连接。

当穿心螺杆绝缘损坏，使铁芯发生两点接地时，在穿心螺杆中将产生短路电流（相当于一个线匝短路），使穿心螺杆发热乃至烧坏，同时还要涉及附近硅钢片的损坏，进而引起铁芯硅钢片的严重事故，甚至无法检修（可能需要更换一部分硅钢片才行）。当穿心螺杆促成铁芯两点接地时还将使油箱的油不断地发生分解，产生可燃性烃类气体，油色谱分析中出现异常，并使油箱中的油闪点急剧降低，直接威胁到变压器的安全运行。一般，当穿心螺杆的一处与铁芯相连接或与钢夹件相连接时，对变压器的运行并无直接危害。当然，为了防止穿心螺杆处再发生另一点接地，在这种情况下，穿心螺杆的绝缘应进行更换新件（或穿心螺杆在机械上亦不够满意时，则应一并进行更换）。若两个穿心螺杆因专门的绝缘垫圈损坏致使螺杆的两端均与钢夹件相连接时，则将形成回路并在其中流经较大的电流，可以进一步烧坏穿心螺杆的绝缘并进而损坏铁芯。在这时应该设法找到故障部件，立即进行彻底修复。有时，发现穿心螺杆与钢夹件间绝缘较低或似连非连时，只要对穿心螺杆进行转动，则这种低绝缘或连通的现象有可能消失。即便如此，也需要查出原因并对它的绝缘进行彻底处理。

如果用兆欧表测得的绝缘电阻值较前次大修（或出厂时）的测得值降低一半以上时，应设法找出原因，并在条件许可的情况下更换新的穿心螺杆绝缘。有时也因对穿心螺杆绝缘进行应急处理而用薄纸板取代了绝缘管，使变压器能够运行。但事后找到绝缘管后应设法进行更换。

（四）铁芯多点接地故障的修理

1. 变压器的铁芯接地

变压器的铁芯接地有以下三种方式：

（1）铁芯与金属结构件均通过油箱可靠接地。

（2）铁芯通过套管从油箱上部引出可靠接地，结构件通过油箱可靠接地。

（3）铁芯和结构件分别通过套管从油箱上部引出可靠接地（铁芯垫脚与油箱底间铺有纸板）。

对每台变压器采用其中的哪一种接地方式，由国家标准及运行部门需要决定，一般对高电压大容量变压器通常采用第三种方式，较小容量较低电压者采用第二种，小容量低电压者采用第一种。

第一种接地方式下无法在油箱外检查铁芯是否有多点接地故障，只能通过较长时间的空载运行，由油中气相色谱分析来进行判断；第二种接地方式，可以通过铁芯引至油箱上部的接地套管引线（拆除接地线后），测量其对油箱间的绝缘电阻来判断铁芯是否多点接地，但无法判断是否与结构件间存在多点接地；第三种接地方式，可以通过铁芯和结构件引至油箱上部的接地套管引线，分别测量其对油箱及相互之间的绝缘电阻来判断铁芯和钢夹件间是否连通。

在油箱底部存有金属异物是构成铁芯多点接地的主要原因之一。而这些大都是在制造或大修过程中遗存的。一般情况下，可能有四种金属异物残存。

① 粒状（焊渣）沉积物附着在铁芯硅钢片与结构件间的绝缘上，形成金属性多点连通。

② 有较大些的金属异物（焊条头、铁屑、钢丝绳断头等）搭接在铁芯硅钢片与结构件间桥接成通路。

③ 铁丝或铁片等落于铁芯下轭面与箱底间，不带电时沉积在油箱底部，无多点接地反应，带电时铁芯的磁性将这些异物吸引，桥接于下铁轭面与油箱底间形成通道。

④ 穿心螺杆绝缘破损或是与钢夹件间有金属异物连通，有时下铁轭的上端面与钢夹件间有金属异物桥接也可造成多点接地。

2. 故障的检查或处理

用兆欧表检测钢夹件与铁芯间的绝缘状况（此时接地片要拆开），若测得哪个穿心螺杆绝缘电阻为零，则应拧下螺母取出穿心螺杆，检查绝缘管有否损坏，检查螺母附近的绝缘垫片有无破损，检查螺纹附近有无铁屑。经过这些检查并处理后，这些多点接地故障现象即可消除。

检查上下铁轭的上端面与钢夹件间有无金属异物搭接，检查边柱拉板与下夹件处有无金属异物搭接，这种搭接的异物一般是焊渣、铁屑、钢绳头等。清除后即见功效。有时用强油压对下铁轭面与油箱底间的缝隙中进行冲洗，或用白布、薄塑板穿入缝隙中往返抽拉（刮），对附着在铁轭底部的颗粒状金属异物（如焊渣）有较好的清除效果。

最后，是吊起器身进行彻底的检查和处理。根据用兆欧表测试铁芯、钢夹件对油箱，铁芯与钢夹件的绝缘电阻情况，若这些测试结果良好，则应检查钟罩内壁上有无可能触及钢夹件或铁芯的部位；如果铁芯对地绝缘电阻为零或很低，则应检查铁芯与油箱底间有无金属异物，检查铁芯与绕组上下部的磁屏蔽是否相碰；铁芯各处的接地屏绝缘有无破损（可拆开接地屏引线与钢夹件间的连接点，测试绝缘电阻）；要检查在搬运过程中造成铁芯片翘起产生铁芯与钢夹件间有否相碰的情况。当然，由于受到停电的限制，经过上述各步骤的检查和处理后故障仍未消除，此时可在铁芯外引的接地回路中串联一个适当阻值的电阻（使电流控制在 100mA 以下）暂时应急运行，待有较长停电时间时，再进行彻底的检查和处理。

（五）不正常鸣叫声判断和修理

不正常的声音既可在运行中发生，也可在检修后投运时发生。在一般情况下，常常是铁轭经长期运行后松动或是检修后不够坚固所致，此时可将穿心螺杆的螺母拧紧即可消除。有时在运行中鸣声出现有“嘤嘤”的杂音，并且当拧紧穿心螺杆后亦不消失，这可能是铁芯叠层（级块）边缘的硅钢片因未压紧而产生的振荡或是硅钢片的端角部分有振荡。此时应对附近边缘处的硅钢片用薄纸板塞紧即可；对硅钢片的接合处的振荡，用适当的加补硅钢片或用薄纸板塞紧即可。

当变压器突然运行（如空载合闸）或负载突变时，在变压器内部可能出现“叮当”响声，这可能是在其内部有些部件松动所致。可将与铁芯相关联的各紧固件紧固即可。在对铁芯大修（含重新叠片或插铁轭）后还出现不正常的鸣叫声，可能由下列因素引起：

（1）在进行铁芯装配时，由于铁轭插板有错误，如每“叠”中有多片或少片，个别轭片未与心柱片相接，即未形成闭合磁路。因此，在铁芯中形成空间，在电磁力作用下可使这些硅钢片产生振荡，或者在其接合处的硅钢片产生振荡。这时可能发出“嘤嘤”的声响，一般可在这些空间处加垫纸板来纠正。

（2）在铁芯装配时，有的硅钢片卷了边或损伤了边缘，这时也同样可以产生“空间”，由于振荡发出“嘤嘤”声响，此时也可在空隙处加垫纸板并进行紧固。

（3）在铁芯装配中可能混杂有厚度不相同的硅钢片，这种情况和加入多余的硅钢片一样形成“空间”。但比前两者情况为小，硅钢片的振幅也较小。此时就不能采用上述办法处理，而需要将铁芯拆开重新装配厚度相同的硅钢片。但如果这种振荡并不太大，且不同厚度的硅钢片片数不多，则也可以不拆开重装，只要将紧固件紧固即可。

（4）在铁芯中有弯的硅钢片，此时亦可形成“空间”，或是硅钢片的个别部分未被压紧而产生振荡。这里在变压器运行中有忽高忽低的鸣叫声，且伴有“嘤嘤”作响。此时的检修方法只能是把铁芯拆开，剔除那些弯曲不能用的硅钢片，前述的垫纸板、压紧或打楔子的办法都不能奏效。

（5）整个铁轭夹的不够紧，此时只要逐个将穿心螺杆拧紧后，异音即可消失。

（六）铁芯的局部短路修理

1. 铁芯的局部短路形式

（1）铁芯的局部短路。最常见的是由结构件形成的闭合回路。例如铁轭的穿心螺杆两端绝缘损坏，经边缘的铁轭硅钢片或夹件而形成短路并与部分磁通交链，出现较大的短路电流，有可能把铁芯烧坏。与此相似的有钢带绑扎时的绝缘卡扣损坏以及老式结构中心柱螺杆的排间短路等现象。

（2）铁芯片的短接。这是硅钢片的边缘被某一结构件短接。例如当侧梁绝缘损坏时，铁轭片一部分被侧梁短接，由于这部分磁通通过被短接的铁轭片间，使该部分的铁轭片形成短路产生短路电流，促使铁轭片短接处发热。与此相似的有上梁、垫脚以及老式结构中心柱螺杆和铁轭螺杆绝缘损坏或不良时均会发生与上述相似的现象。

（3）采用绝缘油道的铁芯（串联接地或并联接地方式），经运输或夹紧时，由于结构上不当或施工方式欠妥，常会发生绝缘油道两侧连通，与此相类似的缺陷也出现在接地片跨过相应厚度铁芯的短接，或外引接地片连至夹件上时，在跨铁轭厚度处短接部分铁芯处。

（4）铁芯施工中的金属物件撞击使铁芯片卷边短接或金属物件的粉末形成铁芯片的短接，此外在运输中或检修过程中的施工不当，因受重击使铁芯片形成凹坑局部短接，与此相似的还有靠近铁芯柱的绕组短路变形烧坏（或短接）铁芯片，以及穿入穿心螺杆时，由于铁轭也不规则，在重力下硬性穿入穿心螺杆时使穿孔处多片短接。

2. 检查和修理

（1）首先，铁芯片和所有夹紧件之间必须是绝缘的。在检查和处理时，当发现铁轭旁螺杆所包绝缘损坏且与边缘的铁芯片相碰时，应立即重包螺杆的绝缘（要刷绝缘漆），而后用纸板覆盖螺杆的绝缘层（所用覆盖的纸板应用布带扎紧），而对钢带绑扎的绝缘卡扣损坏时，应更换新品，若施工现场不方便时，亦可用环氧胶带捆绑（需要干燥）。

（2）对于铁轭的旁螺杆、上梁和垫脚铁的绝缘也应检查并更换新绝缘，否则，也必然会发生短接铁芯的现象。至于钢夹件的绝缘虽是为了形成油道，避免铁轭磁通流入夹件而设置的，但由于铁芯是一点接地的，有了钢夹件的绝缘不良时，相当于又有了接地点，这样铁轭将通过两个及以上的接地点而短接，所以在大修时应仔细检查钢夹件的绝缘。

（3）在用绝缘油道结构时，铁轭各级片的接地。不管是并联接地或串联接地，在油道两侧都会有电位差，其值的大小由插入相邻两级铁芯内接地片之间硅钢片截面的大小（或硅钢片多少）来决定，因此如果在某一油道内因油道片尖角翘起或落入异物，即可造成似接非接的状况。在大修时应尽量找到位置进行处理，否则应当将该相邻两级内的接地片拔出，然后用 M8×50mm 螺杆（去掉六角螺杆头在其中间开一长道槽口）拧入油道之中，使两侧紧密相连通。

（4）对于重力撞击或电弧烧伤的铁芯片短接，要剔除短接的铁芯片。在铁轭上的短接铁芯片若是受重力撞击，可用扁的刀片（在铁轭夹件稍松些的情况下）小心地扶正各铁芯片，若可能塞入薄云母片，当无法塞入时，可刷涂绝缘漆并用吹风机吹干，紧好钢夹件。若故障点是电弧烧伤时，处理方法与上相似：先用扁铲或细砂轮剔除被烧伤的铁芯片，用钢刷刷净铁屑，然后，稍松钢夹件刷涂绝缘漆并用吹风机吹干，再夹紧好钢夹件。

对于铁轭连至钢夹件间的接地片，一定要经过铁轭端面处加包绝缘，并放置纸板条（要固定在包绝缘的接地片表面），防止接地片短接铁轭硅钢片。在铁芯柱表面的铁芯片间短路时，其处理方法与上相似，只是需将铁芯柱紧固的环氧带箍拆下两道使铁芯柱片稍松些（施工时可先放置好夹具），处理好后，夹紧铁心柱并把环氧带箍补缠好。

第三章　室内配线的安装

第一节　室内配线概述

根据线路的敷设方式，室内配线可分为明敷和暗敷两种。明敷是导线直接或在管子、线槽等保护体内，敷设于墙壁、顶棚的表面及桁架、支架等处，可用肉眼观察得到；暗敷则是导线在管子、线槽等保护体内，敷设于墙壁、顶棚、地坪及楼板等内部或者在混凝土板孔内敷设等，人们用肉眼往往观测不到。室内布线工程的施工应按已批准的设计文件进行，安装时所使用的设备、器具、材料必须是合格品，其使用场所必须符合设计要求和施工验收规范的规定。

一、室内配线技术要求

（1）室内配线必须采用绝缘导线或电缆。

（2）室内配线应根据配线类型采用瓷瓶、瓷（塑料）夹、嵌绝缘槽、穿管或钢索敷设。潮湿场所或埋地非电缆配线必须穿管敷设，管口和管接头应密封；当采用金属管敷设时，金属管必须做等电位连接，且必须与 PE 线相连接。

（3）室内非埋地明敷主干线距地面高度不得小于 2.5m。

（4）架空进户线的室外端应采用绝缘子固定，过墙处应穿管保护，距地面高度不得小于 2.5m，并应采取防雨措施。

（5）室内配线所用导线或电缆的截面应根据用电设备或线路的计算负荷确定，但铜线截面不应小于 $1.5mm^2$，铝线截面不应小于 $2.5mm^2$。

（6）绝缘导线明敷时，采用钢索配线的吊架间距不宜大于 12m，采用绝缘子或瓷（塑料）夹固定导线时，导线及固定点间的允许距离如表 3-1 所示。采用护套绝缘导线时，允许直接敷设于钢索上。

室内采用绝缘导线明敷时导线及固定点间的允许距离　　表 3-1

布线方式	导线截面/mm²	固定点间最大允许距离/mm	导线间最小允许距离/mm
瓷(塑料)夹	1～4 6～10	600 800	—
用绝缘子固定在支架上布线	2.5～6 6～25 25～50 50～95	＜1500 1500～3000 3000～6000 ＞6000	35 50 70 100

(7) 凡明敷于潮湿场所和埋地的绝缘导线配线均应采用水、煤气钢管，明敷或暗敷于干燥场所的绝缘导线配线可采用电线钢管，穿线管应尽可能避免穿过设备基础，管路明敷时其固定点间最大允许距离应符合表 3-2 的规定。

金属管固定点间的最大允许距离　　表 3-2

公称口径/mm	15～20	25～32	40～50	70～100
煤气管固定点间距离/mm	1500	2000	2500	3500
电线管固定点间距离/mm	1000	1500	2000	—

(8) 在有酸碱腐蚀的场所以及在建筑物顶棚内，应采用绝缘导线穿硬质塑料管敷设，其固定点间最大允许距离应符合表 3-3 的规定。

塑料管固定点间的最大允许距离　　表 3-3

公称口径/mm	20 及以下	25～40	50 及以下
最大允许距离/mm	1000	1500	2000

(9) 室内配线必须有短路保护和过载保护。

(10) 对穿管敷设的绝缘导线线路，其短路保护熔断器的熔体额定电流不应大于穿管绝缘导线长期连续负荷允许载流量的 2.5 倍。

二、导线的选择

室内配线用电线、电缆应按低压配电系统的额定电压、电力负荷、敷设环境及其与附近电气装置、设施之间能否产生有害的电磁感应等要求，选择合适的型号和截面。

对电线、电缆导体的截面大小进行选择时，应按其敷设方式、环境温度和使用条件确定，其额定载流量不应小于预期负荷的最大计算电流，线路电压损失不应超过允许值；通常室内配线的方式及常用导线的选择，应根据周围环境的特征以及安全要求等因素来决定（见表3-4）。

室内配线的方式及常用导线的选择　　表3-4

环境特征	配线方式	常用导线
干燥环境	①瓷(塑料)夹板、护套线明配线	①BLV、BLVV、BLXF、BLX
	②瓷绝缘子明配线	②BLV、LJ、BLXF、BLX
	③穿管明配线或暗配线	③BLV、BLXF、BLX
潮湿和特别潮湿的环境	①瓷绝缘子明配线(敷设高度>3.5m)	BLV、BLXF、BLX
	②穿塑料管、钢管明配线或暗配线	
多尘环境(不包括火灾及爆炸危险场所)	①瓷绝缘子明配线	①BLX、BLV、BLVV、BLXF
	②穿管明配线或暗配线	②BLV、BLXF、BLX
有腐蚀性的环境	①瓷绝缘子明配线	①BLV、BLVV
	②穿塑料管明配线或暗配线	②BLV、BV、BLXF
有火灾危险的环境	①瓷绝缘子明配线	①BLV、BLX
	②穿钢管明配线或暗配线	
有爆炸危险的环境	穿钢管明配线或暗配线	BV、BX

单相回路中的中性线应与相线等截面；室内配线若采用单芯导线作固定装置的PEN干线时，其截面对铜材不应小于10mm^2，对铝材不应小于16mm^2；当用多芯电缆的线芯作PEN线时，其最小截面可为4mm^2；当PE线所用材质与相线相同时，按热稳定要求，其保护最小截面不应小于表3-5所列规定。导线最小截面应满足机械强度的要求，不同敷设方式导线线芯的最小截面不应小于表3-6的规定。

保护线的最小截面 **表 3-5**

装置的相线截面 S /mm²	接地线及保护线最小截面/mm²	装置的相线截面 S /mm²	接地线及保护线最小截面/mm²
$S<16$	S	$S>35$	$S/2$
$16<S\leqslant35$	16		

不同敷设方式导线线芯的最小截面 **表 3-6**

敷设方式			线芯最小截面/mm²		
			铜芯软线	铜线	铝线
敷设在室内绝缘支持件上的裸导线				2.5	4.0
敷设在室内绝缘支持件上的绝缘导线其支持点间距 L(mn)	$L\leqslant2$	室内		1.0	2.5
		室外		1.5	2.5
	$2<L\leqslant16$			2.5	4.0
	$6<L\leqslant12$			2.5	6.0
穿管敷设的绝缘导线			1.0	1.0	2.5
槽板内敷设的绝缘导线				1.0	2.5
塑料护套线明敷				1.0	2.5

三、导线的布置

1. 导线的布置要求

在室内配线中。为了保证某一区域内的线路和各类器具达到整齐美观。施工前必须设立统一的标高，以适应使用的需要，给人以整齐美观的享受。室内电气线路与各种管道的最小距离不能小于表 3-7 的规定。

室内电气线路与管道间最小距离 **表 3-7**

管道名称	配线方式		穿管配线/mm	绝缘导线明配线/mm	裸导线配线/mm
蒸汽管	平行	管道上	1000	1000	1500
		管道下	500	500	1500
	交叉		300	300	1500
暖气管、热水管	平行	管道上	300	300	1500
		管道下	200	200	1500
	交叉		100	100	1500
通风、给排水及压缩空气管	平行		100	200	1500
	交叉		50	100	1500

注：1. 对蒸汽管道，当在管外包隔热层后，上下平行距离可减至 200mm。
2. 暖气管、热水管应设隔热层。
3. 对裸导线，应在裸导线处加装保护网。

2. 导线的连接

(1) 在割开导线绝缘层进行连接时，不应损伤线芯；导线的接头应在接线盒内连接；不同材料导线不准直接连接；分支线接头处，干线不应受到来自支线的横向拉力；绝缘导线除芯线连接外，在连接处应用绝缘带（塑料带、黄蜡带等）包缠均匀、严密，绝缘强度不低于原有强度。在接线端子的端部与导线绝缘层的空隙处，也应用绝缘带包缠严密，最外层处还得用黑胶布扎紧一层，以防机械损伤。

(2) 单股铝线与电气设备端子可直接连接；多股铝芯线应采用焊接或压接鼻子后再与电气设备端子连接，压模规格同样应与线芯截面相符；单股铜线与电气器具端子可直接连接。截面面积超过 2.5mm² 多股铜线连接应采用焊接或压接端子再与电气器具连接，采用焊接方法应先将线芯拧紧后，经搪锡后再与器具连接，焊锡应饱满，焊后要清除残余焊药和焊渣，不应使用酸性焊剂。用压接法连接，压模的规格应与线芯截面相符。

四、管材的验收与加工

室内布线应用比较多的是配管安装。配管按其管子的材质可分为钢管配管、硬质塑料管配管、半硬质塑料管配管。配管按敷设部位区分有明配管和暗配管。

1. 进场验收

电气安装用导管在进场验收时，除应按批查验其合格证外，还应注意以下几点：

(1) 硬质阻燃塑料管（绝缘导管）：凡所使用的阻燃型（PVC）塑料管，其材质均应具有阻燃、耐冲击性能，其氧指数不应低于 27%的阻燃指标，并应有检定检验报告单和产品出厂合格证；阻燃型塑料管外壁应有间距不大于 1m 的连续阻燃标记和制造厂厂标，管子内、外壁应光滑、无凸棱、凹陷、针孔及气泡，内外径的尺寸应符合国家统一标准。管壁厚度应均匀一致。

(2) 塑料阻燃型可挠（波纹）管：塑料阻燃型可挠（波纹）管及其附件必须阻燃，其管外壁应有间距不大于 1m 的连续阻燃标记和制造厂标，产品有合格证。管壁厚度均匀，无裂缝、孔洞、气泡及变形现象。管材不得在高温及露天场所存放；管箍、管卡头、护口应使用配套的阻燃型塑料制品。

(3) 钢管：镀锌钢管（或电线管）壁厚均匀，焊缝均匀规则，无劈裂、沙眼、棱刺和凹扁现象。除镀锌钢管外其他管材的内外壁需预先除锈防腐处理，埋入混凝土内可不刷防锈漆，但应进行除锈处理。镀锌钢管或刷过防腐漆的钢管表层完整，无剥落现象。

管箍螺纹要求是通丝，螺纹清晰，无乱扣现象，镀锌层完整无剥落，无劈裂，两端光滑无毛刺。护口有用于薄、厚壁管之区别，护口要完整无损。

(4) 可挠金属电线管：可挠金属电线管及其附件，应符合国家现行技术标准的有关规定，并应有合格证。同时还应具有当地消防部门出示的阻燃证明。可挠金属电线管配线工程采用的管卡、支架、吊杆、连接件及盒箱等附件，均应镀锌或涂防锈漆。可挠金属电线管及配套附件器材的规格型号应符合国家规范的规定和设计要求。

(5) 线槽：应查验其合格证，外观应部件齐全，表面光滑、不变形。塑料线槽有阻燃标记和制造厂标。

2. 管子弯曲

(1) 外观。管路弯曲处不应有起皱、凹穴等缺陷，弯扁程度不应大于管外径的10%，配管接头不宜设在弯曲处，埋地管不宜把弯曲部分表露地面，镀锌钢管不准用热撼弯使锌层脱落。

(2) 弯曲半径。明配管弯曲半径一般不小于管外径的6倍；如只有一个弯时，则可不小于管外径的4倍；暗配管弯曲半径一般不小于管外径的6倍；埋设于地下或混凝土楼板内时，则不应小于管外径的10倍；半硬塑料管弯曲半径也不应小于管外径的6倍。

3. 配管连接

(1) 塑料管连接。硬塑料管采用插入法连接时，插入深度为管内径的1.1～1.8倍；采用套接法连接时，套管长度为连接管口内径的1.5～3倍，连接管的对口处应位于套管的中心。用胶粘剂粘接接口并须牢固、密封。半硬塑料管用套管粘接法连接，套管长度不小于连接管外径的2倍。

（2）薄壁管连接。薄壁管严禁对口焊接连接，也不宜采用套筒连接，如必须采用螺纹连接，套丝长度一般为束节长度的1/2。

（3）厚壁管连接。厚壁管在2″及2″以下应用套丝连接，对埋入泥土或暗配管宜采用套筒焊接，焊口应焊接牢固、严密，套筒长度为连接管外径的1.5～3倍，连接管的对口应处在套管的中心。

五、配管安装及配线

1. 适用场所及敷设要求

适用场所及敷设要求见表3-8。

适用场所及敷设要求　　表3-8

类型		说明
适用场所	硬塑管敷设场所	硬塑料管适用于室内或有酸、碱等腐蚀介质的场所的明敷。明配的硬塑料管在穿过楼板等易受机械损伤的地方，应用钢管保护；埋于地面内的硬塑料管，露出地面易受机械损伤段落，也应用钢管保护；硬塑料管不准用在高温、高热的场所（如锅炉房），也不应在易受机械损伤的场所敷设
	半硬塑料管敷设场所	半硬塑料管只适用于六层及六层以下和一般民用建筑的照明工程。应敷设在预制混凝土楼板间的缝隙中，从上到下垂直敷设时，应暗敷在预留的砖缝中，并用水泥砂浆抹平，砂浆厚度不小于15mm。半硬塑料管不得敷设在楼板平面上，也不得在吊顶及护墙夹层内及板条墙内敷设
	薄壁管敷设场所	薄壁管通常用于干燥场所进行明敷。薄壁管也可安装于吊顶、夹板墙内，也可暗敷于墙体及混凝土层内
	厚壁管敷设场所	厚壁管用于防爆场所明敷，或在机械载重场所进行暗敷，也可经防腐处理后直接埋入泥地。镀锌管通常使用在室外，或在有腐蚀性的土层中暗敷
敷设要求		①水平或垂直敷设的明配管路允许偏差值，在2m以内均为3mm，全长不应超过管子内径的1/2。 ②明配管时，管路应沿建筑物表面横平竖直敷设，但不得在锅炉、烟道和其他发热表面上敷设；暗配管时，电线保护管宜沿最近的路线敷设，并应减少弯曲，力求管路最短，节约费用，降低成本。 ③敷设塑料管时的环境温度不应低于－15℃，并应采用配套塑料接线盒、灯头盒、开关盒等配件。当塑料管在砖墙内剔槽敷设时，必须用强度不小于M10水泥砂浆抹面保护，厚度不应小于15mm。

续表

类型	说明
敷设要求	④在电线管路超过下列长度时，中间应加装接线盒或拉线盒，其位置应便于穿线： a. 管子长度每超过 45m，无弯曲时； b. 管子长度每超过 30m，有一个弯时； c. 管子长度每超过 12m，有三个弯时； d. 管子长度每超过 20m，有两个弯时。 ⑤塑料管进入接线盒、灯头盒、开关盒或配电箱内，应加以固定。钢管进入灯头盒、开关盒、拉线盒、接线盒及配电箱时，暗配管可用焊接固定，管口露出盒（箱）应小于 5mm；明配管应用锁紧螺母或护圈帽固定，露出锁紧螺母的螺纹为 2～4 扣。 ⑥埋入建筑物、构筑物的电线保护管，为保证暗敷设后不露出抹灰层，防止因锈蚀造成抹灰面脱落，影响整个工程质量，管路与建筑物、构筑物主体表面的距离不应小于 15mm。 ⑦无论明配、暗配管，都严禁用气、电焊切割，管内应无铁屑，管口应光滑。 a. 在多尘和潮湿场所的管口，管子连接处及不进入盒（箱）的垂直敷设的上口穿线后都应密封处理； b. 与设备连接时，应将管子接到设备内，如不能接入时，应在管口处加接保护软管引入设备内，并须采用软管接头连接，在室外或潮湿房屋内，管口处还应加防水弯头。 ⑧埋地管路不宜穿过设备基础，如要穿过建筑物基础时，应加保护管保护；埋入墙或混凝土内的管子，离表面的净距不应小于 15mm；暗配管管口出地坪不应低于 200mm；进入落地式配电箱的管路，排列应整齐，管口应高出基础面不小于 50mm；暗配管应尽量减少交叉，如交叉时，大口径管应放在小口径管下面，成排暗配管间距间隙应大于或等于 25mm。 ⑨管路在经过建筑物伸缩缝及沉降缝处，都应有补偿装置。硬塑料管沿建筑物表面敷设时，在直线段每 30m 处应装补偿装置

2. 配管固定

（1）明配管固定。明配管应排列整齐，固定点距均匀。管卡与管终端、转弯处中点、电气设备或接线盒边缘的距离 l，按管径不同而不同。l 与管径的对照见表 3-9。不同规格的成排管，固定间距应按小口径管距规定安装。金属软管固定间距不应大于 1m。硬塑料管中间管卡的最大距离见表 3-10。

l 值与管径对照表 **表 3-9**

管径/mm	15～20	25～32	40～50	65～100
l	150	250	300	500

硬塑料管中间管卡最大距离 **表 3-10**

硬塑料管内径/mm	20 以下	25～40	50 以上
最大允许距离/m	1.0	1.5	2.0

注：敷设方式为吊架、支架或沿墙敷设。

（2）暗配管固定。电线管暗敷在钢筋混凝土内，应沿钢筋敷设，并用电焊或铅丝与钢筋固定，间距不大于 2m；敷设在钢筋网上的波纹管，宜绑扎在钢筋的下侧，固定间距不大于 0.5m；在砖墙内剔槽敷设的硬、半硬塑料管，须用不小于 M10 水泥砂浆抹面保护，其厚度不小于 15mm。在吊顶内，电线管不宜固定在轻钢龙骨上，而应用膨胀螺栓或粘接法固定。

3. 接线盒（箱）安装

（1）各种接线盒（箱）的安装位置，应根据设计要求，并结合建筑结构来确定。

（2）接线盒（箱）的标高应符合设计要求，一般采用联通管测量、定位。通常，暗配管开关箱标高一般为 1.3m（或按设计标高），离门框边为 150～200mm；暗插座箱离地一般不低于 300mm，特殊场所一般不低于 150mm；相邻开关箱、插座箱、盒高低差不大于 0.5mm；同一室内开关、插座箱高低差不大于 5mm。

（3）对半硬塑料管，当管路用直线段长度超过 15m 或直角弯超过 3 个时，也应中间加装接线盒。

（4）明配管不准使用八角接线盒与镀锌接线盒，而应采用圆形接线盒。在盒、箱上开孔，应采用机械方法，不准用气焊、电焊开孔，暗敷箱、盒一般先用水泥固定，并应采取有效防堵措施，防止水泥浆浸入。

（5）箱、盒内应清洁无杂物，用单只盒、箱并列安装时，盒、箱间拼装尺寸应一致，盒箱间用短管、锁紧螺母连接。

4. 管内配线

（1）穿在管内绝缘导线的额定电压不应低于 500V。按标准，黄、绿、红色分别为 A、B、C 三相色标，黑色线为零线，黄绿相间混合线为接地线。

(2) 管内导线总截面积（包括外护层）不应超过管截面积的40%，当管内敷设多根同一截面导线时，可参照表 3-11。

管内导线与管径对照表　　　　表 3-11

导线根数(直径 d)	1d	2d	3d	4d	5d	6d	7d	8d	9d	10d	
管子内径	1.7d	3d	3.2d	3.6d	4.0d	4.5d	5.6d	5.6d	5.8d	6d	
导线规格(mm^2)	2.5	4	6	10	16	25	35	50	70	95	120
导线外径(mm)	3	5.5	6.2	7.8	8.8	10.6	11.8	13.8	16	18.5	20

(3) 同一交流回路的导线必须穿在同一根管内。电压为 65V 及以下的回路，同一设备或生产上相互关联设备所使用的导线，同类照明回路的导线（但导线总数不应超过 8 根），各种电机、电器及用电设备的信号、控制回路的导线都可穿在同一根配管中。穿管前，应将管中积水及杂物清除干净；管内导线不得有接头和扭结，在导线出管口处，应加装护圈。

为了便于导线的检查与更换，配线所用的铜芯软线最小线芯截面面积不小于 $1mm^2$，铜芯绝缘线最小线芯截面面积不小于 $7mm^2$，铝芯绝缘线最小线芯截面面积不小于 $2.5mm^2$。

(4) 敷设在垂直管路中的导线当导线截面面积分别为 $50mm^2$（及其以下）、70～$95mm^2$、120～$240mm^2$，横向长度分别超过 30m、20m、18m 时，应在管口处或接线盒中加以固定。

5. 管路接地

在 TN-S、TN-C-S 系统中，由于有专用的保护线（PE 线），可以不必利用金属电线管作保护接地或接零的导体，因而金属管和塑料管可以混用。当金属管、金属盒（箱）、塑料管、塑料盒（箱）混合使用时，非带电的金属管和金属盒（箱）必须与保护线（PE 线）有可靠的电气连接。对于套丝连接的薄、厚壁管，在管接头两端应跨接接地线。接地跨接线的规格见表 3-12，其焊缝截面积不应小于跨接线截面。

接地跨接线规格表 **表 3-12**

公称口径/mm		跨接线/mm			焊接螺栓规格
薄壁管	厚壁管	圆钢	扁钢	焊接长度	
≤32	≤25	Φ6	—	30	Φ6×20
40	32	Φ8		40	Φ8×25
5	40～50	Φ10	—	50	Φ8×25
—	70～80	—	25×4	50	Φ10×32

(1) 成排管路之间的跨接线，圆钢截面应按大的管径规格选择，跨接圆钢应弯曲成与管路形状相近的圆弧形；

(2) 管与箱、盒间跨接线应按接入箱、盒中大的管径规格选择，明装成套配电箱应采用管端焊接接地螺栓后，用导线与箱体连接；暗装预埋箱、盒可采用跨接圆钢与箱体直接焊接，由电源箱引出的末端支管应构成环形接地。圆钢焊接时，应在圆钢两侧焊接，不准用电焊点焊束节来代替跨接线连接。

6. 钢管防腐

钢管内外均应刷防腐漆。明敷薄壁管应刷一层水柏油；顶棚内配管有锈蚀的应刷一层水柏油；明敷的厚壁管应刷一层底漆，一层面漆；暗敷在墙（砖）内的厚壁管应刷一层防腐漆（红丹）；暗敷在混凝土内配管可不刷漆；埋地黑铁管应刷二层水柏油进行防腐；埋入有腐蚀性土层内的管线，应按设计要求确定；镀锌钢管镀层剥落处应补漆；电焊跨接处应补漆；预埋箱、盒有锈蚀处应补漆；支架、配件应除锈、干净，刷一层防腐漆一层面漆。

六、管内线路的检查与通电检测

1. 检查内容

电气工程的竣工检查，应包括以下几项内容：

(1) 工程施工与设计是否符合，包括电气设备规格及安装是否满足设计要求。

(2) 对需要控制的相隔距离，如配线与各种管路、建筑物等设施的距离是否符合标准。

(3) 安装线路的支持物和穿墙瓷管应牢固可靠，配线与线路设备的接头应接触良好。

(4) 线路中的回路要正确，相线与中性线不能搞错，应接地的不能漏接。

2. 导线通电检测

导线通电检测主要是为了检查导线是否有折断、接触不良以及误接等现象。检测时，可用万用表先将导线的一端全部短接，然后在导线的另一端，用万用表的欧姆档每两个端头测试一次，看是否正确。

3. 绝缘电阻的测量

测量绝缘电阻的目的是检查电气设备相与相之间或相与地之间的绝缘是否正常。例如，对单相设备要测量两线之间的绝缘电阻（即相线与中性线）以及相线和大地之间的绝缘电阻；对三相四线的设备需分别测量4根导线中的每两线间的绝缘电阻，以及每根相线与大地之间的绝缘电阻。测量绝缘电阻时，应事先将断路器、用电设备和仪表等都断开，对照明回路还应将灯泡拧下(插座、开关和配电盘不要动它)，然后在每段线路熔断器的下接线端进行测量，线间或线对地的绝缘电阻不得小于0.5MΩ。测量设备一般选用500～1000V级绝缘电阻表，对36V以下设备应选用500V级绝缘电阻表。实际测量绝缘电阻时，要注意以下几点：

(1) 选用绝缘电阻表注意电压等级。测500V以下的低压设备绝缘电阻时，应选用500V的绝缘电阻表；500～1000V的设备用1000V绝缘电阻表；1000V以上的设备用2500V绝缘电阻表。

(2) 使用绝缘电阻表时应水平放置。在接线前先摇动手柄，指针应在“∞”处，再把“L”、“E”两接线柱瞬时短接，再摇动手柄，指针应指在“0”处。测量时，先切断电源，把被测设备清扫干净，并进行充分放电。放电方法是将设备的接线端子用绝缘线与大地接触（电荷多的如电力电容器则须先经电阻与大地接触，而后再直接与大地接触)。

(3) 使用绝缘电阻表时，摇动手柄应由慢渐快，读取额定转速下 1min 指示值。接线柱上电压很高，勿用手触摸。当指针指零时，不要再继续摇动手柄，以防表内线圈烧坏。

4. 检查相位与耐压试验

（1）检查相位。线路敷设完工后，始端与末端相位应一致，测法参考电缆相位，检查部分。

（2）耐压试验。重要场所对主动力装置应做交流耐压试验，试验电压标准为 1000V。当回路绝缘电阻值在 10MΩ 以上时，可用 2500V 级绝缘电阻表代替，时间为 1min。

第二节　护套线路的安装

护套线配线具有防潮、防酸和耐腐蚀、线路造价较低和安装方便等优点，可以直接敷设在空心板、墙壁以及其他建筑物表面，用铝线卡作为护套线的支持物。由于护套线的截面积较小，大容量电路不宜采用。

护套线可分为铅护磁线和塑料护套线，目前在建筑电气工程中所采用的护套绝缘线多为塑料护套绝缘线。

一、材料选择

塑料护套线有双层塑料保护层，即线芯绝缘为内层，外面再统包一层塑料绝缘护套，具有防潮、耐酸和耐腐蚀等性能，是一种电气装备中的通用电线电缆。

（1）选择塑料护套线时。其导线的规格、型号必须符合设计要求，并有产品出厂合格证。

（2）工程中使用的塑料护套线的最小线芯截面。铜线不应小于 1.0mm^2，铝线不应小于 1.5mm^2。塑料护套线明敷设时，采用的导线截面积不宜大于 6mm^2。

（3）施工中可根据实际需要选择使用双芯或三芯护套线，如工程设计图中标注为三根线时，可采用三芯护套线，若标注五根线的，可采用双芯和三芯的各一根，而不会造成多余和浪费。

（4）在比较潮湿和有腐蚀性气体的场所可采用塑料护套线明

敷施工。但在建筑物顶棚内，严禁采用护套线布线。

（5）塑料护套线布线，在进户时，电源线必须穿在保护管内直接进入计量箱内。此外，电气工程中还会用到一种叫聚氯乙烯绝缘尼龙护套电线。它是一种铜芯镀锡外包聚氯乙烯绝缘尼龙护套电线，用于交流250V以下、直流500V以下的低压电力线路中，线芯和长期允许工作温度为－60～80℃，在相对湿度为98%条件下使用，环境温度应小于45℃。最小标称截面为0.3mm²，最大标称截面为50mm²。

二、施工作业条件

（1）配线工程施工前，土建工程应具备下列条件：

① 对配线施工有妨碍的模板、脚手架应拆除，杂物应清除干净；

② 会使线路发生损坏或严重污染的建筑物装饰作业，应全部结束。

（2）与配线工程有关的建筑物和构筑物的土建工程质量，应符合现行的建筑工程有关规定。

（3）电线、电缆及器材，应符合国家或部颁现行技术标准，有合格证件，并能按施工进度计划供应。

三、配线间距

塑料护套线的固定间距，应根据导线截面积的大小加以控制。一般应控制在150～200mm之间。在导线转角两边、灯具、开关、接线盒、配电板、配电箱进线前50mm处，还应加木榫将轧头固定；在沿墙直线段上每隔600～700mm处，也应加木榫固定。同时，塑料护套线配线时，应尽量避开烟道和其他发热物体的表面。若与其他各类管道相遇时，应加套保护管并尽量绕开，其与其他管道之间的最小距离应符合表3-13的规定。

四、布线施工

塑料护套线明配线应在室内工程全部结束之后进行。在冬季敷设时，温度应不低于－15℃，以防塑料发脆造成断裂，影响工程施工质量。

塑料护套线与其他管道的布线间距　　　　表 3-13

<table>
<tr><th>管道类型</th><th colspan="2">最小间距/mm</th><th>管道类型</th><th colspan="2">最小间距/mm</th></tr>
<tr><td rowspan="2">蒸汽管道</td><td>平行</td><td>1000</td><td rowspan="2">煤气管道</td><td>同一平面</td><td>500</td></tr>
<tr><td>下边</td><td>500</td><td>不同平面</td><td>20</td></tr>
<tr><td rowspan="2">外包有隔热层的蒸汽管道</td><td>平行</td><td>300</td><td rowspan="2">通风上下水、压缩空气管道</td><td>平行</td><td>200</td></tr>
<tr><td>200</td><td>交叉</td><td>交叉</td><td>100</td></tr>
<tr><td colspan="2">电气开关和导线接头与煤气管道之间最小距离</td><td>150</td><td colspan="2">配电箱与煤气管道之间最小距离</td><td>300</td></tr>
<tr><td rowspan="3">暖热水管道</td><td>平行</td><td colspan="4">300</td></tr>
<tr><td>下边</td><td colspan="4">200</td></tr>
<tr><td>交叉</td><td colspan="4">100</td></tr>
</table>

1. 施工要求

（1）护套线宜在平顶下 50mm 处沿建筑物表面敷设；多根导线平行敷设时，一只轧头最多夹三根双芯护套线。护套线之间应相互靠紧，穿过梁、墙、楼板、跨越线路、护套线交叉时都应套有保护管，护套线交叉时保护管应套在靠近墙的一根导线上。

（2）塑料护套线穿过楼板采用保护管保护时，必须用钢管保护，其保护高度距地面不应低于 1.8m，如在装设开关的地方，可到开关所在位置。

（3）护套线过伸缩缝处，线两端应固定牢固，并放有适当余量；暗配在空心楼板孔内的导线，洞孔口处应加护圈保护。塑料护套线在终端、转弯和进入电气器具、接线盒处，均应装设线卡固定，线卡与终端、转弯中点、电气器具或接线盒边缘的距离为 50～100mm。

（4）塑料护套线明配时。导线应平直，不应有松弛、扭绞和曲折的现象。弯曲时，不应损伤护套线的绝缘层，弯曲半径应大于导线外径的 3 倍。在接地系统中，接地线应沿护套线同时明敷，并应平整、牢固。

2. 画线定位

用粉线袋按照导线敷设方向弹出水平或垂直线路基准线，同时标出所有线路装置和用电设备的安装位置，均匀地画出导线的支持点。导线沿门头线和线脚敷设时，可不必弹线，但线卡必须紧靠门头线和线脚边缘线上。支持点间的距离应根据导线截面大小而定．一般为150～200mm。在接近电气设备或接近墙角处间距有偏差时，应逐步调整均匀，以保持美观。

3. 固定线卡

在安装好的木砖上，将线卡用铁钉钉在弹线上，勿使钉帽凸出，以免划伤导线的外护套。在木结构上，可直接用钉子钉牢。在混凝土梁或预制板上敷设时，可用胶黏剂粘贴在建筑物表面上，粘接时，一定要用钢丝刷将建筑物上粘接面上的粉刷层刷净，使线卡底座与水泥直接粘接。

4. 导线敷设工艺

为使线路整齐美观。必须将导线敷设得横平竖直。几条护套线成排平行敷设时，应上下左右排列紧密，不能有明显空隙。敷线时，应将线收紧：

（1）短距离的直线部分先把导线一端夹紧，然后再夹紧另一端，最后再把中间各点逐一固定；长距离的直线部分可在其两端的建筑构件的表面上临时各装一幅瓷夹板，把收紧的导线先夹入瓷夹中，然后逐一夹上线卡。

（2）在转角部分，戴上手套用手指顺弯按压。使导线挺直平顺后夹上线卡；中间接头和分支连接处应装置接线盒，接线盒固定应牢固。在多尘和潮湿的场所时应使用密闭式接线盒。

（3）护套线应置于线卡的钉孔位（或粘贴部分）中间，然后按图3-1所示的方法进行夹持操作。每夹持4～5个线卡后，应目测检查一次，如有偏斜，可用锤敲线卡纠正；塑料护套线在同一墙面上转弯时，必须保持垂直。导线弯曲半径R应不小于护套线宽度的3倍。弯曲时不应损伤护套和芯线外的绝缘层。铅皮护套线弯曲半径不得小于其外径的10倍。

5. 护套线暗敷设

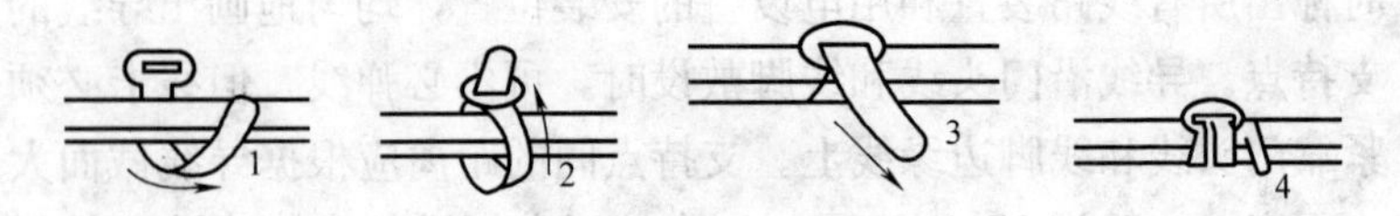

图 3-1　线卡夹持方法

护套线暗敷设就是在过路盒（断接盒）至楼板中心灯位之间穿一段塑料护套线，并在盒内留出适当余量，以和墙体内暗配管内的普通塑料线在盒内相连接。暗敷设护套线。应在空心楼板穿线孔的垂直下方的适当高度设置过路盒（也称断接盒）。板孔穿线时，护套线需直接通过两板孔端部的接头，板孔孔洞必须对直。此外，还须穿入与孔洞内径一致，长度不宜小于 200mm 的油毡纸或铁皮制的圆筒，加以保护。对于暗配在空心楼板板孔内的导线，必须使用塑料护套线或加套塑料护层的绝缘导线，并应符合下列要求：

（1）穿入导线前，应将楼板孔内的积水、杂物清除干净；

（2）穿入导线时，不得损伤导线的护套层，并能便于日后更换导线；

（3）导线在板孔内不得有接头。分支接头应放在接线盒内连接。

第三节　线管配线的安装

线管配线有耐潮、耐腐蚀、导线不宜受机械损伤等优点，但安装和维修不便，而且造价较高，适用于室内外照明和动力线路的配线。

线管有白铁管、电线管和硬塑料管。其使用场合见表 3-14。

一、线槽配线

1. 线槽的分类和应用

在建筑电气工程中，常用的线槽有塑料线槽和金属线槽。其说明见表 3-15。

线管种类及使用场合　　表 3-14

线管名称	使用场合	最小允许管径
白铁管（又叫水、煤气管和有缝钢管）	适用于潮湿和有腐蚀气体场所内明敷或暗敷	最小管径应大于内径 9.5mm
电线管	适用于干燥场所的明敷或暗敷	最小管径应大于内径 9.5mm
硬塑料管	适用于腐蚀性较强的场所明敷或暗敷	最小管径应大于内径 10.5mm

线槽的分类和应用　　表 3-15

类型	说明
塑料线槽	塑料线槽由槽底、槽盖及附件组成，是由难燃型硬质聚氯乙烯工程塑料挤压成型的，规格较多，外形美观，可起到装饰建筑物的作用。塑料线槽一般适用于正常环境的室内场所明敷设，也用于科研实验室或预制板结构而无法暗敷设的工程；还适用于旧工程改造更换线路；同时也用于弱电线路吊顶内暗敷设场所。在高温和易受机械损伤的场所不宜采用塑料线槽布线
金属线槽	金属线槽配线一般适用于正常环境的室内场所明敷，由于金属线槽多由厚度为 0.4～1.5mm 的钢板制成，其构造特点决定了在对金属线槽有严重腐蚀的场所不应采用金属线槽配线。具有槽盖的封闭式金属线槽。有与金属导管相当的耐火性能，可用在建筑物顶棚内敷设。为适应现代化建筑物电气线路复杂多变的需要，金属线槽也可采取地面内暗装的布线方式。它是将电线或电缆穿在经过特制的壁厚为 2mm 的封闭式矩形金属线槽内，直接敷设在混凝土地面、现浇钢筋混凝土楼板或预制混凝土楼板的垫层内

2. 线槽敷设

(1) 塑料线槽的敷设

塑料线槽敷设应在建筑物墙面、顶棚抹灰或装饰工程结束后进行。敷设场所的温度不得低于－15℃。塑料线槽的选择、固定及安装说明见表 3-16。

(2) 金属线槽的敷设

金属线槽的选择、固定及安装说明见表 3-17。

3. 塑料线槽及金属线槽内导线的敷设

塑料线槽及金属线槽内导线的敷设说明见表 3-18。

塑料线槽的选择、固定及安装说明　　　　表 3-16

类型	说　明
线槽的选择	选用塑料线槽时，应根据设计要求和允许容纳导线的根数来选择线槽的型号和规格。选用的线槽应有产品合格证件，线槽内外应光滑无棱刺，且不应有扭曲、翘边等现象。塑料线槽及其附件的耐火及防延燃应符合相关规定，一般氧指数不应低于 27%。 电气工程中，常用的塑料线槽的型号有 VXC2 型、VXC25 型线槽和 VX-CF 型分线式线槽。其中，VXC2 型塑料线槽可应用于潮湿和有酸碱腐蚀的场所。弱电线路多为非载流导体，自身引起火灾的可能性极小，在建筑物顶棚内敷设时。可采用难燃型带盖塑料线槽
弹线定位	塑料线槽敷设前，应先确定好盒（箱）等电气器具固定点的准确位置，从始端至终端按顺序找好水平线或垂直线。用粉线袋在线槽布线的中心处弹线，确定好各固定点的位置。在确定门旁开关线槽位置时，应能保证门旁开关盒处在距门框边 0.15～0.2m 的范围内
线槽固定	塑料线槽敷设时，宜沿建筑物顶棚与墙壁交角处的墙上及墙角和踢脚板上口线上敷设。线槽槽底的固定应符合下列规定： ①塑料线槽布线应先固定槽底，线槽槽底应根据每段所需长度切断 ②塑料线槽布线在分支时应做成“T”字分支，线槽在转角处槽底应锯成 45°角对接，对接连接面应严密平整，无缝隙 ③塑料线槽槽底可用伞形螺栓固定或用塑料胀管固定，也可用木螺丝将其固定在预先埋入在墙体内的木砖上，如图 3-2 所示 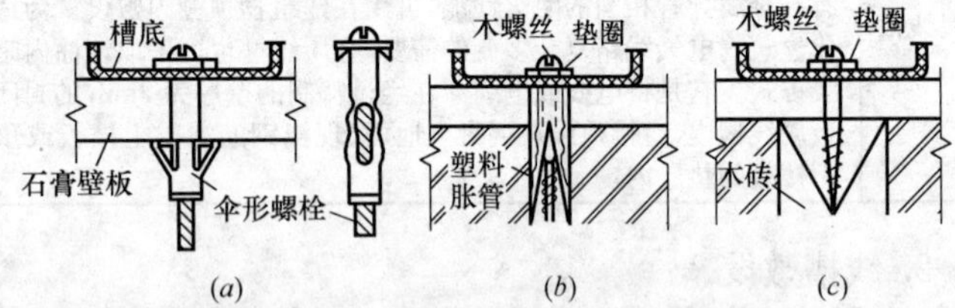 (*a*)　(*b*)　(*c*) 图 3-2　线槽槽底固定示意图 (*a*)用伞形螺栓固定；(*b*)用塑料胀管固定；(*c*)用木砖固定 ④塑料线槽槽底的固定点间距应根据线槽规格而定。固定线槽时，应先固定两端再固定中间，端部固定点距槽底终点不应小于 50mm ⑤固定好后的槽底应紧贴建筑物表面，布置合理，横平竖直，线槽的水平度与垂直度允许偏差均不应大于 5mm ⑥线槽槽盖一般为卡装式。安装前，应比照每段线槽槽底的长度按需要切断，槽盖的长度要比槽底的长度短一些，如图 3-3 所示，其 A 段的长度应为线槽宽度的一半，在安装槽盖时供做装饰配件就位用。塑料线槽槽盖如不使用装饰配件时，槽盖与槽底应错位搭接；槽盖安装时，应将槽盖平行放置，对准槽底，用手一按槽盖，即可卡入槽底的凹槽中

续表

类型	说明
线槽固定	⑦在建筑物的墙角处线槽进行转角及分支布置时，应使用左三通或右三通；分支线槽布置在墙角左侧时使用左三通，分支线槽布置在墙角的右侧时应使用右三通 ⑧塑料线槽布线在线槽的末端应使用附件堵头封堵 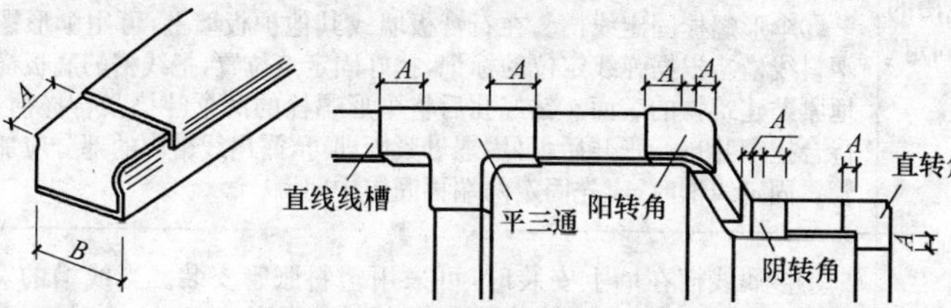 图 3-3　线槽沿墙敷设示意图

金属线槽的选择、固定及安装说明　　　　表 3-17

类型	说明
线槽的选择	金属线槽内外应光滑平整、无棱刺、扭曲和变形现象。选择时，金属线槽的规格必须符合设计要求和有关规范的规定，同时还应考虑到导线的填充率及载流导线的根数，同时满足散热、敷设等安全要求。金属线槽及其附件应采用表面经过镀锌或静电喷漆的定型产品，其规格和型号应符合设计要求，并有产品合格证等
测量定位	①金属线槽安装时，应根据施工设计图，用粉袋沿墙、顶棚或地面等处，弹出线路的中心线并根据线槽固定点的要求分出档距，标出线槽支、吊架的固定位置。 ②金属线槽吊点及支持点的距离。应根据工程具体条件确定，一般在直线段固定间距不应大于 3m，在线槽的首端、终端、分支、转角、接头及进出接线盒处应不大于 0.5m。 ③线槽配线在穿过楼板及墙壁时，应用保护管，而且穿楼板处必须用钢管保护，其保护高度距地面不应低于 1.8m。 ④过变形缝时应做补偿处理。 ⑤地面内暗装金属线槽布线时，应根据不同的结构形式和建筑布局，合理确定线路路径及敷设位置，应符合以下规定： a. 在现浇混凝土楼板的暗装敷设时，楼板厚度不应小于 200mm； b. 当敷设在楼板垫层内时，垫层厚度不应小于 70mm，并应避免与其他管路相互交叉
线槽的固定	①木砖固定线槽。配合土建结构施工时预埋木砖。加气砖墙或砖墙应在剔洞后再埋木砖，梯形木砖较大的一面应朝洞里，外表面与建筑物的表面齐，然后用水泥砂浆抹平，待凝固后，再把线槽底板用木螺钉固定在木砖上。

续表

类型	说　明
线槽的固定	②塑料胀管固定线槽。混凝土墙、砖墙可采用塑料胀管固定塑料线槽。根据胀管直径和长度选择钻头，在标出的固定点位置上钻孔，不应歪斜、豁口，应垂直钻好孔后，将孔内残存的杂物清净，用木槌把塑料胀管垂直敲入孔中，直至与建筑物表面平齐，再用石膏将缝隙填实抹平。 ③伞形螺栓固定线槽。在石膏板墙或其他护板墙上，可用伞形螺栓固定塑料线槽。根据弹线定位的标记，找好固定点位置，把线槽的底板横平竖直地紧贴建筑物的表面。钻好孔后将伞形螺栓的两伞叶掐紧合拢插入孔中，待合拢伞叶自行张开后，再用螺母紧固即可，露出线槽内的部分应加套塑料管。固定线槽时，应先固定两端再固定中间
墙上安装线槽	①金属线槽在墙上安装时，可采用塑料胀管安装。当线槽的宽度 $b\leqslant$ 100mm 时，可采用一个胀管固定；如线槽的宽度 $b>$100mm 时，应采用两个胀管并列固定： a. 金属线槽在墙上固定安装的间距为 500mm，每节线槽的固定点不应少于两个；线槽固定用螺钉紧固后，其端部应与线槽内表面光滑相连，线槽槽底应紧贴墙面固定； b. 线槽的连接应连续无间断，线槽接口应平直、严密。线槽在转角、分支处和端部均应有固定点。 ②金属线槽在墙上水平架空安装时，既可使用托臂支承，也可使用扁钢或角钢支架支承。托臂可用膨胀螺栓进行固定，当金属线槽宽度 $b\leqslant$100mm 时，线槽在托臂上可采用一个螺栓固定。制作角钢或扁钢支架时，下料后，长短偏差不应大于 5mm，切口处应无卷边和毛刺。支架焊接后应无明显变形，焊缝均匀平整，焊缝处不得出现裂纹、咬边、气孔、凹陷、漏焊等缺陷
吊顶上安装线槽	吊装金属线槽在吊顶内安装时，吊杆可用膨胀螺栓与建筑结构固定。当在钢结构上固定时，可进行焊接固定，将吊架直接焊在钢结构的固定位置处；也可以使用万能吊具与角钢、槽钢、工字钢等钢结构进行安装；吊装金属线槽在吊顶下吊装时，吊杆应固定在吊顶的主龙骨上，不允许固定在副龙骨或辅助龙骨上
吊架上安装线槽	线槽用吊架悬吊安装时，可根据吊装卡箍的不同形式采用不同的安装方法。当吊杆安装完成后，即可进行线槽的组装，安装方法如下： ①吊装金属线槽时，可根据不同需要，选择开口向上安装或开口向下安装。 ②吊装金属线槽时，应先安装干线线槽，后装支线线槽。 ③线槽安装时。应先拧开吊装器，把吊装器下半部套入线槽上，使线槽与吊杆之间通过吊装器悬吊在一起。如在线槽上安装灯具时，灯具可用蝶形螺栓或蝶形夹卡与吊装器固定在一起，然后再把线槽逐段组装成形。 ④线槽与线槽之间应采用内连接头或外连接头连接，并用沉头或圆头螺栓配上平垫和弹簧垫圈用螺母紧固。

续表

<table>
<tr><th>类型</th><th>说　明</th></tr>
<tr><td>吊架上安装线槽</td><td>⑤吊装金属线槽在水平方向分支时。应采用二通接线盒、三通接线盒、四通接线盒进行分支连接。在不同平面转弯时，在转变处应采用立上弯头或立下弯头进行连接，安装角度要适宜。
⑥在线槽出线口处应利用出线口盒（如图 3-4a 所示）进行连接；末端要装上封堵（如图 3-4b 所示）进行封闭，在盒箱出线处应采用抱脚（如图 3-4c 所示）进行连接
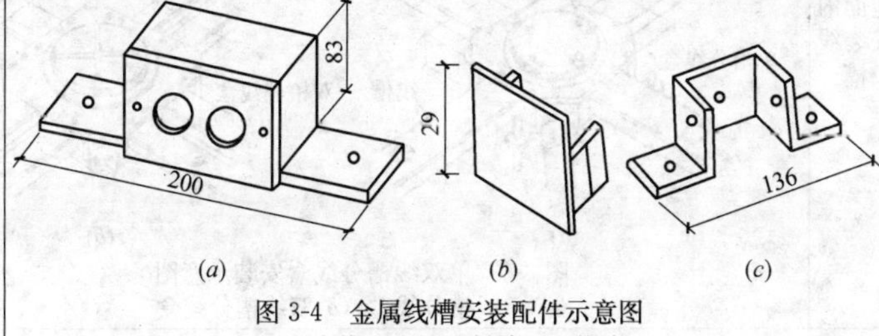

图 3-4　金属线槽安装配件示意图
(a)出线口盒；(b)封堵；(c)抱脚</td></tr>
<tr><td>地面内安装线槽</td><td>金属线槽在地面内暗装敷设时，应根据单线槽或双线槽不同结构形式选择单压板或双压板，与线槽组装好后再上好卧脚螺栓。然后将组合好的线槽及支架沿线路走向水平放置在地面或楼（地）面的抄平层或楼板的模板上，然后再进行线槽的连接。
①线槽支架的安装距离应视工程具体情况进行设置，一般应设置于直线段大于 3m 或在线槽接头处、线槽进入分线盒 200mm 处。
②地面内暗装金属线盒的制造长度一般为 3m，每 0.6m 设一个出线口。当需要线槽与线槽相互连接时，应采用线槽连接头，如图 3-5 所示。线槽的对口处应在线槽连接头中间位置上，线槽接口应平直，紧定螺钉应拧紧，使线槽在同一条中心轴线上。
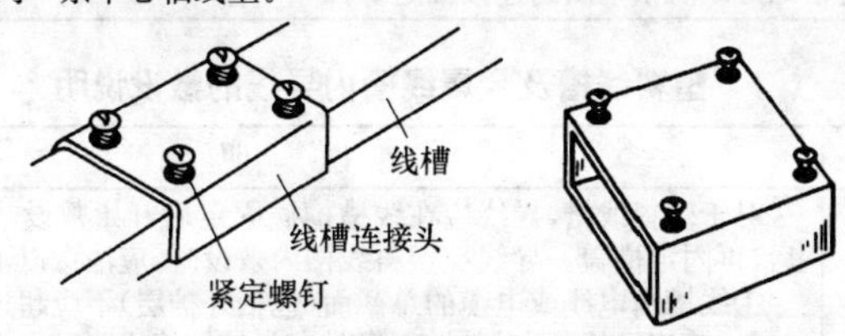

图 3-5　线槽连接头示意图
③地面内暗装金属线槽为矩形断面，不能进行线槽的弯曲加工，当遇有线路交叉、分支或弯曲转向时，必须安装分线盒，如图 3-6 所示。当线槽的直线长度超过 6m 时，为方便线槽内穿线也宜加装分线盒；线槽与分线盒连接时，线槽插入分线盒的长度不宜大于 10mm。分线盒与地面高度的调整依靠盒体上的调整螺栓进行。双线槽分线盒安装时，应在盒内安装便于分开的交叉隔板。</td></tr>
</table>

续表

类型	说明
地面内安装线槽	④组装好的地面内暗装金属线槽，不明露地面的分线盒封口盖，不应外露出地面；需露出地面的出线盒口和分线盒口不得凸出地面，必须与地面平齐。 ⑤地面内暗装金属线槽端部与配管连接时，应使用线槽与管过渡接头。当金属线槽的末端无连接管时，应使用封端堵头拧牢堵严；线槽地面出线口处，应用不同零件与出线口安装好 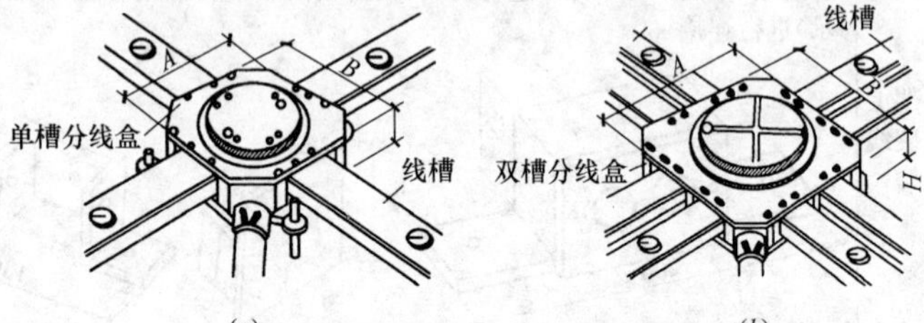 (*a*)　　(*b*) 图 3-6　单双线槽分线盒安装示意图 (*a*)单线槽分线盒；(*b*)双线槽分线盒
线槽附件安装	线槽附件如直通、三通转角、接头、插口、盒和箱应采用相同材质的定型产品。槽底、槽盖与各种附件相对接时，接缝处应严实平整，无缝隙；盒子均应两点固定，各种附件角、转角、三通等固定点不应少于两点(卡装式除外)。接线盒、灯头盒应采用相应插口连接。线槽的终端应采用终端头封堵。在线路分支接头处应采用相应接线箱。安装铝合金装饰板时，应牢固、平整、严实
金属线槽接地	金属的线槽必须与 PE 或 PEN 线有可靠电气连接，并符合下列规定： ①金属线槽不得熔焊跨接接地线。 ②金属线槽不应作为设备的接地导体，当设计无要求时，金属线槽全长不少于 2 处与 PE 或 PEN 线干线连接。 ③非镀锌金属线槽间连接板的两端跨接铜芯接地线，截面积不小于 4mm，镀锌线槽间连接板的两端不跨接接地线，但连接板两端不少于 2 个有防松螺母或防松垫圈的连接固定螺栓

塑料线槽及金属线槽内导线的敷设说明　　表 3-18

类　型	说　明
塑料线槽内导线的敷设	对于塑料线槽，导线应在线槽槽底固定后开始敷设。导线敷设完成后，再固定槽盖。导线在塑料线槽内敷设时，应注意以下几点： ①线槽内电线或电缆的总截面(包括外护层)不应超过线槽内截面的 20%，载流导线不宜超过 30 根(控制、信号等线路可视为非载流导线)。 ②强、弱电线路不应同时敷设在同一根线槽内。同一路径无抗干扰要求的线路，可以敷设在同一根线槽内。 ③放线时先将导线放开抻直，从始端到终端边放边整理，导线应顺直。不得有挤压、背扣、扭结和受损等现象。 ④电线、电缆在塑料线槽内不得有接头，导线的分支拉头应在接线盒内进行。从室外引进室内的导线在进入墙内一段应使用橡胶绝缘导线，严禁使用塑料绝缘导线

续表

类型	说明
金属线槽内导线的敷设	①金属线槽内配线前,应清除线槽内的积水和杂物。清扫线槽时,可用抹布擦净线槽内残存的杂物,使线槽内外保持清洁;清扫地面内暗装的金属线槽时,可先将引线钢丝串通至分线盒或出线口,然后将布条绑在引线一端送入线槽内,从另一端将布条拉出,反复多次即可将槽内的杂物和积水清理干净;也可用压缩空气或氧气将线槽内的杂物积水吹出。 ②放线前应先检查导线的选择是否符合要求,导线分色是否正确。 ③放线时应边放边整理,不应出现挤压背扣、扭结、损伤绝缘等现象。并应将导线按回路(或系统)绑扎成捆,绑扎时应采用尼龙绑扎带或线绳,不允许使用金属导线或绑线进行绑扎。导线绑扎好后,应分层排放在线槽内并做好永久性编号标志;穿线时,在金属线槽内不宜有接头。但在易于检查(可拆卸盖板)的场所,可允许在线槽内有分支接头。电线电缆和分支接头的总截面(包括外护层),不应超过该线槽内截面的75%;在不易于拆卸盖板的线槽内,导线的接头应置于线槽的接线盒内。 ④电线在线槽内有一定余量。线槽内电线或电缆的总截面(包括外护层)不应超过线槽内截面积的20%,载流导线不宜超过30根。当设计无此规定时,包括绝缘层在内的导线总截面积不应大于线槽截面积的60%;控制、信号或与其相类似的线路,电线或电缆的总截面不应超过线槽内截面的50%,电线或电缆根数不限。 ⑤同一回路的相线和中性线。敷设于同一金属线槽内。 ⑥同一电源的不同回路无抗干扰要求的线路可敷设于同一线槽内;由于线槽内电线有相互交叉和平行紧挨现象,敷设于同一线槽内有抗干扰要求的线路用隔板隔离,或采用屏蔽电线且屏蔽护套一端接地等屏蔽和隔离措施。 ⑦在金属线槽垂直或倾斜敷设时,应采取措施防止电线或电缆在线槽内移动。 ⑧引出金属线槽的线路,应采用镀锌钢管或普利卡金属套管,不宜采用塑粕管与金属线槽连接。线槽的出线口应位置正确、光滑、无毛刺;引出金属线槽的配管管口处应有护口,电线或电缆在引出部分不得遭受损伤

二、钢管敷设

室内钢管敷设应根据施工图纸的要求和施工规范的规定,确定管路的敷设部位和走向以及在不同方向上进出盒(箱)的位置。

1. 钢管的选择与加工

钢管的选择与加工说明见表3-19。

钢管的选择与加工说明 **表 3-19**

<table>
<tr><th colspan="2">类型</th><th>说明</th></tr>
<tr><td colspan="2">钢管的选择</td><td>室内配管使用的钢管有厚壁钢管和薄壁钢管两类。厚壁钢管又称焊接钢管或低压流体输送钢管(水煤气管),通常壁厚大于 2mm;薄壁钢管又称电线管,其壁厚小于或等于 2mm。按其表面质量,钢管又可分为镀锌钢管和非镀锌钢管。使用时,如选用不当,易缩短使用年限或造成浪费。具体选用时可按以下方法进行:
①暗配于干燥场所的宜采用薄壁钢管;潮湿场所和直埋于地下的电线保护管应采用厚壁钢管。
②建筑物顶棚内,宜采用钢管配线。
③暗敷设管路,当利用钢管管壁兼做接地线时,管壁厚度不应小于 2.5mm。
④为了便于穿线,配管前应选择线管的规格:
a. 当两根绝缘导线穿于同一根管时,管内径应不小于两根导线外径之和的 1.35 倍(对立管可取 1.25 倍);
b. 当三根及以上绝缘导线穿于同一根管时,导线截面积(包括外护层)的总和应不超过管内径截面积的 40%。
⑤在严重腐蚀性场所(如酸、碱和具有腐蚀性的化学气体)不宜采用钢管配线,应使用硬质塑料管配线</td></tr>
<tr><td rowspan="2">钢管的加工</td><td>钢管的切断</td><td>钢管配管前,必须按每段所需长度将管子切断。切断管子的方法很多,一般用钢锯切断或管子切割机割断。当管子批量较大时,可使用型钢切割机(无齿锯)利用纤维增强砂轮片切割,操作时要用力均匀平稳,不能用力过猛,以免过载或砂轮崩裂。另外,钢管严禁用电、气焊切割;切断后,断口处应与管轴线垂直,管口应锉平、刮光,使管口整齐光滑。当出现马蹄口时,应重新切断。管内应无铁屑和毛刺。钢管不得有折扁和裂缝</td></tr>
<tr><td>线管的除锈和涂漆</td><td>钢管敷设前,应清除其内外灰渣、油污和锈块等。为防止钢管除锈后重新氧化,清理后应立即涂漆(在混凝土内埋设的钢管,外壁可不涂漆)。常用钢管除锈(去污)方法有以下三种:
①手工除锈。在钢丝刷两端各绑一根长度适宜的铁丝,将铁丝和钢丝刷穿过钢管,来回拉动,就能清除钢管内壁锈块。钢管外壁直接用钢丝刷或电动除锈机除锈即可。如果钢管内壁有油垢或其他脏物,也可在一根长度足够的铁丝中部绑上适量布条,在管中来回拉动,将其清除。
②压缩空气吹除。在钢管的一端输入压缩空气,吹净管内脏物。
③管子除锈后,可在内外表面涂以油漆或沥青漆,但埋设在混凝土中的电线管外表面不要涂漆,以免影响混凝土的结构强度</td></tr>
</table>

续表

类型		说明
钢管的加工	钢管弯曲	①弯直径较小的线管： 弯直径小于 25mm 的薄壁管和直径为 20mm 以下的厚壁管时，可用质地坚硬并开有斜口的矩形木条来弯管。弯管时把线管嵌入木条上的斜口里，使标有记号的地方跟斜的侧沿平齐，然后将钢管弯成所需角度，如图 3-7 所示。 ②弯直径较大的钢管： 当弯直径较大的白铁管或电线管时，可采用弯管器来弯管，如图 3-8 所示。若手头没有弯管器或弯棒，可用图 3-9 所示的简易办法弯管。 ③硬塑料管的弯曲： 直径小于 20mm 的硬塑料管，弯管时先将塑料管用电炉或喷灯加热至柔软状态，再将塑料管放到木胚具上弯成所需角度，如图 3-10 所示。对于直径大于 25mm 的硬塑料管，可以用灌沙加热法弯曲，具体方法与钢管相同 1.1m 图 3-7　弯直径较小的钢管
	管子套螺纹	电线管和硬塑料管套螺纹时，用圆套螺纹板。圆套螺纹板由绞加架和板牙组成。套螺纹时，应把线管扎在管钳或台虎钳上，然后用绞板绞出螺纹，螺纹的长度等于管箍长度的 1/2 加 1～2 个牙；第一次套完后，距离调小点，再套第二次，如图 3-11 所示

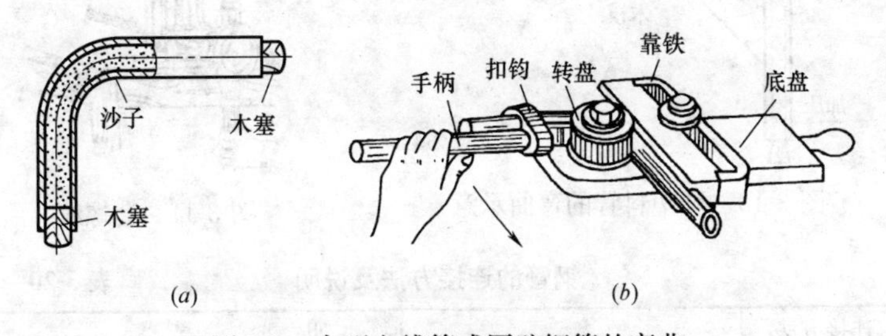

图 3-8　大型电线管或厚壁钢管的弯曲

(a) 弯前应灌沙子和加木塞；(b) 弯形工具和弯形方法

2. 钢管的连接

在配管中，钢管的连接可分为管与管的连接、管与盒（箱）的连接和钢管接地连接。具体连接方法见表 3-20。

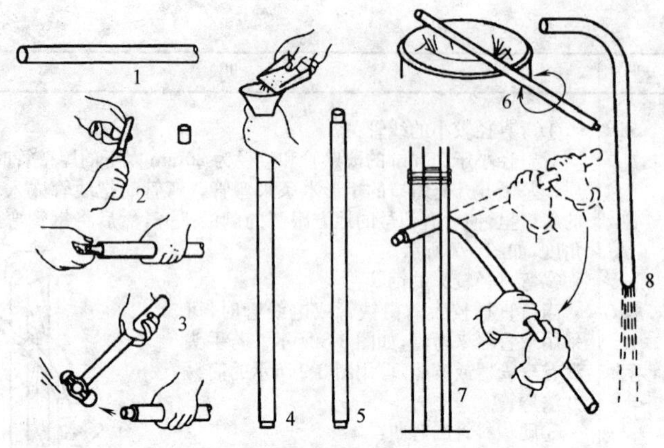

图 3-9 弯钢管的简易方法

1—需要弯曲的钢管；2—根据需要削制两个合适的木塞；3—在钢管的一端紧塞木塞；4—从钢管另一端灌满已经炒热的沙子；5—用木塞塞紧另一端；6—加热需要弯曲的部分；7—在平面上深埋两根钢管，上端用铁丝扎紧，把加热后的钢管插入两管间弯曲；8—拔出木塞，倒出沙子

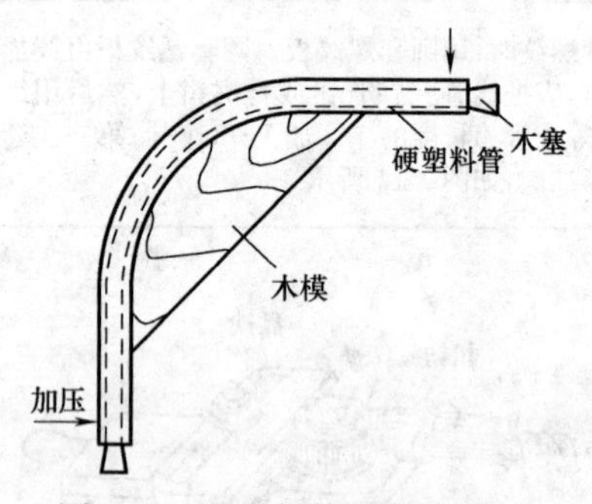

图 3-10 硬塑料管的弯曲示意

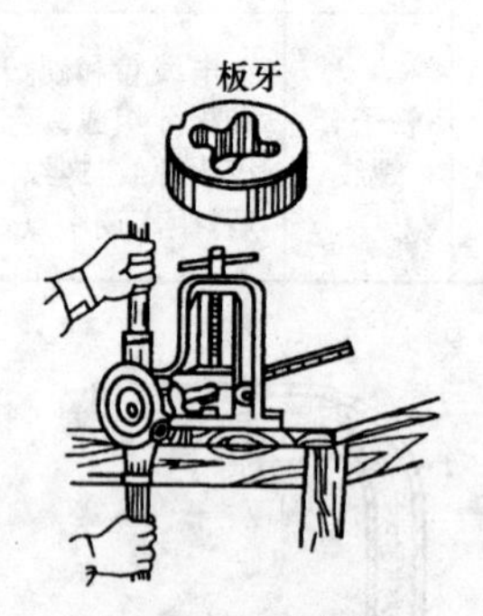

图 3-11 套螺纹

钢管的连接方法及说明 **表 3-20**

连接方法		说明
管与管的连接	螺纹连接	钢管与钢管的连接有螺纹连接和焊接连接两种方法。镀锌钢管和薄壁钢管应用螺纹连接或套管紧定螺钉连接，不应采用熔焊连接。 钢管与钢管间用螺纹连接时，管端螺纹长度不应小于管接头的 1/2；连接后，螺纹宜外露 2～3 扣。螺纹表面应光滑、无缺损；螺纹连接应使用全扣管接头，连接管端部套丝，两管拧进管接头长度不可小于管接头长度的 1/2，使两管端之间吻合

续表

连接方法		说　明
管与管的连接	套管连接	钢管之间的连接，一般采用套管连接。而套管连接宜用于暗配管，套管长度为连接管外径的1.5～3倍；连接管的对口处应在套管的中心，焊口应焊接牢固、严密；当没有合适管径做套管时，也可将较大管径的套管各冲开一条缝隙，将套管缝隙处用手锤击打对严做套管。施工中严禁不同管径的管直接套接连接
	对口焊接	当暗配黑色钢管管径在ϕ80及其以上时，使用套管连接较困难时，也可将两连接管端打喇叭口再进行管与管之间采取对口焊的方法进行焊接连接；钢管在采取打喇叭口对口焊时，在焊接前应除去管口毛刺，用气焊加热连接管端部，边加热边用手锤沿管内周边，逐点均匀向外敲打出喇叭口，再把两管喇叭口对齐，两连接管应在同一条管子轴线上，周围焊严密，应保证对口处管内光滑，无焊渣
管与盒(箱)的连接	焊接连接	当钢管与盒(箱)采用焊接连接时，管口宜高出盒(箱)内壁3～5mm，且焊后应补涂防腐漆；管与盒在焊接连接时，应一管一孔顺直插入与管相吻合的敲落(或连接)孔内，伸进长度宜为3～5mm。在管与盒的外壁相接触处焊接，焊接长度不宜小于管外周长的1/3，且不应烧穿盒壁。 钢管与箱连接时，不宜把管与箱体焊在一起，应采用圆钢作为跨接接地线。在适当位置，应对入箱管作横向焊接。焊接应保证在箱体放置后管口能高出箱壁3～5mm。当有多根管入箱时长度应保持一致、管口平齐。待安装箱体以后再把连接钢管的圆钢与箱体外侧的棱边进行焊接
	用锁紧螺母或护圈帽固定	明配钢管或暗配的镀锌钢管与盒(箱)连接应采用锁紧螺母或护圈帽固定，用锁紧螺母固定的管端螺纹宜外露锁紧螺母2～3扣。 钢管与接线盒、开关盒的连接，可采用螺母连接或焊接。采用螺母连接时，先在管子上旋上一个锁紧螺母(俗称根母)，然后将盒上的敲落孔打掉，将管子穿入孔内，再用手旋上盒内螺母(俗称护口)，最后用扳手把盒外锁紧螺母旋紧，如图3-12所示；钢管与盒(箱)连接时，钢管管口使用金属护圈帽(护口)保护导线时，应将套丝后的管端先拧上锁紧螺母(根母)，顺直插入盒与管外径相一致的敲落孔内，露出2～3扣的管口螺纹，再拧上金属护圈帽(护口)，把管与盒连接牢固；当有多根入箱管时，为使入箱管长度一致，可在箱内使用木制平托板，在箱体的适当位置上用木方或普通砖顶住平托板。在入箱管管口处先拧好一个锁紧螺母，留出适当长度的管口螺纹，插入箱体敲落(连接)孔内顶在平托板上，待墙体工程施工后拆去箱内托板，在管口处拧上锁紧螺母和护圈帽，如图3-13所示

续表

连接方法		说明
管与盒(箱)的连接	用锁紧螺母或护圈帽固定	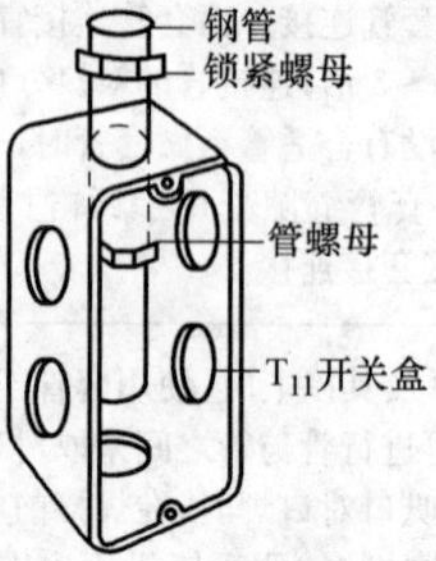 图 3-12　钢管与开关盒连接 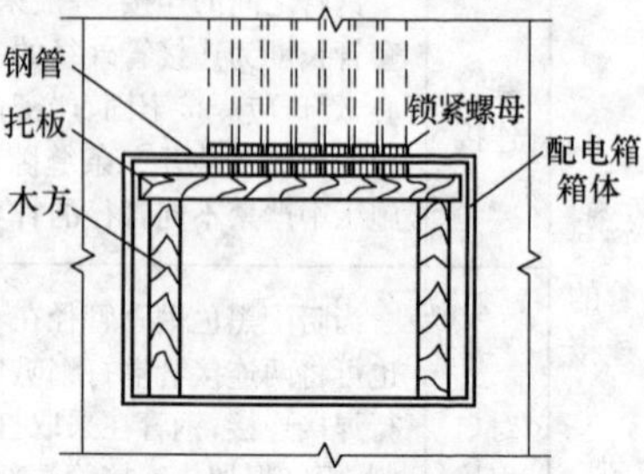 图 3-13　使用平托板固定入箱管
钢管与设备连接		钢管与设备连接时，钢管管口与地面的距离宜大于 200mm，其一般要求如下： ①钢管与设备直接连接时，应将钢管敷设到设备的接线盒内。 ②当钢管与设备间接连接时，对室内干燥场所，钢管端部宜增设电线保护软管或可挠金属电线保护管(即普利卡金属套管)后引入到设备的接线盒内，且钢管管口应包扎紧密；对室外或室内潮湿场所，钢管端部应增设防水弯头，导线应加套保护软管，经弯成滴水弧状后，再引入到设备的接线盒
钢管的接地连接		钢管之间及钢管与盒(箱)之间连接时，必须与 PE 或 PEN 线连接，且应连接可靠。通常，在管接头的两端及管与盒(箱)连接处，用相应的圆钢或扁钢焊接好跨接接地线，使整个管路连成一个导电整体，以防止导线绝缘可能损伤或发生电击现象。钢管接地连接时，应符合下列相关规定： ①当镀锌钢管之间采用螺纹连接时，连接处的两端应采用专用接地卡固定。通常，以专用的接地卡跨接的跨接线为黄绿色相间的铜芯软导线，截面积不小于 4mm；对于镀锌钢管和壁厚 2mm 及以下的薄壁钢管，不得采用熔焊跨接接地线。 ②当非镀锌钢导管之间采用螺纹连接时，连接处的两端可采用专用接地卡固定跨接线，也可以采用焊接跨接接地线。焊接跨接接地线的做法，如图 3-14 所示。 当非镀锌钢导管与配电箱箱体采用间接焊接连接时，可利用导管与箱体之间的跨接接地线固定管、箱。连接管与盒(箱)的跨接接地线，应在盒(箱)的棱边上焊接，跨接接地线在箱棱边上焊接的长度不小于跨接接地线直径的 6 倍，在盒上焊接不应小于跨接接地线的截面积。

续表

<table>
<tr><th>连接方法</th><th>说　明</th></tr>
<tr><td>钢管的接地连接</td><td>

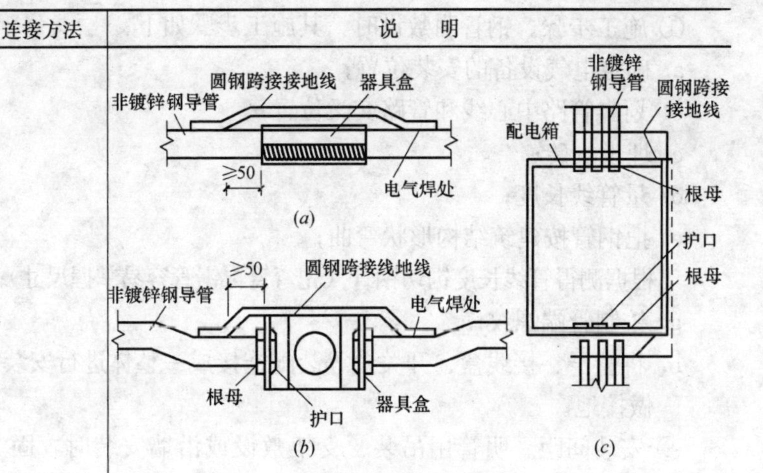

图 3-14 焊接跨接接地线做法

(a)管与箱连接；(b)管与盒连接；(c)管与箱连接

③跨接接地线直径应根据钢导管的管径来选择，如下表所示。管接头两端跨接接地线焊接长度，不小于跨接接地线直径的 6 倍，跨接接地线在连接管焊接处距管接头两端不宜小于 50mm。

跨接接地线的选择　　表 3-21

<table>
<tr><th colspan="2">公称直径/mm</th><th colspan="2">跨接接地线/mm</th></tr>
<tr><th>电线管</th><th>厚壁钢管</th><th>圆 钢</th><th>扁 钢</th></tr>
<tr><td>≤32</td><td>≤25</td><td>Φ6</td><td>—</td></tr>
<tr><td>38</td><td>≤32</td><td>Φ8</td><td>—</td></tr>
<tr><td>51</td><td>40～50</td><td>Φ10</td><td>—</td></tr>
<tr><td>64～76</td><td>≤65～80</td><td>Φ10 及以上</td><td>25×4</td></tr>
</table>

④对于套接压扣式或紧定式薄壁钢管及其金属附件组成的导管管路，当管与管及管与盒(箱)连接符合规定时，连接处可不设置跨接接地线，管路外壳应有可靠接地；导管管路不应作为电气设备接地线使用

</td></tr>
</table>

3. 钢管固定安装

(1) 钢管的明敷设

钢管明敷设是指沿建筑物的墙壁、梁或支、吊架进行的敷设，一般在生产厂房中应用得较多。明配钢管应配合土建施工安装好支架、吊架的预埋件，土建室内装饰工程结束后再配管。在

吊顶内的配管，虽属暗配管，但一般常按明配管的方法施工。

① 施工步骤。钢管明敷设时，其施工步骤如下：

a. 确定电气设备的安装位置；

b. 划出管路中心线和管路交叉位置；

c. 埋设木砖；

d. 量管线长度；

e. 把钢管按建筑结构形状弯曲；

f. 根据测得管线长度锯切钢管（先弯管再锯管容易掌握尺寸）；

g. 铰制管端螺纹；

h. 将管子、接线盒、开关盒等装配连接成一整体进行安装；

i. 做接地。

② 安装间距。明管用吊装、支架敷设或沿墙安装时，固定点的距离应均匀，管卡与终端、转弯中点、电气器具或接线盒边缘的距离为150～500mm。中间固定点间的最大允许距离应符合表3-22的规定。

钢管固定点间最大间距　　　　表3-22

钢管名称	钢管直径/mm			
	15～20	25～30	40～50	65～100
	最大允许距离/m			
厚壁钢管	1.5	2.0	2.5	3.5
薄壁钢管	1.0	1.5	2.0	—

③ 钢管敷设施工方法

明敷设钢管有多种紧固方法，其具体施工方法见表3-23。

钢管敷设施工方法　　　　表3-23

施工方法	图示
明管沿墙拐弯做法（如右图所示）	过直　应弯曲

续表

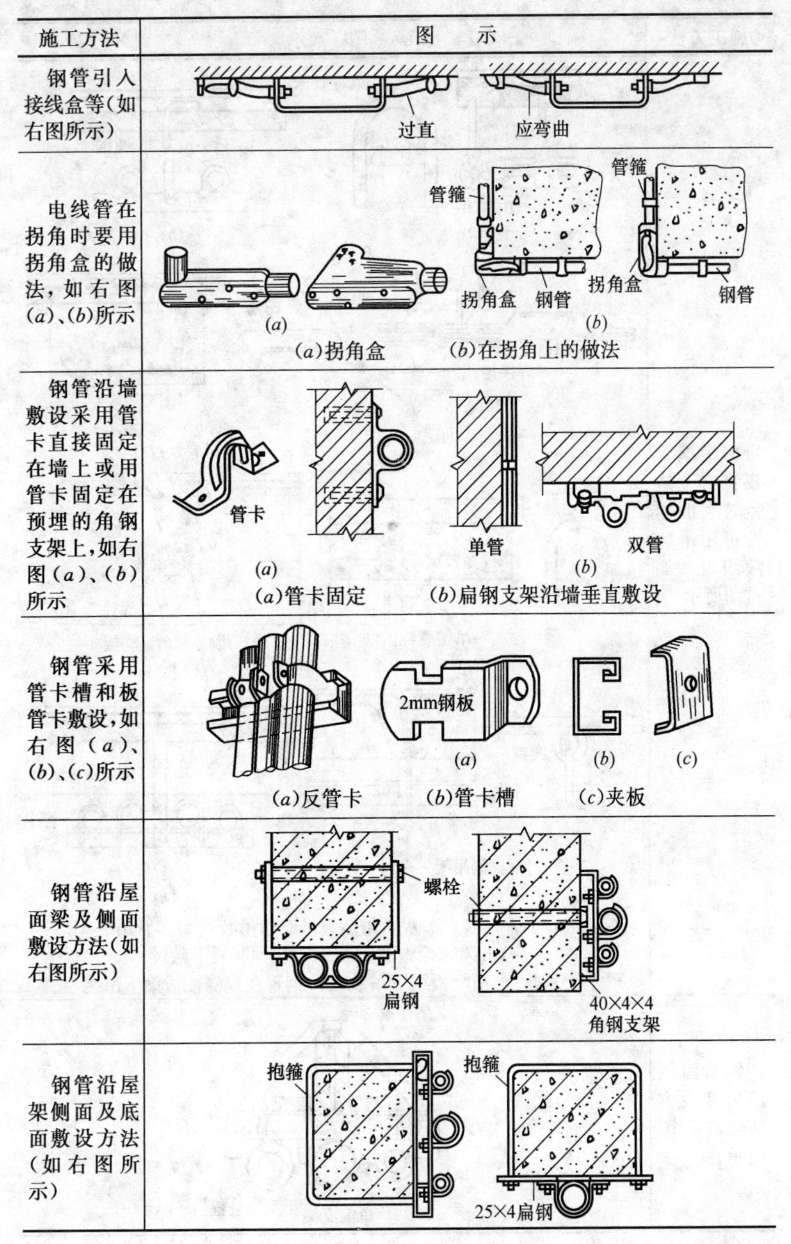

施工方法	图示
钢管引入接线盒等(如右图所示)	过直　应弯曲
电线管在拐角时要用拐角盒的做法,如右图(*a*)、(*b*)所示	管箍　拐角盒　钢管　(*a*)　(*b*)　(*a*)拐角盒　(*b*)在拐角上的做法
钢管沿墙敷设采用管卡直接固定在墙上或用管卡固定在预埋的角钢支架上,如右图(*a*)、(*b*)所示	管卡　单管　双管　(*a*)　(*b*)　(*a*)管卡固定　(*b*)扁钢支架沿墙垂直敷设
钢管采用管卡槽和板管卡敷设,如右图(*a*)、(*b*)、(*c*)所示	2mm钢板　(*a*)　(*b*)　(*c*)　(*a*)反管卡　(*b*)管卡槽　(*c*)夹板
钢管沿屋面梁及侧面敷设方法(如右图所示)	螺栓　25×4扁钢　40×4×4角钢支架
钢管沿屋架侧面及底面敷设方法(如右图所示)	抱箍　抱箍　25×4扁钢

续表

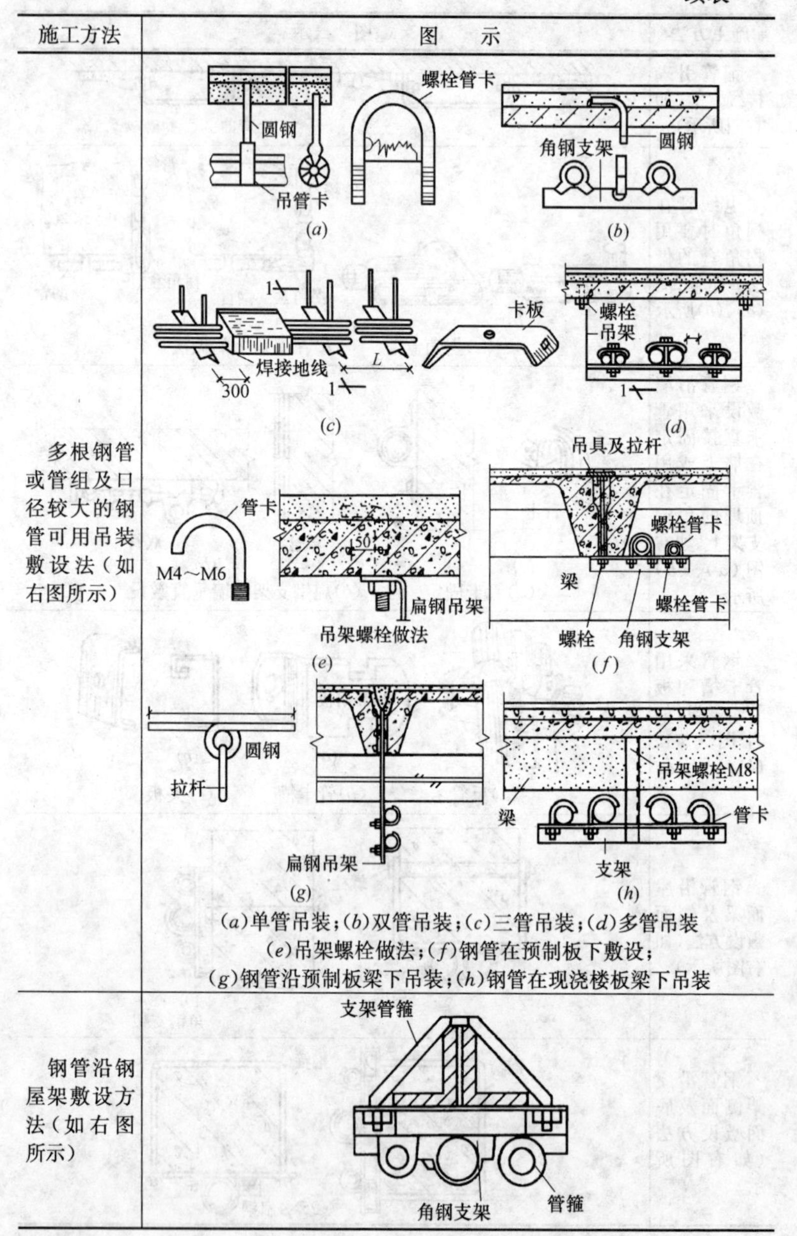

施工方法	图　　示
多根钢管或管组及口径较大的钢管可用吊装敷设法（如右图所示）	(*a*)单管吊装；(*b*)双管吊装；(*c*)三管吊装；(*d*)多管吊装 (*e*)吊架螺栓做法；(*f*)钢管在预制板下敷设； (*g*)钢管沿预制板梁下吊装；(*h*)钢管在现浇楼板梁下吊装
钢管沿钢屋架敷设方法（如右图所示）	

续表

施工方法	图示
钢管通过建筑物的伸缩缝（沉降缝）时的做法如右图所示，拉线箱的长度一般为管径的8倍。当管子数量较多时，拉线箱的高度应加大	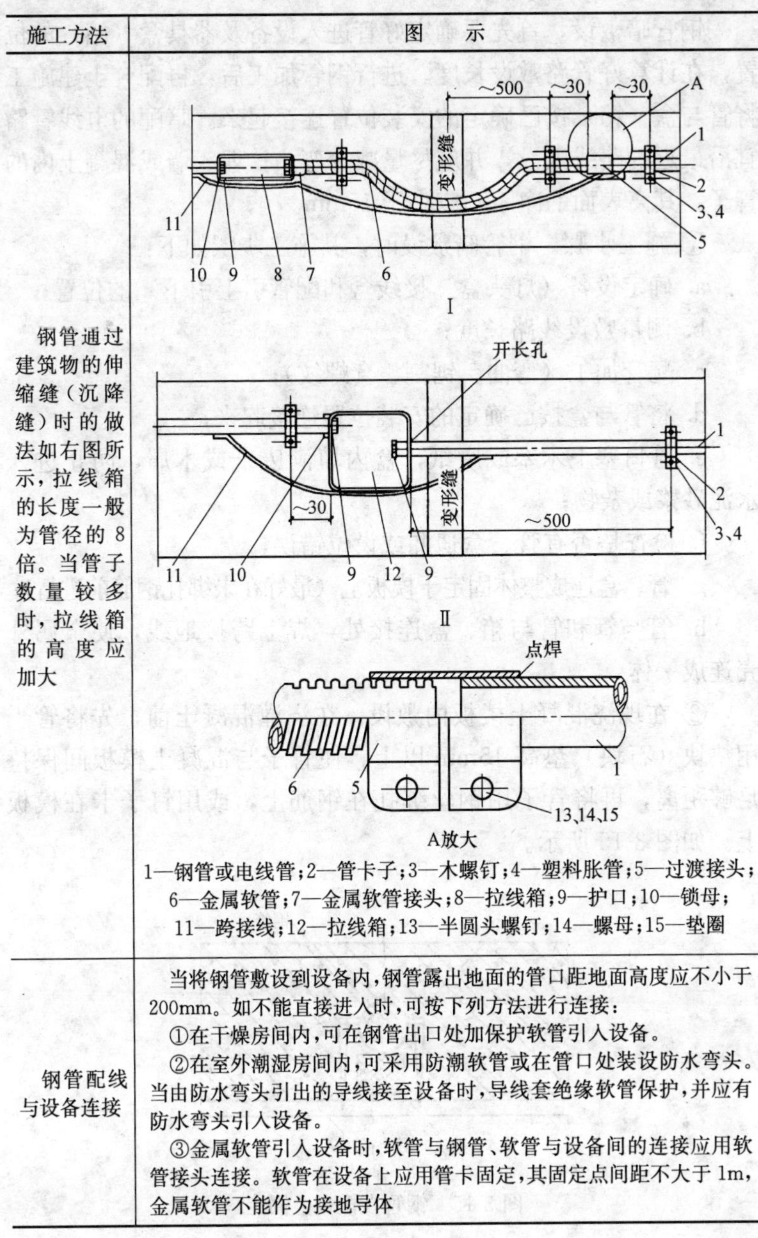 1—钢管或电线管；2—管卡子；3—木螺钉；4—塑料胀管；5—过渡接头；6—金属软管；7—金属软管接头；8—拉线箱；9—护口；10—锁母；11—跨接线；12—拉线箱；13—半圆头螺钉；14—螺母；15—垫圈
钢管配线与设备连接	当将钢管敷设到设备内，钢管露出地面的管口距地面高度应不小于200mm。如不能直接进入时，可按下列方法进行连接： ①在干燥房间内，可在钢管出口处加保护软管引入设备。 ②在室外潮湿房间内，可采用防潮软管或在管口处装设防水弯头。当由防水弯头引出的导线接至设备时，导线套绝缘软管保护，并应有防水弯头引入设备。 ③金属软管引入设备时，软管与钢管、软管与设备间的连接应用软管接头连接。软管在设备上应用管卡固定，其固定点间距不大于1m，金属软管不能作为接地导体

(2) 钢管的暗敷设

钢管暗敷设，首先要确定好管进入设备及器具盒（箱）的位置，在计算好管路敷设长度。进行钢管加工后，再配合土建施工将管与盒（箱）按已确定的安装位置连接起来。暗配的电线管路宜沿最近的路线敷设，并应尽量减少弯头；埋入墙或混凝土内的管子，其离表面的净距不应小于 15mm。

① 施工步骤。钢管暗敷设时，其施工步骤如下：

a. 确定设备（灯头盒、接线盒和配管引上引下）的位置；

b. 测量敷设线路长度；

c. 配管加工（弯曲、锯割、套螺纹）；

d. 将管与盒按已确定的安装位置连接起来；

e. 管口塞上木塞或废纸，盒内填满废纸或木屑，防止进入水泥砂浆或杂物；

f. 检查是否有管、盒遗漏或设位错误；

g. 管、盒连成整体固定于模板上（最好在未绑扎钢筋前进行）；

h. 管与管和管与箱、盒连接处，焊上跨接地线，使金属外壳连成一体。

② 在现浇混凝土楼板内敷设。在浇灌混凝土前，先将管子用垫块（石块）垫高 15mm 以上，使管子与混凝土模板间保持足够距离，再将管子用钢丝绑扎在钢筋上，或用钉子卡在模板上。如图 3-15 所示。

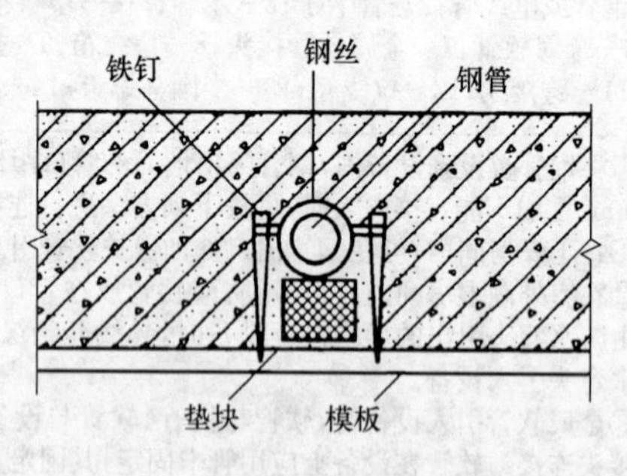

图 3-15　钢管在模板上固定

③ 在砖墙内敷设钢管，应在土建砌砖时预埋，边砌砖边预埋，并用砖屑、水泥砂浆将管子塞紧；砌砖时若不预埋钢管，则应在墙体上预留线管槽或凿打线管槽，并在钢管的固定点预埋木榫，在木榫上钉上钉子，敷设时将钢管用铁丝绑扎在钉子上，然后将钉子进一步打入木榫，使管子与槽壁贴紧，最后用水泥砂浆覆盖槽口中，恢复建筑物表面的平整。

④ 在地坪下敷设钢管，应在浇筑混凝土前将钢管固定。通常，先将木桩或圆钢打入地下泥土中，用铁丝将钢管绑扎在这些支撑物上，下面用石块或砖块垫高15～20mm，再浇混凝土，使钢管位于混凝土内部，以免钢管受泥土潮气的腐蚀。

⑤ 钢管敷设在楼板内时，管外径与楼板厚度应配合：当楼板厚度为80mm时，管外径不应超过40mm；厚度为120mm时，管外径不应超过50mm。若管径超过上述尺寸，则钢管改为明敷或将管子埋在楼板的垫层内，此时，灯头盒位置需在浇灌混凝土前预埋木砖，待混凝土凝固后再取出木砖进行配管；管道敷设后，在接线盒、灯头、插座、管口等处用木塞塞上或用废纸、刨花等填满，以免水泥浆等杂物进入。

(3) 钢管内导线的敷设

钢管内导线的敷设方式及说明见表3-24。

钢管内导线的敷设方式及说明　　表3-24

敷设方式	敷 设 说 明
引线钢丝的穿入	穿线工作一般是在土建粉刷工程结束后进行。引线一般采用ϕ1.2～ϕ1.6的钢丝，头部弯成如图3-16所示形状，以防止在管内遇到管接头时被卡住。如管路较长或弯曲较多时，可在敷设钢管时，将引线钢丝穿好，以免穿引困难；当管内有异物或钢管较长且弯又多时，引线不易串通，可采用两端同时穿引线的办法。将两根引线钢丝的头部弯成如图3-17所示的形状，其中D值约为钢管内径的1/2～3/4，使两根引线钢丝互相钩住，穿线时先将钢丝从钢管的两端穿入 图3-16　引线钢丝端头

续表

敷设方式	敷设说明
引线钢丝的穿入	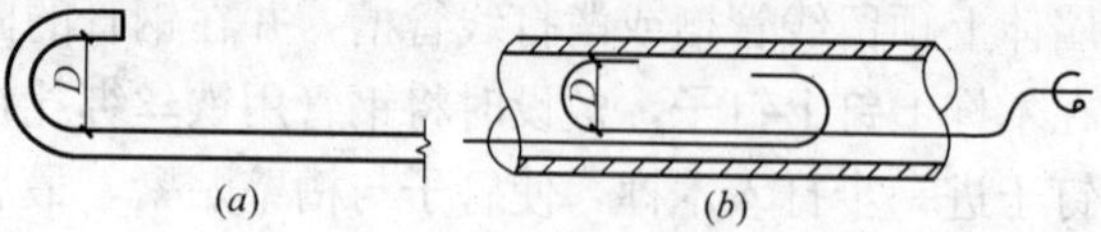 图 3-17　两端穿引线 (*a*)引线钩　(*b*)穿引线钢丝
导线放线	引线钢丝串通后，引线一端应与所穿的导线结牢，如图 3-18(*a*)所示。如所穿导线根数较多且较粗时，可将导线分段结扎，如图 3-18(*b*)所示。外面再稀疏地包上包布，分段数可根据具体情况确定。对整盘绝缘导线。必须从内圈抽出线头进行放线 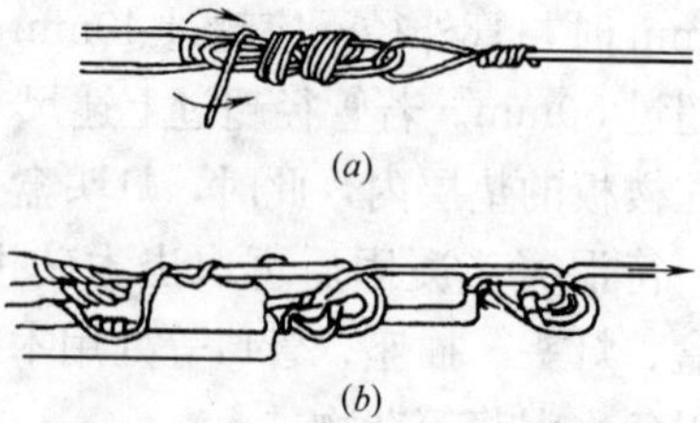 图 3-18　引线与导线结扎 (*a*)引线与导线结扎　(*b*)多根导线分段结扎
导线穿入	穿线前，钢管口应先装上管螺母，以免穿线时损伤导线绝缘层。穿线时，需两人各在管口一端，一人慢慢抽拉引线钢丝，另一人将导线慢慢送入管内。如钢管较长，弯曲较多穿线困难时，可用滑石粉润滑。但不可使用油脂或石墨粉等作润滑物，因前者会损坏导线的绝缘层(特别是橡胶绝缘)，后者是导电粉末，易于黏附在导线表面，一旦导线绝缘略有微小缝隙，便会渗入线芯，造成短路事故
剪断导线	导线穿好后，剪除多余的导线，但要留出适当余量，便于以后接线。预留长度为：接线盒内以绕盒内一周为宜；开关板内以绕板内半周为宜；由于钢管内所穿导线的作用不同，为了在接线时能方便地分辨各种作用，可在导线的端头绝缘层上做记号。如管内穿有 4 根同规格同颜色导线，可把 3 根导线用电工刀分别削一道、两道、三道刀痕标出，另一根不标，以免接线错误

续表

敷设方式	敷 设 说 明
垂直钢管内导线的支护	在垂直钢管中，为减少管内导线本身质量所产生的下垂力，保证导线不因自重而折断，导线应在接线盒内固定，如图 3-19 所示。接线盒距离，按导线截面不同的规定见表 3-25 所示。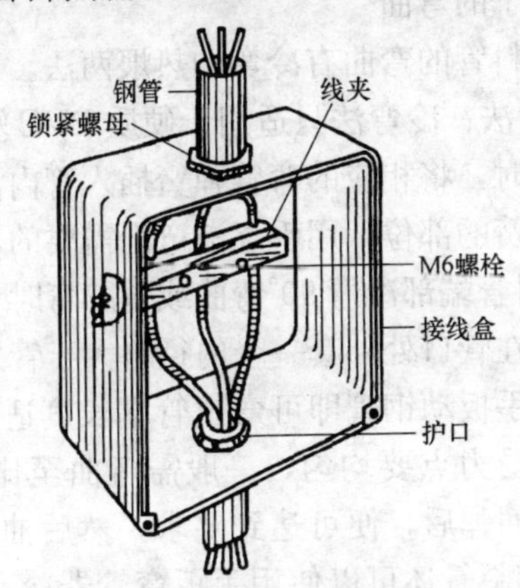 图 3-19 垂直配管导线的支持 钢管垂直敷设接线盒间距 表 3-25 导线截面/mm^2：50 及以下 | 70～95 | 120～240 接线盒间距/m：30 | 20 | 18

三、塑料管的敷设

1. 硬质塑料管敷设

硬塑料管有一定的机械强度，可明敷也可暗敷。明敷设塑料管壁厚度不应小于 2mm，暗敷设的不应小于 3mm。敷设前，硬质塑料管应根据线管的埋设位置和长度进行切断、弯曲，做好部分管与盒的连接，然后在配合土建施工敷设时进行管与管及管与盒（箱）的预埋和连接。

（1）管子的切断

配管前，应根据管子每段所需长度进行切断。硬质聚氯乙烯塑料管的切断多用电工刀或钢锯条，切口应整齐；硬质 PVC 塑料管用锯条切断，应直接锯到底，否则管子切口不整齐。如使用厂家配套供应的专用截管器进行裁剪时，应边稍转动管子边进行裁剪，使刀口易于切入管壁，刀口切入管壁后，应停止转动PVC管（以保证切口平整），继续裁剪，直至管子切断为止。

（2）管子的弯曲

硬质塑料管的弯曲有冷弯和热煨两法。

① 冷弯法：冷弯法只适用于硬质PVC塑料管在常温下的弯曲。在弯管时，将相应的弯管弹簧插入管内需弯曲处，两手握住管弯曲处弯簧的部位，用手逐渐弯出需要的弯曲半径来。当在硬质PVC塑料管端部冷弯90°弯曲或鸭脖弯时，如用手冷弯管有一定困难，可在管口处外套一个内径略大于管外径的钢管，一手握住管子，一手扳动钢管即可弯出管端长度适当的90°弯曲。弯管时，用力和受力点要均匀，一般需弯曲至比所需要弯曲角度要小，待弯管回弹后，便可达到要求，然后抽出管内弯簧。此外，硬质PVC塑料管还可以使用手扳弯管器冷弯管，将已插好弯簧的管子插入配套的弯管器，手扳一次即可弯出所需弯管。

② 热煨法：采用热煨法弯曲塑料管时，可用喷灯、木炭或木材来加热管材，也可用水煮、电炉子或碘钨灯加热等等。但是，应掌握好加热温度和加热长度，不能将管烤伤、变色。

A. 对于管径20mm及以下的塑料管，可直接加热煨弯。加热时，应均匀转动管身，达到适当温度后，应立即将管放在平木板上煨弯，也可采用模型煨弯。如在管口处插入一根直径相适宜的防水线或橡胶棒或氧气带，用手握住需煨弯处的两端进行弯曲，当弯曲成型后将弯曲部位插入冷水中冷却定型。

a. 弯90°曲弯时。管端部应与原管垂直，有利于瓦工砌筑。管端不应过长，应保证管（盒）连接后管子在墙体中间位置上，如图3-20（*a*）所示。

b. 在管端部煨鸭脖弯时，应一次煨成所需长度和形状，并注意两直管段间的平行距离，且端部短管段不应过长，防止预埋后造成砌体墙通缝，如图3-20（*b*）所示。

B. 对于管径在25mm及以上的塑料管，可在管内填砂煨弯。弯曲时，先将一端管口堵好，然后将干砂子灌入管内墩实，将另一端管口堵好后，用热砂子加热到适当温度，即可放在模型上弯制成型。硬塑PVC塑料管也可同硬质聚氯乙烯管一样进行热煨，其方法相似，可予参考。

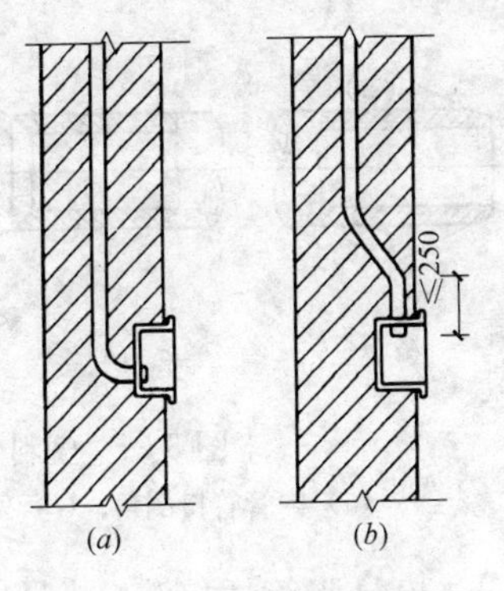

图3-20　管端部的弯曲
(a) 管端90°曲弯；(b) 管端鸭脖弯

塑料管弯曲完成后，应对其质量进行检查。管子的弯曲半径不应小于管外径的6倍；埋于地下或混凝土楼板内时，不应小于管外径的10倍。为了防止渗漏、穿线方便及穿线时不损坏导线绝缘，并便于维修，管的弯曲处不应有折皱、凹穴和裂缝现象，弯扁程度不应大于管外径的10%。

(3) 管与管的连接

管与管的连接一般均在施工现场管子敷设的过程中进行，硬质塑料管的连接方法较多，无论采用什么方法均应连接紧密。

① 插接法：对于不同管径的塑料管，其采用的插接方法也不相同：对于Φ50及以下的硬塑料管多采用加热直接插接法；而对于Φ65及以上的硬塑料管常采用模具胀管插接法。

a. 加热直接插接法。塑料管连接时，应先将管口倒角，外管倒内角，内管倒外角，如图3-21 (a)、(b) 所示。然后将内、外管插接段的尘埃等污垢擦净，如有油污时可用二氯乙烯、苯等溶剂擦净。插接长度应为管径的1.1～1.8倍，可用喷灯、电炉、炭化炉加热，也可浸入温度为130℃左右的热甘油或石蜡中加热至软化状态。此时，可在内管段涂上胶合剂（如聚乙烯胶合剂），然后迅速插入外管，待内外管线一致时，立即用湿布冷却，如图3-21 (c) 所示。

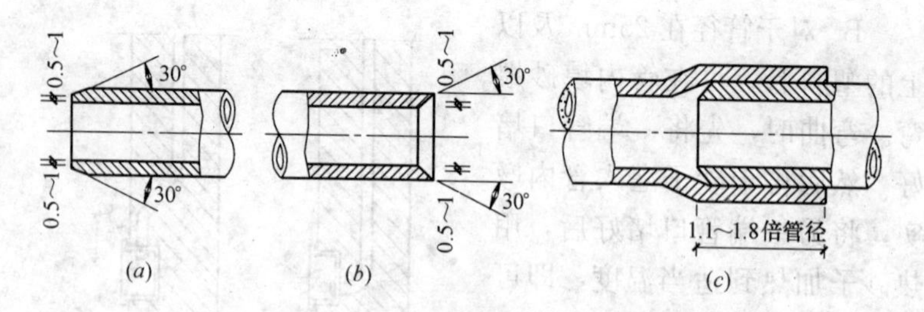

图 3-21 塑料管管口倒角及插接

(*a*) 内管管口倒角；(*b*) 外管管口倒角；(*c*) 塑料管插接

b. 模具胀管插接法。与上述方法相似，也是先将管口倒角，再清除插接段的污垢，然后加热外管插接段。待塑料管软化后，将已被加热的金属模具插入（如图 3-22 所示），冷却（可用水冷）至 50℃后脱模。模具外径应比硬管外径大 2.5%左右；当无金属模具时，可用木模代替。在内、外插接面涂上胶合剂后，将内管插入外管插入深度为管内径的 1.1～1.8 倍，加热插接段，使其软化后急速冷却（可浇水），收缩变硬即连接牢固。

② 套管连接法：采用套管连接时，可用比连接管管径大一级的塑料管做套管，长度宜为连接管外径的 1.5～3 倍（管径为 50mm 及以下者取上限值；50mm 以上者取下限值）。将需套接的两根塑料管端头倒角，并涂上胶合剂，再将被连接的两根塑料管插入套管，并使连接管的对口处于套管中心，且紧密牢固。套管温度宜取 130℃左右。塑料管套管连接如图 3-23 所示。在暗配管施工中常采用不涂胶合剂直接套接的方法，但套管的长度不宜

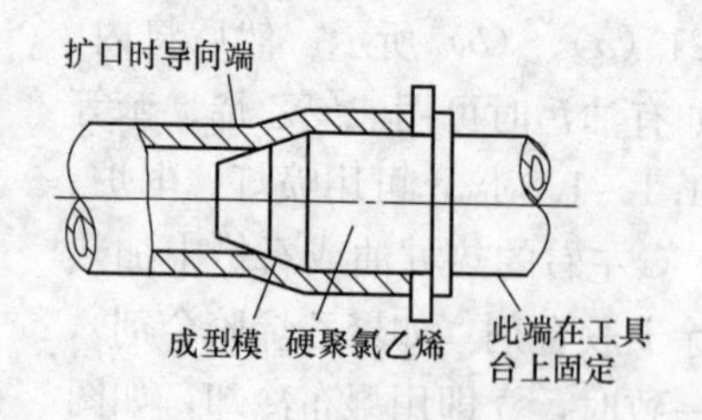

图 3-22 模具胀管示意图

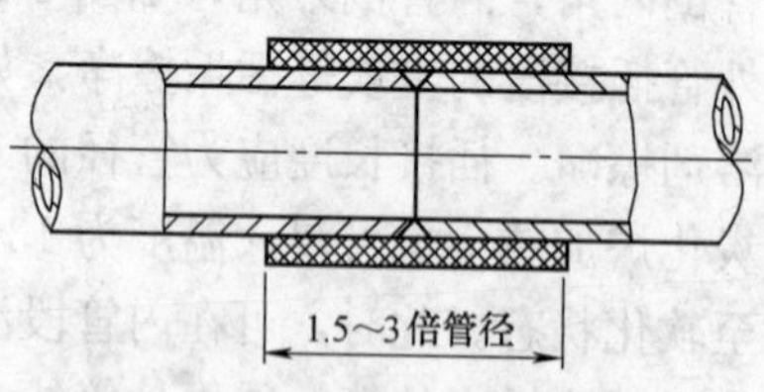

图 3-23 塑料管套管连接

小于连接管外径的4倍，且套管的内径与连接管的外径应紧密配合才能连接牢固。

(4) 管与盒（箱）的连接

硬质塑料管与盒（箱）连接，有的需要预先进行连接，有的则需要在施工现场配合施工过程在管子敷设时进行连接。

① 硬塑料管与盒连接时，一般把管弯成90°曲弯，在盒的后面与盒子的敲落孔连接，尤其是埋在墙内的开关、插座盒可以方便瓦工的砌筑。如果煨成鸭脖弯，在盒上方与盒的敲落孔连接，预埋砌筑时立管不易固定。

② 硬质塑料管与盒（箱）的连接，可以采用成品管盒连接件。连接时，管插入深度宜为管外径的1.1～1.8倍，连接处结合面应涂专用胶合剂。

③ 连接管外径应与盒（箱）敲落孔相一致，管口平整、光滑，一管一孔顺直进入盒（箱），在盒（箱）内露出长度应小于5mm，多根管进入配电箱时应长度一致，排列间距均匀。

④ 管与盒（箱）连接应固定牢固，各种盒（箱）的敲落孔不被利用的不应被破坏。

⑤ 管与盒（箱）直接连接时要掌握好入盒长度，不应在预埋时使管口脱出盒子，也不应使管插入盒内过长，更不应后打断管头，致使管口出现锯齿或断在盒外出现负值。

(5) 塑料管的敷设

敷设塑料管时，应在原材料规定的允许环境温度下进行，一般温度不宜低于-15℃，以防止塑料管强度减弱、脆性增大而造成断裂。硬塑料管与钢管的敷设方法基本相同，可予参照。但是，还应符合下列规定：

① 固定间距。明配硬塑料管应排列整齐，固定点的距离应均匀；管卡与终端、转弯中点、电气器具或接线盒边缘的距离为150～500mm。

② 易受机械损伤的地方。明管在穿过楼板易受机械损伤的地方应用钢管保护，其保护高度距楼板面不应低于500mm。

③ 与蒸汽管距离。硬塑料管与蒸汽管平行敷设时，管间净距不应小于 500mm。

④ 热膨胀系数。硬塑料管的热膨胀系数［0.08mm/(m・℃)］要比钢管大 5～7 倍，如 30m 长的塑料管，温度升高 40℃，则长度增加 96mm。因此，塑料管沿建筑物表面敷设时，直线部分每隔 30m 要装设补偿装置（在支架上架空敷设除外），如图 3-24 所示。

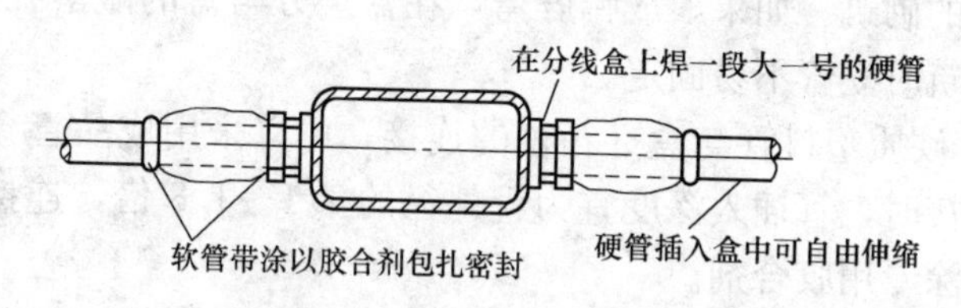

图 3-24　塑料管补偿装置示意

⑤ 配线。塑料管配线，必须采用塑料制品的配件，禁止使用金属盒。塑料线入盒时，可不装锁紧螺母和管螺母，但暗配时须用水泥注牢。在轻质壁板上采用塑料管配线时，管入盒处应采用胀扎管头绑扎，如图 3-25 所示。

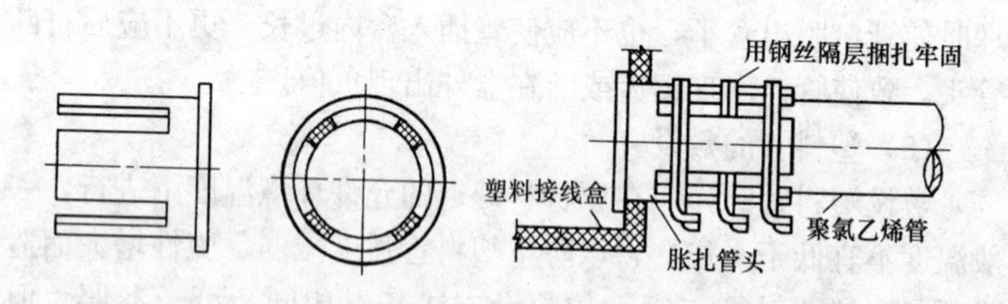

图 3-25　塑料管与接线盒胀扎固定

2. 半硬塑料管敷设

（1）管子的切断

波纹管的管壁较薄，一般在 0.2mm 左右，在配管过程中，需要切断时，应根据每段长度，用电工刀垂直波纹方向切断即可；平滑塑料管也可在敷设过程中，根据每段所需长度，用电工刀或钢锯条在管的垂直方向切断或锯断。

(2) 管子的弯曲

在配管时可根据弯曲方向的要求，用手随时弯曲。平滑塑料管在90°弯曲时，可使用定弯套固定。管子应尽量避免弯曲，当线路直线长度超过15m或直角弯超过3个时，均应装设中间接线盒。为了便于穿线，管子弯曲半径不宜小于6倍管外径，弯曲角度应大于90°。

(3) 管与管的连接

平滑塑料管的连接。对于平滑半硬塑料管，多采用套管连接，应使用大一级管径的管子且长度不应小于连接管外径的2倍做套管，也可采用专用管接头。两连接管端部应涂好胶合剂，将连接管插入套管内粘接牢固，不使连接处脱落，连接管对口处应在套管中心，如图3-26所示。

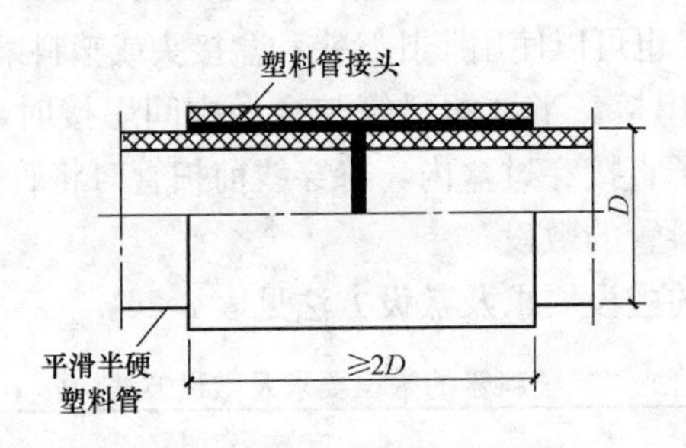

图3-26 平滑半硬塑料管连接

波纹管的连接。波纹管由于成品管较长（Φ20以下为每盘100m），在敷设过程中，一般很少需要进行管与管的连接，如果需要进行连接时，可以按下列方法进行。

① 套管连接。波纹管采用套管连接即采用成品管接头，把连接管从管接头两端分别插入管接头中心处，即牢固又可靠，如图3-27所示。

② 绑接连接。用大一级管径的波纹管做套管，套管长度不宜小于连接管外径的4倍，将套管顺长向切开，把连接管插入套管内。应注意连接管的管口应平齐，对口处在套管中心，在套管

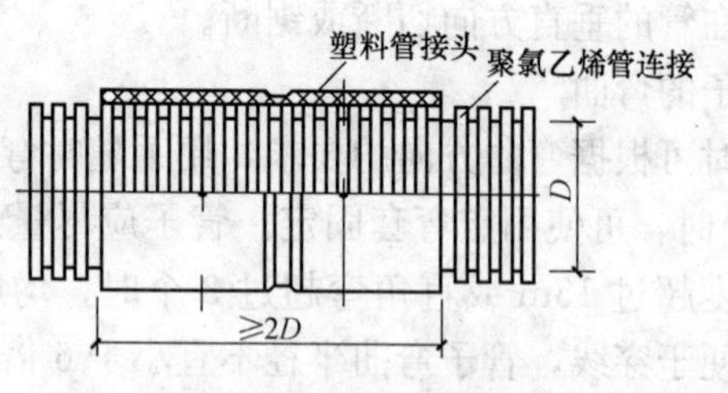

图 3-27 塑料波纹管连接

外用铁（铝）绑线斜向绑扎牢固、严密。

（4）管与盒（箱）的连接

① 终端连接。塑料波纹管与盒（箱）做终端连接时，应使用专用的管卡头和塑料卡环。配管时，先把管端部插入管卡头上，将管卡头插入盒（箱）敲落孔中，拧牢管卡头螺母将管与盒（箱）固定牢固。平滑塑料管与盒（箱）做终端连接时，可以用砂浆直接加以固定。也可以使用胀扎管头和盒接头或塑料束接头固定。

② 中间串接。半硬塑料管与盒做中间串接时，不必切断管子，可将管子直接穿过盒内，待穿线前扫管时将管子切断。

（5）塑料管的敷设

塑料管的敷设要求及敷设方法见表 3-26。

塑料管的敷设要求及敷设方法　　表 3-26

类型	方法说明
敷设要求	半硬塑料管路的敷设，应符合下列要求： ①根据设计图，按管路走向进行敷设，注意敷设路径按照最近的路线敷设，并尽可能地减少弯曲。管子的弯曲不应大于 90°。弯曲半径不应小于管外径的 6 倍，弯曲处不应有褶皱、凹陷和裂缝，弯扁度不应大于管外径的 0.1 倍。 ②管路不得有外露现象，埋入墙或混凝土内管子外壁与墙面的净距不应小于 15mm。 ③敷设半硬塑料管宜减少弯曲，当线路直线段的长度超过 15m 或直角弯超过 3 个时，均应装设接线盒。 ④半硬塑料管敷设于现场捣制的混凝土结构中，应有预防机械损伤的措施。否则，易将管子戳穿，使水泥浆进入管内，干涸后将管内堵塞而不能穿入导线。 ⑤管路经过建筑物变形缝处，应设置补偿装置。 ⑥管入盒、箱处的管口应平齐，管口露出盒、箱应小于 5mm，并应一管一孔，孔径应与管外径相匹配

续表

类型	方法说明
在砌体墙内配管	在砖混结构砌体墙内，半硬塑料管的敷设方法与楼（屋）面板内管子敷设方法有关。楼（屋）面板为现浇混凝土板，在墙体内的半硬塑料管配管时，可以将敷设在墙内的管子，按敷设至另一墙体或楼（屋）面板上灯位的最近长度留足后切断，待楼（屋）面板施工后直接把余下的管子敷设至楼（屋）面板上的灯位盒内；楼（屋）面板为预制空心板时，如沿板缝暗配管，则墙体内的管路要与灯位盒相连，垂直配管还须对准板缝，以防楼板安装时把管子压在楼板下面。如在板孔配管或板孔穿线时，其施工方法如下： ①半硬塑料管在墙体内敷设，在敷设到墙（或圈梁）顶部以下的适当位置上设置接线盒（或称断接盒、过路盒），盒上方至墙体（或圈梁）平口处可在其表面上留槽，用接线盒连接墙体与楼（屋）面板上的管子。 ②半硬塑料管在墙体内敷设至墙（或圈梁）的顶部时，在墙内管子上预先连接好连接套管，套管上口与墙（或圈梁）相平，待楼（屋）面板施工时连接管路。 ③在墙体内敷设半硬塑料管时，管子按进入板孔内灯位处的长度切断，待墙体砌筑后，楼（屋）面板安装时，把管子穿入板孔内。在墙体砌筑中，半硬塑料管垂直配管应将管子与盒上或下方敲落孔连接好；水平敷设时管应与盒侧面敲落孔连接，把管路预埋在墙体中间，与墙表面净距应不小于 15mm
在现浇混凝土工程中配管	在现浇混凝土工程中的梁、柱、墙及楼（屋）面板内敷设半硬塑料管，应敷设平滑半硬塑料管，塑料波纹管不宜使用到现浇混凝土内。 ①半硬塑料管穿过梁、柱时，敷设方法同硬质塑料管相同，半硬塑料管应穿在钢保护管内敷设。 ②半硬塑料管在梁、柱、墙内敷设，水平与垂直方向应采取不同的方法。垂直方向敷设时，在墙内管路应放在钢管网片的侧面，在柱内顺主筋靠屋内侧；在墙内水平方向敷设时，管路应顺列在钢筋网片的一侧，在梁内，应顺上方主筋靠下侧防止承受混凝土冲击。 ③半硬塑料管在现浇混凝土楼（屋）面板上敷设，管路敷设在钢筋网中间，单层筋时，应在底筋上侧，应先把管子沿敷设的路径用混凝土先加以保护。 ④半硬塑料管在现浇混凝土工程中敷设，应用铁绑线与钢筋绑扎，绑扎间距不宜大于 30cm。在管进入盒（箱）处，绑扎点应适当缩短，防止管口脱出盒（箱）。 ⑤半硬塑料管敷设时，由楼（屋）面板引至墙（梁）上，应使用定弯套加以固定

续表

类型	方法说明
轻质空心石膏板隔墙内配管	隔墙上多设置有插座盘，适合难燃平滑塑料管的暗敷设。管子敷设时，其电源管多数由楼（地）面内引入隔墙，有时也由楼（屋）面引入隔墙 ①在楼（地）面工程配管时，管子应敷设到隔墙的墙基内。在管口处应先连接好套管，再与空心石膏板隔墙内待敷设的管子进行连接。连接套管应尽量对准石膏板隔墙的板孔。 ②在空心石膏板上开孔时，可用单相手电钻。开孔时，应先在板孔处画出盒位的框线图，然后用手电钻在框线四角钻 $\Phi12$ 的穿透孔，并用锯条穿过所钻的孔，沿划好的轮廓进行锯割，以便在墙上开个穿透的方洞。洞口应按盒的尺寸两侧各放大 5mm，上下各放大 10mm，并在顺着盒位洞口垂直的上（或下）方石膏板底部（或顶部）再开一孔口，准备连接敷设管子时使用。 ③敷设隔墙内管子时，应在盒的开孔处向下穿入一根适当长度的半硬平滑难燃塑料管，其前端伸入墙基顶面预留套管内与楼（地）面内管子连接，末端留在插座盒内。如电源管由上引来，管应由盒孔处向上穿与上方的套管进行连接。管子的连接管的管端接头处均应用胶合剂粘接牢固。 ④管子敷设后进行堵孔固定盒体先从盒孔处往下 20～30mm 处塞一纸团，用已配制好的填料堵孔，使管上部及左右填料与墙体粘接牢固（如图3-28所示）。 ⑤如果轻质空心石膏板隔墙在同一墙体上设有多个插座时，盒体不应并列安装，中间应最少空 2～3 个墙孔，插座盒也不应装在墙板的拼合处。连接同一墙体上多个插座盒之间的链式配管，其水平部分应敷设在墙板的墙基内或在墙板底部锯槽，严禁在墙体中部水平开槽敷设管子 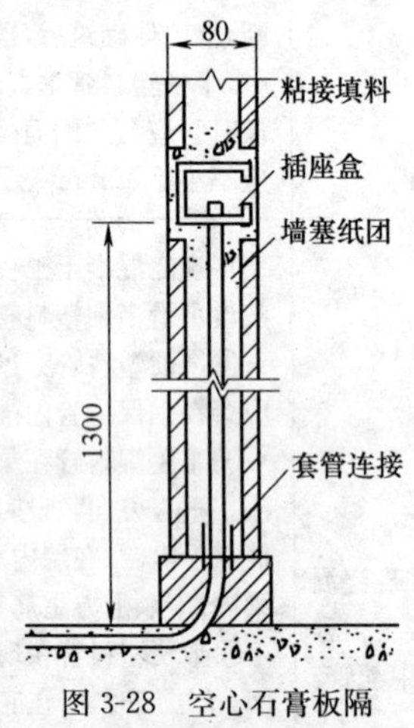 图 3-28 空心石膏板隔墙配管示意图

续表

类型	方法说明
在预制空心楼板板孔内配管	半硬塑料管在楼板板孔内配管如图 3-29(*a*)、(*b*)所示。在配管的同时,应进行与墙体内管子的连接。空心板板孔上灯位位置应在尽量接近屋中心的板孔中心处 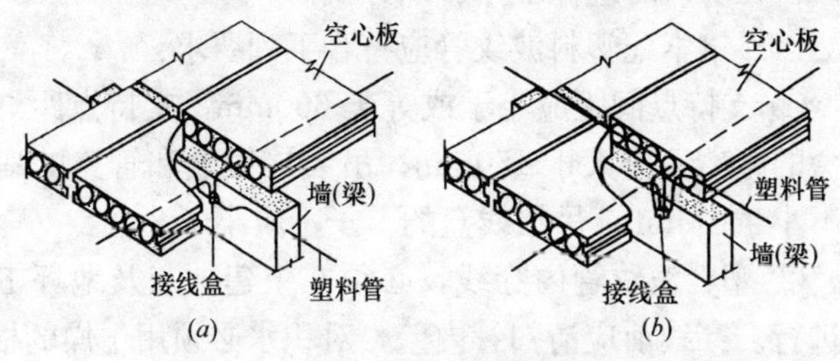 图 3-29　空心楼板板孔配管示意 ①墙体内有接线盒且在盒上方留槽时,应在楼板就位后,在配管前沿槽与楼板板孔相接触,由下向上打板洞。打穿板孔后,把管子沿墙槽敷设至板孔中心的灯位处露出为止,另一端与盒敲落孔连接。 ②墙体(或圈梁)顶部有连接套管时,应在楼板就位后,在与套管相接近的板孔处,板端的上下侧打出豁口,将管子一端由上部豁口处穿至中心板孔的灯位孔处,管另一端插入到连接套管内与墙体内管子相连接。 ③在墙体内已预留好的管子,应在吊装楼板就位前,在楼板端部适当的板孔处先打好豁口,防止楼板就位时损伤出墙管,同时也方便管子向板孔内插入。当楼板基本就位后,直接由豁口处将管子向板孔内敷设,直到板孔中心露出灯位洞口处为止。 楼板板孔上打洞,洞口直径不宜大于 $\Phi30$,且不宜打透眼,打洞时应不伤筋、不断肋。管子敷设完后,对墙槽内的管子应用 M10 水泥砂浆抹面保护,管保护层不应小于 15mm

3. 塑料管配线

塑料波纹管室内配线，用于额定电压 500V 以下的交直流配电线路和控制线路。铜线线芯的截面积不应小于 $1.0mm^2$，铝线不应小于 $2.5mm^2$。

（1）塑料波纹管配线必须配合土建施工顺序先配管后穿线，并应保证能够顺利更换相同数量、规格的导线。严禁预先穿好线再埋入建筑物内，造成日后检修困难。

(2) 配塑料波纹管时，接头、接线盒、灯头盒等均应使用配套的配件。

(3) 两个接线盒之间的塑料波纹管，宜用一根整管。如果必须采用接头，应采用与塑料波纹管的配套接头。对接两管的连接端口，在切口时应保证不影响穿线。

(4) 钢索配塑料波纹管应符合下列要求：

① 支持点间距应小于或等于 600mm，支持点距灯头盒、接线盒的距离不应大于 150mm；吊装接线盒和管路的扁钢卡的宽度不小于 20mm，吊接线盒的卡子不应小于 2 个。

② 塑料波纹管内穿线，必须在土建抹灰及地坪工程结束以后进行。穿线前应清扫管内壁，对积水必须用干燥的棉纱扎结在钢丝上穿入管内将其拖动擦干。

③ 用塑料管布线时，如用电设备需接零装置时，在管内必须穿入接零保护线；利用带接地线型塑料电线管时，管壁内的 $1.5mm^2$ 铜接地导线要可靠接通。

第四节　钢索配线的安装

在大型厂房内，当屋架较高、跨度较大时，常采用钢索配线，即利用固定在墙、梁、柱、屋架上面的钢索配线和吊挂灯具。这样，既可降低灯具安装高度，又可提高被照面的照度，灯位的布置也很方便。

一、钢索线路的安装方法与步骤

(1) 根据设计图纸，在墙、柱或梁等处埋设支架、包箍、紧固件以及拉环等物件。

(2) 根据设计图纸的要求，将一定型号、规格与长度的钢索组装好。

(3) 将钢索架设到固定点处，并用花篮螺栓将钢索拉紧，如图 3-30 所示。

(4) 将塑料护套线或穿管导线等不同配线方式的导线吊装并

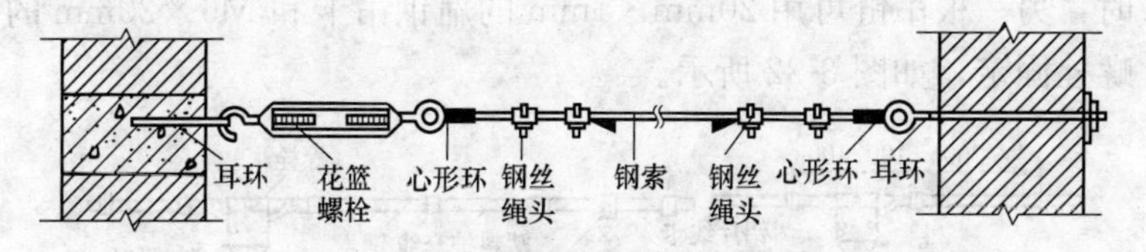

图 3-30　钢索在墙上安装示意图

固定在钢索上。

（5）安装灯具或其他电器具。

二、钢索吊装塑料护套线路的安装

钢索吊装塑料护套线的安装，采用铝线卡将塑料护套线固定在钢索上，使用塑料接线盒与接线盒安装钢板将照明灯具吊装在钢索上。塑料接线盒及接线盒固定钢板如图 3-31 所示。钢索吊装塑料护套线布线时，照明灯具一般使用吊链灯，灯具吊链可用螺栓与接线盒固定钢板下端的螺栓连接固定。当采用双链吊链灯

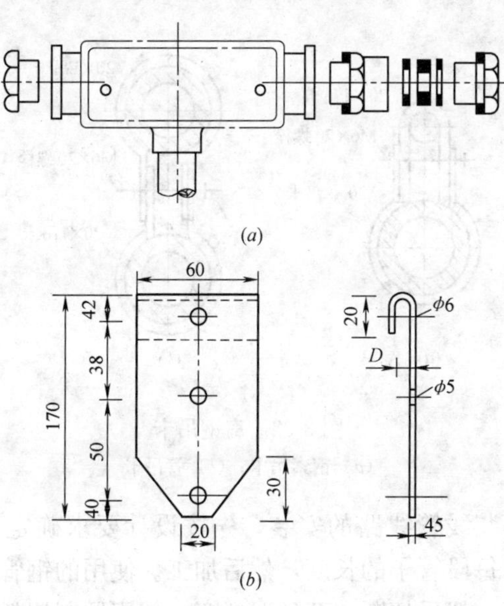

图 3-31　塑料接线盒及接线盒固定钢板示意

（a）塑料接线盒；（b）接线盒固定钢板

时，另一根吊链可用 20mm×1mm 的扁钢吊卡和 M6×20mm 的螺栓固定，如图 3-32 所示。

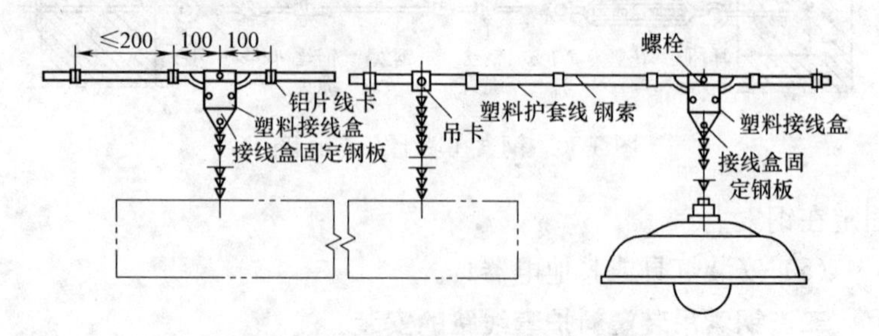

图 3-32　钢索吊装塑料护套线示意图

三、钢索吊装线管线路的安装

钢索吊装线管线路是采用扁钢吊卡将钢管或硬制塑料管以及灯具吊装在钢索上，并在灯具上装好铸铁吊灯接线盒。扁钢吊卡如图 3-33 所示。铸铁吊灯接线盒如图 3-34 所示。

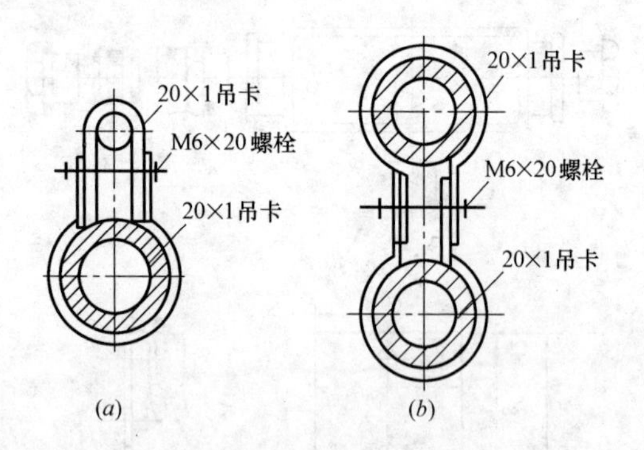

图 3-33　扁钢吊卡

(*a*) 钢索吊卡；(*b*) 管吊卡

钢索吊装线管线路的安装，先按设计要求确定好灯具的位置，测量出每段管子的长度，然后加工。使用的钢管或电线管应先进行校直，然后切断、套丝、煨弯。使用硬制塑料管时，要先煨弯、切断，为布管的连接做好准备工作。

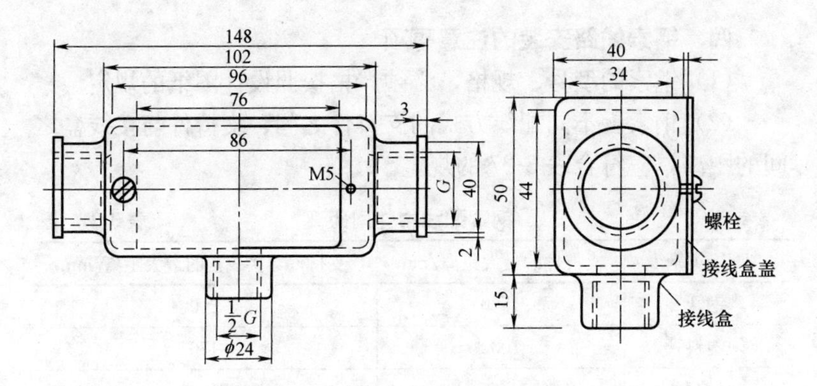

图 3-34　铸铁吊灯接线盒尺寸示意图

在吊装钢管布管时，应先按照先干线后支线的顺序进行，把加工好的管子从始端到终端按顺序连接，管与铸铁接线盒的丝扣应拧牢固。将布管逐段用扁钢卡子与钢索固定。扁钢吊卡的安装应垂直，平整牢固，间距均匀，每个灯位铸铁接线盒应用两个吊卡固定，钢管上的吊卡距接线盒间的最大距离不应大于 200mm，吊卡之间的间距不应大于 1500mm。当双管平行吊装时，可将两个管吊卡对接起来进行吊装，管与钢索的中心线应在同一平面上。此时灯位处的铸铁接线盒应吊两个管吊卡，与下面的布管吊装。

吊装钢管布线完成后，应做整体的接地保护，管接头两端和铸铁接线盒两端的钢管应用适当的圆钢做焊接接地线，并应与接线盒焊接。钢索吊装线管配线如图 3-35 所示。

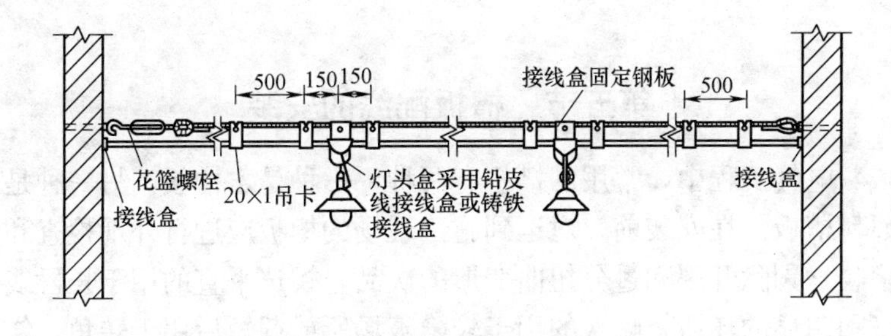

图 3-35　钢索吊装线管线路的安装

四、钢索线路安装的注意事项

（1）钢索的型号、规格，必须严格按照设计图纸的规定。

（2）钢索上不同配线方式的支持件之间、支持件与接线盒之间的距离，应符合表3-27的规定。

钢索配线物件间距离　　表3-27

配线类别	支持件的最大距离/mm	支持件与接线盒的最大距离/mm
钢管	1500	200
硬塑料管	1000	150
塑料护套线	200	100

（3）钢索配线敷设后，若弛度大于100mm，则会影响美观。此时应增设中间吊钩（用不小于8mm直径的圆钢制成）。中间吊钩固定点间的距离，不应大于12m。

（4）钢索线路安装时，对各种配线的支持件间的距离的允许偏差，均应符合表3-28中所列的要求。

钢索上配线的允许偏差　　表3-28

项目		允许偏差/mm	检验方法
各种配线支持件的距离	钢管配线	30	尽量检查
	硬塑料管配线	20	
	塑料护套配线	5	
	瓷柱配线	30	

第五节　槽板配线的安装

电气工程中，常用的槽板有两种，一种是木槽板，另一种是塑料槽板。在安装前，对运到施工现场的槽板应进行外观检查和验收，剔除开裂和过分扭曲变形的次品，挑选平直的用于长段线路和明显的场所，略次的用于较隐蔽场所或截短后用于转角、绕梁、柱等地方敷设。

一、槽板的规格及用途

1. 木槽板

木槽板的线槽有双线、三线两种，其规格和外形如图 3-36 所示。木槽板应使用干燥、坚固、无劈裂的木材制成。木槽板的内外均应光滑、无棱刺，并且还应经阻燃处理，应涂有绝缘漆和防火涂料。

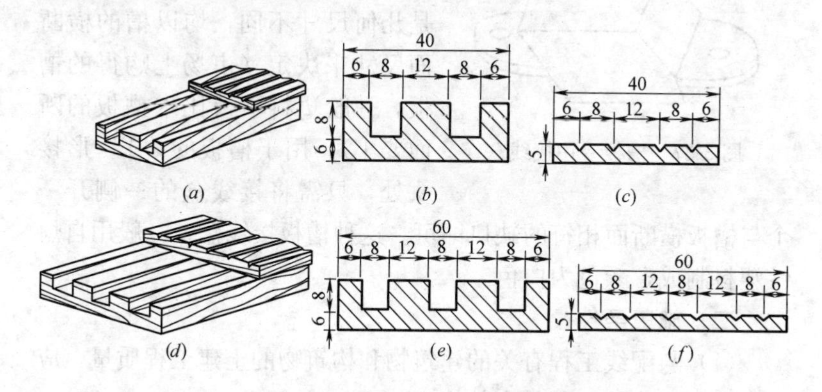

图 3-36　二线和三线槽板示意图

(*a*) 二线槽示意图；(*b*) 二线槽板底板；(*c*) 二线槽板盖板；(*d*) 三线槽示意图；(*e*) 三线槽板底板；(*f*) 三线槽板盖板

槽板布线时，应根据线路每段的导线根数，选用合适的双线槽或三线槽的槽板。

2. 塑料槽板

塑料槽板应无扭曲变形现象，其内外表面应光滑无棱刺、无脆裂，并且还应经过阻燃处理，表面上应有阻燃标识。

目前，应用最广的塑料槽板为聚氯乙烯塑料电线槽板。这种槽板耐酸、耐碱、耐油，电气绝缘的性能好，其主要技术数据如下：

(1) 工作温度：不大于 50℃；

(2) 规格：双线、三线（如图 3-36 所示）；

(3) 电压：14kV/mm；

(4) 色泽：白色，其他色可与厂家商定；

(5) 附件：接线盒，半圆弧、90°阴角、90°平头、90°阳角收线接尾。

3. 槽板用接线盒

槽板配线使用专用接线盒，如图 3-37 所示。这种接线盒分木槽板用接线盒和塑料槽板用接线盒。两种接线盒的不同点主要是几何尺寸不同，均以槽的横断面尺寸来决定（市场上购得的槽板，一般塑料槽板比木槽板的断面要小）。用于槽板的“T”形接头处，只需将接线盒的一侧开一个与槽板横断面相符的缺口即可。这种槽板接线盒，一般用自熄性塑料制成，颜色为白色。

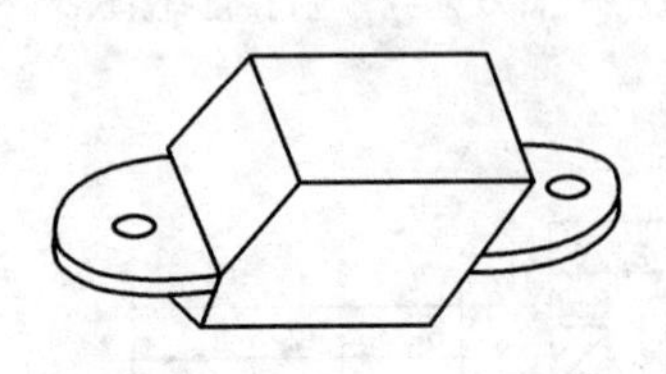

图 3-37 槽板专用接线盒

二、施工条件

(1) 与配线工程有关的建筑物和构筑物的土建工程质量，应符合现行的建筑工程的有关规定。

(2) 配线工程施工前，土建工程应具备下列条件：

① 对施工有影响的模板、脚手架应拆除，杂物清除干净；

② 会使电气线路发生损坏或严重污染建筑物装饰的工作，应全部结束；

③ 预留孔、预埋件的位置和尺寸应符合设计要求，预埋件埋设牢固；

④ 抹灰和涂（喷）层完成，并已干燥。

(3) 各种材料符合设计要求，并且能保证按施工进度计划供应。

(4) 槽板配线只适于在干燥房屋内明敷设，不得在潮湿和易燃的场所使用。所敷设的导线的绝缘等级应不低于 500V。

(5) 敷设塑料槽板时，环境温度不应低于−15℃。

三、槽板安装

槽板安装要求、定位及连接方法及说明见表 3-29。

槽板安装要求、定位及连接方法及说明　　　表 3-29

类型	说　明
安装要求	①槽板通常用于干燥较隐蔽的场所,导线截面积不大于 $10mm^2$;排列时应紧贴着建筑物,整齐、牢靠,表面色泽均匀,无污染。 ②木槽板线槽内应涂刷绝缘漆,与建筑物接触部分应涂防腐漆。 ③线槽不要太小,以免损伤芯线。线槽内导线间的距离不小于12mm,导线与建筑物和固定槽板的螺钉之间应有不小于 6mm 的距离。 ④槽板不要设在顶棚和墙壁内,也不能穿越顶棚和墙壁。 ⑤槽板配线和绝缘子配线接续外,由槽板端部起 300mm 以内的部位,须设绝缘子固定导线。 ⑥槽板底板固定间距不应大于 500mm,盖板间距不应大于 300mm,底板、盖板距起点或终点 50mm 与 30mm 处应加以固定。 底板宽狭槽连接时应对口;分支接口应做成 T 字三角叉接;盖板接口和底板接口应错开,距离不小于 100mm;盖板无论在直接段和 90°转角时,接口都应锯成 45°斜口连接;直立线段槽板应用双钉固定;木槽板进入木台时,应伸入台内 10mm;穿过楼板时,应有保护管,并离地面高度大于 1200mm;穿过伸缩缝处,应用金属软保护管作补偿装置,端头固定,管口进槽板
定位画线	①槽板配线施工,应在室内装修工程结束后进行,槽板安装前应进行定位画线。 ②槽板布线定位画线时,应根据设计图纸,并结合规范的相关规定,确定较为理想的线路布局。定位时,槽板应紧贴在建筑物的表面上,排列整齐、美观,并应尽量沿房屋的线脚、横梁、墙角等较隐蔽的部位敷设,且与建筑物的线条平行或垂直。槽板在水平敷设时,至地面的最小距离应不小于 2.5m;垂直敷设时,不应小于 1.8m。 ③为使槽板布线线路安装得整齐、美观,可用粉线袋沿槽板水平和垂直敷设路径的一侧弹浅色粉线
底板的固定	槽板布线应先固定槽板底板。槽板底板可根据不同的建筑结构及装饰材料,采用不同的固定方法。 在木结构上,槽板底板可以直接用木螺丝或钉子固定;在灰板条墙或顶棚上,可用木螺丝将底板钉在木龙骨上或龙骨间的板条上:在砖墙上,可以用木螺丝或钉子把槽板底板固定在预先埋设好的木砖上,也可用木螺丝将其固定在塑料胀管上。在混凝土上,可以用水泥钉或塑料胀管固定。 无论何种方法,槽板应在距底板端部 50mm 处加以固定,三线槽槽板应交错固定或用双钉固定,且固定点不应设在底槽的线槽内。特别是固定塑料槽板时,底板与盖板不能颠倒使用。盖板的固定点间距应小于300mm,在离终点(或起点)30mm 处,均应固定

续表

类型	说　明
槽板连接	由于每段槽板的长度各有不同，在整条线路上，不可能各段都一样，尤其在槽板转弯和端部更为明显，同时，还要受到建筑物结构的限制。 ①槽板对接。槽板底板对接时，接口处底板的宽度应一致，线槽要对准，对接处斜角角度为45°，接口应紧密，如图3-38(*a*)所示。在直线段对接时，两槽板应在同一条直线上，其盖板对接如图3-38(*b*)所示。底板与盖板对接时，底板和盖板均应锯成45°角，以斜口相接。拼接要紧密，底板的线槽要对正；盖板与底板的接口应错开，且错开距离不小于20mm，如图3-38(*c*)所示。 ②拐角连接。槽板在转角处应呈90°角，连接时，可将两根连接槽板的端部各锯成45°斜口，并把拐角处线槽内侧削成圆弧状，以免碰伤电线绝缘，如图3-39所示。 ③分支拼接。在槽板分支处做"T"字接法时，在分支处应把底板线槽中部分用小锯条锯断铲平，使导线能在线槽中无阻碍地通过，如图3-40所示。 ④槽板封端。槽板在封端处应全斜角。在加工底板时应将底板坡向底部锯成斜角。线槽与保护管呈90°连接时，可在底板端部适当位置上钻孔与保护管进行连接，把保护管压在槽板内，槽板盖板的端部也应呈斜角封端

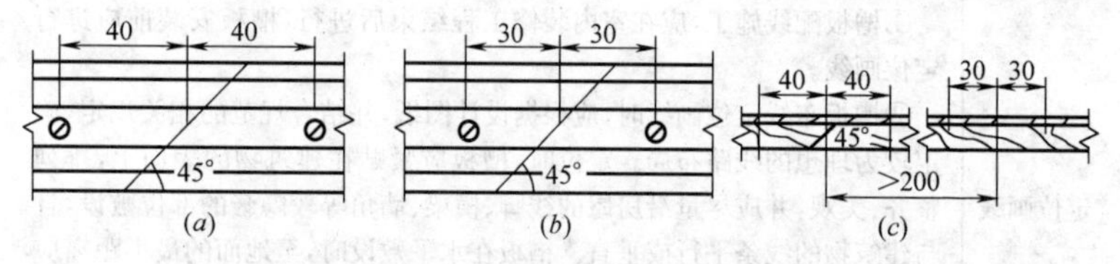

图3-38　槽板对接尺寸示意

(*a*) 底板对接；(*b*) 盖板对接；(*c*) 底板与盖板拼接

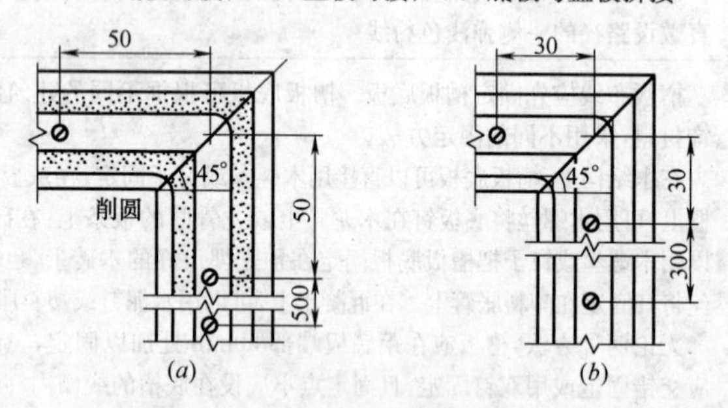

图3-39　槽板拐角部位连接尺寸示意

(*a*) 底板拐角；(*b*) 盖板拐角

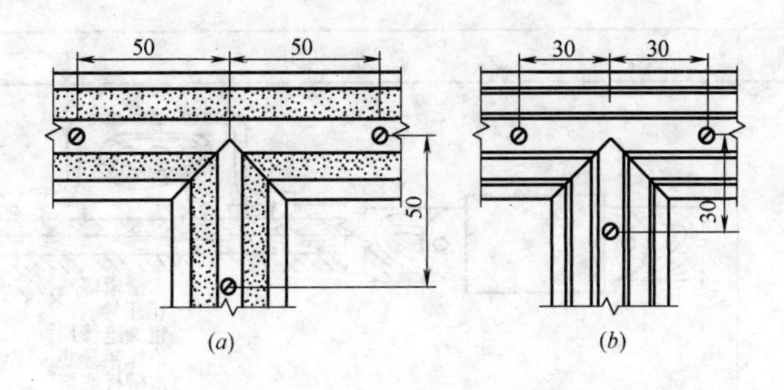

图 3-40　槽板分支拼接尺寸做法
(a) 底板分支；(b) 盖板分支

四、槽板配线安装

槽板配线安装要求及连接说明见表 3-30。

槽板配线安装要求及连接说明　　表 3-30

类型	说　明
导线敷设要求	①槽板内敷设导线应一槽一线，同一条槽板内只应敷设同一回路的导线，不准嵌入不同回路的导线。在宽槽内应敷设同一相位导线。 ②导线在穿过楼板或墙壁时，应用保护管保护；但穿过楼板必须用钢管保护，其保护高度距地面不应低于 1.8m，如在装设开关的地方，可到开关的所在位置。保护管端伸出墙面 10mm。 ③导线在槽板内不得有接头或受挤压；接头应设在接线盒内。 ④导线接头应使用塑料接线盒(如图 3-41 所示)进行封盖；导线在槽板内不得有接头或受挤压，接头应设在槽板外面的接线盒内(如图 3-41 所示)或电器内。 ⑤槽板配线不要直接与各种电器相接，而是通过底座(如木台，也叫做圆木或方木)后，再与电器设备相接。底座应压住槽板端部，做法如图 3-42 所示。 ⑥导线在灯具、开关、插座及接头处，应留有余量，一般以 100mm 为宜。配电箱、开关板等处，则可按实际需要留出足够的长度。 ⑦槽板在封端处的安装是将底部锯成斜口，盖板按底板斜度折覆固定，如图 3-43 所示。 ⑧跨越变形缝。槽板跨越建筑物变形缝处应断开，导线应加套软管，并留有适当裕度，保护软管与槽板结合应严密

续表

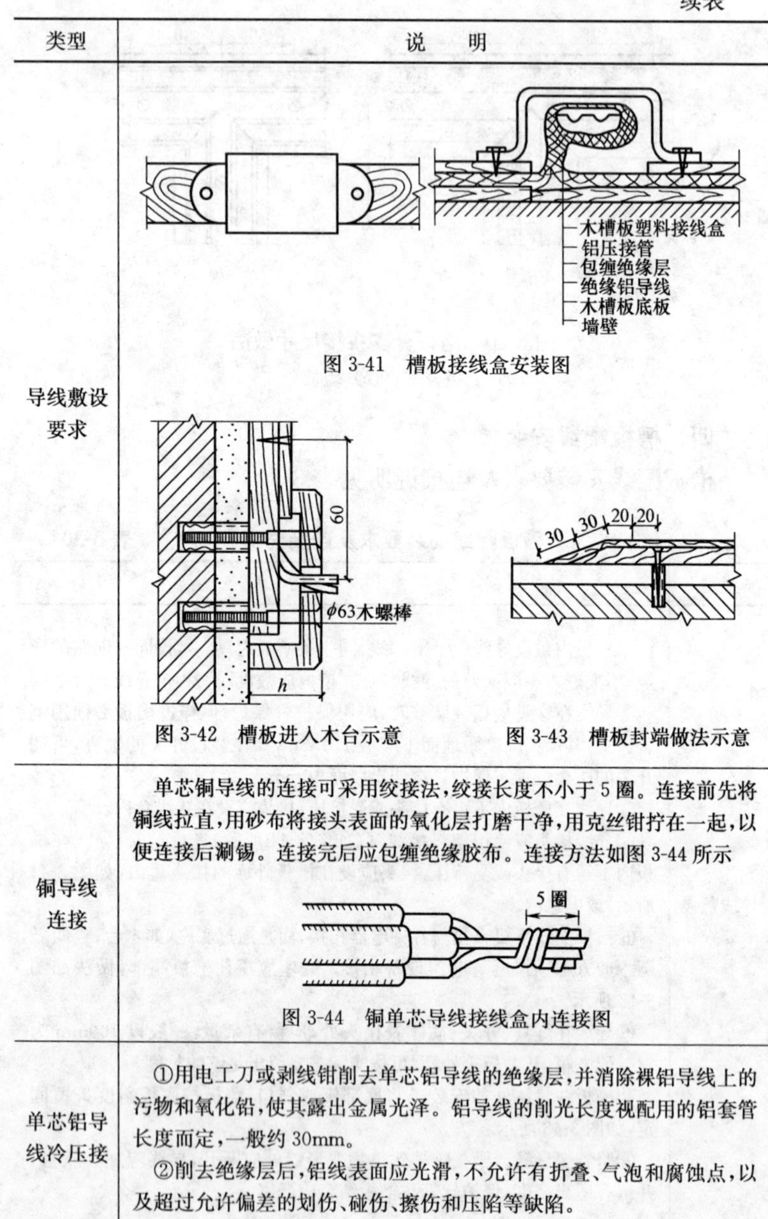

类型	说　明
导线敷设要求	图 3-41　槽板接线盒安装图 图 3-42　槽板进入木台示意　　图 3-43　槽板封端做法示意
铜导线连接	单芯铜导线的连接可采用绞接法，绞接长度不小于5圈。连接前先将铜线拉直，用砂布将接头表面的氧化层打磨干净，用克丝钳拧在一起，以便连接后涮锡。连接完后应包缠绝缘胶布。连接方法如图 3-44 所示 图 3-44　铜单芯导线接线盒内连接图
单芯铝导线冷压接	①用电工刀或剥线钳削去单芯铝导线的绝缘层，并消除裸铝导线上的污物和氧化铝，使其露出金属光泽。铝导线的削光长度视配用的铝套管长度而定，一般约30mm。 ②削去绝缘层后，铝线表面应光滑，不允许有折叠、气泡和腐蚀点，以及超过允许偏差的划伤、碰伤、擦伤和压陷等缺陷。

续表

类型	说　明
单芯铝导线冷压接	③按预先规定的标记分清相线、零线和各回路，将所需连接的导线拼拢并绞扭成合股线（如图 3-45 所示），但不能扭结过度。然后，应及时在多股裸导线头子上涂一层防腐油膏，以免裸线头子再度被氧化。 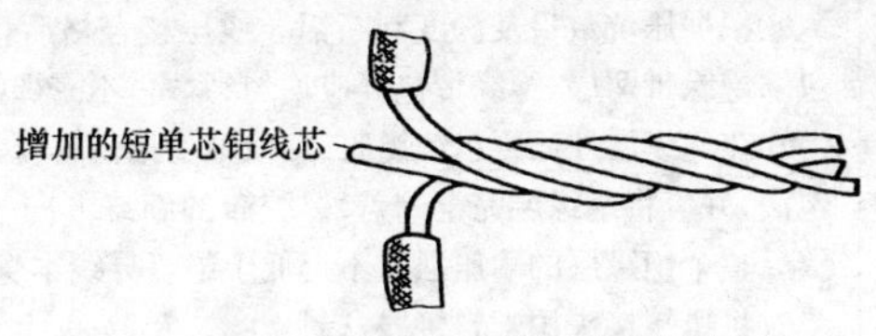 图 3-45　单芯铝导线槽板配线裸线头拼拢绞扭图 ④对单芯铝导线压接用铝套管要进行检查： a. 要有铝材材质资料； b. 铝套管要求尺寸准确，壁厚均匀一致； c. 套管管口光滑平整，且内外侧无毛边、毛刺，端面应垂直于套管轴中心线； d. 套管内壁应清洁，无污染，否则应清理干净后方准使用。 ⑤将合股的线头插入检验合格的铝套管，使铝线穿出铝套管端头 1～3mm。套管应依据单芯铝导线拼拢成合股线头的根数选用。 ⑥根据套管的规格，使用相应的压接钳对铝套管施压。每个接头可在铝套管同一边压三道坑（如图 3-46 所示），一压到位，如 $\Phi 8$ 铝套管施压后窄向为 6～6.2mm。压坑中心线必须在纵向同一直线上。一般情况下，尽量采用正反向压接法，且正反向相差 180°，不得随意错向压接，如图 3-47 所示。 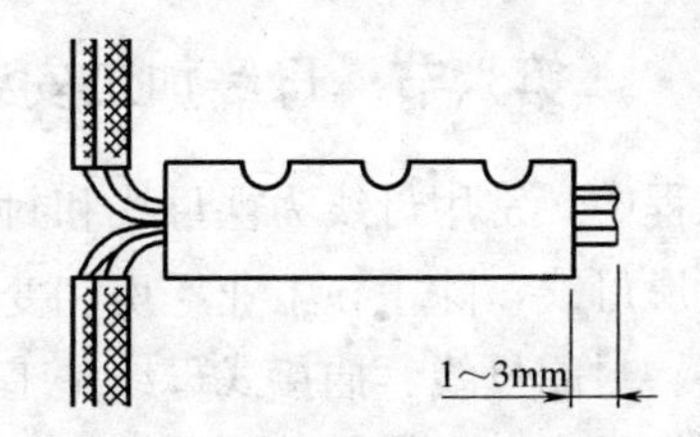 图 3-46　单芯铝导线接头同向压接示意  图 3-47　单芯铝导线接头正反向压接示意

续表

类型	说　明
单芯铝导线冷压接	⑦单芯铝导线压接后，在缠绕绝缘带之前，应对其进行检查。压接接头应当到位，铝套管没有裂纹，三道压坑间距应一致，抽动单根导线没有松动的现象。 ⑧根据压坑数目及深度判断铝导线压接合格后，恢复裸露部分绝缘，包缠绝缘带两层，绝缘带包缠应均匀、紧密，不露裸线及铝套管。 ⑨在绝缘层外面再包缠黑胶布（或聚乙烯薄膜胶带等）两层，采取半叠包法，并应将绝缘层完全遮盖，黑胶布的缠绕方向与绝缘带缠绕方向一致。整个绝缘层的耐压强度不得低于绝缘导线本身绝缘层的耐压强度。 ⑩将压接接头用塑料接线盒封盖

五、工程交接验收

完工验收时，应符合下列要求：

（1）各种规定距离符合要求；

（2）各种支持件的固定符合要求；

（3）盒箱、木台设置符合要求；

（4）明配线路的允许偏差值符合要求；

（5）导线的连接和绝缘符合要求；

（6）非带电金属部分的接地或接零良好；

（7）防腐良好、油漆均匀、无遗漏。

第六节　母线加工安装

在电气工程中，常用母线为裸母线和封闭插接式母线。裸母线一般是指矩形母线，除了在工业厂房和变电所中使用外，其他场所很少使用。封闭母线、插接式母线是工矿、企业、事业和高层建筑中新型的供配电联络设备，它可以通过特殊的连接端与变压器和高、低压配电屏直接连接，也可由电缆通过进线箱与母线槽始端连接。

一、母线加工

1. 母线下料

母线下料有手工下料和机械下料两种方法。手工下料可用钢锯；机械下料可用锯床、电动冲剪机等。

2. 母线矫直

(1) 机械矫直

对于大截面短型母线多用机械矫直。矫正施工时，可将母线的不平整部位放在矫正机的平台上，然后转动操作圆盘，利用丝杠的压力将母线矫正平直。机械矫直较手工矫直更为简单便捷。

(2) 手工矫直

手工矫直时，可将母线放在平台或平直的型钢上。对于铜、铝母线应用硬质木槌直接敲打，而不能用铁锤直接敲打。如母线弯曲过大，可用木槌或垫块（铝、铜、木板）垫在母线上，再用铁锤间接敲打平直。敲打时，用力要适当，不能过猛，否则会引起母线再次变形。

对于棒形母线，矫直时应先锤击弯曲部位，再沿长度轻轻地一面转动一面锤击，依靠视力来检查，直至成直线为止。

3. 母线弯曲

将母线加工弯制成一定的形状，叫做弯曲。母线一般宜进行冷弯，但应尽量减少弯曲。如需热弯，对铜加热温度不宜超过350℃，铝不宜超过250℃，钢不宜超过600℃。对于矩形母线，宜采用专用工具和各种规格的母线冷弯机进行冷弯，不得进行热弯；弯出圆角后，也不得进行热煨。

(1) 弯曲要求

母线弯曲前，应按测好的尺寸，将矫正好的母线下料切断后，按测出的弯曲部位进行弯曲，其要求如下：

① 母线开始弯曲处距最近绝缘子的母线支持夹板边缘不应大于0.25L，但不得小于50mm。

② 母线开始弯曲处距母线连接位置不应小于50mm。

③ 矩形母线应减少直角弯曲，弯曲处不得有裂纹及显著的起皱，母线的最小弯曲半径应符合表3-31的规定。

母线最小弯曲半径（*R*）值 **表 3-31**

母线种类	弯曲方式	母线断面尺寸/mm	最小弯曲半径/mm		
			铜	铝	钢
矩形母线	平弯	50×5 及其以下	$2a$	$2a$	$2a$
		125×10 及其以下	$2a$	$2.5a$	$2a$
	立弯	50×5 及其以下	$1b$	$1.5b$	$0.5b$
		125×10 及其以下	$1.5b$	$2b$	$1b$
棒形母线		直径为 16 及其以下	50	70	50
		直径为 30 及其以下	150	150	150

④ 多片母线的弯曲度应一致。

（2）弯曲形式

母线弯曲包括平弯（宽面方向弯曲）、立弯（窄面方向弯曲）、扭弯（麻花弯）、折弯（灯叉弯）四种形式，如图 3-48 所示。

a. 平弯：先在母线要弯曲的部位画上记号，再将母线插入平弯机的滚轮内，需弯曲的部位放在滚轮下。校正无误后，拧紧压力丝杠，慢慢压下平弯机的手柄，使母线逐渐弯曲。对于小型母线的弯曲，可用台虎钳弯曲，但大型母线则需用母线弯曲机进行弯制。弯制时，先将母线扭弯部分的一端夹在台虎钳上，为避免钳口夹伤母线，钳口与母线接触处应垫以铝板或硬木。母线的另一端用扭弯器夹住，然后双手用力转动扭弯器的手柄，使母线弯曲达到需要形状为止。

b. 立弯：将母线需要弯曲的部位套在立弯机的夹板上，再装上弯头，拧紧夹板螺钉，校正无误后，操作千斤顶，使母线弯曲。

c. 扭弯：将母线扭弯部位的一端夹在虎钳上，钳口部分垫上薄铝皮或硬木片。在距钳口大于母线宽度 2.5 倍处，用母线扭弯器（如图 3-49*a* 所示）夹住母线，用力扭转扭弯器手柄，使母线弯曲到所需要的形状为止。这种方法适用于弯曲 100mm×8mm

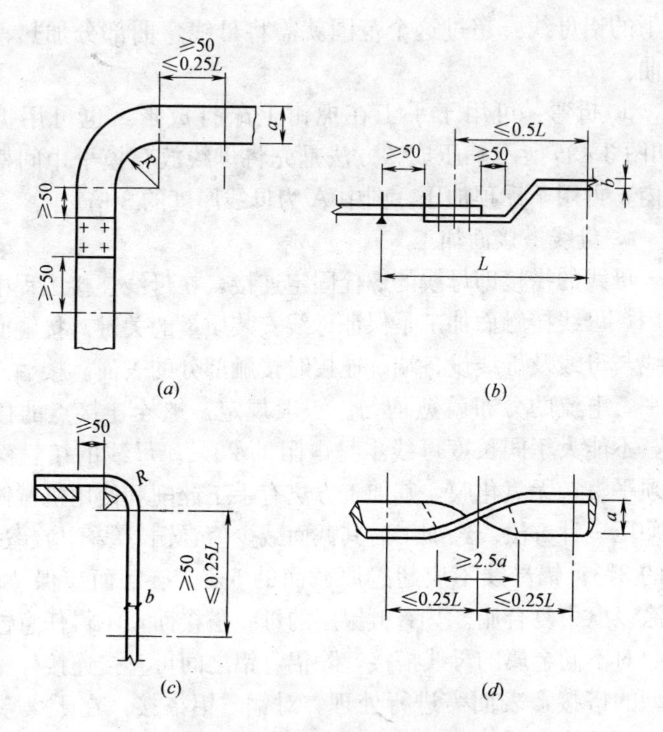

图 3-48 母线弯曲尺寸示意图

(*a*) 立弯；(*b*) 折弯；(*c*) 平弯；(*d*) 扭弯

a—母线宽度；*b*—母线厚度；*L*—母线两支持点的距离

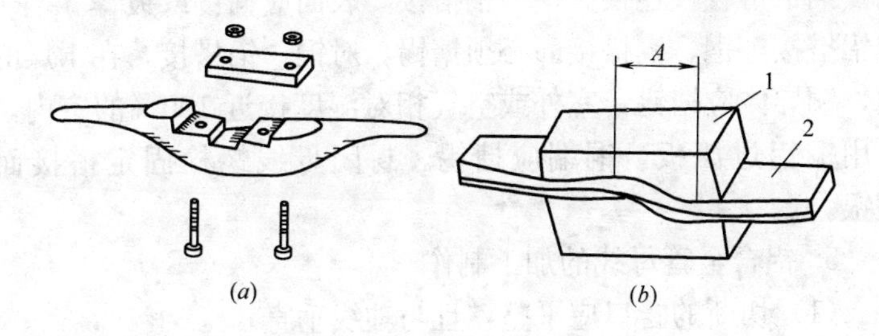

图 3-49 母线扭弯与折弯

(*a*) 母线扭弯器；(*b*) 母线折弯模具

A—母线折弯部分长度；1—折弯模；2—母线

以下的铝母线。超过这个范围就需将母线弯曲部分加热再进行弯曲。

d. 折弯：可用于手工在虎钳上敲打成形，也可用折弯模（如图 3-49*b* 所示）压成。方法是先将母线放存模子中间槽的钢框内，再用千斤顶加压。图中 A 为母线厚度的 3 倍。

4. 母线搭接面加工

母线的搭接即母线的螺栓固定连接，在母线连接工程中多被采用。母线接触面加工是保证母线安装质量的关键。接触面是指母线与母线及母线设备端子连接时接触部分的表面。接触面加工愈平，电流的分布就愈均匀。一般规定，螺栓连接点的接触电阻，不能大于同长度母线本身电阻的 20%。母线的接触面加工必须平整，无氧化膜，其加工方法有手工锉削和使用机械铣、刨和冲压三种方法。经加工后其截面减少值：铜母线不应超过原截面的 3%；铝母线不应超过原截面的 5%。接触面应保持洁净，并涂以电力复合脂。具有镀银层的母线搭接面，不得任意锉磨。

对不同金属的母线搭接，除铝—铝之间可直接连接外，其他类型的搭接，表面需进行处理。对铜—铝搭接，在干燥室内安装，铜导体表面应搪锡，在室外或特别潮湿的室内安装，应采用铜—铝过渡段。对铜—铜搭接，在室外或者在有腐蚀气体、高温且潮湿的室内安装时，铜导体表面必须搪锡；在干燥的室内，铜—铜也可直接连接。钢—钢搭接，表面应搪锡或镀锌。钢—铜或铝搭接，钢、铜搭接面必须搪锡。对铜—铝搭接，在干燥的室内，铜导体应搪锡，室外或空气相对湿度接近 100%的室内，应采用铜铝过渡板，铜端应搪锡。封闭母线螺栓固定搭接面应镀银。

5. 铝合金管母线的加工制作

（1）切断的管口应平整，且与轴线垂直。

（2）管子的坡口应用机械加工，坡口应光滑、均匀、无毛刺。

（3）母线对接焊口距母线支持器支板边缘距离不应小

于 50mm。

（4）按制造长度供应的铝合金管，其弯曲度不应超过表3-32的规定

铝合金管允许弯曲值　　　　表 3-32

管子规格（mm）	单位长度（m）内的弯度（mm）	全长（*L*）内的弯度（mm）
直径为 150 以下冷拔管	<2.0	<2.0×*L*
直径为 150 以下热挤压管	<3.0	<3.0×*L*
直径为 150～250 热挤压管	<4.0	<4.0×*L*

注：*L* 为管子的制造长度，m。

二、母线安装

1. 施工作业条件

① 母线装置安装前，建筑工程应具备下列条件：

a. 基础、构架符合电气设备的设计要求；

b. 屋顶、楼板施工完毕，不得渗漏；

c. 室内地面基层施工完毕，并在墙上标出抹平标高；

d. 基础、构架达到允许安装的强度，焊接构件的质量符合要求，高层构架的走道板、栏杆、平台齐全牢固；

e. 有可能损坏已安装母线装置或安装后不能再进行的装饰工程全部结束；

f. 门窗安装完毕，施工用道路通畅；

g. 母线装置的预留孔、预埋铁件应符合设计的要求。

② 配电屏、柜安装完毕，且检验合格。

③ 母线桥架、支架、吊架应安装完毕，并符合设计和规范要求。

④ 母线、绝缘子及穿墙套管的瓷件等的材质查核后符合设计要求和规范规定，并具备出厂合格证。

⑤ 主材应基本到齐，辅材应能满足连续施工需要。常用机具应基本齐备。

⑥ 与封闭、插接式母线安装位置有关的管道、空调及建筑装修工程施工基本结束，确认扫尾施工不会影响已安装的母线，方可安装母线。

2. 放线检查及支架安装

进入现场首先依照图纸进行检查，根据母线沿墙、跨柱、沿梁至屋架敷设的不同情况，核对是否与图纸相符。放线检查对母线敷设全方向有无障碍物，有无与建筑结构或设备、管道通风等工程各安装部件交叉矛盾的现象。检查预留孔洞、预埋铁件的尺寸、标高、方位，是否符合要求。检查脚手架是否安全及符合操作要求。

支架可以根据用户要求由厂家配套供应，也可以自制。安装支架前，应根据母线路径的走向测量出较准确的支架位置。支架安装时，应注意以下几点：

① 支架架设安装应符合设计规定。在墙上安装固定时，宜与土建施工密切配合，埋入墙内或事先预留安装孔，尽量避免临时凿洞。

② 支架安装的距离应均匀一致，两支架间距离偏差不得大于 5cm。当裸母线为水平敷设时，不超过 3m，垂直敷设时，不超过 2m。

③ 支架埋入墙内部分必须开叉成燕尾状，埋入墙内深度应大于 150mm，当采用螺栓固定时，要使用 M12×150mm 开尾螺栓，孔洞要用混凝土填实，灌注牢固。

④ 支架跨柱、沿梁或屋架安装时，所用抱箍、螺栓、撑架等要紧固，并应避免将支架直接焊接在建筑物结构上。

⑤ 遇有混凝土板墙、梁、柱、屋架等无预留孔洞时，允许采用锚固螺栓方式安装固定支架；有条件时，也可采用射钉枪。

⑥ 封闭插接母线的拐弯处以及与箱（盘）连接处必须加支架。直段插接母线支架的距离不应大于 2m。

⑦ 封闭插接式母线支架有以下两种封装形式。埋注支架用水泥砂浆的灰砂比 1：3，所用的水泥为 42.5 级及以上的水泥。

埋注时，应注意灰浆饱满、严实、不高出墙面，埋深不少于80mm。

a. 母线支架与预埋铁件采用焊接固定时，焊缝应饱满；

b. 采用膨胀螺栓固定时，选用的螺栓应适配，连接应固定。同时，固定母线支架的膨胀螺栓不少于两个。

⑧ 封闭插接式母线的吊装有单吊杆和双吊杆之分，一个吊架应用两根吊杆，固定牢固，螺扣外露2～4扣，膨胀螺栓应加平垫圈和弹簧垫，吊架应用双螺母夹紧。

⑨ 支架及支架与埋件焊接处刷防腐油漆应均匀，无漏刷，不污染建筑物。

3. 绝缘子与穿墙套管的安装

绝缘子与穿墙套管的安装要求及安装形式见表3-33。

绝缘子与穿墙套管的安装要求及安装形式　　表3-33

类型	说　明
安装要求	①母线绝缘子及穿墙套管安装前应进行检查,要求瓷件、法兰完整无裂纹,胶合处填料完整。绝缘子灌注螺钉、螺母等结合牢固。检查合格后方能使用。 ②绝缘子及穿墙套管在安装前应按下列项目试验合格： a. 测量绝缘电阻； b. 交流耐压试验。 ③母线固定金具与支持绝缘子的固定应平整牢固,不应使其所支持的母线受到额外应力。 ④安装在同一平面或垂直面上的支柱绝缘子或穿墙套管的顶面,应位于同一平面上,中心线位置应符合设计要求,母线直线段的支柱绝缘子安装中心线应在同一直线上。 ⑤支柱绝缘子和穿墙套管安装时,其底座或法兰盘不得埋入混凝土或抹灰层内。支柱绝缘子叠装时,中心线应一致,固定应牢固,紧固件应齐全
绝缘子安装	①绝缘子夹板、卡板的安装要紧固。夹板、卡板的制作规格要与母线的规格相适配。 ②无底座和顶帽的内胶装式的低压绝缘子与金属固定件的接触面之间应垫以厚度不小于1.5mm的橡胶或石棉板等缓冲垫圈。 ③支柱绝缘子的底座、套管的法兰及保护罩(网)等不带电的金属构件,均应接地。

续表

类型	说　明
绝缘子安装	④母线在支柱绝缘子上的固定点应位于母线全长或两个母线补偿器的中心处。 ⑤悬式绝缘子串的安装应符合下列要求： a. 除设计原因外，悬式绝缘子串应与地面垂直，当受条件限制不能满足要求时，可有不超过5°的倾斜角。 b. 多串绝缘子并联时，每串所受的张力应均匀。 c. 绝缘子串组合时。联结金具的螺栓、销钉及锁紧销等必须符合现行国家标准，且应完整，其穿向应一致，耐张绝缘子串的碗口应向上，绝缘子串的球头挂环、碗头挂板及锁紧销等应互相匹配。 d. 弹簧销应有足够弹性，闭口销必须分开，并不得有折断或裂纹，严禁用线材代替。 e. 均压环、屏蔽环等保护金具应安装牢固，位置应正确。 f. 绝缘子串吊装前应清擦干净。 ⑥三角锥形组合支柱绝缘子的安装，除应符合上述规定外，并应符合产品的技术要求
穿墙套管安装	穿墙套管用于变、配电装置中。引导导线穿过建筑物墙壁，作支持导电部分与地绝缘用。其安装要点如下： ①电压10kV及以上时，母线穿墙时应装有穿墙套管。穿墙套管的孔径应比嵌入部分至少大5mm，混凝土安装板的最大厚度不得超过50mm。 ②穿墙套管垂直安装时，法兰应向上，从上向下进行安装；套管水平安装时，法兰应在外，从外向内安装；在同一室内，套管应从供电侧向受电侧方向安装。 ③安装在潮湿或要求密封的环境中的穿墙套管，其两端应加密封。 ④充油套管水平安装时，其储油柜及取油样管路应无渗漏，油位指示清晰，注油和取样阀位置应装设于巡回监视侧，注入套管内的油必须合格。 ⑤套管接地端子及不同的电压抽取端子应可靠接地。 ⑥600A及以上母线穿墙套管端部的金属夹板（紧固件除外），应采用非磁性材料，其与母线之间应有金属相连，接触应稳固，金属夹板厚度不应小于3mm，当母线为两片及以上时，母线本身间应予以固定。 ⑦额定电流在1500A及以上的穿墙套管直接固定在钢板上时，套管周围不应形成闭合磁路。 ⑧10kV穿墙套管安装如图3-50和图3-51所示（括号中的尺寸为室内穿墙套管尺寸）

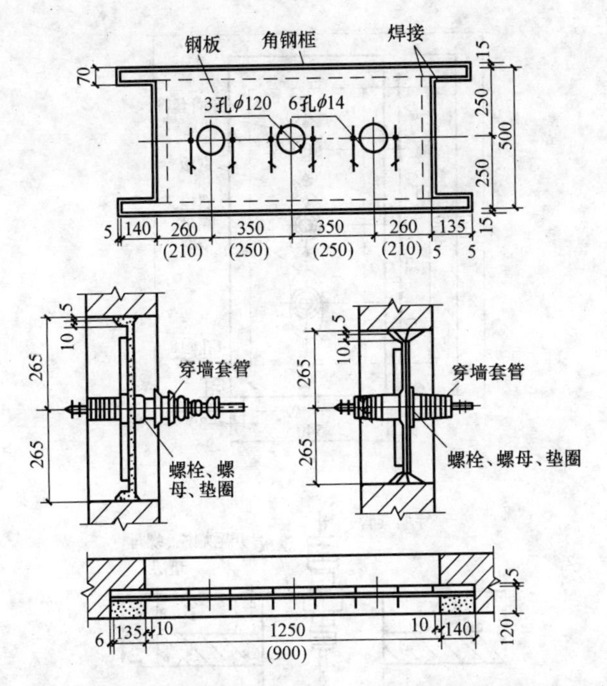

图 3-50　CWLB (CLB)-10/500、400 型室内外穿墙管安装示意图

4. 母线安装

(1) 母线安装要求

① 母线安装时，应首先在支柱绝缘子上安装母线固定金具，然后把母线安装在固定金具上。母线在支柱绝缘子上的固定方式有螺栓固定、卡板固定和夹板固定三种。其中，螺栓固定就是用螺柱将母线固定在瓷瓶上。

② 母线水平敷设时。应能使母线在金具内自由伸缩，但是在母线全长的中点或两个母线补偿器的中点要加以固定；垂直敷设时，母线要用金具夹紧 (3) 为了调整方便，线段中间的绝缘子固定螺栓一般是在母线就位放置妥当后才进一步紧固。

③ 母线在支柱绝缘子上的固定死点，每一段应设置一个，并宜位于全长或两母线伸缩节中点。

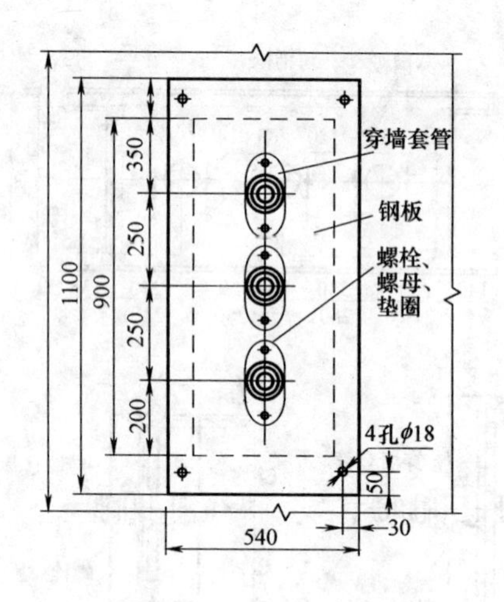

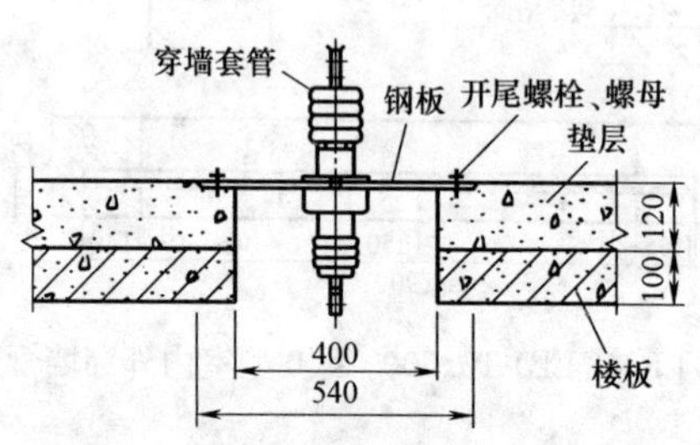

图 3-51　CLB-10/250 型穿墙套管穿楼板安装示意图

④ 母线固定装置应无棱角和毛刺，且对交流母线不形成闭合磁路；管形母线安装在滑动式支持器上时，支持器的轴座与管形母线之间应有 1～2mm 的间隙。

⑤ 单片母线安装时，应按下列规定进行：

a. 单片母线用螺栓固定平敷在绝缘子上时，母线上的孔应钻成椭圆形，长轴部分应与母线长度平行。

b. 用卡板固定时，先将母线放置于卡板内，待连接调整后，将卡板顺时针旋转，以卡住母线。

c. 用夹板固定时，夹板上的上压板与母线保持 1～1.5mm 的间隙。

d. 当母线立置时，上部压板应与母线保持 1.5～2mm 的间隙；水平敷设时，母线敷设后不能使绝缘子受到任何机械应力。

⑥ 多片矩形母线间，应保持不小于母线厚度的间隙；相邻的间隔垫边缘间距离应大于 5mm。

（2）补偿器设置

为了使母线热胀冷缩时有可调节的余地，母线敷设应按设计规定装设补偿器（伸缩节）。设计未规定时，宜每隔下列长度设一个：铝母线 20～30m；铜母线 30～50m；钢母线 35～60m。

补偿器有铜制和铝制两种，其结构如图 3-52 所示（图中螺栓 8 不能拧紧）补偿器间的母线端有椭圆孔，供温度变化时自由伸缩。母线补偿器由厚度为 0.2～0.5mm 的薄片叠合而成。不得有裂纹、断股和起皱现象；其组装后的总截面不应小于母线截面的 1.2 倍。

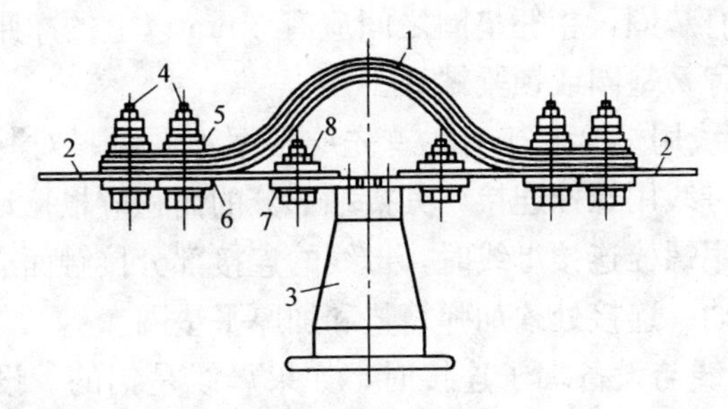

图 3-52　母线伸缩器

1—补偿器；2—母线；3—支柱绝缘子；4—螺栓；5—垫圈；6—补垫；7—盖板；8—螺栓

（3）母线拉紧装置的设置

硬母线跨柱、梁或跨屋架敷设时，母线在终端及中间分段处应分别采用终端及中间拉紧装置，如图 3-53 所示。终端或中间拉紧固定支架宜装有调节螺栓的拉线，拉线的固定点应能承受拉线张力，且同一档距内母线的各相弛度最大偏差应小于 10%。当母线长度超过 300～400m 而需换位时，换位不应小于一个循环。槽形母线换位段处可用矩形母线连接，换位段内各相母线的

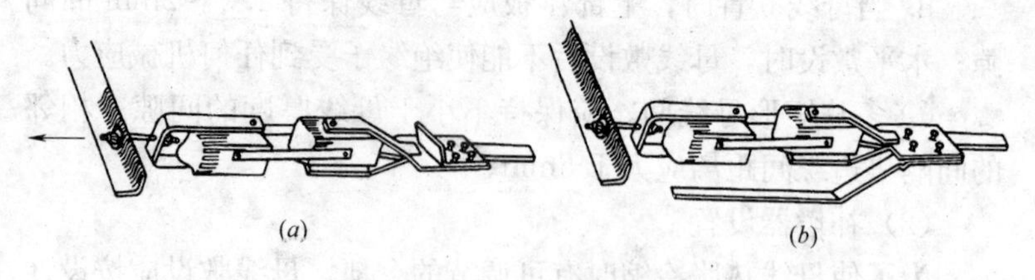

图 3-53　母线拉紧装置
(a) 母线终端用；(b) 母线中间用

弯曲程度应对称一致。

(4) 母线搭接连接

① 母线搭接时，常用的紧固件为镀锌的螺栓、螺母和垫圈。当母线平置时。螺栓应由下向上贯穿，螺栓长度应以能露出螺母丝扣 2～3 扣为宜；在其他状态下，螺母应置于维护侧。螺栓两侧均应垫有垫圈，相邻垫圈之间应有 3mm 以上的净距。螺母侧还应装有弹簧垫圈或锁紧螺母。

② 母线用螺栓连接时，首先应根据不同材料对其接触面进行处理。母线用螺栓连接，其接触部分的面积应根据母线工作电流而定；用螺栓连接母线时，母线的连接部分接触面应涂一层中性凡士林油。连接处须加弹簧垫和加厚平垫圈。

③ 母线与设备端子连接时，如果母线是铝的，设备端子是铜的，要采用铜铝过渡板，以大大减弱接头电化腐蚀和热弹性变质。但安装时，过渡板的焊缝应离开设备端子 3～5mm，以免产生过渡腐蚀。

④ 当不同规格母线搭接时，应按小规格母线要求进行。母线宽度在 63mm 及以上者，用 0.05mm×10mm 塞尺检查时，塞入深度应小于 6mm；母线宽度在 56mm 及其以下者，塞入深度应小于 4mm。

⑤ 母线搭接时，应使母线在螺母旋紧时受力均匀。通常，母线接头螺孔的直径宜大于螺栓直径 1mm。螺栓与母线规格对应见表 3-34。

螺栓与母线规格对应表　　（单位：mm）　　表 3-34

母线规格/mm	125 以下	117 以下	71 以下	35.5 以下
螺栓规格/mm	Φ18	Φ16	Φ12	Φ10
孔径/mm	Φ19	Φ17	Φ13	Φ11

⑥ 母线与母线或母线与电器接线端子的螺栓搭接面的安装，应符合下列要求：

a. 母线接触面加工后必须保持清洁，并涂以电力复合脂。

b. 母线平置时，贯穿螺栓应由下往上穿，其余情况下，螺母应置于维护侧，螺栓长度宜露出螺母 2～3 扣。

c. 贯穿螺栓连接的母线两外侧均应有平垫圈，相邻螺栓垫圈间应有 3mm 以上的净距，螺母侧应装有弹簧垫圈或锁紧螺母。

d. 螺栓受力应均匀，不应使电器的接线端子受到额外应力。

e. 母线的接触面应连接紧密，连接螺栓应用力矩扳手紧固，其紧固力矩值应付合表 3-35 的规定。

钢制螺栓的紧固力矩值　　表 3-35

螺栓规格/mm	力矩值/(N/m)	螺栓规格/mm	力矩值/(N/m)
M8	8.8～10.8	M16	78.5～98.1
M10	17.7～22.6	M18	98.0～1 27.4
M12	31.4～39.2	M20	156.9～196.2
M14	51.0～60.8	M24	274.6～343.2

⑦ 母线与螺杆形接线端子连接时，母线的孔径不应大于螺杆形接线端子直径 1mm。丝扣的氧化膜必须刷净，螺母接触面必须平整，螺母与母线间应加铜质搪锡平垫圈，并应有锁紧螺母，但不得加弹簧垫。

⑧ 矩形母线采用螺栓固定搭接时，连接处距支柱绝缘子的支持夹板边缘不应小于 50mm，上片母线端头与下片母线平弯起始处的距离不应小于 50mm，并应符合表 3-36 的规定。

矩形母线搭接要求 表 3-36

搭接形式	类别	序	连接尺寸/mm			钻孔要求		螺栓规格
			B	H	A	Φ/mm	个数	
B/4, B, B/4, φ, H, A	直线连接	1	125	125	B或H	21	4	M20
		2	100	100	B或H	17	4	M16
		3	80	80	B或H	13	4	M12
		4	63	63	B或H	11	4	M10
		5	50	50	B或H	9	4	M8
		6	45	45	B或H	9	4	M8
B/2, B, φ, H, A/2, A, A/2	直线连接	7	40	40	80	13	2	M12
		8	31.5	31.5	63	11	2	M10
		9	25	25	50	9	2	MS
B/4, B, B/4, φ, B, H	垂直线连	10	125	125		21	4	M20
		11	125	100～80		17	4	M16
		12	125	63		13	4	M12
		13	100	100～80		17	4	M16
		14	80	80～63		13	4	M12
		15	63	63～50		11	4	M10
		16	50	50		9	4	M8
		17	45	45		9	4	M8

续表

搭接形式	类别	序	连接尺寸/mm			钻孔要求		螺栓规格
			B	H	A	Φ/mm	个数	
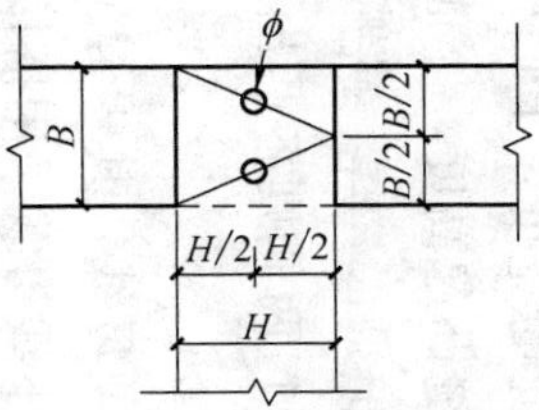	垂直线连	18	125	50～40		17	2	M16
		19	100	63～40		17	2	M16
		20	80	63～40		15	2	M14
		21	63	50～40		13	2	M12
		22	50	45～40		11	2	M10
		23	63	31.5～25		11	2	M10
		24	50	31.5～25		9	2	M8
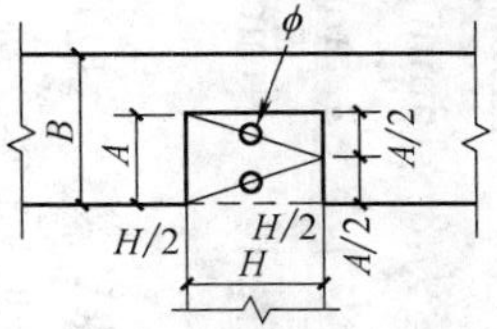	垂直线连	25	125	31.5～25	60	11	2	M10
		26	100	31.5～25	50	9	2	M8
		27	80	31.5～25	50	9	2	M8
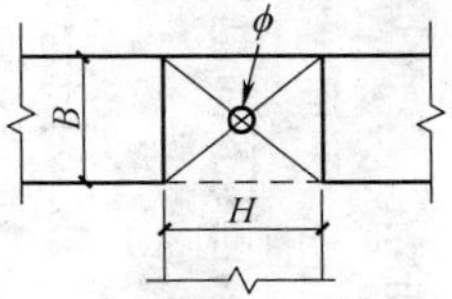	垂直线连	28	40	40～31.5		13	1	M12
		29	40	25		11	1	M10
		30	31.5	31.5～25		11	1	M10
		31	25	22		9	1	M8

（5）母线焊接连接

① 母线焊接所用的焊条、焊丝应符合现行国家标准；其表面应无氧化膜、水分和油污等杂物。母线对焊缝的部位应符合下列要求：

a. 离支持绝缘子母线夹板边缘不小于50mm，同一片母线上应减少对接焊缝；

b. 两焊缝间的距离应不小于200mm。同相母线不同片上的直线段的对接焊缝，其错开位置不小于50mm，且焊缝处不应煨弯。焊缝与母线弯曲的距离应不小于50mm。

② 焊接前应将母线坡口两侧表面各50mm范围内清刷干净，不得有氧化膜、水分和油污；坡口加工面应无毛刺和飞边。焊接前对口应平直，其弯折偏移不应大于0.2%；中心线偏移不应大于0.5mm。

③ 母线焊接用填充材料，其物理性能和化学性能与原材料应一致。

④ 对口焊接的母线，应有35°～40°度坡口，1.5～2mm的钝边；对口应平直，其弯折偏差不应大于1/500，中心线偏移不得大于0.5mm；还应将对口两侧表面各20mm范围内清刷干净，不得有油垢、斑疵及氧化膜等杂物。

⑤ 焊缝应一次焊完，除瞬时断弧外不准停焊；焊缝焊完未冷却前，不得移动或受外力。

⑥ 焊缝尺寸应符合下列要求：

a. 焊缝外形应呈半圆形。焊缝的宽度：上面焊缝为15～30mm，下面焊缝为8～16mm；焊缝凸起高度，上面焊缝为2～4mm，下面焊缝为1.5～2.5mm。但是，气焊、碳弧焊的对接焊缝在其下部也应凸起2～4mm；焊口两侧则各凸出4～7mm的高度。

b. 对于330kV及以上电压的硬母线，其焊缝应呈圆弧形，但不能有毛刺、凹凸不平之处；引下线母线采用搭接焊时，焊缝的长度不应小于母线宽度的2倍；角焊缝的加强高度应为4mm。

封闭母线及其外壳的焊缝应符合设计要求。

⑦ 铝及铝合金的管形母线、槽形母线、封闭母线及重型母线应采用氩弧焊。铝及铝合金硬母线对焊时，焊口尺寸应符合表3-37的规定；管形母线的补强衬管的纵向轴线应位于焊口中央，衬管与管母线的间隙应小于0.5mm。

对口焊焊口尺寸 **表3-37**

母线类别	焊口形式	母线厚度 d/mm	间隙 c/mm	钝边厚度 b/mm	坡口角度 α(°)
矩形母线	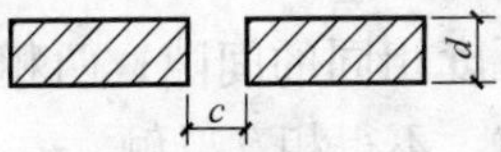	<5	<2		
	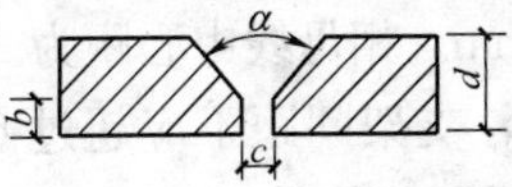	5	1～2	1.5	65～75
		6.3～12.5	2～4	1.5～2	65～75
管形母线	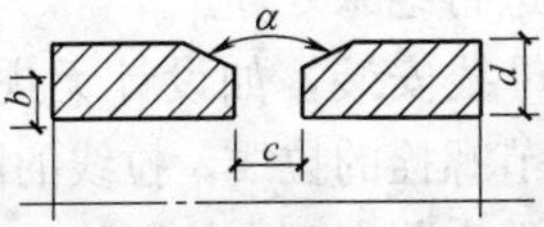	3～6.3	1.5～2	1	60～65
		6.3～10	2～3	1.5	60～75
		10～20	3～5	2～3	65～75

⑧ 母线焊接后的检验标准应符合下列要求：

a. 焊接接头的对口、焊缝应符合有关规定；铜母线焊缝的抗拉强度不低于140MPa，铝母线不应低于120MPa。焊接接头表面应无肉眼可见的裂纹、凹陷、缺肉、未焊透、气孔、夹渣等缺陷；咬边深度不得超过母线厚度（管形母线为壁厚）的10%，且其总长度不得超过焊缝总长度的20%。

b. 直流电阻应不大于截面积和长度均相同的原金属的电阻率。铜母线电阻率：$\leqslant 0.0179\Omega mm^2/m$，铝母线电阻率：$\leqslant 0.029\Omega mm^2/m$。

⑨ 仍采用氧—乙炔气体或碳弧焊焊接的接头，焊完后应以60～80℃的清水，将残存的焊药和熔渣清洗干净。

(6) 母线的固定

① 母线的固定装置应无显著的棱角，以防尖端放电。

② 当母线工作电流大于1500A时，每相交流母线的固定金具或其他支持金具都不应构成闭合磁路。否则应采取非磁性固定金具等措施。当母线平置时，母线支持夹板的上部压板应与母线保持1～15mm的间隙；当母线立置时，上部压板与母线应保持1.5～2mm的间隙，金属夹板厚度不应小于3mm。当母线为2片以上时，母线本身间还应给予固定。

③ 变电所母线支架间距应不小于1.5m。支架与绝缘子瓷件之间应有缓冲软垫片，金属构件应进行镀锌或其他防腐处理，不应有锈及镀层和漆层脱落等缺陷。

④ 多片矩形母线间应保持与厚度相同的间隙；两相邻母线衬垫的垫圈间应有3mm以上的间隙，不得相互碰触。

⑤ 裸母线相间中心距离为250mm。相母线中心距为200mm。在车间柱、梁、屋架处敷设母线时，支架间距不应超过6m，两支架间还应加装固定夹板，夹板应进行绝缘处理。

⑥ 采用拉紧装置的车间低压母线安装，如设计无规定时，应在终端或中间拉紧支架上装有调节螺栓的拉线。拉线的固定点应能承受拉力或张力，并在每一终端安装有两个拉紧绝缘子。

(7) 封闭插接式母线安装

封闭插接式母线的固定形式有垂直和水平安装两种，其中水平悬吊式分为直立式和侧卧式两种。垂直安装有弹簧支架固定以及母线槽沿墙支架固定两种。由于封闭、插接式母线是定尺寸按施工图订货和供应的，制造商提供的安装技术要求文件，指明了连接程序、伸缩节设置和连接以及其他说明，所以安装时要注意符合产品技术文件要求。

① 封闭、插接式母线组装和固定位置应正确，外壳与底座间、外壳各连接部位和母线的连接螺栓应按产品技术文件要求选择正确，连接紧固。封闭插接母线应按设计和产品技术文件规定进行组装，每段母线组对接续前绝缘电阻测试合格，绝缘电阻值大于20MΩ，才能安装组对。

② 支座必须安装牢固，母线应按分段图、相序、编号、方

向和标志正确放置，每相外壳的纵向间隙应分配均匀。

③ 母线槽沿墙水平安装时，安装高度应符合设计要求，无要求时距地面不应小于 2.2m，母线应可靠固定在支架上。垂直敷设时。距地面 1.8m 以下部分应采取防止机械损伤措施，但敷设在电气专用房间内（如配电室、电气竖井、技术层等）时除外。母线槽的端头应装封闭罩，引出线孔的盖子应完整。各段母线槽的外壳的连接应是可拆的，外壳之间应有跨接线，并应接地可靠。

④ 悬挂式母线槽的吊钩应有调整螺栓，固定点间距离不得大于 3m。悬挂吊杆的直径应按产品技术文件要求选择；母线与设备连接采用软连接，母线紧固螺栓应由厂家配套供应，应用力矩扳手紧固。母线与外壳同心，允许偏差为±5mm。当段与段连接时，两相邻段母线及外壳对准，连接后不使母线及外壳受额外应力。外壳的相间短路板应位置正确，连接良好，相间支撑板应安装牢固，分段绝缘的外壳应做好绝缘措施。

⑤ 橡胶伸缩套的连接头、穿墙处的连接法兰、外壳与底座之间、外壳各连接部位的螺栓应采用力矩扳手紧固，各接合面应密封良好。

⑥ 封闭母线不得用裸钢丝绳起吊和绑扎，母线不得任意堆放和在地面上拖拉，外壳上不得进行其他作业，外壳内和绝缘子必须擦拭干净，外壳内不得有遗留物。封闭式母线敷设长度超过 40m 时，应设置伸缩节，跨越建筑物的伸缩缝或沉降缝处，宜采取适当的措施（如图 3-54 所示）。

⑦ 封闭式母线插接箱安装应可靠固定，垂直安装时，安装高度应符合设计要求，设计无要求时，插接箱底口宜为 1.4m；封闭式母线垂直安装距地面 1.8m 以下时应采取保护措施。

⑧ 母线焊接应在封闭母线各段全部就位并调整误差合格，绝缘子、盘形绝缘子和电流互感器经试验合格后进行。对于呈微正压的封闭母线，在安装完毕后检查其密封性应良好。

(8) 重型母线安装

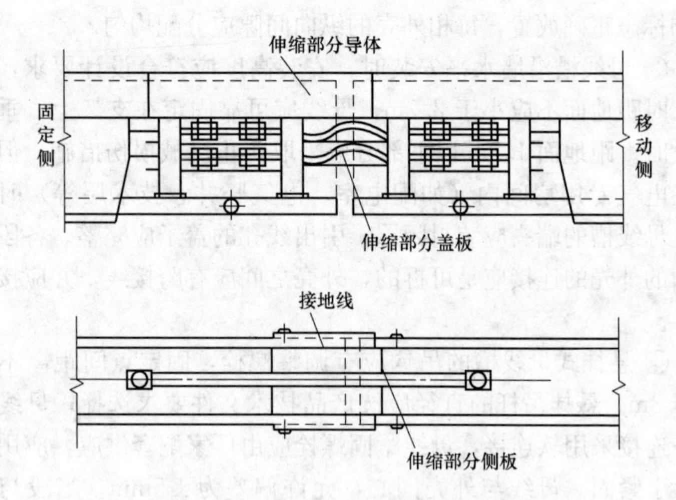

图 3-54　封闭式母线伸缩补偿示意

重型母线的安装还须符合下列规定：

① 母线与设备连接处宜采用软连接，连接线的截面不应小于母线截面。

② 母线的紧固螺栓。铝母线宜用铝合金螺栓，铜母线宜用铜螺栓；紧固螺栓时应用力矩扳手。

③ 在运行温度高的场所，母线不能有铜铝过渡接头。

④ 母线在固定点的活动滚杆应无卡阻，部件的机械强度及绝缘电阻值应符合设计要求。

(9) 铝合金管形母线安装

铝合金管形母线的安装，还应符合下列规定：

① 管形母线应采用多点吊装，不得伤及母线。

② 母线终端应有防电晕装置，其表面应光滑、无毛刺或凹凸不平。

③ 同相管段轴线应处于一个垂直面上，三相母线管段轴线应互相平行。

5. 母线的接地保护

母线是供电主干线，凡与其相关的可接近的裸露导体均需接地或接零，以便发生漏电时，可导入接地装置，确保接触电压不危及人身安全，同时也给具有保护或信号的控制回路正确发出信号提可能。

① 母线绝缘子的底座、套管的法兰、保护网（罩）及母线支架等可接近裸露导体，应与 PE 线或 PEN 线连接可靠。为防止保护线之间的串联连接，不应将其作为 PE 线或 PEN 线的接续导体。

② 封闭插接式母线外壳的接地形式有如下几种：

a. 利用壳体本身做接地线。即当母线连接安装后，外壳已连通成一个接地干线，外壳处焊有接地铜垫圈供接地用。

b. 母线带有附加接地装置，即在外壳上附加 3mm×25mm 裸铜带，每个母线槽间的接地带通过连接组成整体接地带。插接箱通过其底部的接地接触器，自动与接地带接触。

c. 半总体接地装置也是一种封闭插接式母线外壳接地形式，连接各母线槽时，相邻槽的接地铜带会自动紧密结合。当插接箱各插座与铜排接触时，通过自身的接地插座先与接地带牢靠接触，确保可靠接地。

对于封闭插接式母线，无论采用什么形式接地，均应接地牢固，防止松动，且严禁外壳受到机械应力。如果母线采用金属外壳作为保护外壳，则外壳必须接地，但外壳不得作保护线（PE）和中性保护共用线（PEN）使用；封闭插接式母线支架等可接近裸露导体应与 PE 线或 PEN 线连接可靠。

6. 母线试验与试运行

（1）母线试验

母线和其他供电线路一样，安装完毕后，要做电气交接试验。必须注意，6kV 以上（含 6kV）的硬母线试验时与穿墙套管要断开，因为有时两者的试验电压是不同的。

① 穿墙套管、支柱绝缘子和母线的工频耐压试验，其试验电压标准如下：

35kV 及以下的支柱绝缘子，可在母线安装完毕后一起进行。试验电压应符合表 3-38 的规定。

穿墙套管、支柱绝缘子及母线的工频耐压试验　　表 3-38

额定电压/ kV		3	6	10
支柱绝缘子		25	32	42
穿墙套管	纯瓷和纯瓷充油绝缘	18	23	30
	固体有机绝缘	16	21	27

注：电压标准［1min 工频耐受电压（kV）有效值］。

② 母线绝缘电阻。母线绝缘电阻不作规定，也可参照表 3-39 的规定。

常温下母线的绝缘电阻最低值　　表 3-39

电压等级/ kV	1 以下	3～10
绝缘电阻/MΩ	1/1000	>10

③ 抽测母线焊（压）接头的直流电阻。对焊（压）接接头有怀疑或采用新施工工艺时，可抽测母线焊（压）接接头的 2%，但不少于 2 个，所测接头的直流电阻值应不大于同等长度母线的 1.2 倍；对大型铸铝焊接母线，则可抽查其中的 20%～30%，同样应符合上述要求。

④ 高压母线交流工频耐压试验必须按现行国家标准《电气装置安装工程电气设备交接试验标准》GB 50150—2006 的规定交接试验合格。

⑤ 低压母线的交接试验应符合下列规定：

a. 规格、型号，应符合设计要求；

b. 相间和相对地间的绝缘电阻值应大于 0.5MΩ；

c. 母线的交流工频耐压试验电压为 1kV，当绝缘电阻值大于 10MΩ 时，可采用 2500V 绝缘电阻表摇测替代，试验持续时间 1min，无击穿闪络现象。

（2）母线试运行

① 试运行条件。变配电室已达到送电条件，土建及装饰工程及其他工程全部完工，并清理干净。与插接式母线连接设备及联线安装完毕，绝缘良好。

② 通电准备。对封闭式母线进行全面的整理，清扫干净，接头连接紧密，相序正确，外壳接地（PE）或接零（PEN）良好。绝缘摇测和交流工频耐压试验合格，才能通电。

③ 试验要求。低压母线的交流耐压试验电压为 1kV，当绝缘电阻值大于 10MΩ 时，可采用 2500V 绝缘电阻表摇测替代，试验持续时间 1min，无闪络现象；高压母线的交接耐压试验，必须符合现行《电气装置安装工程电气设备交接试验标准》GB 50150—2006 的规定。

④ 结果判定。关电空载运行 24h 无异常现象，办理验收手续，交建设单位使用，同时提交验收资料。

第七节　常用经验线路

1. 两只开关两地控制一盏灯线路

两只开关两地控制一盏灯线路如图 3-55 所示。

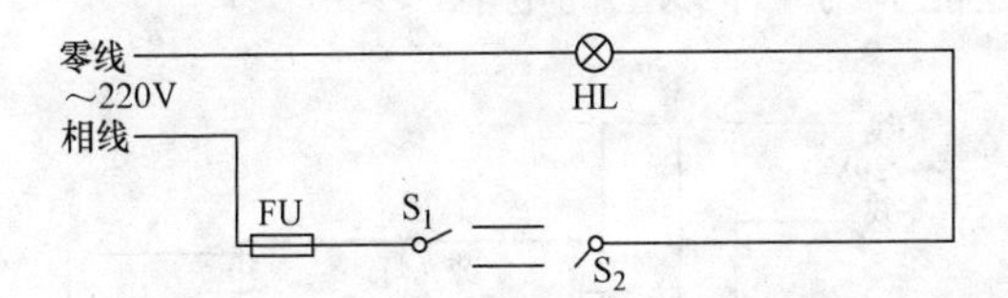

图 3-55　两只开关两地控制一盏灯线路

2. 三只开关三地控制一盏灯线路

三只开关三地控制一盏灯线路如图 3-56 所示。图中 S_1、S_3 为单刀双投开关，S_2 为双刀双投开关。在这条线路中，三个开关可以在三个地方任意的控制一盏灯。

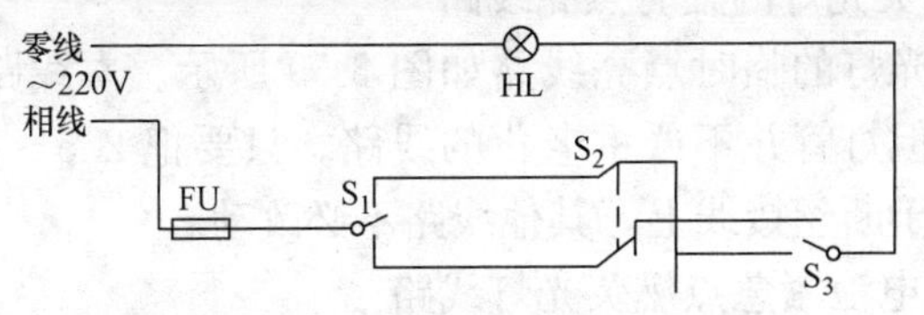

图 3-56　三只开关三地控制一盏灯线路

3. 一端灯丝烧断的废荧光灯再利用线路

一端灯丝烧断的废荧光灯再利用线路如图 3-57 所示。本线路只适合荧光灯的一端灯丝已断但并未脱落，荧光粉尚好的情况。

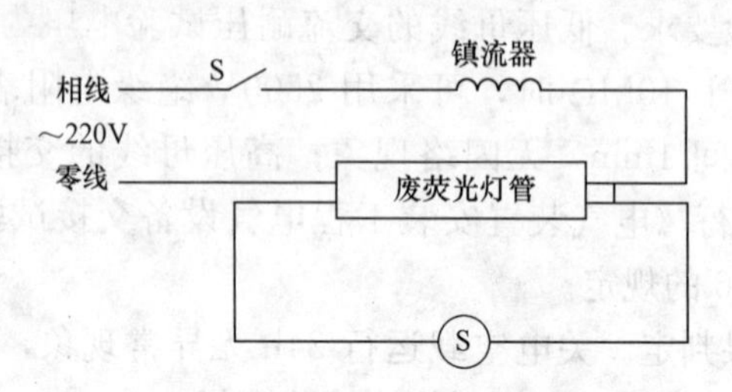

图 3-57 废荧光灯再利用线路

4. 能节电一半以上的白炽灯、荧光灯混连线路

能节电一半以上的白炽灯、荧光灯混连线路如图 3-58 所示。安装时，首先准备 100W 白炽灯一只，30W 荧光灯管一根，辉光启辉器一个。这种混合灯安装方式不但能延长白炽灯、荧光灯的寿命，还能节约一半以上的电能。

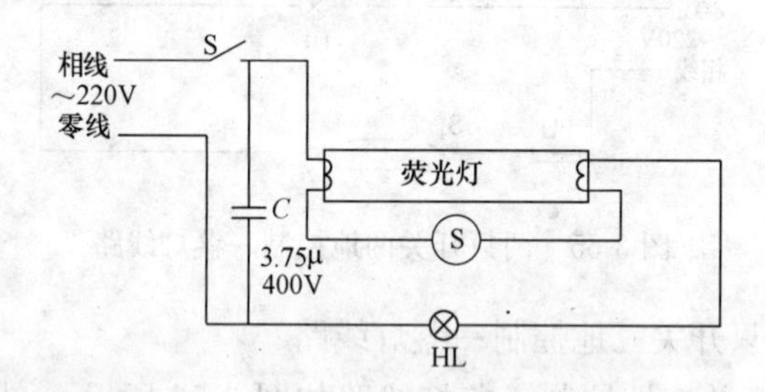

图 3-58 白炽灯、荧光灯混连节电线路

5. 丝荧光灯的临时点亮线路

丝荧光灯的临时点亮线路如图 3-59 所示。本线路适用于只是断丝，但灯管并不严重老化的线路。只要把 2.5～6V 手电筒小灯珠接于断丝接线上，其他线路不必改动。

6. 用电池紧急点燃荧光灯线路

用电池紧急点燃荧光灯线路如图 3-60 所示。本线路只能点

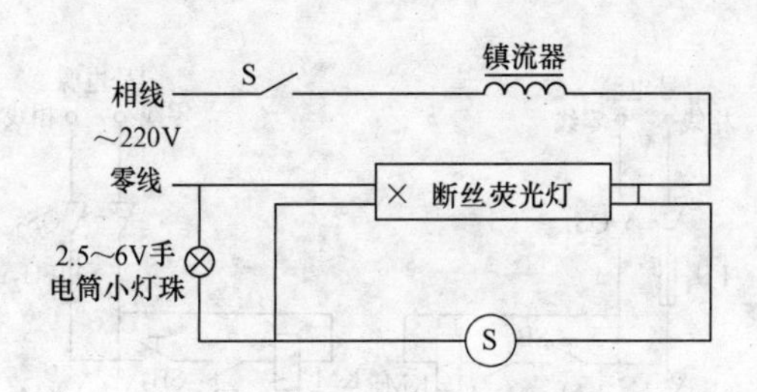

图 3-59 废荧光灯再利用线路

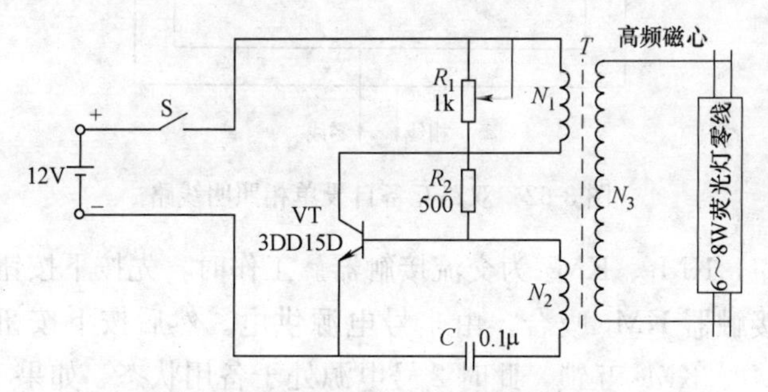

图 3-60 用电池点燃荧光灯线路示意

燃 6~8W 的荧光灯管，变压器 T 的绕组匝数 $N_1=N_2=40$ 匝，线径为 0.35mm；N_3 为 450 匝，线径为 0.21mm。

7. 延长车间走廊、居民楼道、厕所等场所的白炽灯寿命线路

延长车间走廊、居民楼道、厕所等场所的白炽灯寿命线路如图 3-61 所示。HL_1、HL_2 的功率必须相同，然后串联降低由于电压升高或在点燃瞬间受到的电流冲击影响。

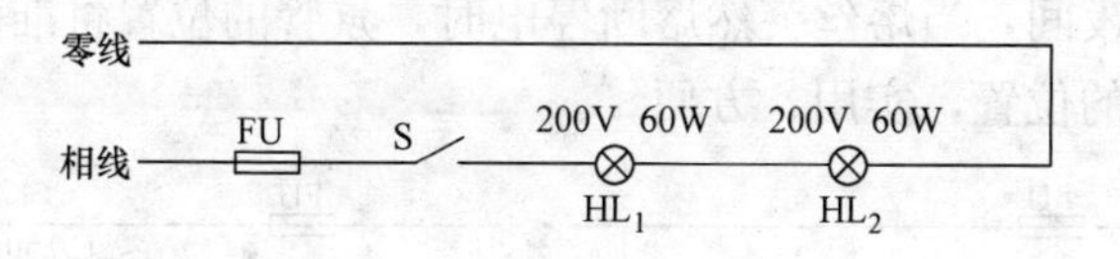

图 3-61 延长白炽灯寿命线路

8. 双路互备自投单相照明线路

双路互备自投单相照明线路如图 3-62 所示。图中 SB_1、SB_2

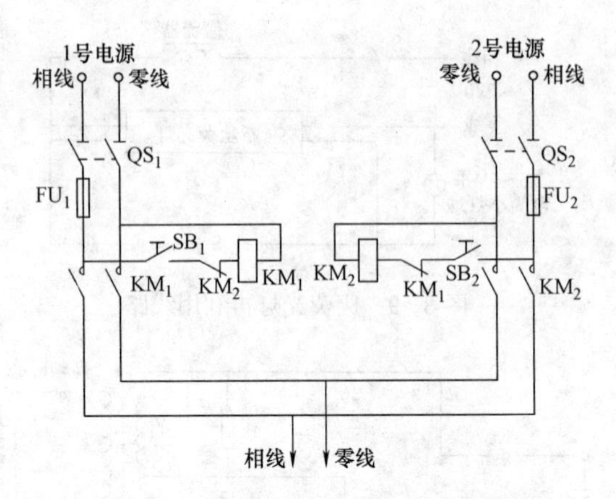

图 3-62　双路互备自投单相照明线路

为按钮，KM_1、KM_2 为交流接触器。工作时，先按下按钮 SB_1，交流接触器 KM_1 吸合，由 1 号电源供电。然后按下按钮 SB_2，因 KM_1、KM_2 互锁，此时 2 号电源处于备用状态。如果 1 号电源因故停电，交流接触器 KM_1 释放，其常闭触头闭合，接通 KM_2 的线圈电路，KM_2 吸合，2 号电源投入供电。也可先按下按钮 SB_2，后按下按钮 SB_1，使 1 号电源为备用电源。

9. 熔丝熔断自动指示线路

熔丝熔断自动指示线路如图 3-63 所示。熔丝熔断后，可用图 3-63（*a*）所示的电路迅速指示出来。原理是一旦熔丝烧断，电压就会通过限流电阻 *R* 加在氖管灯两端，使其发光。图 3-63（*b*）所示的为氖管灯闪烁发光线路，能使指示效果更加明显，特别是在夜间，当熔丝突然熔断停电时，氖管的位置将准确告诉人们开关的位置，实用、方便。

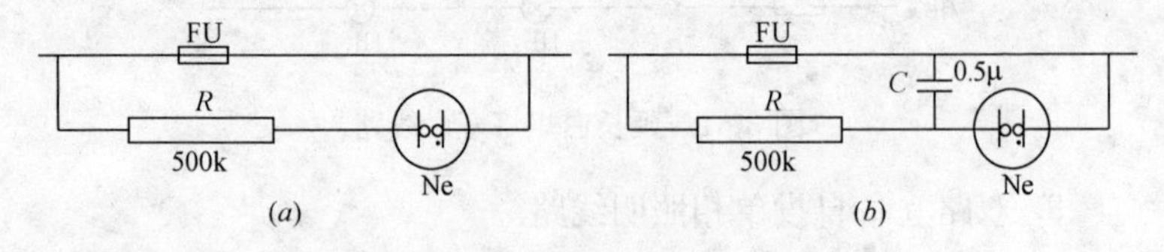

图 3-63　熔丝熔断自动指示线路

10. 三相异步电动机改为单相临时运行的线路

三相异步电动机改为单相临时运行的线路如图 3-64 所示。为了提高启动转矩，最好将启动电容 C_2 在启动时接入电路中，在启动完毕后退出。

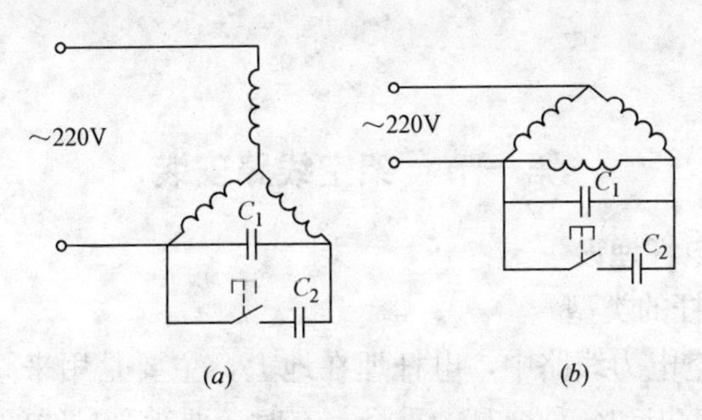

图 3-64　三相异步电动机改为单相临时运行的线路

(*a*) Y接法电动机的改接；(*b*) △接法电动机的改接

第四章　室外配线的安装

第一节　架空线路安装

一、电杆埋设

1. 电杆的类型

在架空电力线路中，电杆埋在地上，主要是用来架设导线、绝缘子、横担和各种金具的重量，有时还要承受导线的拉力。根据材质的不同，电杆可分为木电杆、钢筋混凝土电杆和铁塔三种。

（1）木电杆运输和施工方便，价格便宜，绝缘性能较好，但是机械强度较低，使用年限较短，日常的维修工作量偏大。目前除建筑施工现场作为临时用电架空线路外，其他施工场所中用得不多。

（2）钢杆机械强度大，使用年限长，消耗钢材量大，价高，易生锈。主要用于居民区 35kV 或 110kV 的架空线路。

（3）铁塔机械强度大，使用年限长，消耗钢材量大，价高，易生锈。主要用于 110kV 和 220kV 的架空线路，一般用于 25kV 以上架空线路。

（4）钢筋混凝土电杆挺直、耐用和价格低廉，不易腐蚀，其运输和组装较困难。广泛用于 100kV 以下架空配电线路。常用的多为圆形空心杆。其规格见表 4-1。

钢筋混凝土电杆规格　　　　**表 4-1**

杆长/m	7	8		9		10		11	12	13	15
梢径/mm	150	150	170	150	190	150	190	190	190	190	190
底长/mm	240	256	277	270	310	283	323	337	350	363	390

2. 电杆基坑的形式及深度

(1) 基坑形式

架空电杆的基坑主要有两种形式，即圆杆坑和梯形坑。其中，梯形坑又可分为三阶杆坑和二阶杆坑。其截面形式及具体尺寸见表 4-2。

电杆基坑的截面形式及尺寸　　　　表 4-2

坑形	基坑的截面形式	用途及尺寸
圆杆坑	0.5m h 0.4m b 马道 B	用于不带卡盘或底盘的电杆： b≈基础底面+(0.2～0.4)m $B≈b+0.4h+0.6$m
二阶杆坑	B d c h g e b 马道 b	用于杆身较高、较重及带有卡盘的电杆。坑深 1.6m 以下者采用二阶杆坑： $B≈1.2h$ b≈基础底面+(0.2～0.4)m $c≈0.07h$ $d≈0.2h$ $e≈0.3h$ $g≈0.7h$
三阶杆坑	B d c c h g f e b 马道 b	用于杆身较高、较重及带有卡盘的电杆。坑深 1.8m 以上者采用： $B≈1.2h$ b≈基础底面+(0.2～0.4)m $c≈0.35h$ $d≈0.2h$ $e≈0.3h$ $f≈0.3h$ $g≈0.4h$

(2) 电杆基础坑的深度

架空电杆基础坑深度应符合设计规定；如设计无规定时，可参见表 4-3。其允许偏差应为－50～＋100mm；同基基础坑在允许偏差范围内应按最深一坑抄平。

岩石基础坑的深度不应小于设计规定的数值。双杆基础坑须保证电杆根开的中心偏差不应超过±30mm，两杆坑深度应一致。

电杆埋设深度表 **表 4-3**

杆长	8.0	9.0	10.0	11.0	12.0	13.0	15.0
埋深	1.5	1.6	1.7	1.8	1.9	2.0	2.3

注：遇有土质松软、流沙、地下水位较高等情况时，应做特殊处理。

3. 杆坑的开坑

立杆需挖的坑有杆坑和拉线坑。电杆的基坑有圆形坑和梯形坑，可根据所使用的立杆工具和电杆是否加装底盘来确定挖坑的形状。

4. 底盘与卡盘的埋设

(1) 底盘的埋设

电杆基础坑深符合要求后，即可安装底盘。电杆底盘埋设，应符合下列要求：

① 底盘就位时，应用大绳拴好底盘，立好滑板，将底盘滑入坑内；如网形坑应用汽车吊等起重工具吊起底盘就位。电杆底盘就位后。用线坠找好杆位中心，将底盘放平、找平。底盘的圆槽面应与电杆中心线垂直，找正后应填土夯实至底盘表面。

近几年来，在线路工程中普遍采用钢模现浇底盘，它不但可以节约木材，而且也更容易保证施工质量。

② 支模板时应符合基础设计尺寸的规定，模板支好后，将搅拌好的混凝土倒入坑内，再找平、拍实。当不用模板进行浇筑时。应采取防止泥土等杂物混入混凝土中的措施。电杆底盘浇筑好以后，用墨汁在底盘弹出杆位线。

③ 底盘安装允许偏差，应使电杆组立后满足电杆允许偏差规定。

（2）卡盘的埋设

卡盘一般情况下都可不用。仅在土壤很不好或在较陡斜坡上立杆时，为了减少电杆埋深才考虑使用它或进行基础处理。装设卡盘时，卡盘应设在自地面起至电杆埋设深度的 1/3 处，并须符合下列要求：

① 安装前应将其下部土壤分层回填夯实。

② 安装位置、方向、深度应符合设计要求。深度允许偏差 ±50mm。当设计无要求时，上平面距地面不应小于 500mm。与电杆连接应紧密。

③ 直线杆的卡盘应与线路平行。有顺序地在线路左、右侧交替地埋设。

④ 承力杆的卡盘应埋设在承力侧。埋入地下的铁件，应涂以沥青，以防腐蚀。

5. 电杆组合

主要包括电杆焊接和封墙两部分。

（1）电杆焊接

电杆在焊接前应核对桩号、杆号、杆型与水泥杆杆段编号、数量、尺寸是否相符，并检查电杆的弯曲和有无裂缝情况。对于采用钢圈连接的钢筋混凝土电杆，钢圈平面应与杆身平面垂直。在进行焊接连接时，电杆杆身下面两端应最少各垫道木一块。同时，还应符合下列规定：

① 应由经过焊接专业培训并经考试合格的焊工操作，焊完后的电杆经自检合格后，在规定部位打上焊工的代号钢印。

② 电杆钢圈的焊口对接处，应仔细调整对口距离，达到钢圈上下平直一致，同时又保持整个杆身平直。钢圈对齐找正时，中间应留有 2～5mm 的焊口缝隙。当钢圈有偏心时，其错口不应大于 2mm 缝隙。杆身调直后，从两端的上、下、左、右向前方目测均应成一直线，才能进行施焊。

③ 钢圈焊口上的油脂、铁锈、泥垢等物应清除干净。焊口符合要求后，先点焊 3～4 处，然后对称交叉施焊。点焊所用焊条应与正式焊接用的焊条相同。

④ 钢圈厚度大于 6mm 时，应采用 V 形坡口多层焊接，焊接中应特别注意焊缝接头和收口质量。多层焊缝的接头应错开，收口时应将熔池填满。焊缝中严禁堵塞焊条或其他金属。

⑤ 焊缝应有一定的加强面，其高度和遮盖宽度应符合表 4-4 所示的规定。

焊缝加强面尺寸 **表 4-4**

简　图	项目	钢圈厚度 s/mm	
		<10	10～20
（图：c、e、s）	高度 c/mm	1.5～2.5	2～3
	宽度 e/mm	1～2	2～3

⑥ 焊缝表面应美观呈平滑的细鳞状熔融金属与基本金属平缓连接，无起皱、间断、漏焊及未焊满的陷槽，并不应有裂纹。基本金属的咬边深度不应大于 0.5mm；且不应超过圆周长的 10%。当钢材厚度超过 10mm 时，不应大于 1.0mm，仅允许有个别表面气孔。

⑦ 雨、雪、大风时应采取妥善防护措施。施焊中杆内不应有穿堂风。当气温低于－20℃时，应采取预热措施，预热温度为 100℃～120℃。焊后应使温度缓慢下降，严禁用水降温。

⑧ 焊接时转动杆身可用绳索，也可用木棒及铁钎在下面垫以道木橇拨，不准用铁钎穿入杆身内撬动。

⑨ 焊完后的电杆其分段弯曲度及整杆弯曲度均不得超过对应长度的 2/1000，超过时，应割断重新焊接。

⑩ 电杆的钢圈焊接头应按设计要求进行防腐处理。设计无规定时，可将钢圈表面铁锈和焊缝的焊渣与氧化层除净，先涂刷

一层红樟丹，干燥后再涂刷一层防锈漆处理。

(2) 电杆封墙

钢筋混凝土电杆顶端要封堵良好。电杆上端的封堵，主要是为防止电杆投入运行后，杆内积水，侵蚀钢筋，导致电杆损伤。关于钢筋混凝土电杆下端封堵问题，由于一些地区或某一地段，地下水位较高，且气候寒冷，电杆底部不封堵，进水后，在寒冷的季节中，易造成电杆冻裂、损坏现象，应考虑地区情况，按设计要求进行。当设计无要求时，电杆下端可不封堵。

6. 立杆及电杆杆身的调整

(1) 立杆

电杆立杆的方法很多，常用的有人字抱杆立杆、汽车起重机立杆、三脚架立杆、倒落式立杆和架腿立杆等。具体说明见表 4-5。

常用立杆类型及说明 **表 4-5**

类型	说明
人字抱杆立杆	这是一种简易的立杆方式，它主要依靠装在人字抱杆顶部的滑轮组，通过钢丝绳穿绕杆脚上的转向滑轮，引向绞磨或手摇卷扬机来吊立电杆，如图 4-1 所示。 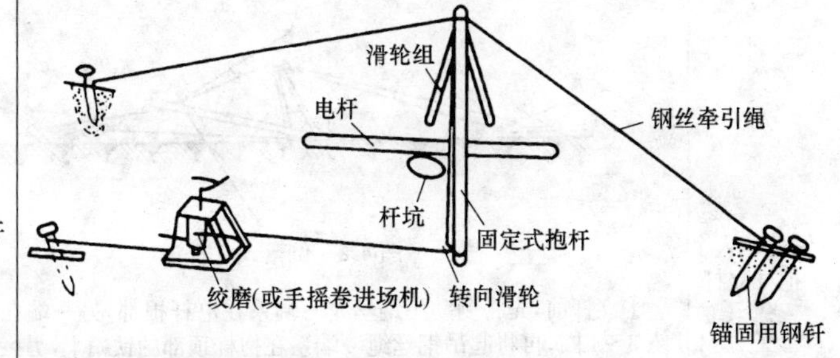 图 4-1 人字抱杆立杆示意 以立 10kV 线路电杆为例，所用的起吊工具主要有人字抱杆 1 副(杆高约为电杆高度的 1/2)；承载 3t 的滑轮组一副，承载 3t 的转向滑轮一个；绞磨或手摇卷扬机一台；起吊用钢丝绳(Φ10)45m；固定人字抱杆用牵引钢丝绳两条(Φ6)，长度为电杆高度的 1.5～2 倍；锚固用的钢钎 3～4 根

续表

类型	说　明
汽车起重机立杆	这种方法具有适用范围广、安全、效率高等特点，有条件的地方应尽量采用。 ①立杆时，先将汽车起重机开到距坑道适当位置加以稳固，然后在电杆（从根部量起）1/2 处～1/3 处系一根起吊钢丝绳，再在杆顶向下500mm 处临时系三根调整绳。 ②起吊时，坑边站两人负责电杆根部进坑，另由三人各拉一根调整绳，以坑为中心，站位呈三角形，由一人负责指挥。 ③当杆顶吊离地面 500mm 时，对各处绑扎的绳扣进行一次安全检查，确认无问题后再继续起吊。 ④电杆竖立后，调整电杆位于线路中心线上。偏差不超过 50mm，然后逐层（300mm 厚）填土夯实。填土应高于地面 300mm，以备沉降
三脚架立杆	三脚架立杆也是一种较简易的立杆方式，它主要依靠装在三脚架上的小型卷扬机、上下两只滑轮、牵引钢丝绳等吊立电杆。立杆时，首先将电杆移到电杆坑边，立好三脚架，做好防止三脚架根部活动和下陷的措施，然后在电杆梢部系三根拉绳，以控制杆身。在电杆杆身 1/2 处，系一根短的起吊钢丝绳，套在滑轮吊钩上。用手摇卷扬机起吊时，当杆梢离地500mm 时，对绳扣作一次安全检查，认为确无问题后，方可继续起吊。将电杆竖起落于杆坑中，即可调正杆身，填土夯实
倒落或人字抱杆立杆	采用倒落式人字抱杆立杆的工具主要有人字抱杆、滑轮、卷扬机（或绞磨）、钢丝绳等，如图 4-2 所示。但是，对于 7～9m 长的轻型钢筋混凝土电杆。可以不用卷扬机，而采用人工牵引。 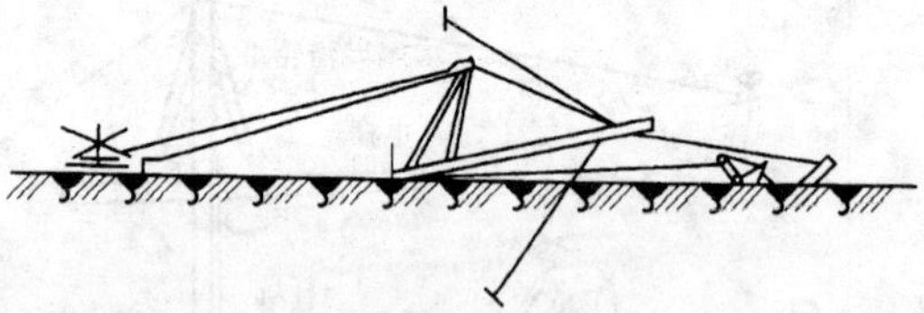 图 4-2　倒落式立杆法 ①立杆前，先将制动用钢丝绳一端系在电杆根部，另一端在制动桩上绕 3～4 圈，再将起吊钢丝绳一端系在抱杆顶部的铁帽上，另一端绑在电杆长度的 2/3 处。在电杆顶部接上临时调整绳三根，按三个角分开控制。总牵引绳的方向要与制动桩、坑中心、抱杆铁帽处于同一直线上。 ②起吊时，抱杆和电杆同时竖起，负责制动绳和调整绳的人要配合好，加强控制。 ③当电杆起立至适当位置时，缓慢松动制动绳，使电杆根部逐渐进入坑内，电杆根应在抱杆失效前接触坑底。当杆根快要触及坑底时，应控制其正好处于立杆的正确位置上。 ④在整个立杆过程中，左右侧拉线要均衡施力，以保证杆身稳定。

续表

类型	说　明
倒落或人字抱杆立杆	⑤当杆身立至与地面成70°位置时,反侧临时拉线要适当拉紧,以防电杆倾倒。当杆身立至80°时,立杆速度应放慢,并用反侧拉线与卷扬机配合,使杆身调整到正直。 ⑥最后用填土将基础填妥、夯实,拆卸立杆工具。
架腿立杆	架腿立杆也称撑式立杆,它是利用撑杆来竖立电杆的。这种方法使用工具比较简单,但劳动强度大。当立杆少又缺乏立杆机具的情况下,可以采用,但只能竖立木杆和9m以下的混凝土电杆。采用这种方法立杆时,应先将杆根移至坑边,对正马道,坑壁竖一块木滑板,电杆梢部系三根拉绳,以控制杆身,防止在起立过程中倾倒,然后将电杆梢抬起,到适当高度时用撑杆交替进行,向坑心移动,电杆即逐渐抬起

（2）电杆杆身的调整

① 调整要求：直线杆的横向位移不应小于50mm；电杆的倾斜不应使杆梢的位移大于半个杆梢。转角杆应向外角预偏，紧线后不应向内角倾斜，向外角的倾斜不应使杆梢位移大于一个杆梢。转角杆的横向位移不应大于50mm。终端杆立好后应向拉线侧预偏，紧线后不应向拉线反方向倾斜，向拉线侧倾斜不应使杆梢位移大于一个杆梢。双杆立好后应正直，双杆中心与中心桩之间的横向位移偏差不得超过50mm；两杆高低偏差不得超过20mm；迈步不得超过30mm；根开不应超过±30mm。

② 调正方法：调整杆位，一般可用杠子拨，或用杠杆与绳索联合吊起杆根，使移至规定位置。调整杆面，可用转杆器弯钩卡住，推动手柄使杆旋转。

站在相邻未立杆的杆坑线路方向上的辅助标桩处（或其延长线上），面对线路向已立杆方向观测电杆，或通过垂球观测电杆，指挥调整杆身，或使与已立正直的电杆重合。如为转角杆，观测人站在与线路垂直方向或转角等分角线的垂直线（转角杆）的杆坑中心辅助桩延长线上，通过垂球观测电杆，指挥调正杆身，此时横担轴向应正对观测方向。

二、电杆拉线安装

立好电杆后，紧接着就是拉线安装。拉线的作用是平衡电杆各方向上的拉力，防止电杆弯曲或倾斜。因此，对于承受不平衡拉力的电杆，均须装设拉线，以达到平衡的目的。

（一）拉线的制作与装设

1. 拉线的制作

电杆拉线的制作方法包括束合法和绞合法两种。由于绞合法存在绞合不好会产生各股受力不均的缺陷，目前常采用束合法，其制作方法如下：

（1）伸线。将成捆的铁线放开拉伸，使其挺直，以便束合。伸线方法，可使用两只紧线钳将铁线两端夹住，分别固定在柱上，用紧线钳收紧，使铁线伸直。也可以采用人工拉伸，将铁线的两端固定在支柱或大树上，由2或3人手握住铁线中部，每人同时用力拉数次。使铁线充分伸直。

（2）束合。将拉直的铁线按需要股数合在一起，另用$\phi1.6$～$\phi1.8$镀锌铁线在适当处压住一端拉紧缠扎3～4圈，而后将两端头拧在一起成为拉线节，形成束合线。拉线节在距地2m以内的部分间隔60mm；在距地面2m以上部分间隔1.2m。

（3）拉线把的缠绕。拉线把有两种缠绕方法：一种是自缠法，另一种是另缠法，其具体操作如下：

① 自缠法。缠绕时先将拉线折弯嵌进三角圈（心形环）折转部分和本线合并，临时用钢绳卡头夹牢，折转一股，其余各股散开紧贴在本线上，然后将折转的一股，用钳子在合并部分紧紧缠绕10圈，余留20mm长并在线束内，多余部分剪掉。第一股缠完后接着再缠第二股，用同样方法缠绕10圈。依此类推。由第3股起每次缠绕圈数依次递减一圈，直至缠绕6次为止，结果如图4-3（*a*）所示。每次缠绕也可按下法进行：即每次取一股按图4-3（*b*）中所注明的圈数缠绕，换另一股将它压在下面，然后折面留出10mm，将余线剪掉，结果如图4-3（*b*）所示。

对 9 股及以上拉线，每次可用两根一起缠绕。每次的余线至少要留出 30mm 压在下面，余留部分剪齐折回 180°紧压在缠绕层外。若股数较少。缠绕不到 6 次即可终止。

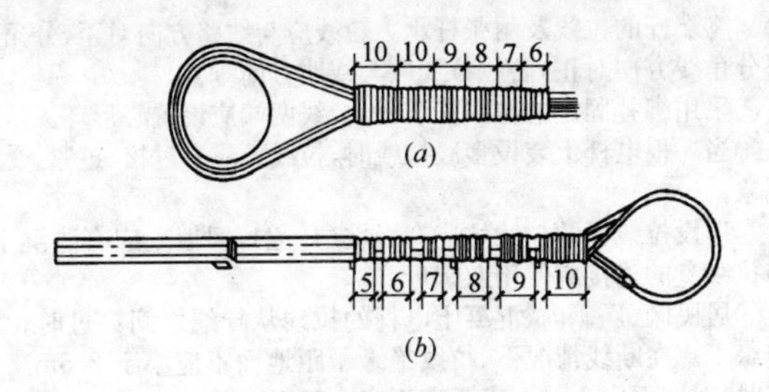

图 4-3　自缠拉线把示意

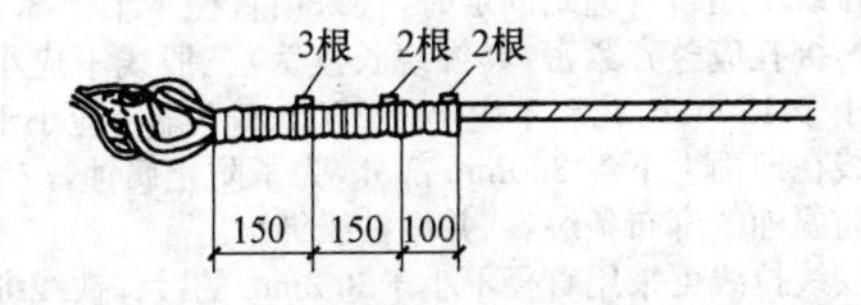

图 4-4　另缠拉线把示意

② 另缠法。先将拉线折弯处嵌入心形环，折回的拉线部分和本线合并，颈部用钢丝绳卡头临时夹紧，然后用一根 Φ3.2 镀锌铁线作为绑线，一端和拉线束并在一起作衬线，另一端按图 4-4 中所示的尺寸缠绕至 150mm 处，绑线两端用钳子自相扭绕 3 转成麻花线，剪去多余线段，同时将拉线折回一股留 20mm 长，紧压在绑线层上。

第二次用同样方法缠绕，至 150mm 处折回拉线二股，依此类推，缠绕三次为止。如为 3～5 股拉线，绑线缠绕 400mm 后，即将所有拉线端折回，留 200mm 长紧压在绑线层上，绑线两端自相扭绞成麻花线。

2. 拉线的装设

(1) 拉线的装设要求、拉线坑的开坑及拉线盘的埋设

拉线的装设要求、拉线坑的开挖及拉线盘的埋设见表 4-6。

拉线的装设要求、拉线坑的开挖及拉线盘的埋设　表 4-6

类型	说　明
安装要求	①拉线与电杆之间的夹角不宜小于 45°；当受地形限制时，可适当小些，但不应小于 30°。 ②终端杆的拉线及耐张杆承力拉线应与线路方向对正，分角拉线应与线路分角线方向对正，防风拉线应与线路方向垂直。 ③采用绑扎固定的拉线安装时，拉线两端应设置心形环。 ④当一根电杆上装设多股拉线时，拉线不应有过松、过紧、受力不均匀等现象。 ⑤埋设拉线盘的拉线坑应有滑坡（马道），回填土应有防沉土台，拉线棒与拉线盘的连接应使用双螺母。 ⑥居民区、厂矿内，混凝土电杆的拉线从导线之间穿过时。应装设拉线绝缘子。在断线情况下，拉线绝缘子距地面不应小于 2.5m。拉线穿过公路时，对路面中心的垂直距离不应小于 6m。 ⑦合股组成的镀锌铁线用作拉线时，股数不应少于三股，其单股直径不应小于 4.0mm，绞合均匀，受力相等，不应出现抽筋现象。合股组成的镀锌铁线拉线采用自身缠绕固定时，宜采用直径不小于 3.2mm 镀锌铁线绑扎固定。绑扎应整齐紧密，其缠绕长度为：三股线不应小于 80mm。五股线不应小于 150mm，花缠不应小于 250mm，上端不应小于 100mm。 ⑧拉线在地面上下各 300mm 部分，为了防止腐蚀，应涂刷防腐油，然后用浸过防腐油的麻布条缠卷，并用铁线绑牢。 ⑨钢绞线拉线可采用直径不小于 3.2mm 的镀锌铁线绑扎固定。绑扎应整齐、紧密，缠绕长度不能小于表 4-7 所列数值。

缠绕长度最小值　表 4-7

钢绞线截面 /mm²	缠绕长度/mm				
	上端	中端有绝缘子的两端	与拉棒连接处		
			下端	花缠	上端
25	200	200	150	250	80
35	250	250	200	300	80
50	300	300	250	250	80

⑩采用 UT 型线夹及楔形线夹固定的拉线安装时：

a. 安装前丝扣上应涂润滑剂；

b. 线夹舌板与拉线接触应紧密，受力后无滑动现象，线夹的凸度应在尾线侧，安装时不得损伤导线；

c. 拉线弯曲部分不应有明显松股，拉线断头处与拉线主线应可靠固定。线夹处露出的尾线长度不宜超过 400mm；

d. 同一组拉线使用双线夹时，其尾线端的方向应作统一规定；

e. UT 型线夹或花篮螺栓的螺杆应露扣，并应有不小于 12 螺杆丝扣长度可供调整。调整后，UT 型线夹的双螺母应并紧，花篮螺栓应封固。

续表

<table>
<tr><th>类型</th><th>说 明</th></tr>
<tr><td>安装要求</td><td>⑪采用拉桩杆拉线的安装应符合下列规定：
a. 拉杆桩埋设深度不应小于杆长的 1/6；
b. 拉杆桩应向张力反方向倾斜 15°～20°；
c. 拉杆坠线与拉桩杆夹角不应小于 30°；
d. 拉桩坠线上端固定点的位置距拉桩杆顶应为 0.25m，距地面不应小于 4.5m；
e. 拉柱坠线采用镀锌铁线绑扎固定时，缠绕长度可参照表 4-7 所列数值</td></tr>
<tr><td>拉线坑的开挖</td><td>拉线坑应开挖在标定拉线桩位处，其中心线及深度应符合设计要求。在拉线引入一侧应开挖斜槽，以免拉线不能伸直，影响拉力。其截面和形式可根据具体情况确定。
拉线坑深度应根据拉线盘埋设深度确定。拉线盘埋设深度应符合工程设计规定，工程设计无规定时，可参见表 4-8 数值确定。
拉线盘埋设深度　　表 4-8
<table>
<tr><th>拉线棒长度/m</th><th>拉线盘长×宽/mm</th><th>埋深/m</th></tr>
<tr><td>2</td><td>500×300</td><td>1.3</td></tr>
<tr><td>2.5</td><td>600×400</td><td>1.6</td></tr>
<tr><td>3</td><td>800×600</td><td>2.1</td></tr>
</table></td></tr>
<tr><td>拉线盘的埋设</td><td>在埋设拉线盘之前，首先应将下把拉线棒组装好，然后再进行整体埋设。拉线坑应有斜坡，回填土时应将土块打碎后夯实。拉线坑宜设防沉层。拉线棒应与拉线盘垂直，其外露地面部分长度应为 500～700mm。目前，普遍采用的下把拉线棒为圆钢拉线棒，它的下端套有丝口。上端有拉环，安装时拉线棒穿过水泥拉线盘孔，放好垫圈，拧上双螺母即可，如图 4-5 所示。下把拉线棒装好之后，将拉线盘放正，使底把拉环露出地面 500～700mm，即可分层填土夯实。
焊接
φ16～19 钢筋
图 4-5　拉线盘的埋设</td></tr>
</table>

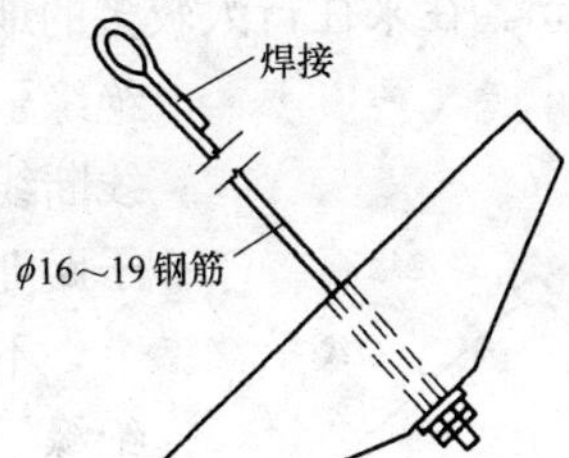

续表

<table>
<tr><th>类型</th><th>说　明</th></tr>
<tr><td>拉线盘的埋设</td><td>拉线盘选择及设埋深度以及拉线底把所采用的镀锌线和镀锌钢绞线与圆钢拉线棒的换算,可参见表 4-9。

拉线盘的选择及埋设深度　表 4-9

<table>
<tr><th rowspan="2">拉线所受拉力/kN</th><th colspan="2">选用拉线规格</th><th rowspan="2">拉线盘规格/m</th><th rowspan="2">拉线盘埋深/m</th></tr>
<tr><th>Φ14.0 镀锌铁线/股数</th><th>镀锌钢绞线/mm²</th></tr>
<tr><td>15 及以下</td><td>5 及以下</td><td>25</td><td>0.6×0.3</td><td>1.2</td></tr>
<tr><td>21</td><td>7</td><td>35</td><td>0.8×0.4</td><td>1.2</td></tr>
<tr><td>27</td><td>9</td><td>50</td><td>0.8×0.4</td><td>1.5</td></tr>
<tr><td>39</td><td>13</td><td>70</td><td>1.0×0.5</td><td>1.6</td></tr>
<tr><td>54</td><td>2×3</td><td>2×50</td><td>1.2×0.6</td><td>1.7</td></tr>
<tr><td>78</td><td>2×13</td><td>2×70</td><td>1.2×0.6</td><td>1.9</td></tr>
</table>

拉线棒地面上下 200～300mm 处，都要涂以沥青。泥土中含有盐碱成分较多的地方，还要从拉线棒出土 150mm 处起，缠卷 80mm 宽的麻带，缠到地面以下 350mm 处，并浸透沥青，以防腐蚀。涂油和缠麻带，都应在填土前做好</td></tr>
</table>

(2) 拉线上把安装及收紧拉线

① 拉线上把安装。拉线上把装在混凝土电杆上，须用拉线抱箍及螺栓固定。其方法是用一只螺栓将拉线抱箍抱在电杆上，然后把预制好的上把拉线环放在两片抱箍的螺孔间，穿入螺栓拧上螺母固定之。上把拉线环的内径以能穿入 16mm 螺栓为宜，但不能大于 25mm。在来往行人较多的地方，拉线上应装设拉线绝缘子。其安装位置，应使拉线断线而沿电杆下垂时。绝缘子距地面的高度在 2.5m 以上，不致触及行人。同时，使绝缘子距电杆最近距离也应保持 2.5m。使人不至于在杆上操作时触及接地部分，如

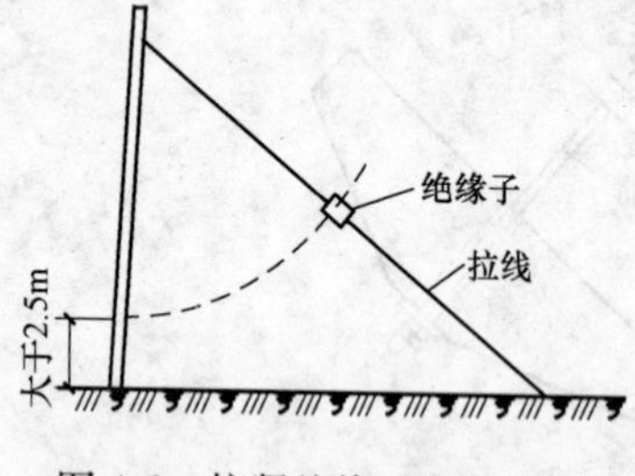

图 4-6　拉紧绝缘子安装位置

图 4-6所示。

② 收紧拉线。下部拉线盘埋设完毕，上把做好后可以收紧拉线，使上部拉线和下部拉线连接起来，成为一个整体。

收紧拉线可使用紧线钳，其方法如图 4-7 所示。在收紧拉线前，先将花篮螺栓的两端螺杆旋入螺母内，使它们之间保持最大距离，以备继续旋入调整。然后将紧线钳的钢丝绳伸开，一只紧线钳夹握在拉线高处，再将拉线下端穿过花篮螺栓的拉环，放在三角圈槽里，向上折回，并用另一只紧线钳夹住，花篮螺栓的另一端套在拉线棒的拉环上，所有准备工作做好之后，将拉线慢慢收紧，紧到一定程度时，检查一下杆身和拉线的各部位，如无问题后，再继续收紧，把电杆校正，如图 4-7（*b*）所示。对于终端杆和转角杆，拉线收紧后，杆顶可向拉线侧倾斜电杆梢径的 1/2，最后用自缠法或另缠法绑扎。

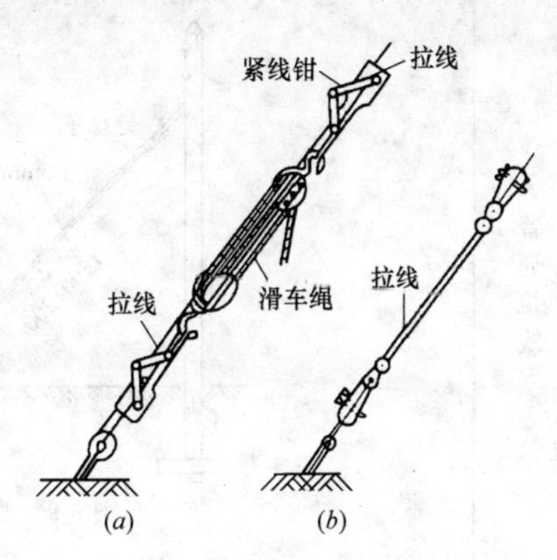

图 4-7 收紧拉线中把方法

为了防止花篮螺栓螺纹倒转松退，可用一根 ϕ4.0 镀锌铁线，两端从螺杆孔穿过，在螺栓中间绞拧二次，再分别向螺母两侧绕 3 圈，最后将两端头自相扭结，使调整装置不能任意转动，如图 4-8 所示。

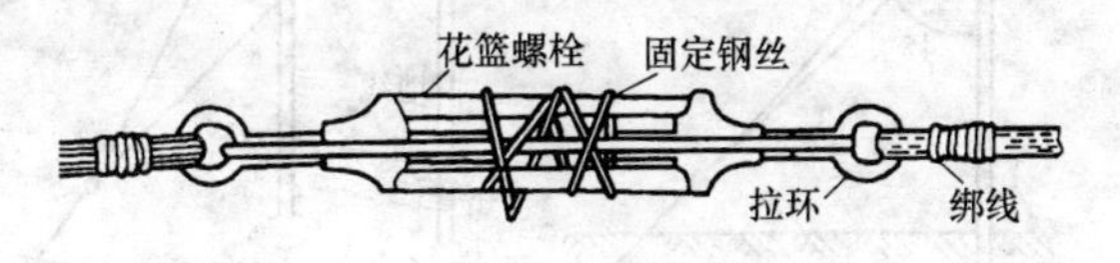

图 4-8 花篮螺栓的封缠

（二）拉线方法

其拉线方法及说明见表 4-10。

拉线方法　　　　表 4-10

<table>
<tr><th>方法</th><th>说　明</th></tr>
<tr><td>普通拉线</td><td>普通拉线也叫承力拉线，多用在线路的终端杆、转角杆、耐张杆等处，主要起平衡力的作用。拉线与电杆夹角宜取 45°，如受地形限制，可适当减少，但不应小于 30°，如图 4-9 所示。
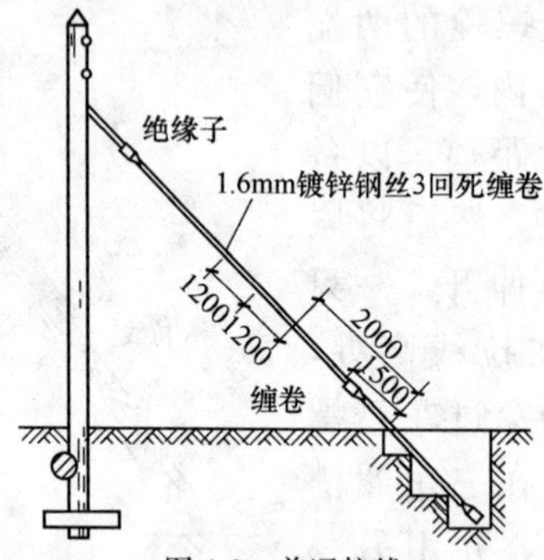

图 4-9　普通拉线
架空线路转角在 45°及以下时，在转角杆处仅允许装设分角拉线；线路转角在 45°以上时，应装设顺线型拉线。耐张杆装设拉线时，当电杆两侧导线截面相差较大时，应装对称拉线</td></tr>
<tr><td>两侧拉线</td><td>两侧拉线也称人字托线或防风拉线，多装设在直线杆的两侧，用以增强电杆抗风吹倒的能力。防风拉线应与线路方向垂直，拉线与电杆的夹角宜取 45°</td></tr>
<tr><td>四方拉线</td><td>四方拉线也称十字拉线，在横线方向电杆的两侧和顺线路方向电杆的两侧都装设拉线，用以增强耐张单杆和土质松软地区电杆的稳定性</td></tr>
<tr><td>Y形拉线</td><td>Y 形拉线也称 V 形拉线，可分为垂直 V 形和水平 V 形两种，主要用在电杆较高、横担较多、架设导线条数较多的地方，如图 4-10 所示。
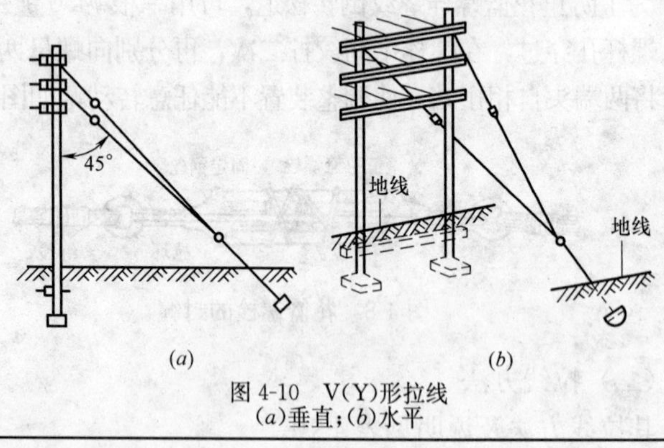

图 4-10　V(Y)形拉线
(a)垂直；(b)水平</td></tr>
</table>

续表

方法	说　明
Y形拉线	垂直V形拉线就是在垂直面上拉力合力点上下两处各安装一条拉线，两条拉线可以各自和拉线下把相连，也可以合并为一根拉线与拉线下把相连，如同"Y"字形，如图4-10(*a*)所示。水平V形拉线多用于H杆，拉线上端各自连到两单杆的合力点或者合并成一根拉线，也可把各自两根拉线连接到拉线的下把，如图4-10(*b*)所示
过道拉线	过道拉线也称水平拉线，由于电杆距离道路太近，不能就地安装拉线，或跨越其他设备时，则采用过道拉线。即在道路的另一侧立一根拉线杆，在此杆上作一条过道拉线和一条普通拉线。过道拉线应保持一定高度，以免妨碍行人和车辆通行，如图4-11所示。过道拉线在跨越道路时，拉线对路边的垂直距离不应小于4.5m，对行车路面中心的垂直距离不应小于6m；跨越电车行车线时，对路面中心的垂直距离不应小于9m 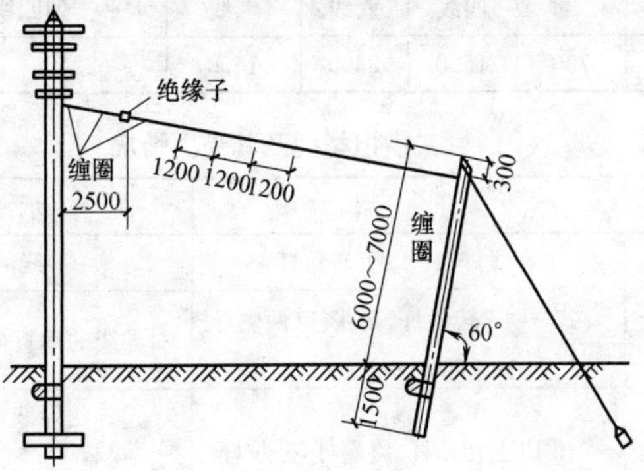 图4-11　过道拉线示意
共同拉线	在直线路的电杆上产生不平衡拉力时，因地形限制不能安装拉线时，可采用共同拉线，即将拉线固定在相邻电杆上，用以平衡拉力，如图4-12所示 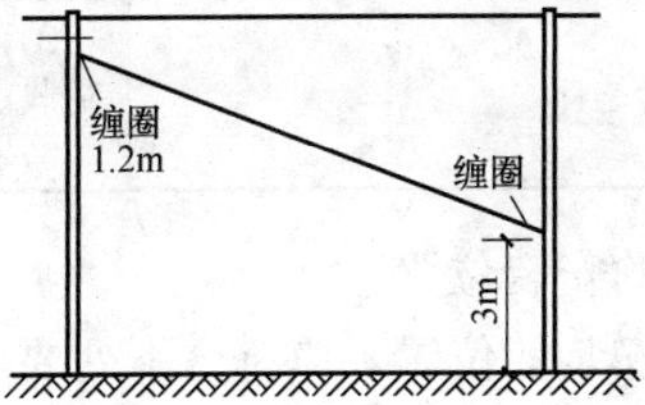 图4-12　共同拉线示意

三、杆上电气设备安装

1. 横担的安装

为了方便施工，一般都在地面上将电杆顶部的横担、金具等全部组装完毕，然后整体立杆。如果电杆竖起后组装，则应从电杆的最上端开始安装。

（1）横担的长度及受力情况

横担的长度选择可参照表 4-11，横担类型及其受力情况参见表 4-12。

横担长度选择表　　　　表 4-11

横担材料	低压线路			高压线路		
	二线	四线	六线	二线	水平排列四线	陶瓷横担头部
铁	700	1500	2300	1500	2240	800

横担类型及其受力情况　　　　表 4-12

横担类型	杆　型	承受荷载
单横担	直线杆，15°以下转角杆	导线的垂直荷载
双横担	15°～45°转角杆，耐张杆（两侧导线拉力差为零）	导线的垂直荷载
	45°以上转角杆，终端杆，分歧杆	①一侧导线最大允许托力的水平荷载； ②导线的垂直荷载
	耐张杆（两侧导线有拉力差），大跨越杆	①两侧导线拉力差的水平荷载； ②导线的垂直荷载
带斜撑的双横担	终端杆，分歧杆，终端型转角杆	①两侧导线拉力差的水平荷载； ②导线的垂直荷载
	大跨越杆	①两侧导线的拉力差的水平荷载； ②导线的垂直荷载

（2）横担的安装位置

杆上横担安装的位置，应符合下列要求：

① 直线杆的横担，应安装在受电侧；

② 转角杆、分支杆、终端杆以及受导线张力不平衡的地方，

横担应安装在张力的反方向侧；

③ 多层横担均应装在同一侧；

④ 有弯曲的电杆，横担均应装在弯曲侧，并使电杆的弯曲部分与线路的方向一致。

(3) 横担的安装要求

① 直线杆单横担应装于受电侧，90°转角杆及终端杆单横担应装于拉线侧。

② 导线为水平排列时，上层横担距杆顶距离应大于200mm。

③ 横担安装应平整，横担端部上下歪斜、左右扭斜偏差均不得大于20mm。

④ 带叉梁的双杆组立后，杆身和叉梁均不应有鼓肚现象。叉梁铁板、抱箍与主杆的连接牢固、局部间隙不应大于50mm。

⑤ 10kV线路与35kV线路同杆架设时，两条线路导线之间垂直距离不应小于2m。

⑥ 高、低压同杆架设的线路，高压线路横担应在上层。架设同一电压等级的不同回路导线时，应把线路弧垂较大的横担放置于下层。

⑦ 同一电源的高、低压线路宜同杆架设。为了维修和减少停电，直线杆横担数不宜超过4层（包括路灯线路）。

⑧ 螺栓的穿入方向应符合下列规定：

a. 对平面结构：顺线路方向，单面构件由送电侧穿入或按统一方向；横线路方向，两侧由内向外，中间由左向右（面向受电侧）或按统一方向；双面构件由内向外；垂直方向，由下向上。

b. 对立体结构：水平方向由内向外；垂直方向，由下向上。

⑨ 以螺栓连接的构件应符合下列规定：

a. 螺杆应与构件面垂直，螺头平面与构件间不应有空隙。

b. 螺栓紧好后，螺杆丝扣露出的长度：单螺母不应少于2扣；双螺母可平扣。

c. 必须加垫圈者，每端垫圈不应超过两个。

（4）横担安装步骤及安装方法

横担安装步骤及安装方法见表 4-13。

横担安装步骤及安装方法 **表 4-13**

	步　　骤	图　　示
直线杆铁横担的安装步骤	在横担上合好 M 形垫铁	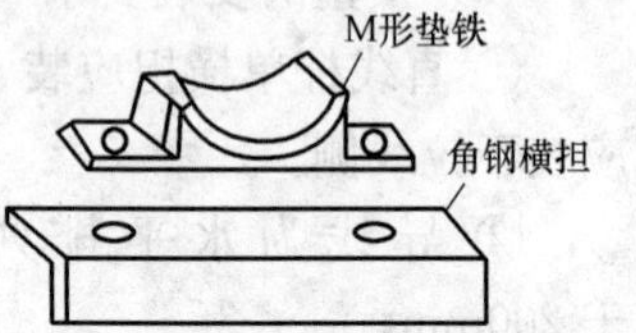 M形垫铁 角钢横担
	用 U 形抱箍从电杆背部抱过杆身，穿过 M 形垫铁和横担的两孔，用螺母拧紧固定	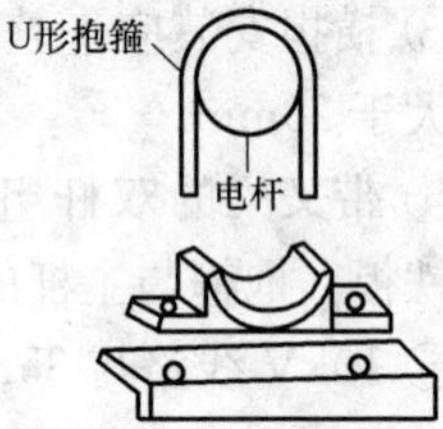 U形抱箍 电杆
	安装后的铁横担	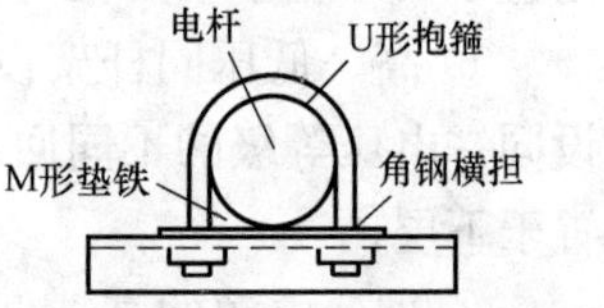 电杆 U形抱箍 M形垫铁 角钢横担

横担的固定方法	名称	用 U 形抱箍固定	用半固定夹板固定	双横担固定
	图示			
横担的安装方法	名称	直线横担安装	直线转角横担安装	90°转角横担安装
	图示			

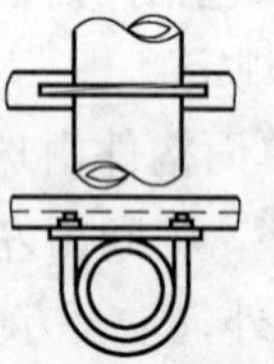

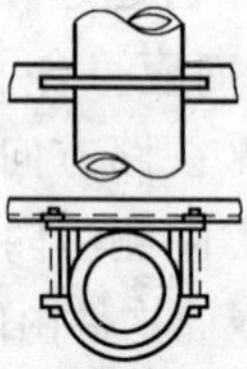

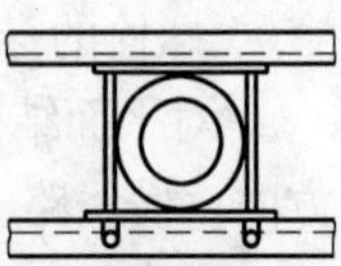

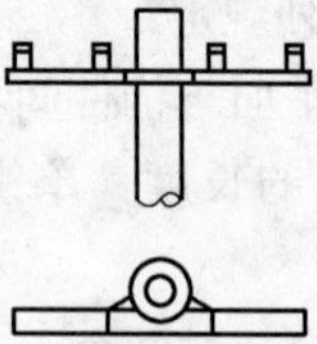

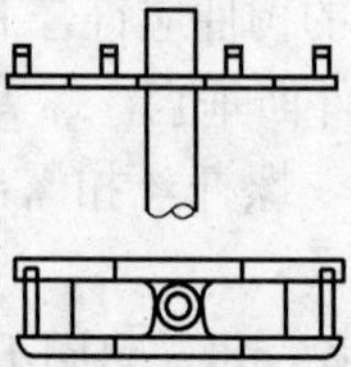

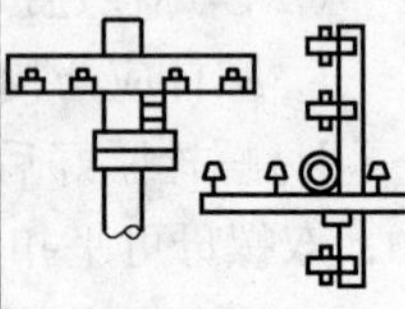

续表

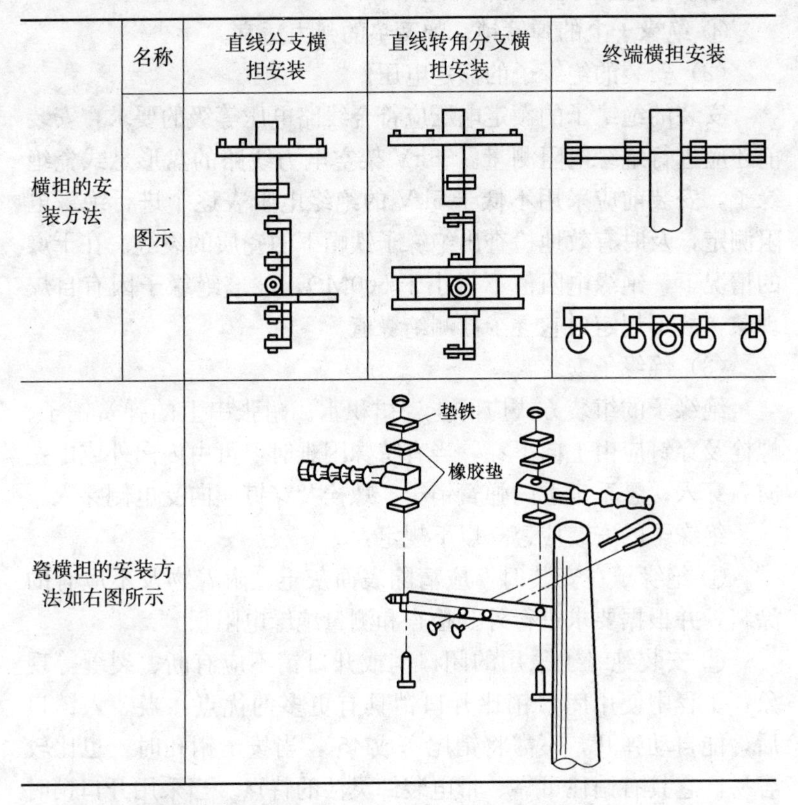

	名称	直线分支横担安装	直线转角分支横担安装	终端横担安装
横担的安装方法	图示			
瓷横担的安装方法如右图所示				

2. 绝缘子安装

绝缘子按其使用电压可分为高压绝缘子和低压绝缘子两类。按结构用途可分为高压线路刚性绝缘子、高压线路悬式绝缘子和低压线路绝缘子。

（1）外观检查

绝缘子安装前的检查，是保证安全运行的必要条件，外观检查应符合下列规定：

① 瓷件及铁件应结合紧密，铁件镀锌良好；

② 瓷釉光滑，无裂纹、缺釉、斑点、烧痕、气泡或瓷釉烧坏等缺陷；

③ 严禁使用硫黄浇灌的绝缘子；

④ 绝缘子上的弹簧锁、弹簧垫的弹力适宜。

（2）安装的绝缘子的额定电压

安装的绝缘子的额定电压应符合线路电压等级的要求，安装前还应进行绝缘电阻测量。35kV 架空电力线路的盘形悬式瓷绝缘子，安装前应采用不低于 5kV 的绝缘电阻表逐个进行绝缘电阻测定，及时有效地检查出绝缘子铁帽下的瓷质的裂缝。在干燥的情况下，绝缘电阻值不得小于 500MΩ。玻璃绝缘子因有自爆现象，故不规定对它逐个摇测绝缘值。

（3）绝缘子安装

绝缘子的组装方式应防止瓷裙积水。耐张串上的弹簧销子、螺栓及穿钉应由上向下穿，当有特殊困难时，可由内向外或由左向右穿入；悬垂串上的弹簧销子、螺栓及穿钉应向受电侧穿入。

绝缘子的安装应遵守以下规定：

① 绝缘子在安装时，应清除表面灰土、附着物及不应有的涂料，并根据要求进行外观检查和测量绝缘电阻。

② 安装绝缘子采用的闭口销或开口销不应有断、裂缝等现象，工程中使用闭口销比开口销具有更多的优点，当装入销口后，能自动弹开，不需将销尾弯成 45°，当拔出销孔时，也比较容易。它具有销住可靠、带电装卸灵活的特点。当采用开口销时应对称开口，开口角度应为 30°～60°。工程中严禁用线材或其他材料代替闭口销、开口销。

③ 绝缘子在直立安装时，顶端顺线路歪斜不应大于 10mm；在水平安装时，顶端宜向上翘起 5°～15°，顶端顺线路歪斜不应大于 20mm。

④ 转角杆安装瓷横担绝缘子，顶端竖直安装的瓷横担支架应安装在转角的内角侧（瓷横担绝缘子应装在支架的外角侧）。

⑤ 全瓷式瓷横担绝缘子的固定处应加软垫。

四、架设导线

1. 导线检查与修补

架线前，应检查导线是否符合设计要求，有无严重的机械损伤，有无断股、破股、导线扭曲等，特别是铝导线有无严重的腐蚀现象。

(1) 导线损伤修补标准

当导线在同一处损伤需进行修补时，损伤补修处理标准应符合表4-14的规定。导线在同一处（即导线的一个节距内）单股损伤深度小于直径的1/2或钢芯铝绞线、钢芯铝合金绞线损伤截面小于导电部分截面积的5%，且强度损失小于4%以及单金属绞线损伤截面积小于4%时，应将损伤处棱角与毛刺用0号砂纸磨光，可不做修补。

导线损伤补修处理标准 **表4-14**

导线类别	损伤情况	处理方法
铝绞线	导线在同一处损伤程度已经超过规定，但因损伤导致强度损失不超过总拉断力的5%时	缠绕或补修预绞线修理
铝合金绞线	导线在同一处损伤程度损失超过总拉断力的5%，但不超过17%时	补修管补修
钢芯铝绞线	导线在同一处损伤程度已超过规定，但因损伤导致强度损失不超过总拉断力的5%，且截面积损伤又不超过导电部分总截面积的7%时	缠绕或补修预绞线修理
钢芯铝合金绞线	导线在同一处损伤的强度损失已超过总拉断力的5%但不足17%，且截面积损伤也不超过导电部分总截面积的25%时	补修管补修

(2) 导线损伤处理方法

当导线某处有损伤时，常用的修补方法有缠绕、补修预绞线和补修管补修等，其具体操作如下：

① 缠绕处理。采用缠绕法处理损伤的铝绞线时，导线受损伤的线股应处理平整。选用与导线相同金属的单股线为缠绕材料，缠绕导线直径不应小于2mm。缠绕中心应位于导线损伤的最严重处，缠绕应紧密，受损伤部分应该全部被覆盖住，缠绕长

度不应小于 100mm。

② 补修预绞线修理。补修预绞线是由铝镁硅合金制成的，适用于 LGJ35-400 型钢芯铝绞线和 LGJQ-300-500 型轻型钢芯铝绞线。

采用补修预绞线处理时，首先应将需要修补的受损伤处的线股处理平整。操作时先将损伤部分导线净化，净化长度为预绞线长度的 1.2 倍，预绞线的长度不应小于导线的 3 个节距，在净化后的部位涂抹一层中性凡士林，然后将相应规格的补修预绞线一组用手缠绕在导线上，补修预绞线的中心应位于损伤最严重处，同一组各根均匀排列，不能重叠，且与导线接触紧密，损伤处应全部覆盖。

③ 补修管补修。当铝合金绞线和钢芯铝绞线的损伤情况超过规定时，可以用补修管补修。补修管为铝制的圆管，由大半圆和小半圆两个半片合成，如图 4-13 所示，套入导线的损伤部分，损伤处的导线应先恢复其原绞制状态，补修管的中心应位于损伤最严重处，需补修导线的范围应位于管内各 20mm 处，并且将损伤部分放置在大半圆内，然后把小半圆的铝片从端部插入。用液压机进行压紧，所用钢模为相同规格的导线连接管钢模。

图 4-13　补修管

2. 放线

放线就是把导线从线盘上放出来架设于电杆的横担上。常用的放线方法有施放法和展放法两种。施放法即是将线盘架设在放线架上拖放导线；展放法则是将线盘架设在施工汽车上，行驶中展放导线。

3. 导线连接

导线放完后，导线的断头都要连接起来，使其成为连通的线路。导线及避雷线常用的连接方法如下：

（1）钳压连接

钳压连接适用于 LGJ-240 及以下的导线和 LJ-185 及以下的导线。钳压连接是将导线插入钳接管内，用钳压器或导线压接机压接而成。其施工方法如下：

① 按前述的一般要求，将导线及钳接管清洗干净后，将导线头从两端插入钳接管内，管两端露出导线 30～50mm。

② 然后插入衬垫，使其处于两导线之间，并在接线管上画出压痕位置。

③ 将钳压管放入钳压器的钢模内进行钳压，其压口位置及钳压顺序如图 4-14 所示。

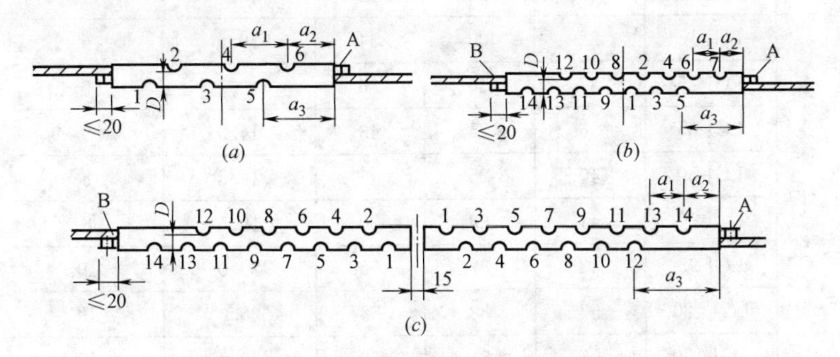

图 4-14　导线钳压连接钳压顺序

（*a*）LJ-35 铝绞线钳压顺序；（*b*）LGJ-35 型钢芯铝绞线钳压顺序；（*c*）LGJ-35 型钢芯铝绞线钳压顺序

④ 压接完毕后，压口数及压后尺寸、钳压部位尺寸应符合表 4-15 的要求。压后尺寸容许误差为±0.5mm。

导线钳压接技术数据　　　　表 4-15

导线型号		钳压部位尺寸/mm			压后尺寸 h/mm	压口数/mm
		a_1	a_2	a_3		
钢芯铝绞线	LGJ-16	28	14	28	12.5	12
	LGJ-25	32	15	31	14.5	14
	LGJ-35	34	42.5	93.5	17.5	14

续表

导线型号		钳压部位尺寸/mm			压后尺寸 h/mm	压口数 /mm
		a_1	a_2	a_3		
钢芯铝绞线	LGJ-50	38	48.5	105.5	20.5	16
	LGJ-70	46	54.5	123.5	25.0	16
	LGJ-95	54	61.5	142.5	29.0	20
	LGJ-120	62	67.5	160.5	33.0	24
	LGJ-150	64	70	166	36.0	24
	LGJ-185	66	74.5	173.5	39.0	26
	LGJ-240	62	68.5	161.5	43.0	2×14
铝绞线	LGI-16	28	20	34	10.5	6
	LGJ-25	32	20	36	12.5	6
	LGJ-35	36	25	43	14.0	6
	LGJ-50	40	25	45	16.5	8
	LGJ-70	44	28	30	19.5	8
	LGJ-95	48	32	56	23.0	10
	LGJ-120	52	33	59	26.0	10
	LGJ-150	56	34	62	30.0	10
	LGJ-185	60	35	65	33.5	10
铜绞线	LGJ-16	78	14	28	10.5	6
	LGJ-25	32	16	32	12.0	6
	LGJ-35	36	18	36	14.5	6
	LGJ-50	40	20	40	17.5	8
	LGL-70	44	22	44	20.5	8
	LGJ-95	148	24	48	24.0	10
	LGJ-120	52	26	52	27.5	10
	LGJ-150	56	28	56	31.5	10

⑤ 对 LGJ-240 导线使用两个钳接管连接。

⑥ 每压完一个模稍停一会儿，然后再松模，以保证压后成

凹深度。最外边的模口一定要压在导线的短头处。

（2）液压连接

液压连接是指用导线压接机将连接导线的压接管或耐张线夹进行压接的一种方式。液压连接适用于 LGJ-240 以上导线或钢绞线的连接，其施工方法如下：

① 在导线两端量取钢压接管的一半长度加 10mm，用红铅笔划印，然后在红铅笔线上用细铁丝或铝线扎紧导线，并把铝股松开如图 4-15（*a*）所示。

② 将铝股锯掉，如图 4-15（*b*）所示。

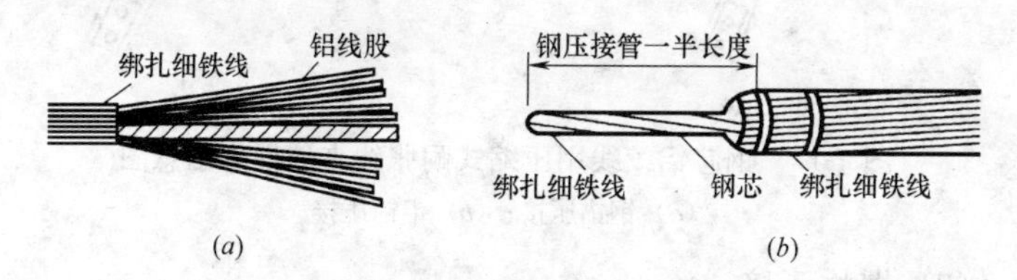

图 4-15　导线的绑扎和切除

（*a*）铝股松开；（*b*）铝股锯掉

③ 先套入铝压接管，再将钢芯插入钢芯接管，其两端在钢压接管中央接触，然后按图 4-17（*a*）所示的数字顺序对钢压接管进行压接。

④ 钢压接管压完后，将铝压接管移至钢压接管上，按图 4-16（*b*）所示进行压接。压接时注意钢管与铝管重叠部分不压，压接顺序是自重叠区段两端各留出 10mm 处分别向两端进行（压完一端再压另一端）。

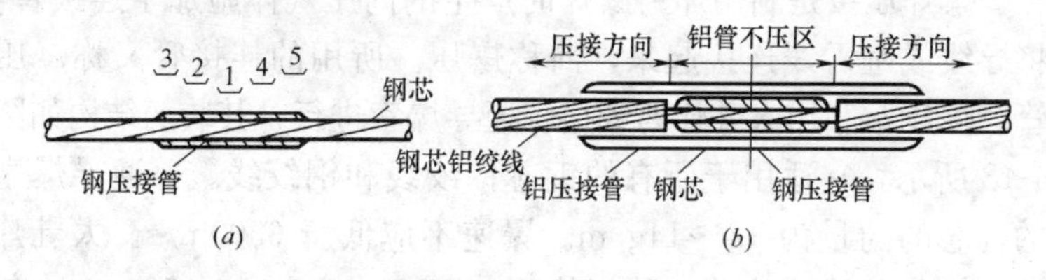

图 4-16　导线接续管液压操作示意图

（*a*）钢压接管压接；（*b*）铝压接管压接

⑤ 液压时，相邻两模应重叠 5～10mm，压接完毕将铝管涂防锈漆封口。

⑥ 压接钢芯铝绞线的耐张线夹时，是将钢芯插入钢锚后，按图 4-17（*a*）中 A 箭头方向压接，然后将铝管套入钢锚中按图 4-17（*b*）中 B 方向压接。

⑦ 压接钢绞线时，按图 4-16（*a*）所示 1、2、3 及 4、5 的顺序进行压接。

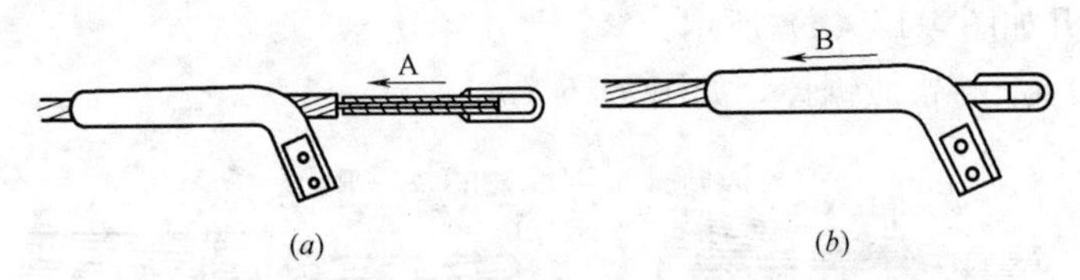

图 4-17　钢芯铝绞线用压缩式耐张线夹液操作示意图

（*a*）钢锚压接；（*b*）铝锚压接

（3）爆炸压接

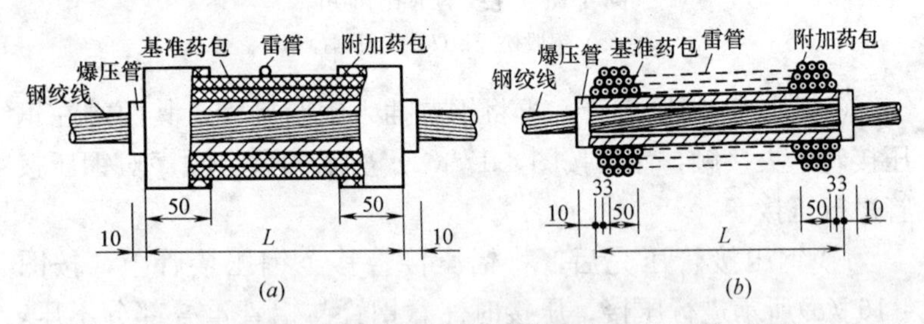

图 4-18　对接式钢绞线用爆压直线连接管的装药结构图（单位：mm）

（*a*）太乳炸药装药结构图；（*b*）导爆索装药结构图

爆炸压接是利用炸药爆炸时产生的高压气体施加于连接管，将导线或避雷线连接起来，简称爆压。所用的连接管又称爆压管。爆压常利用太乳炸药或用普通导爆索进行，其装药结构如图 4-18 所示，它适用于所有的钢芯铝绞线和钢绞线。普通导爆索的药芯的药量为 12～14g/m。爆速不应低于 6500m/s。太乳炸药，是一种片状炸药，其规格为：5mm×340mm×520mm。使用时用刀切断所需要的尺寸，但不准用剪刀剪切。

爆炸压接的施工方法，是将太乳炸药用刀切成所需要的尺寸绕在压接管上，或用导爆索缠绕在压接管上，然后用非金属壳的雷管引爆压接。

为保证爆压质量，进行爆压时主要操作工艺如下：

① 所用的爆压管必须和连接的导线避雷线相适应，且不得有裂纹、砂眼和气孔等缺陷。导线、避雷线及爆压管壁不得有油污和损伤。

② 为了使爆压管爆压后表面美观、光洁并防止烧伤，所有铝管表面都必须加以保护。使用太乳炸药时，铝管表面应均匀浸石蜡松香溶液，浸层厚度 1.5～2.0mm。该溶液的配比为 1：1，溶液温度控制在 70～85℃。浸蜡时应堵严管口，防止溶液浸入管内。

使用导爆索时可用黄纸板浸水湿后在管外包 2～3 层，或用塑料带在管外包 5～6 层，再缠一层黑胶布，保护层总厚度 3mm，用导爆索爆压钢连接管时，其外表面需包 3～4 层塑料胶带。所有保护层的长度均应大于药包长度 5～10mm。对于钢芯铝绞线用的连接管爆压时，在包药前须在管两端增绕 3～4 层黑胶布（长 30mm），以改善缩口形状。

③ 对于标称截面 300mm 及以上的钢芯铝绞线，在爆压过程中，为防止钢管内钢芯烧伤，须将连接管的钢管端和耐张线夹的耐张钢锚端处的钢芯加以保护。其方法是在铝线端头留 10mm 的内层铝股台阶，穿线时将该台阶铝股穿入钢管内或钢锚内。如图 4-19 所示和图 4-20 所示为导线切割尺寸及穿线情形。

④ 雷管位置一定放在图示位置，不得随意改动。引爆时将爆压管离地 1.5m 引爆。雷管壳应为非金属壳，以免爆炸伤人。遇有瞎炮，应等 15min 后才能接近药包查找原因，妥善处理。

⑤ 地面爆炸时距人体一般应大于 30m，如在杆上爆压时距人体应大于 3m，操作人员背靠可阻挡爆轰波的杆塔构件，且需系好安全带。

4. 紧线

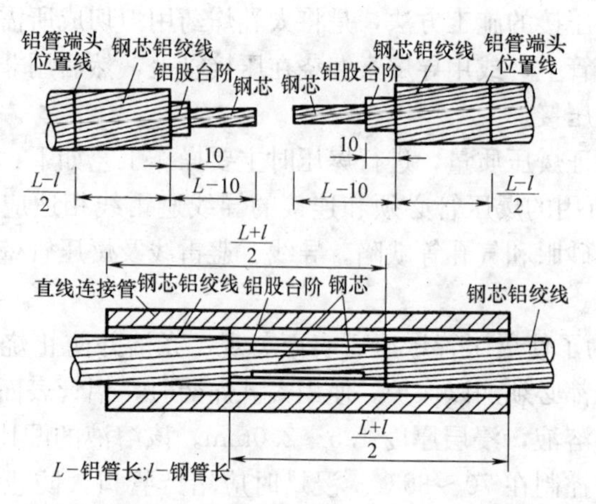

图 4-19 直线连接管钢芯铝绞线切割及穿线方法示意图（单位：mm）

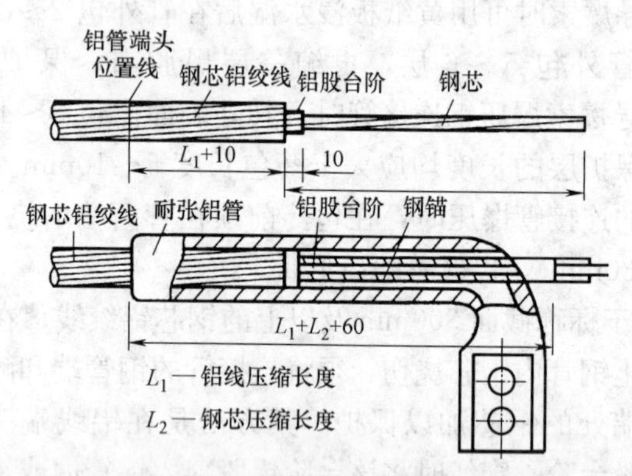

图 4-20 耐张夹爆压、钢芯铝绞线切割及穿线示意图（单位：mm）

紧线前必须先做好耐张杆、转角杆和终端杆的本身拉线，然后再分段紧线；在展放导线时，导线的展放长度应比档距长度略有增加，平地时一般可增加 2%，山地可增加 3%，还应尽量在一个耐张段内。导线紧好后再剪断导线，避免造成浪费。

在紧线前，在一端的耐张杆上，先把导线的一端在绝缘子上做终端固定然后在另一端用紧线器紧线；紧线前在紧线段耐张杆受力侧除有正式拉线外，应装设临时拉线。一般可用钢丝绳或具有足够强度的钢线拴在横担的两端，以防紧线时横担发生偏扭待紧完导线并固定好以后，才可拆除临时拉线。

紧线时在耐张段操作端。直接或通过滑轮组来牵引导线，使导线收紧后再用紧线器夹住导线；紧线时，一般应做到每根电杆上有人，以便及时松动导线，使导线接头能顺利地越过滑轮和绝缘子。

5. 导线在绝缘子上的绑扎方法

(1) 顶绑法

顶绑法适用于 1～10kV 直线杆针式绝缘子的固定绑扎。铝导线绑扎时应在导线绑扎处先绑 150mm 长的铝包带。所用铝包带宽为 10mm，厚为 1mm。绑线材料应与导线的材料相同，其直径在 2.6～3.0mm 范围内。其绑扎步骤如图 4-21 所示。

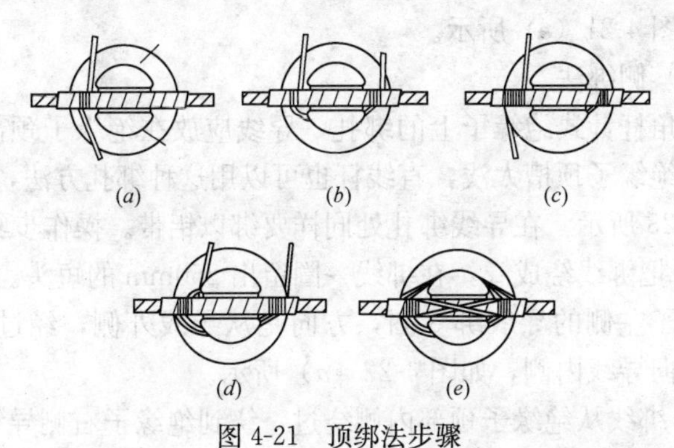

图 4-21 顶绑法步骤

① 把绑线绕成卷。在绑线一端留出一个长为 250mm 的短头，用短头在绝缘子左侧的导线上绑 3 圈，方向是从导线外侧经导线上方，绕向导线内侧。如图 4-21 (*a*) 所示。

② 用绑线在绝缘子颈部内侧绕到绝缘子右侧的导线上绑 3 圈，其方向是从导线下方，经外侧绕向上方，如图 4-21 (*b*) 所示。

③ 用绑线在绝缘子颈部外侧，绕到绝缘子左侧导线上再绑 3 圈，其方向是由导线下方经内侧绕到导线上方，如图 4-21 (*c*)

所示。

④ 用绑线从绝缘子颈部内侧，绕到绝缘子右侧导线上，并再绑 3 圈，其方向是由导线下方经外侧绕向导线上方，如图 4-21（*d*）所示。

⑤ 用绑线从绝缘子外侧绕到绝缘子左侧导线下面，并从导线内侧上来，经过绝缘子顶部交叉压在导线上，然后，从绝缘子右侧导线内侧绕到绝缘子颈部内侧，并从绝缘子左侧导线的下侧，经导线外侧上来，经过绝缘子顶部交叉压在导线上。此时，在导线上已有一个十字叉。

⑥ 重复以上方法再绑一个十字叉，把绑线从绝缘子右侧导线内侧经下方绕到绝缘子颈部外侧，与绑线另一端的短头，在绝缘子外侧中间扭绞成 2～3 圈的麻花线，余线剪去。留下部分压平，如图 4-21（*e*）所示。

（2）侧绑法

转角杆针式绝缘子上的绑扎，导线应放在绝缘子颈部外侧。若由于绝缘子顶槽太浅，直线杆也可以用这种绑扎方法，侧绑法如图 4-23 所示。在导线绑扎处同样要绑以铝带。操作步骤如下：

① 把绑线绕成卷，在绑线一圈留出 250mm 的短头。用短头在绝缘子左侧的导线绑 3 圈，方向是从导线外侧，经过导线上方，绕向导线内侧，如图 4-22（*a*）所示。

② 绑线从绝缘子颈部内侧绕过，绕到绝缘子右侧导线上方，交叉压在导线上，并从绝缘子左侧导线的外侧，经导线下方。绕到绝缘子颈部内侧，接着再绕到绝缘子右侧导线的下方，交叉压在导线上，再从绝缘子左侧导线上方，绕到绝缘子颈部内侧，如图 4-22（*b*）所示。此时导线外侧形成一个十字叉。随后，重复上法再绑一个十字叉。

③ 把绑线绕到右侧导线上，并绑 3 圈，方向是从导线上方绕到导线外侧，再到导线下方，如图 4-22（*c*）所示。

④ 把绑线从绝缘子颈部内侧，绕回到绝缘子左侧导线上，并绑 3 圈，方向是从导线下方，经过外侧绕到导线上方，然后经

过绝缘子颈部内侧，回到绝缘子右侧导线上，并再绑 3 圈，方向是从导线上方，经过外侧绕到导线下方，最后回到绝缘子颈部内侧中间，与绑线短头扭绞成 2～3 圈的麻花线，余线剪去，留下部分压平，如图 4-22（*d*）所示。

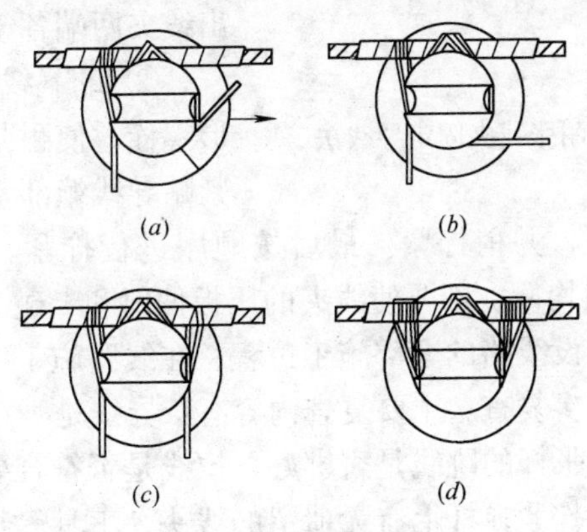

图 4-22　侧绑法步骤

（3）终端绑扎法

终端杆蝶式绝缘子的绑扎，其操作步骤如下：

① 首先在与绝缘子接触部分的铝导线上绑以铝带。然后，把绑线绕成卷，在绑线一端留出一个短头。长度为 200～250mm（绑扎长度为 150mm 者，留出短头长度为 200mm；绑扎长度为 200mm 者，短头长度为 250mm）。

② 把绑线短头夹在导线与折回导线之间，再用绑线在导线上绑扎，第一圈应离蝶式绝缘子表面 80mm，绑扎到规定长度后与短头扭绞 2～3 圈，余线剪断压平。最后把折回导线向反方向弯曲，如图 4-23 所示。

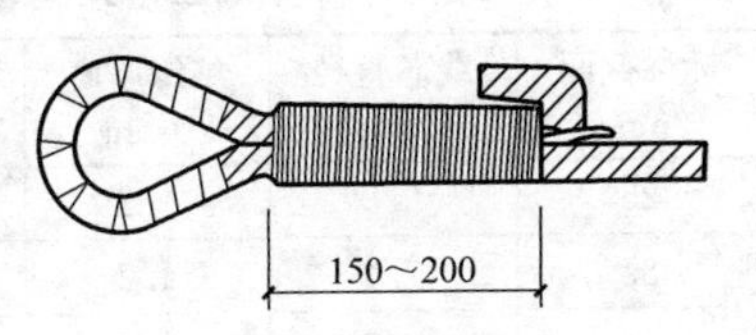

图 4-23　终端绑扎法

（4）耐张线夹固定导线法

该法如图 4-24 所示。操作步骤如下：

① 用紧线钳先将导线收紧，使弧垂比所要求的数值稍小些。

然后，在导线需要安装线夹的部分，用同规格的线股缠绕，缠绕时，应从一端开始绕向另一端，其方向须与导线外股缠绕方向一致。缠绕长度须露出线夹两端各10mm。

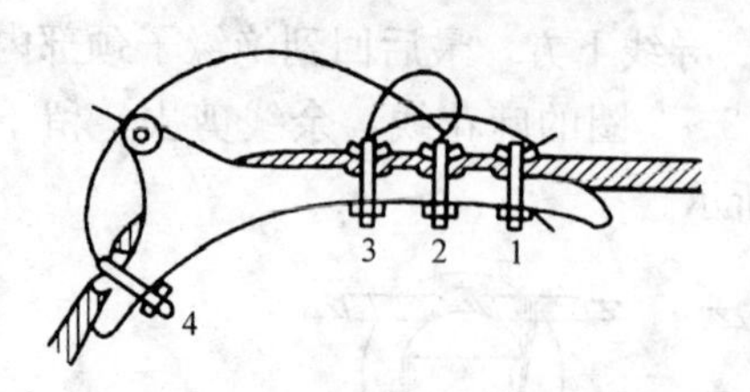

图 4-24　耐张线夹固定导线法

② 卸下线夹的全部U形螺栓，使耐张线夹的线槽紧贴导线缠部，装上全部U形螺栓及压板，并稍拧紧。最后按顺序进行拧紧。在拧紧过程中，要使受力均衡，不要使线夹的压板偏斜和卡碰。

以上为架设线路的全部施工过程。在线路施工结束后，应对新线路进行一次复查。主要复查内容有：导线是否牢固地绑扎在绝缘子上，耐张杆的跳线是否绑好，拉线是否符合要求，横担抱箍的螺帽是否拧紧，杆上有无遗留的线头、工具等物件，交叉跨越和线路周围环境有无问题等。若线路施工合格，在送电之前还要进行试送电。试送电就是将负荷全部拉开，线路处于空载状态。

五、低压加空绝缘线路

架空绝缘导线是近几年来发展起来的产品，已越来越广泛地应用于城市和农村低压电网中。

1. 绝缘导线

(1) 低压架空绝缘线参数见表4-16和表4-17。

低压集束绝缘线电抗参数　　表 4-16

标称截面/mm^2	线芯直径/mm	绝缘厚度/mm	标准外径/mm	几何均距/mm	电抗 Xo/(Ω/km)
25	6.3	1.2	8.7	8.7	0.079
35	7.4	1.2	9.8	9.8	0.079
50	8.7	1.4	11.5	11.5	0.077
70	10.5	1.4	13.3	13.3	0.074
95	12.4	1.6	15.6	15.6	0.074
120	14.1	1.6	17.3	17.3	0.072

注：因为低压集束绝缘线电抗很小，所以在一般计算中可以不考虑。

低压架空绝缘线参数　　表 4-17

导体标称截面/mm^2	线芯结构根数/单线标准直径/mm	绝缘标准厚度/mm	电线最大外径/mm	20℃时导线直流电阻不大于/(Ω/km)			计算拉断力/kN			单位质量/(kg/km)
				铜芯	铝芯	铝合金芯	铜芯	铝芯	铝合金芯	
16	7/1.70	1.0	7.1	1.15	1.91	2.217	5.120	2.556	3.667	60.9
25	7/2.14	1.2	8.9	0.727	1.20	1.398	8.135	3.92	6.403	94.6
35	7/2.52	1.2	10	0.524	0.868	1.025	11.137	5.184	8.810	125.7
50	19/1.78	1.4	11.7	0.3R7	0.661	0.763	15.43	7.137	11.404	177.8
70	19/2.14	1.4	13.5	0.268	0.443	0.518	22.081	9.855	16.907	239.7
95	19/2.52	1.6	15.8	0.193	0.320	0.374	30.234	13.005	22.101	324.9
120	37/2.03	1.6	17.5	0.153	0.253	0.297	38.791	17.478	28.547	401
150	37/2.25	1.6	19.4	0.124	0.206	0.241	47.295	20.979	34.266	491.8
185	37/2.52	2.0	21.7	0.099	0.164	0.192	58.878	25.596	43.498	619
240	61/2.25	2.2	24.7	0.075	0.125	0.146	69.766	32.634	53.302	798.5

(2) 绝缘导线的设计安全系数不应小于 3。最小允许使用截面：铝或铝合金为 25mm^2，铜为 16mm^2。允许载流量及温度校正系数见表 4-18 和表 4-19。

低压架空绝缘导线在空气温度为 30℃ 时的长期允许载流量　　表 4-18

导体标称截面/mm^2	铜导体		铝导体		铝合金导体	
	PVC	PE	PVC	PE	PVC	PE
16	102	104	79	81	73	75
25	138	142	107	111	99	102
35	170	175	132	136	122	125
50	209	216	162	168	149	154
70	266	275	207	214	191	198
95	332	344	257	267	238	247
120	384	400	299	311	276	287

续表

导体标称截面/mm²	铜导体		铝导体		铝合金导体	
	PVC	PE	PVC	PE	PVC	PE
150	442	459	342	356	320	329
185	515	536	399	416	369	384
240	615	641	476	497	440	459

(3) 当空气温度不是30℃时，应将表4-19中架空绝缘电线的长期允许载流量乘以校正系数 K，其值为：

$$K=\sqrt{\frac{t_1-t_0}{t_1-30}}$$

式中 t_0——实际空气温度，℃；

t_1——电线长期允许工作温度，PE、PVC绝缘为70℃，XLPE绝缘为90℃。

架空绝缘电线长期允许载流量的温度校正系数　　表4-19

t_0/℃	−30	−25	−20	−15	−10	−5	0	+5	+10	+15	+20	+30	+35	+40	+50
K_1	1.58	1.54	1.50	1.46	1.41	1.37	1.32	1.27	1.22	1.17	1.12	1.00	0.94	0.87	0.71
K_2	1.41	1.38	1.35	1.32	1.29	1.26	1.22	1.19	1.15	1.12	1.08	1.00	0.96	0.91	0.82

注：K_1 为PE、PVC绝缘的架空绝缘电线载流量的温度校正系数；K_2 为XLPE绝缘的架空绝缘电线载流量的温度校正系数。

(4) 安全系数为5，集束架设的无承力索的低压铝芯绝缘线应力和弛度见表4-20和表4-21。

25mm² 导线应力和弛度　　表4-20

温度/℃		−30	−20	−10	0	10	20	30	40
应力/MPa		13.3	11.5	10.1	9.1	8.4	7.8	7.2	6.8
弛度/m	30m档	0.32	0.37	0.42	0.47	0.51	0.55	0.59	0.62
	40m档	0.57	0.66	0.75	0.83	0.9	0.97	1.05	1.11
	45m档	0.89	1.03	1.17	1.30	1.41	1.52	1.64	1.73

$50\sim120mm^2$ 导线应力和弛度　　表 4-21

温度/℃		−30	−20	−10	0	10	20	30	40
应力/MPa		28	20.2	15.3	12.3	10.5	9.2	8.3	7.6
弛度/m	30m 档	0.14	0.19	0.25	0.32	0.37	0.42	0.47	0.5
	40m 档	0.25	0.34	0.45	0.56	0.65	0.75	0.83	0.9
	45m 档	0.39	0.53	0.70	0.88	1.02	1.17	1.30	1.5

(5) 安全系数为 4，以 $35mm^2$ 钢绞线为承力索架设的 4 根 $25mm^2$、$50mm^2$、$95mm^2$、$120mm^2$ 芯低压绝缘集束线弛度见表 4-22。

4 根铝芯低压绝缘集束线与 $35mm^2$ 钢绞线弛度　表 4-22

$25mm^2$ 4 根铝芯低压绝缘集束线与 $35mm^2$ 钢绞线弛度									
温度/℃		−30	−20	−10	0	10	20	30	40
应力/MPa		300	277	254	232	212	188	168	148
弛度/m	30m 档	0.1	0.1	0.1	0.1	0.1	0.11	0.12	0.14
	40m 档	0.12	0.13	0.15	0.16	0.18	0.20	0.22	0.25
	45m 档	0.22	0.23	0.25	0.26	0.28	0.31	0.34	0.39
$50mm^2$ 4 根铝芯低压绝缘集束线与 $35mm^2$ 钢绞线弛度									
温度/℃		−30	−20	−10	0	10	20	30	40
应力/MPa		291	270	248	227	207	189	171	155
弛度/m	30m 档	0.11	0.12	0.13	0.14	0.15	0.17	0.19	0.20
	40m 档	0.19	0.21	0.23	0.25	0.27	0.30	0.33	0.36
	45m 档	0.30	0.33	0.36	0.39	0.42	0.47	0.52	0.56
$95mm^2$ 4 根铝芯低压绝缘集束线与 $35mm^2$ 钢绞线弛度									
温度/℃		−30	−20	−10	0	10	20	30	40
应力/MPa		257	239	212	202	193	180	168	157
弛度/m	30m 档	0.2	0.22	0.24	0.25	0.26	0.28	0.30	0.32
	40m 档	0.35	0.38	0.42	0.44	0.47	0.50	0.54	0.57
	45m 档	0.55	0.60	0.66	0.69	0.73	0.78	0.84	0.89
$120mm^2$ 4 根铝芯低压绝缘集束线与 $35mm^2$ 钢绞线弛度									
温度/℃		−30	−20	−10	0	10	20	30	40
应力/MPa		246	229	215	202	190	179	169	160
弛度/m	30m 档	0.25	0.26	0.28	0.30	0.32	0.34	0.35	0.38
	40m 档	0.44	0.47	0.50	0.53	0.56	0.60	0.63	0.67
	45m 档	0.69	0.73	0.78	0.83	0.88	0.94	0.98	1.05

导线在档内的连接应采用钳压法，档内接头的机械强度不应小于导线计算拉断力的90%。在每个档内，每根导线不应超过一个接头，接头距固定点距离不应小于0.2m。

不同金属、不同规格、不同绞向的导线以及无承力索集束导线，严禁在档距内连接。

2. 绝缘子、绝缘支架及金具

低压绝缘线路集束线直线杆采用绝缘悬吊线夹，耐张杆采用绝缘拉紧线夹。

集束架空绝缘导线终端杆用拉线抱箍固定锚定线夹，直线杆用普通抱箍固定悬吊线夹，普通抱箍与悬吊线夹之间用U形挂环连接。根据导线截面的不同，直线杆和终端杆各采用两种不同型号的悬挂线夹和锚定线夹。1号悬挂线夹用于$120mm^2$的导线，2号悬挂线夹用于$25mm^2$及$50mm^2$的导线，1号锚定线夹用于$50mm^2$及以上的导线，2号锚定线夹用于$25mm^2$及以下的导线。

终端杆的圆抱箍顺线路方向安装，多回线的圆抱箍上下垂直排列，相距200mm。为简化杆上金具，直线杆上每两回线用一个抱箍，在电杆两侧悬挂导线。3～4回线用两个抱箍，两层抱箍之间垂直距离为300mm。

3. 导线的排列

低压架空线路采用集束型同杆架设的低压绝缘线，不宜超过4个回路；若无承力索支撑，较小截面导线在下层，较大截面导线在上层；有承力索支撑的则相反。

低压与高压同杆架设时，低压电源应来自同一区段的高压线路，且档距不宜超过50m。低压集束线上每根导线上应有连续的相位标志。绝缘线线皮上有区别相别的凸棱一道、二道、三道分别代表A相、B相、C相，无棱的代表零线。接线时不可马虎接错，更不许任意更改和调换相位。

4. 架空绝缘线路的施工

(1) 放线和紧线

绝缘线在放、紧线过程中，应将导线放在橡胶塑料制成的光滑滑轮内，滑轮直径不应小于绝缘线外径的 12 倍，不允许将导线直接放在地上或横担上拖引。紧线时不准使用死嘴卡线器，可使用锚定线夹、绳套、三角卡线器夹持导线。集束线紧线时，应将整个线束夹持，不得只叼住其中一部分线。

用钢绞线支撑的集束线，在挂线施工中应先将钢线紧好，然后用能在钢线滑走的托架将线托起，进行挂线施工。挂线可由紧线段的中间向两侧进行。为施工方便，可在两端将绝缘线紧起，但牵引力不要超过破坏拉力的 1/5。

（2）接头

低压绝缘线接头应符合下列规定：

① 接头处采用钳压连接的应包 4 层黑色塑料粘包带，塑料粘包带应超出破口部分两端 30～50mm。

② 铜铝接线端子与铝线的压接应采用六棱模或点压模。$50mm^2$ 及以下压一模，$120mm^2$ 压两模。

③ T 接采用专用并沟线夹（有铝—铝和铜—铝两种），削线皮的长度应与线夹等长，误差为＋1mm，绝缘外壳应卡在绝缘层外，在引流线上各相接头之间在线路方向的间距不小于 60mm。

④ 在引流处（不受力）的对接头应采用接线管（异金属为过渡管）压接，JV—6 铜线可绕接。

⑤ 直线（受力的）接头应采用直线钳压管连接，按架空裸线安装规程执行。接头后各相导线受力应一致，不应出现受力不均的现象，接头两侧绝缘线上的相位标志应一致。

第二节　电缆线路安装

一、电缆敷设规定

电缆敷设施工前，应对电缆进行详细检查。电缆的规格、型号、截面电压等级、长度等均应符合设计要求；外观无扭曲、损坏等现象。电缆敷设时，应符合下列规定：

（1）电缆敷设时，不应破坏电缆沟和隧道的防水层。

（2）在三相四线制系统中使用的电力电缆不应采用三芯电缆另加一根单芯电缆或导线，以电缆金属护套等作中性线等方式。

在三相系统中，不得将三芯电缆中的一芯接地运行。

（3）三相系统中使用的单芯电缆，应组成紧贴的正三角形排列（充油电缆及水底电缆可除外），并且每隔1m应用绑带扎牢。

（4）并联运行的电力电缆，其长度应相等。

（5）电缆敷设时，在电缆终端头与电缆接头附近可留有备用长度。直埋电缆尚应在全长上留出少量裕度，并作波浪形敷设。

（6）电缆各支持点间的距离应按设计规定。当设计无规定时，则不应大于表4-23中所列数值。

（7）电缆的弯曲半径不应小于表4-24的规定：

电缆支持点间的距离（单位：m）　　表4-23

电缆种类＼敷设方式		支架上敷设[①]		钢索上悬吊敷设	
		水平	垂直	水平	垂直
电力电缆	无油电缆	1.5	2.0	—	—
电力电缆	橡塑及其他油浸纸绝缘电缆	1.0	2.0	0.75	1.5
控制电缆		0.8	1.0	0.6	0.75

① 包括沿墙壁、构架、楼板等非支架固定。

电缆最小允许弯曲半径与电缆外径的比值（倍数）　表4-24

电缆种类	电缆护层结构	单芯	多芯
油浸纸绝缘电力电缆	铠装或无铠装	20	15
橡胶绝缘电力电缆	橡胶或聚氯乙烯护套	—	10
	裸铅护套	—	15
	铅护套钢带铠装	—	20
塑料绝缘电力电缆	铠装或无铠装	—	106
控制电缆	铠装或无铠装	—	10

（8）油浸纸绝缘电力电缆最高与最低点之间的最大位差不应

超过表 4-25 的规定。

油浸纸绝缘电力电缆最大允许敷设位差（单位：m） 表 4-25

电压等级/kV	电缆护层结构	铅套	铝　套	
黏性油浸纸绝缘电力电缆	1～3	无铠装	20	25
		有铠装	25	25
	6～10	无铠装或有铠装	15	20
	20～36	无铠装或有铠装	5	—
充油电缆			按产品规定	—

注：1. 不滴流油浸纸绝缘电力电缆无位差限制；
2. 水底电缆线路的最低点是指最低水位的水平面。

当不能满足要求时，应采用适应于高位差的电缆，或在电缆中间设置塞止式接头。

（9）电缆敷设时，电缆应从盘的上端引出，应避免电缆在支架上及地面摩擦拖拉。电缆上不得有未消除的机械损伤（如铠装压扁、电缆绞拧、护层折裂等）。

（10）用机械敷设电缆时的牵引强度不宜大于表 4-26 的数值。

电缆最大允许牵引强度 表 4-26

牵引方式	牵　引　头		钢 丝 网 套	
受力部位	铜芯	铝芯	铅套	铝套
允许牵引强度/MPa	0.7	0.4	0.1	0.4

（11）油浸纸绝缘电力电缆在切断后，应将端头立即铅封；塑料绝缘电力电缆也应有可靠的防潮封端。充油电缆在切断后还应符合下列要求：

① 在任何情况下，充油电缆的任一段都应设有压力油箱，以保持油压；

② 连接油管路时，应排除管内空气，并采用喷油连接；

③ 充油电缆的切断处必须高于邻近两侧的电缆，避免电缆内进气；

④ 切断电缆时应防止金属屑及污物侵入电缆。

(12) 敷设电缆时，如电缆存放地点在敷设前24h内的平均温度以及敷设现场的温度低于表4-27的数值时，应采取电缆加温措施，否则不宜敷设。

电缆最低允许敷设温度 **表4-27**

电缆类别	电缆结构	最低允许敷设温度(℃)
油浸纸绝缘电力电缆	充油电缆	−10
	其他油浸纸绝缘电缆	0
橡胶绝缘电力电缆	橡胶或聚氯乙烯护套	−15
	裸铅套	−20
	铅护套钢带铠装	−7
塑料绝缘电力电缆		0
控制电缆	耐寒护套	−20
	橡胶绝缘聚氯乙烯护套	−15
	聚氯乙烯绝缘、聚氯乙烯护套	−10

(13) 电力电缆接头盒的布置应符合下列要求：

① 并列敷设电缆，其接头盒的位置应相互错开。

② 电缆明敷时的接头盒，须用托板（如石棉板等）托置，并用耐电弧隔板与其他电缆隔开，托板及隔板应伸接头两端的长度各不小于0.6m。

③ 直埋电缆接头盒外面应有防止机械损伤的保护盒（环氧树脂接头盒除外）。位于冻土层内的保护盒，盒内宜注以沥青，以防水分进入盒内因冻胀而损坏电缆接头。

(14) 电缆敷设时，不宜交叉，电缆应排列整齐，加以固定，并及时装设标志牌。

(15) 标志牌的装设应符合下列要求：

① 在下列部位，电缆上应装设标志牌：电缆终端头、电缆中间接头处；隧道及竖井的两端；人井内。

② 标志牌上应注明线路编号（当设计无编号时，则应写明

电缆型号、规格及起讫地点)；并联使用的电缆应有顺序号；字迹应清晰，不易脱落。

③ 标志牌的规格宜统一。标志牌应能防腐，且挂装应牢固。

(16) 直埋电缆沿线及其接头处应有明显的方位标志或牢固的标桩。

(17) 电缆固定时，应符合下列要求：

① 在下列地方应将电缆加以固定：

a. 垂直敷设或超过45°倾斜敷设的电缆，在每一个支架上。

b. 水平敷设的电缆，在电缆首末两端及转弯、电缆接头两端处。

c. 充油电缆的固定应符合设计要求。

② 电缆夹具的形式宜统一。

③ 使用于交流的单芯电缆或分相铅套电缆在分相后的固定，其夹具的所有铁件不应构成闭合磁路。

④ 裸铅(铝)套电缆的固定处，应加软垫保护。

(18) 沿电气化铁路或有电气化铁路通过的桥梁上明敷电缆的金属护层(包括电缆金属管道)，应沿其全长与金属支架或桥梁的金属构件绝缘。

(19) 电缆进入电缆沟、隧道、竖井、建筑物、盘(柜)以及穿入管子时，出入口应封闭，管口应密封。

(20) 对于有抗干扰要求的电缆线路，应按设计规定做好抗干扰措施。

(21) 装有避雷针和避雷线的构架上的照明灯电源线，必须采用直埋于地下的带金属护层的电缆或穿入金属管的导线。电缆护层或金属管必须接地，埋地长度应在10m以上，方可与配电装置的接地网相连或与电源线、低压配电装置相连接。

二、直埋电缆的敷设

1. 敷设方法

电力电缆的敷设方式很多，其中直埋敷设因为简单、经济，又有利于提高电缆的载流量，因此应用最为广泛。电力电缆的直埋敷设可分为机械敷设（敷缆机）和人工敷设两种。前者将开沟、敷缆和回填3项工作由敷缆机一次完成；后者是用人工方法挖沟、敷缆和回填。

（1）敷缆机适用的情况

① 地形平坦，土质松软，无其他建筑物及地下设施，以及树木障碍较少的地方。

② 地形有部分不平坦，电缆穿越时可以开挖的路面及无水渠道地区，或部分有小树的地方。

③ 黏土、流沙或冬季冻土地带。

④ 河床平坦，河底不是淤泥，施工时水深不超过0.8m的涧流与沟渠。

（2）人工敷缆方式适用的情况

① 市区有大量地上建筑物和地下设施，妨碍敷缆机施工的地区或狭小路面（小于3m）及敷缆机不能通过的地带。

② 在坡度超过30°的地区，土地坚硬（如含有坚石、大卵石等地质）或沼泽、淤泥地带。

③ 穿越高等级公路、铁路等不宜开挖地带或作“S”形敷设时。

④ 地形横沟多、起伏频繁或有特殊敷设要求的地带。

⑤ 电缆直径较大或同一沟内敷设多条电缆时。

敷设电缆时，如果环境与条件允许，最好采用敷缆机敷设电缆。这样，既可以保证敷缆质量、节省人力，又可以提高施工效率。但对于地理条件复杂的城市，尤其是大型企业的厂区，目前人工敷缆仍是电缆敷设的主要方法。

2. 直埋敷设标准

直埋电缆的敷设除了必须遵循电缆敷设的基本要求以外，还应符合下列直埋技术标准。

（1）采取相应的保护措施。如铺沙、筑槽、穿管、防腐、毒土处理等，或选用适当型号的电缆。

（2）电缆的埋设深度（电缆上表面与地面距离）不应小于

700mm；穿越农田时不应小于 1000mm。只有在出入建筑物、与地下设施交叉或绕过地下设施时才允许浅埋，但浅埋时应加装保护设施。北方寒冷地区，电缆应埋设在冻土层以下，上下各铺 100mm 的细沙。

（3）多根并列敷设的电缆，中间接头与邻近电缆的净距不应小于 250mm，两条电缆的中间接头应前后错开 2m，中间接头周围应加装防护设施。

（4）电缆之间，电缆与其他管道、道路、建筑物等之间平行或交叉时的最小距离，应符合表 4-28 的规定。严禁将电缆平行敷设于管道的上面或下面。

低压埋地敷设的电缆之间及其与各种设施平行或交叉的最小净距见表 4-29。

直埋电缆与其他物体的最小允许净距　　表 4-28

<table>
<tr><th colspan="2" rowspan="2">项　目</th><th colspan="2">最小允许净距/m</th><th rowspan="2">备　注</th></tr>
<tr><th>平行</th><th>交叉</th></tr>
<tr><td rowspan="2">电力电缆间及其与控制电缆间</td><td>10kV 及以下</td><td>0.1</td><td>0.5</td><td rowspan="4">①控制电缆间平行敷设时，间距不作规定；序号 1、3 项，当电缆穿管或用隔板隔开时，平行净距可降为 0.1m。
②在交叉点前后 1m 范围内，如电缆穿入管中或用隔板隔开，交叉净距可降到 0.25m</td></tr>
<tr><td>10kV 以上</td><td>0.25</td><td>0.5</td></tr>
<tr><td colspan="2">控制电缆间</td><td>—</td><td>0.5</td></tr>
<tr><td colspan="2">不同使用部门电缆间</td><td>0.5</td><td>0.5</td></tr>
<tr><td colspan="2">热力管道(管沟)及电力设备</td><td>2.0</td><td>0.5</td><td rowspan="4">①虽净距能满足要求，但检修管路可能伤及电缆时，在交叉点前后 1m 范围内，尚需采取保护措施。
②当交叉净距不满足要求时，应将电缆穿入管中，此时净距可降至 0.25m。
③对序号 4 项，应采取隔热措施，使电缆周围土壤温升不超过 10℃</td></tr>
<tr><td colspan="2">油管道(管沟)</td><td>1.0</td><td>0.5</td></tr>
<tr><td colspan="2">可燃气体及易燃液体管道(管沟)</td><td>1.0</td><td>0.5</td></tr>
<tr><td colspan="2">其他管道(管沟)</td><td>0.5</td><td>0.5</td></tr>
<tr><td colspan="2">铁路路轨</td><td>3.0</td><td>1.0</td><td>—</td></tr>
<tr><td rowspan="2">电气化铁路路轨</td><td>交流</td><td>10.0</td><td>1.0</td><td>—</td></tr>
<tr><td>直流</td><td>1.5</td><td>1.0</td><td>不满足要求时，应采取适当的防蚀措施</td></tr>
</table>

续表

项目	最小允许净距/m		备注
	平行	交叉	
公路	1.0	1.0	
城市街道路面	1.0	0.7	特殊情况，平行净距可酌减
电杆基础(边线)	0.6	—	
建筑物基础(边线)	1.0	—	—
排水沟	—	0.5	—

注：当电缆穿管或其他管道有防护设施时，表中净距应从管壁或防护设施的外壁算起。

低压埋地敷设的电缆之间及其与各种设施平行或交叉的最小净距

表 4-29

项目	平行时/m	交叉时/m
1kV 及以下电力电缆之间，以及与控制电缆之间	0.1	0.5(0.25)
通信电缆	0.5(0.1)	0.5(0.25)
热力管沟	2.0	(0.5)
水管、压缩空气等	1.0(0.25)	0.5(0.25)
可燃气体及易燃液体管道	1.0	0.5(0.25)
建筑物、构筑物基础	0.5	
电杆	0.6	
乔木	1.5	
灌木丛	0.5	
铁路	3.0(与轨道)	1.0(与轨底)
道路	1.5(与路边)	1.0(与路面)
排水明沟	1.0(与沟边)	0.5(与沟底)

注：1. 路灯电缆与道路灌木丛平行距离不限。
2. 表中括号内数字是指局部地段电缆空管、加隔板保护或加隔热层保护后允许的最小净距。
3. 电缆与铁路的最小净距不包括电气化铁路。

(5) 电缆与铁路、公路、城市街道、厂区道路等交叉时，应敷设在坚固的隧道或保护管内。保护管的两端应伸出路基两侧

1000mm以上，伸出排水沟500mm以上，伸出城市街道的车辆路面。

(6) 电缆在斜坡地段敷设时，应注意电缆的最大允许敷设位差，在斜坡的开始及顶点处应将电缆固定；坡面较长时，坡度在30°以上的地段，间隔10m固定一点。

(7) 各种电缆同敷设于一沟时，高压电缆位于最底层，低压电缆在最上层，各种电缆之间应用50～100mm厚的细沙隔开；最上层电缆的上面除细沙以外，还应覆盖坚固的盖板或砖层，以防外力损伤。同一沟内的电缆不得相互重叠、交叉、扭绞。电缆沟底的宽度应根据所敷设电缆的根数而定，一般应不小于表4-30所给定的值，电缆沟顶部的宽度应为电缆沟底部宽度向两侧各延伸100mm。

电缆沟底宽度表 **表4-30**

电缆沟底宽度/mm		控制电缆根数						
		0	1	2	3	4	5	6
电缆根数	0	—	240	320	400	480	560	640
	1	270	410	490	570	560	730	810
	2	440	580	660	740	820	900	980
	3	610	750	830	910	990	1070	1150
	4	780	920	1000	1080	1160	1240	1320
	5	950	1090	1170	1250	1330	1410	1490

注：顶部宽度＝底部宽度＋200mm。

(8) 直埋电缆应具有铠装和防腐层。电缆沟底应平整，上面铺100mm厚细沙或筛过的软土。电缆长度应比沟槽长出1%～2%，作波浪敷设。电缆敷设后，上面覆盖100mm厚的细沙或软土，然后盖上保护板或砖，其宽度应超过电缆两侧各50mm。

(9) 直埋电缆从地面引出时，应从地面下0.2m至地上2m加装钢管或角钢防护，以防止机械损伤。确无机械损伤处的铠装电缆可少加防护。另外，电缆与铁路、公路交叉或穿墙时，也应穿管保护。电缆保护管的内径不应小于电缆外径的1.5倍，预留管的直径不应小于100mm。

（10）直埋电缆应在线路的拐角处、中间接头处、直线敷设的每50m处装设标志牌，并在电缆线路图上标明。

3. 电缆敷设施工

电缆敷设按表4-31所示步骤进行施工：

电缆敷设施工步骤 **表4-31**

施工步骤	说 明
放样画线	根据设计图纸及施工现场实际复测记录，决定拟敷设直埋电缆线路的走向，然后进行画线。在市区内敷设时，可用石灰粉和细长绳子在路面上标明电缆沟的位置及宽度。电缆沟宽度应根据敷设电缆的条数及电缆间距而定，一般应满足表4-30规定的标准。在农村施工时，可用引路标杆或竹标钉在地面上标明电缆沟的位置。 画线时应尽量保持电缆沟为直线，拐弯处的曲率半径不得小于电缆的最小允许弯曲半径。山坡上的电缆沟应挖成蛇形曲线状，曲线的振幅为1.5m，这样可减小坡度和最高点的受力强度
挖电缆沟	根据放样画线的位置开挖电缆沟，不得出现波浪状，以免路径的偏移。电缆沟应垂直开挖，不可上窄下宽或掏空挖掘，挖出的泥土碎石等分别放置在距电缆沟边300mm以上的两侧，这样既可以避免石块等硬物滑进沟内使电缆受伤，又留出了人工敷设电缆时的通道。在不太坚固的建筑物旁挖掘电缆沟时，应事先做好加固措施；在土质松软地带施工时，应在沟壁上加装防护板以防电缆沟坍塌；在经常有人行走处挖电缆沟时，应在上面设置临时跳板，以免影响交通；在工厂厂区内敷设电缆时，应尽量避开震动、电腐蚀、化学腐蚀、有毒、过热区域，如不可避免，应采取相应的保护措施，如铺沙、筑槽、穿管、防腐、毒土处理等，或选用适当型号的电缆。在市区、街道、工厂、道路和农村交通要道处开挖电缆沟时，应设置栏凳和警告标志。 由于电缆的埋设深度规定为不小于700mm，则电缆沟的深度在考虑垫沙和电缆直径后应不小于850mm。如果电缆路径上有平整地面的计划，则应使电缆的埋设深度在平整地面之后仍能达到标准深度
敷设过道保护管	当电缆线路需要穿越公路或铁路时，应将电缆用过道保护管进行保护，并将电缆过道保护管两侧管口胀成喇叭口状，若电缆过道保护管不够长需加长时，应采用加套管法将两根管连接。事先应将过道保护管全部敷设完毕，以便于电缆敷设的顺利进行。过道保护管敷设方法如下： ①开挖路面敷设。一般用于道路很宽或地下管线复杂而顶管困难时使用，为了不中断交通，应按路宽分半施工，必要时应在夜间车少时施工。

续表

施工步骤	说　明
敷设过道保护管	②不开挖路面的顶管法。顶管法是在铁路或公路两侧各挖一个作业沟坑,用液压动力顶管机将钢管从一侧顶至另一侧。这种方法不仅不影响路面交通,而且还节省因恢复路面所需的材料和工时费用,具备条件应首选
电缆敷设	①敷设电缆之前,应对已挖好的电缆沟进行认真核查,包括深度、宽度和拐角处的弯曲半径是否合格,确认所需的细沙、盖板或砖是否足够,是否分放在电缆沟两侧,电缆过道保护管是否埋设好,管口是否已胀成喇叭口状,管内是否已穿好铁线或麻绳,管内有无其他杂物。当电缆沟验收合格后,方可在沟底铺上 100mm 厚的沙层,然后确定好电缆敷设方案,尤其电缆沟内多条电缆敷设时,应确定好电缆敷设顺序、各条电缆的起始点、各条电缆过道时穿过哪根过道保护管,避免电缆铰接交叉,确认后开始敷缆。 ②采用人工敷设电缆时,电缆长、人员多,因此对动作的协调性要求较高。为了提高工作效率,应设专人指挥,专人领线,专人看盘。在线路的拐角处,穿越铁路、公路及其他障碍点处,要派有经验的人员看守及指挥,以便及时发现和处理敷缆过程中出现的问题。敷缆前,指挥长应向全体施工人员交代清楚“停”、“走”、“回”的信号和口笛声响的规定。线路上每间隔 50m 左右,应安排助理指挥一名,以保证信号传达的及时和准确。 ③施放电缆前,应先将电缆盘用专用电缆支架支撑(高度可调)起来,电缆盘的下边缘与地面距离不应小于 100mm。施放电缆过程中。看盘人员在电缆盘的两侧协助推盘放线并负责刹住转动。电缆从盘上松下,由专人领线拖曳,沿电缆沟边向前行走时,电缆应从盘的上端引出,以防停止牵引的瞬间,由于电缆盘转动的惯性而不能立即刹住,造成电缆碰地而弯曲半径太小或擦伤电缆外护层。为了防止电缆过度弯曲,每间隔 1.5～2m 设一人扛电缆行走。扛电缆的所有人员应站在电缆的同侧,电缆拐角处应站在外侧,当电缆穿越管道或其他障碍物时,应用手慢慢传递或在对面用绳索牵引。电缆盘上的电缆放完以后,将全部电缆放在沟沿上。然后听从口令,从一端开始依次放入沟内。最后检查所敷电缆是否受伤并将其摆直,多条电缆要保证电缆间的距离。 ④采用机械敷设电缆时,可以大大节省人力。具体做法是:先沿沟底放好滚轮,每间隔 2～2.5m 放一只,将电缆松下并放在滚轮上,然后由机械(卷扬机、绞磨或专用电缆牵引机等)牵引电缆,牵引端应用钢丝网套套紧。敷缆时,牵引速度不得超过 8m/min,并应在线路中有人配合拖缆,同时监察电缆有无脱离滚轮、拖地等异常现象,以免造成电缆的损伤。 ⑤电缆敷设时,不宜交叉;电缆应排列整齐,隔一定距离加以固定;并及时装设标志牌。标志牌应装设在电缆三头、隧道、竖井及变配电所的出入口、电缆转弯等处;标志牌上应注明电缆线路的编号、电缆型号、电压、起讫地点及接头制作日期等内容

续表

施工步骤	说　明
覆盖与回填	电缆在沟内摆放整齐以后，上面应覆以100mm厚的细沙或软土层，然后盖上保护盖板或红砖。保护盖板内应有钢筋，厚度不小于30mm，以确保能抵抗一定的机械外力。板的长度为300～400mm，宽度以伸出电缆两侧50mm为准(单根电缆一般为150mm宽)。当采用机制红砖作保护盖板时，应选用不含石灰石或硅酸盐等成分(塑料电缆线路除外)的砖，以免遇水分解出碳酸钙腐蚀电缆铅皮。回填土时，应注意去除大石块和其他杂物，并且每回填200～300mm夯实一次，最后在地面上堆高100～200mm，以防松土沉落形成深沟。 在电缆中间接头附近(一般为两侧各3m)，考虑到电缆接续时的移动等因素，可暂不回填，待接续完毕，安装接头保护槽后再同接头坑一并回填
埋设标桩及绘制竣工图	电缆沟回填完毕以后，即可在规定的地点埋设标桩。标桩应采用150钢筋混凝土预制而成，其结构尺寸为600mm×150mm×150mm，埋设深度为450mm；直埋电缆应在线路的拐角处、中间接头处、直线敷设的每50m处装设标桩，并在电缆线路图上标明。电缆竣工图应在设计图纸的基础上进行绘制，凡与原设计方案不符的部分均应按实际敷设情况在竣工图中予以更正。竣工图中还应注明各中间接头的详细位置与坐标及其编号

三、电缆保护管及电缆排管敷设

（一）电缆保护管敷设

1. 电缆保护管的加工

无论是钢保护管还是塑料保护管，其加工制作均应符合下列规定：

（1）电缆保护管管口处宜做成喇叭形，可以减少直埋管在沉降时，管口处对电缆的剪切力。

（2）电缆保护管应尽量减少弯曲，弯曲增多将造成穿电缆困难，对于较大截面的电缆不允许有弯头。电缆保护管在垂直敷设时，管子的弯曲角度应大于90°，避免因积水而冻坏管内电缆。

（3）每根电缆保护管的弯曲处不应超过3个，直角弯不应超过2个。当实际施工中不能满足弯曲要求时，可采用内径较大的管子或在适当部位设置拉线盒，以利电缆的穿设。

（4）电缆保护管在弯制后，管的弯曲处不应有裂缝和显著的凹瘪现象。管弯曲处的弯扁程度不宜大于管外径的10%。如弯扁程度过大，将减少电缆管的有效管径，造成穿设电缆困难。

(5) 保护管的弯曲半径一般为管子外径的10倍，且不应小于所穿电缆的最小允许弯曲半径，电缆的最小弯曲半径应符合表4-32的规定。

(6) 电缆保护管管口处应无毛刺和尖锐棱角，防止在穿电缆时划伤电缆。

电缆最小弯曲半径　　　　表4-32

<table>
<tr><th colspan="3">电缆形式</th><th>多芯</th><th>单芯</th></tr>
<tr><td colspan="3">控制电缆</td><td>$10D$</td><td></td></tr>
<tr><td rowspan="3">橡皮绝缘电力电缆</td><td colspan="2">无铅包、钢铠护套</td><td colspan="2">$10D$</td></tr>
<tr><td colspan="2">裸铅包护套</td><td colspan="2">$15D$</td></tr>
<tr><td colspan="2">钢铠护套</td><td colspan="2">$20D$</td></tr>
<tr><td colspan="3">聚氯乙烯绝缘电力电缆</td><td colspan="2">$10D$</td></tr>
<tr><td colspan="3">交联聚乙烯绝缘电力电缆</td><td>$15D$</td><td>$20D$</td></tr>
<tr><td rowspan="3">油浸纸绝缘电力电缆</td><td colspan="2">铅包</td><td colspan="2">$30D$</td></tr>
<tr><td rowspan="2">铅包</td><td>有铠装</td><td>$15D$</td><td rowspan="2">$20D$</td></tr>
<tr><td>无铠装</td><td>$20D$</td></tr>
<tr><td colspan="3">自容式充油(铅包)电缆</td><td></td><td>$20D$</td></tr>
</table>

2. 电缆保护管的连接

(1) 电缆保护钢管连接

电缆保护钢管连接时，应采用大一级短管套接或采用管接头螺纹连接，用短套管连接施工方便，采用管接头螺纹连接比较美观。为了保证连接后的强度，管连接处短套管或带螺纹的管接头的长度，不应小于电缆管外径的2倍。无论采用哪一种方式，均应保证连接牢固，密封良好，两连接管管口应对齐。

电缆保护钢管连接时，不宜直接对焊。当直接对焊时，可能在接缝内部出现焊瘤，穿电缆时会损伤电缆。在暗配电缆保护钢管时，在两连接管的管口处打好喇叭口再进行对焊，且两连接管对口处应在同一管轴线上。

(2) 硬质聚氯乙烯电缆保护管连接

对于硬质聚氯乙烯电缆保护管，常用的连接方法有两种，即插接连接和套管连接。

① 插接连接。硬质聚氯乙烯管在插接连接时，先将两连接端部管口进行倒角，如图 4-25 所示，然后清洁两个端口接触部分的内、外面，如有油污则用汽油等溶剂擦净。接着可将连接管承口端部均匀加热，加热部分的长度为插接部分长度的 1.2～1.5 倍，待加热至柔软状态后即将金属模具（或木模具）插入管中，浇水冷却后将模具抽出。

为了保证连接牢固可靠、密封良好，其插入深度宜为管子内径的 1.1～1.8 倍，在插接面上应涂以胶合剂粘牢密封。涂好胶合剂插入后，再次略加热承口端管子，然后急骤冷却，使其连接牢固，如图 4-26 所示。

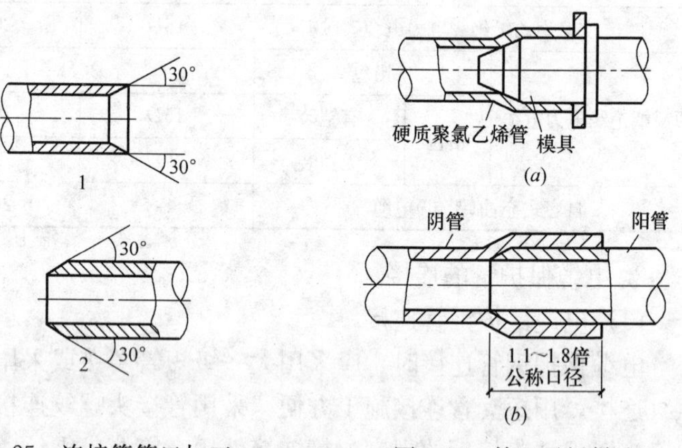

图 4-25　连接管管口加工

图 4-26　管口承插做法
（a）管端承插加工；（b）承插连接

② 套管连接。在采用套管套接时，套管长度不应小于连接管内径的 1.5～3 倍，套管两端应以胶粘剂粘接或进行封焊连接。采用套管连接时，做法如图 4-27 所示。

3. 电缆保护管的敷设

电缆保护管的敷设要求、地点及敷设类型见表 4-33。

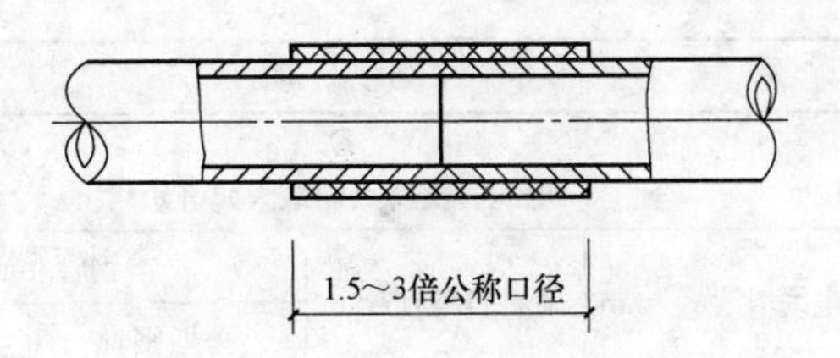

图 4-27　硬质聚氯乙烯管套管连接

电缆保护管的敷设要求、地点及敷设类型　　　表 4-33

类型	说　明
敷设要求	①直埋电缆敷设时，应按要求事先埋设好电缆保护管，待电缆敷设时穿在管内，以保护电缆避免损伤及方便更换和便于检查。 ②电缆保护钢、塑管的埋设深度不应小于 0.7m，直埋电缆当埋设深度超过 1.1m 时，可以不再考虑上部压力的机械损伤，即不需要再埋设电缆保护管。 ③电缆与铁路、公路、城市街道、厂区道路下交叉时应敷设于坚固的保护管内，一般多使用钢保护管，埋设深度不应小于 1m，管的长度除应满足路面的宽度外，保护管的两端还应两边各伸出道路路基 2m；伸出排水沟 0.5m；在城市街道应伸出车道路面。 ④直埋电缆与热力管道、管沟平行或交叉敷设时，电缆应穿石棉水泥管保护，并应采取隔热措施。电缆与热力管道交叉时，敷设的保护管两端各伸出长度不应小于 2m。 ⑤电缆保护管与其他管道（水、石油、煤气管）以及直埋电缆交叉时，两端各伸出长度不应小于 1m
高强度保护管的敷设地点	在下列地点，需敷设具有一定机械强度的保护管保护电缆： ①电缆进入建筑物及墙壁处；保护管伸入建筑物散水坡的长度不应小于 250mm。保护罩根部不应高出地面。 ②从电缆沟引至电杆或设备，距地面高度 2m 及以下的一段，应设钢保护管保护，保护管埋入非混凝土地面的深度不应小于 100mm。 ③电缆与地下管道接近和交叉时的距离不能满足有关规定时。 ④当电缆与道路、铁路交叉时。 ⑤其他可能受到机械损伤的地方
明敷电缆保护管	①明敷的电缆保护管与土建结构平行时，通常采用支架固定在建筑结构上，保护管装设在支架上。支架应均匀布置，支架间距不宜大于表 4-34中的数值，以免保护管出现垂度。

续表

<table>
<tr><th>类型</th><th>说　明</th></tr>
<tr><td>明敷电缆保护管</td><td>
电缆管支持点间最大允许距离　　表 4-34
<table>
<tr><th rowspan="2">电缆管直径/mm</th><th rowspan="2">硬质塑料管/mm</th><th colspan="2">钢管/mm</th></tr>
<tr><th>薄壁钢管</th><th>厚壁钢管</th></tr>
<tr><td>20 及以下</td><td>1000</td><td>1000</td><td>1500</td></tr>
<tr><td>25～32</td><td>—</td><td>1500</td><td>2000</td></tr>
<tr><td>32～40</td><td>1500</td><td>—</td><td>—</td></tr>
<tr><td>40～50</td><td>—</td><td>2000</td><td>2500</td></tr>
<tr><td>50～70</td><td>2000</td><td>—</td><td>—</td></tr>
<tr><td>70 以上</td><td>—</td><td>2500</td><td>3000</td></tr>
</table>
②如明敷的保护管为塑料管，其直线长度超过 30m 时，宜每隔 30m 加装一个伸缩节，以消除由于温度变化引起管子伸缩带来的应力影响。
③保护管与墙之间的净空距离不得小于 10mm；与热表面距离不得小于 200mm；交叉保护管净空距离不宜小于 10mm；平行保护管间净空距离不宜小于 20mm。
④明敷金属保护管的固定不得采用焊接方法
</td></tr>
<tr><td>混凝土内保护管敷设</td><td>对于埋设在混凝土内的保护管，在浇筑混凝土前应按实际安装位置量好尺寸，下料加工。管子敷设后应加以支撑和固定，以防止在浇筑混凝土时受震而移位。保护管敷设或弯制前应进行疏通和清扫，一般采用铁丝绑上棉纱或破布穿入管内清除脏污，检查通畅情况，在保证管内光滑畅通后，将管子两端暂时封堵</td></tr>
<tr><td>电缆保护钢管顶管敷设</td><td>
当电缆直埋敷设线路时，其通过的地段有时会与铁路或交通频繁的道路交叉，由于不可能较长时间地断绝交通，因此常采用不开挖路面的顶管方法。不开挖路面的顶管方法，即在铁路或道路的两侧各挖掘一个作业坑，一般可用顶管机或油压千斤顶将钢管从道路的一侧顶到另一侧。顶管时，应将千斤顶、垫块及钢管放在轨道上用水准仪和水平仪将钢管找平调正，并应对道路的断面有充分的了解，以免将管顶坏或顶坏其他管线。被顶钢管不宜作成尖头，以平头为好，尖头容易在碰到硬物时产生偏移。
在顶管时，为防止钢管头部变形并阻止泥土进入钢管和提高顶管速度，也可在钢管头部装上圆锥体钻头，于钢管尾部装上钻尾，钻头和钻尾的规格均应与钢管直径相配套。也可以用电动机为动力，带动机械系统撞打钢管的一端，使钢管平行向前移动
</td></tr>
</table>

续表

类型	说　明
电缆保护钢管接地	用钢管作电缆保护管时，如利用电缆的保护钢管作接地线时，要先焊好接地跨接线，再敷设电缆。应避免在电缆敷设后再焊接地线时烧坏电缆。钢管有丝扣的管接头处，在接头两侧应用跨接线焊接。用圆钢作跨接线时，其直径不宜小于12mm；用扁钢作跨接线时，扁钢厚度不应小于4mm，截面积不应小于$100mm^2$。 当电缆保护钢管接地采用套管焊接时，不需再焊接地跨接线

（二）电缆排管敷设

电缆排管多采用石棉水泥管、混凝土管、陶土管等管材，适用于电缆数量不多（一般不超过12根），而道路交叉较多，路径拥挤，又不宜采用直埋或电缆沟敷设的地段。其施工较为复杂，敷设和更换电缆也不方便；散热性差。但是它的保护效果较好，使电缆不易受到外部机械损伤，且不占用空间，运行可靠。

1. 电缆排管的敷设要求

电缆排管敷设时应满以下要求：

（1）电缆排管埋设时，排管沟底部地基应坚实、平整，不应有沉陷。如不符合要求，应对地基进行处理并夯实，以免地基下沉损坏电缆。

电缆排管沟底部应垫平夯实，并铺以厚度不小于80mm厚的混凝土垫层。

（2）电缆排管敷设应一次留足备用管孔数，当无法预计时，除考虑散热孔外，可留10%的备用孔，但不应少于1～2孔。

（3）电缆排管管孔的内径不应小于电缆外径的1.5倍，但电力电缆的管孔内径不应小于90mm，控制电缆的管孔内径不应小于75mm。

（4）排管顶部距地面不应小于0.7m，在人行道下面敷设时，承受压力小，受外力作用的可能性也较小；如地下管线较多，埋设深度可浅些，但不应小于0.5m。在厂房内不宜小于0.2m。

（5）当地面上均匀荷载超过$100kN/m^2$或排管通过铁路及遇有类似情况时，必须采取加固措施，防止排管受到机械损伤。

(6) 排管在安装前应先疏通管孔，清除管孔内积灰杂物，并应打磨管孔边缘的毛刺，防止穿电缆时划伤电缆。

(7) 排管安装时，应有不小于0.5%的排水坡度，并在人孔井内设集水坑，集中排水。

(8) 电缆排管敷设连接时，管孔应对准，以免影响管路的有效管径，保证敷设电缆时穿设顺利。电缆排管接缝处应严密，不得有地下水和泥浆渗入。

(9) 电缆排管为便于检查和敷设电缆，在电缆线路转弯、分支、终端处应设人孔井。在直线段上，每隔30m以及在转弯和分支的地方也须设置电缆人孔井。

电缆人孔的净空高度不宜小于1.8m，其上部人孔的直径不应小于0.7m。

2. 石棉水泥管排管敷设

石棉水泥管排管敷设，就是利用石棉水泥管以排管的形式周围用混凝土或钢筋混凝土包封敷设。其包封敷设类型及说明见表4-35。

3. 电缆在排管内敷设

敷设在排管内的电缆，应按电缆选择的内容进行选用，或采用特殊加厚的裸铅包电缆。穿入排管中的电缆数量应符合设计规定。电缆排管在敷设电缆前，为了确保电缆能顺利穿入排管，并不损伤电缆保护层，应进行疏通，以清除杂物。清扫排管通常采用排管扫除器，把扫除器通人管内来回拖拉，即可清除积污并刮平管内不平的地方。此外，也可采用直径不小于管孔直径0.85倍、长度约为600mm的钢管来疏通，再用与管孔等直径的钢丝刷来清除管内杂物，以免损伤电缆。

在排管中拉引电缆时，应把电缆盘放在人孔井口，然后用预先穿入排管孔眼中的钢丝绳，把电缆拉入管孔内。为了防止电缆受损伤，排管管口处应套以光滑的喇叭口，人孔井口应装设滑轮。为了使电缆更容易被拉入管内，同时减少电缆和排管壁间的摩擦阻力，电缆表面应涂上滑石粉或黄油等润滑物。

石棉水泥管排管包封敷设类型及说明　　表 4-35

类型	说　　明
石棉水泥管混凝土包封敷设	石棉水泥管排管在穿过铁路、公路及有重型车辆通过的场所时，应选用混凝土包封的敷设方式。 ①在电缆管沟沟底铲平夯实后，先用混凝土打好 100mm 厚底板，在底板上再浇注适当厚度的混凝土后，再放置定向垫块，并在垫块上敷设石棉水泥管。 ②定向垫块应在管接头处两端 300mm 处设置。 ③石棉水泥管排放时，应注意使水泥管的套管及定向垫块相互错开。 ④石棉水泥管混凝土包装敷设时，要预留足够的管孔，管与管之间的相互间距不应小于 80mm。如采用分层敷设时，应分层浇注混凝土并捣实
石棉水泥管钢筋混凝土包封敷设	对于直埋石棉水泥管排管，如果敷设在可能发生位移的土壤中(如流砂层、8 度及以上地震基本烈度区、回填土地段等)，应选用钢筋混凝土包封敷设方式。钢筋混凝土的包封敷设，在排管的上、下侧使用 $\phi16$ 圆钢，在侧面当排管截面高度大于 800mm 时，每 400mm 需设 $\phi12$ 钢筋一根，排管的箍筋使用 $\phi8$ 圆钢，间距 150mm，如图 4-28 所示。当石棉水泥管管顶距地面不足 500mm 时，应根据工程实际另行计算确定配筋数量。 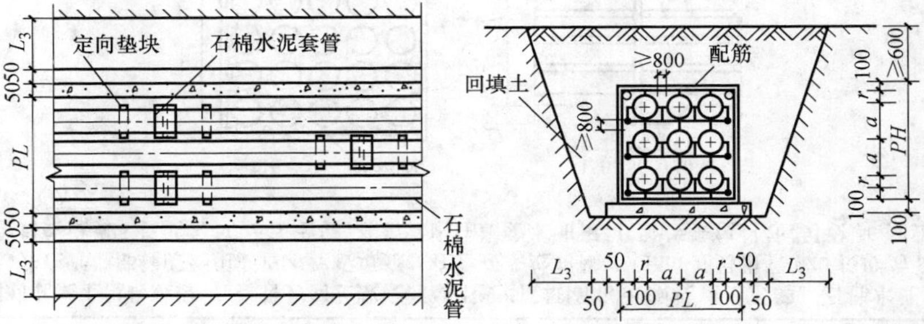 图 4-28　石棉水泥管钢筋混凝土包封敷设示意

续表

<table>
<tr><th>类型</th><th>说　明</th></tr>
<tr><td>石棉水泥管钢筋混凝土包封敷设</td><td>石棉水泥管钢筋混凝土包封敷设，在排管方向及敷设标高不变时，每隔 50m 须设置变形缝。石棉水泥管在变形缝处应用橡胶套管连接，并在管端部缝隙处用沥青木丝板填充。在管接头处每隔 250mm 处另设置 ϕ20 长度为 900mm 的接头联系钢筋；在接头包封处设 ϕ25 长度为 500mm 套管，在套管内注满防水油膏，在管接头包封处，另设 ϕ6 间距为 250mm 长的弯曲钢管，如图 4-29 所示
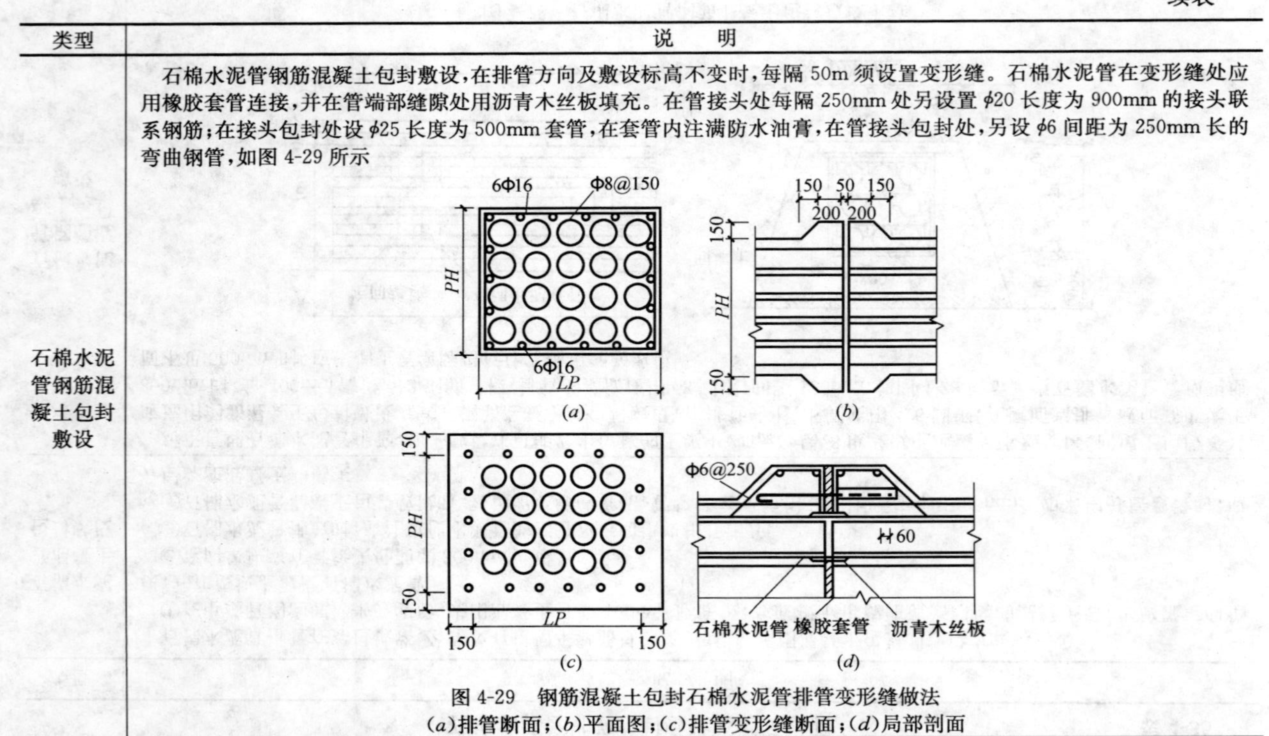

图 4-29　钢筋混凝土包封石棉水泥管排管变形缝做法
(a)排管断面；(b)平面图；(c)排管变形缝断面；(d)局部剖面</td></tr>
</table>

续表

<table>
<tr><th>类型</th><th>说　明</th></tr>
<tr><td>混凝土管块包封敷设</td><td>
当混凝土管块穿过铁路、公路及有重型车辆通过的场所时，混凝土管块应采用混凝土包封的敷设方式，如图 4-30 所示。
混凝土管块的长度一般为 400mm，其管孔的数量有 2 孔、4 孔、6 孔不等。现场常采用的是 4 孔、6 孔管块。根据工程情况，混凝土管块也可在现场组合排列成一定形式进行敷设。
①混凝土管块混凝土包封敷设时，应先浇筑底板，然后再放置混凝土管块。
②在混凝土管块接缝处，应缠上宽 80mm、长度为管块周长加上 100mm。接缝砂布、纸条或塑料胶粘布，以防止砂浆进入。
③缠包严密后，先用 1∶2.5 水泥砂浆抹缝封实，使管块接缝处严密，然后在混凝土管块周围灌注强度不小于 C10 的混凝土进行包封，如图 4-31 所示。
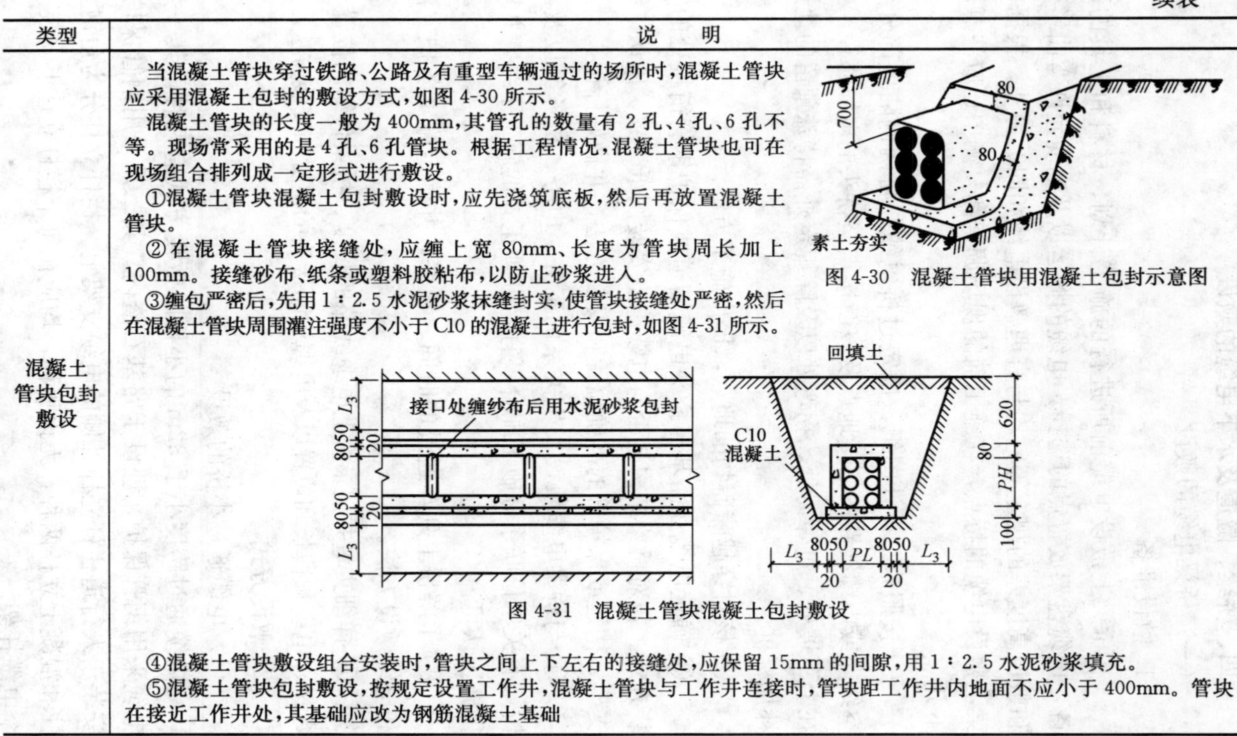

图 4-30　混凝土管块用混凝土包封示意图
图 4-31　混凝土管块混凝土包封敷设
④混凝土管块敷设组合安装时，管块之间上下左右的接缝处，应保留 15mm 的间隙，用 1∶2.5 水泥砂浆填充。
⑤混凝土管块包封敷设，按规定设置工作井，混凝土管块与工作井连接时，管块距工作井内地面不应小于 400mm。管块在接近工作井处，其基础应改为钢筋混凝土基础
</td></tr>
</table>

四、桥梁、隧道及水下电缆的敷设

（一）桥梁电缆的敷设

1．敷设准备

在桥梁上敷设电缆前所进行的施工计划、材料和工具的准备，电缆盘架放置点的选择，电缆的搬运以及电缆允许弯曲半径和敷设高度差的规定等，均与直埋敷设电缆相同。另外，根据桥梁上敷设电缆的特点，在施工前的现场调查和复测中还应注意以下几点。

① 按照施工设计图纸，确定过桥电缆与桥两侧陆地部分架空线路或电缆线路的衔接地点及该衔接点至桥头的电缆路径，并在上下坡处、过障碍处、拐弯处以及除规定外需特殊预留的地点补加标桩。

② 核对穿越障碍物的地点，提出施工方案。

③ 确定电缆在路基与桥头电缆槽道或保护钢管衔接处的安装方式。核对桥梁结构是否与电缆施工安装图纸一致。确认电缆支架、槽道或保护管的准确位置和安装方法，并做好标记。

④ 与桥梁电缆敷设发生关系的工务、电务、机务等以及与桥梁有关单位联系好施工配合事宜，办理正式的施工手续，并取得施工认可。

⑤ 了解桥上列车通过的时间、频率，并确定施工防护方法和电缆敷设方法。

⑥ 详细丈量并记录桥上电缆线路的长度、桥梁伸缩的位置与数量、电缆预留长和位置以及电缆中间接头的位置和安装方法。

2．敷设方式

（1）电缆通过小桥的敷设

电缆通过跨度小于 32m 的小桥时敷设方式有两种。其一是电缆采用钢管保护，埋设于路基石渣内。其二是采用钢管保护，安装于人行道栏杆立柱外侧的电缆支架上。栏杆立柱分为角钢立柱和混凝土立柱两种，无论哪种，均应在每个栏杆立柱上安装一个电缆托架。

(2) 电缆通过大桥的敷设

电缆通过钢筋混凝土大桥和钢梁大桥的敷设方式是：采用金属制成的槽道。在混凝土梁上，电缆槽道安装在人行道栏杆立柱的外侧；在钢梁上，电缆槽道安装在人行道外侧的下弦梁上。电缆槽道的宽度有两种规格：210mm 宽的用于敷设一条电力电缆和一条信号电缆；300mm 宽的用于敷设两条电力电缆和一条信号电缆。电缆槽道支架的间距：在混凝土梁上为 2～3m；在钢梁上为 3～5m。为了使电缆不因桥梁的震动而缩短使用寿命，应选用塑料绝缘电缆，还要在电缆槽道内加垫有弹性的自熄泡沫衬垫，桥堍两端和桥梁伸缩缝处应留有松弛余量，以免电缆受损。

桥梁上敷设电缆用的槽道、保护钢管、支架等金属设施，均应采取有效的防腐措施，其防腐的方法与周期应根据实际情况决定。应特别指出的是，电缆在桥梁上敷设时，必须做好接地，包括电缆中间接头接地，以及电缆槽道、管道两端的接地。在伸缩缝等断开槽道或管道之间，应用钢丝绳焊接起来。

总之，电缆槽道、管道上任意一点的接地电阻均不应大于 10Ω，当超过此值时，应加装辅助接地装置。接地装置的安装应满足技术规程的要求。

3. 电缆敷设

桥梁电缆敷设前，应首先安装电缆支架和槽道；同时挖掘陆地上的电缆沟，预埋好穿越障碍处的电缆导管和桥堍处的电缆保护管或槽道。在这些工作完成以后，才可敷设电缆。敷设电缆时，一般将电缆支架放在桥头的陆地部分上，施工人员在桥上牵引电缆行进时，应位于敷设电缆一侧的人行道上，不得在铁道上来回跨越。当桥上有列车通过时，应暂时停止施放电缆，以保证施工的安全。另外，在施放电缆时，桥头两侧必须派专人监护，以确保安全。

电缆的敷设方法与直埋电缆敷设方法相同。当整盘电缆敷放开后，即可从与陆地上架空线路或电缆线路的衔接点开始，依次放入三缆沟内和电缆槽道内。电缆放入电缆槽道时，应预先在电缆槽道内衬垫具有弹性的自熄性泡沫衬垫，然后盖上槽道盖板并加以固定，同时做好竣工资料的记录。

（二）隧道电缆的敷设

1. 敷设方式

电缆在公路或铁路隧道中的敷设方式有两种：一种是将电缆敷设在混凝土槽中；另一种是在隧道侧壁上悬挂敷设。

（1）混凝土槽中敷设

电缆在混凝土槽中敷设时，混凝土槽设在隧道下部紧靠隧道壁处。对于新建隧道，敷设电缆用的混凝土槽由建筑部门按设计图纸在隧道边侧砌筑；对于已使用的原有隧道，则由电缆施工单位预制好混凝土槽安放于隧道边侧。电缆在槽内敷设时应铺垫细沙或其他防震材料，槽上应加盖板并密封。电缆出入混凝土槽时，应加钢管保护，管口应封堵。

（2）侧壁悬挂敷设

电缆在隧道侧壁上悬挂敷设是一种简单、经济的敷设方式。根据悬挂方式的不同，又可分为钢索悬挂和钢骨尼龙挂钩悬挂两种方式。

① 钢索悬挂。钢索悬挂是在隧道侧壁上安装支持钢索的托架，电缆用挂钩挂在钢索上。托架间的距离一般为15～20m。挂钩间的距离通常为0.8～1.0m。这种方式由于采用大量的金属钢件，在隧道内极易腐蚀损坏，造成电缆的脱落或损伤，因此，这种方式应尽量不采用或少采用。

② 钢骨尼龙挂钩悬挂。钢骨尼龙挂钩悬挂是在隧道侧壁上安装支持电缆用的钢骨尼龙挂钩，将电缆直接挂在挂钩上。挂钩间的距离为1m，其安装的高度应不低于4m（铁路隧道的高度从轨面算起），在电缆的预留段或伸缩段处，波状敷设的最低点不得低于3.3m。这种敷设方式具有结构简单、施工方便、节省钢材、成本低、使用寿命长等优点，因此，在隧道电缆敷设中应用最广。

为了施工与维护的方便和安全，电缆中间接头一般设置在避车洞的上方，电缆的接头处应留有足够的落地作业长度，一般为10～12m。另外，考虑到电缆受温度变化的影响，每隔250～300m，要预留伸缩段一处，一般为3～5m。电缆预留段和伸缩段处采用波状敷设方式，在作波状敷设时，波形的曲率半径在任何处均不得超过规定的标准。

电缆从隧道内引出时，可以采用直埋敷设方式、钢索悬挂或架空敷设方式。由于架空敷设方式结构简单、费用低，应该提倡。

通过隧道的电缆，其两端终端头的固定方式有在隧道口墙壁上和隧道口附近的电杆上两种。当终端头固定在隧道口墙壁上时，电缆头固定架下沿距地面应不小于5m；电缆头各相带电部位之间及其与墙壁的距离，对于10kV及以下电缆应不小于200mm，电缆用卡箍固定在墙壁上。当电缆终端头固定在隧道口附近的电杆上时，电缆由隧道口架空或由地面下引上电杆，这两种方式均应从地面下0.2m至地面上2m加装保护管。

当电缆连续通过两个距离较近的隧道时，或因地质、地形、障碍物阻挡，在两隧道之间不宜架设架空明线或敷设直埋电缆时，可采用架空电缆线路，其敷设多采用钢索悬挂方式。

2. 敷设方法

在隧道中敷设电缆的方法有两种：当隧道长度不超过400m时，可将电缆盘放在隧道口，用人工牵引向隧道里敷设电缆，其方法与直埋电缆的敷设方法大致相同。当隧道长度在400m以上时，公路隧道内的电缆敷设方法同上。铁路隧道可将电缆盘支放在轨道车牵引的平板车上，轨道车以不大于1m/s的速度缓慢行驶，施工人员一部分站在平板车上的电缆盘旁，另一部分在车下随车行走，准备随时处理出现的问题。将电缆敷放开并置于轨道外以后，再将电缆移至电缆槽内或悬挂在隧道壁上。在敷设过程中，轨道车司机与平板车上的施工人员必须密切配合，以便及时处理敷设中出现的各种问题，防止损伤电缆或造成其他意外事故。

在敷设电缆之前，应首先进行预埋混凝土槽或钢骨尼龙挂钩的工作。通常可以利用轨道车将各种用料运进隧道，分散放置于安全、便利的处所，以节省搬运工时。在混凝土槽中敷设电缆，应先按图纸砌筑电缆槽，对于新建隧道，应预先掀开电缆槽盖板，清扫槽道，然后按有关规定放入衬垫或细沙。安装钢骨尼龙挂钩时，可利用风枪在隧道侧壁上打出深 110mm、长宽各 40mm 的墙洞，然后用水泥沙浆将挂钩埋设牢固，并在达到要求强度以后，再挂设电缆，或者用膨胀螺栓固定钢骨尼龙挂钩后再挂设电缆。

在隧道侧壁上悬挂敷设电缆时，需要特别注意的是：不得侵入“建筑接近界限”。为了确保行车安全，每天施工开始、中途和结束时，都必须认真检查是否有侵入“建筑接近界限”的现象，并及时予以消除，以免发生事故。另外，施工中还应在隧道两端设专人监护，以确保施工的安全。隧道内敷设的电缆宜选用塑料电缆，其接头部位要特别注意防潮。

（三）水下电缆的敷设

1. 电缆线路的选择

选择水底电缆线路时，首先要掌握水文、河（海）床地形及其变迁情况、地质组成、地层结构、水下障碍物、堤岸工程结构和范围、通航方式、船舶种类、航行密度和附近已敷设电缆的位置等资料。其次，还应对敷设现场的水深、河（海）床地质等资料进行测量。

水下电缆线路应选择在由泥、沙和砾石等构成的稳定地段，并且要求河（海）道较直、岸边无冲刷、航行船只不抛锚的地带。在没有适当的保护措施时，不宜在捕捞区、码头、船台、锚地、避风港、水下建筑物附近、航道疏浚挖泥区和筑港规划区敷设电缆，在化工厂排污区附近，由于腐蚀严重而不宜敷设水下电缆。应尽量选择水浅、流速慢、河（海）滩等便于敷设电缆的船只靠岸及电缆登陆作业的地区。电缆登陆地点应选择在河（海）岸的凸出部位，而应选择凹入有淤泥的部位。水下电缆同样应选择最短的路径，以利于减少投资。

2. 敷设方式

根据水下地质条件的不同，水下电缆有水底深埋和水底明敷两种方式。深埋对电缆外护层的防腐和减少外力损伤都有很大的好处，电力电缆外露在海水或其他咸水区域的金属外套或铠装层一般在3～5年就会产生严重的腐蚀。经过锚地及捕捞区的水下电缆线路，应根据各种损害因素而采取不同深度的深埋措施。水下电缆在河滩（海边）区段时，位于枯水（低潮）位以上的部分应按陆地直埋方式深埋，枯水（低潮）位以下至船篙能撑到的地方或船只可能搁浅的地方，由潜水员冲沟深埋，并牢固加装盖水下电缆应是完整的一条，因为电缆中间接头是一个薄弱环节，发生故障的可能性比电缆本身大，而水下电缆的维修又比较困难，所以除了跨越特长水域的水下电缆，一般不允许有中间接头。

水下电缆上岸以后，如直埋段长度不足50m，在陆地上要加装锚定装置。在岸边的水下电缆与陆地电缆连接的水陆接头处，也应采取适当的锚定措施，以使陆上电缆不承受拉力。水下电缆线路的两岸，应在水域或航政管辖部门批准的禁锚区上设立标志，各类标志应按各自的规定设立夜间照明装置。

在水下电缆敷设完毕后，要修改海图或内河航道图，将电缆正确位置标在图纸上，以防止船只抛锚损坏电缆。

3. 敷设方法

水下电缆的敷设必须使用敷缆船。其敷设方法由电缆的长度、重量、外径以及水深、流速、地形等因素决定。电缆敷设要按照设计的路径敷设，尤其在走廊狭窄和电缆密集处更须小心。水下电缆除了要满足陆地上敷设电缆的一般要求外，还要特别注意防止电缆的扭曲和打圈，但也不应在敷设电缆时拉得太紧，以免电缆悬离水底面而承受重力和水流冲击力。在具有一定的冲刷和淤积变化处敷设电缆时，应采用蛇形路径，以适应上述情况的变化。在单流向的河道敷设电缆时，应采用逆流上凸弧形敷设，以保证河床冲刷时电缆不致悬离河床。因此，敷设水下电缆时，既要保持一定的张力，又要有一定的松弛度，这样才能保证水下电缆的敷设质量。水下电缆的敷设方法可分为盘放和散放两种。

（1）盘放。盘放是将电缆直接由电缆盘上放出的一种施工方法。在水域不太宽、流量较小的河道上敷设水下电缆时，可将电缆盘放在岸上，由对岸钢丝绳牵引敷设，但这种方法必须用浮桶或小船将电缆悬浮在水面上，不可把电缆放在河底拖拉，否则会损坏电缆。

在水域宽广、流量大、航行船只频繁处敷设水下电缆时，应将电缆盘装在敷缆船上，边航行边放电缆。根据敷缆船及水道的特点，可用敷缆船上的卷扬机自身收卷钢丝绳或由对岸卷扬机牵引。当条件允许时，也可采用抛锚法敷设电缆。这种方法的敷缆速度慢，对河道交通影响也较大，但可实施边放电缆边深埋的措施。

（2）散放。散放是较长水下电缆的敷设。将电缆先散装圈绕在敷缆船的舱内，舱顶架一高架，电缆经高架、滑轮、滑道入水，然后边航行边敷缆。在敷设大跨度的水下电缆时，敷缆船往往由拖轮绑拖，这种方法又称吊拖法。水下电缆的敷设应选择小潮汛憩流或枯水期间施工，气象上要求视线清晰，风力小于5级，六分仪测量用的陆标等均能清晰可见。

水下电缆的敷设应从登陆长度大、滩池长、船不易停泊和登陆作业较困难的一侧开始。登陆作业时，为将敷缆船尽量靠近岸边，往往选择高潮时间比较理想，一般不让船只搁浅上岸。电缆离船登陆时应用浮桶或小船托浮，然后用陆上卷扬机等将其牵引上岸。牵引时，电缆下面应用滑轮等支起，以免摩擦损伤。当电缆登陆长度足够后，必须在水边将电缆牢固地锚定，以防电缆受水流冲击等外力作用而拉动岸上电缆。登陆作业结束后，方可将浮桶和小船托浮的电缆自岸边起依次放入水中。

为了控制电缆敷设时的张力，应将电缆的入水角（电缆与水面的夹角）保持在30°～60°，一般在水深超过30m时保持在60°左右，以防拉力过大。入水角过大会造成电缆匝圈，过小会增大电缆拉力。另外，在敷设跨距 10km 以上的水下电缆时，应在电缆路径上设置导航浮标，以免敷设船和电缆路径的偏移。水下电缆在敷设完毕后，凡有潜水条件者，均应作潜水检查，检查电缆在水下是否放平，有无悬空等，并做好详细记录。

五、电缆低压架空及桥梁上敷设

1. 电缆低压架空敷设

（1）适用条件

当地下情况复杂不宜采用电缆直埋敷设，且用户密度高、用户的位置和数量变动较大，今后需要扩充和调整以及总图无隐蔽要求时，可采用架空电缆。但在覆冰严重地面不宜采用架空电缆。

（2）施工材料

架空电缆线路的电杆，应使用钢筋混凝土杆，采用定型产品，电杆的构件要求应符合国家标准。在有条件的地方。宜采用岩石的底盘、卡盘和拉线盘，应选择结构完整、质地坚硬的石料(如花岗岩等)，并进行强度试验。

（3）敷设要求

① 电杆的埋设深度不应小于表 4-36 的数值，即除 15m 杆的埋设深度不小于 2.3m 外，其余电杆埋设深度不应小于杆长的 1/10加 0.7m。

电杆埋设深度 **表 4-36**

杆高/m	8	9	10	11	12	13	15
埋深/m	1.5	1.6	1.7	1.8	1.9	2	2.3

② 架空电缆线路应采用抱箍与不小于 7 根 $\phi3$ 的镀锌铁绞线或具有同等强度及直径的绞线作吊线敷设，每条吊线上宜架设一根电缆。

当杆上设有两层吊线时。上下两吊线的垂直距离不应小于 0.3m。

③ 架空电缆与架空线路同杆敷设时，电缆应在架空线路的下面，电缆与最下层的架空线路横担的垂直间距不应小于 0.6m。

④ 架空电缆在吊线上以吊钩吊挂，吊钩的间距不应大于0.5m。

⑤ 架空电缆与地面的最小净距不应小于表4-37所列数值。

架空电缆与地面的最小净距 **表4-37**

线路通过地区	线路电压	
	高压	低压
居民区	6	0.5
非居民区	0	4.5
交通困难地区	4	3.5

2. 电缆在桥梁上敷设

① 木桥上敷设的电缆应穿在钢管中，一方面能加强电缆的机械保护，另一方面能避免因电缆绝缘击穿，发生短路故障电弧损坏木桥或引起火灾。

② 在其他结构的桥上，如钢结构或钢筋混凝土结构的桥梁上敷设电缆，应在人行道下设电缆沟或穿入由耐火材料制成的管道中，确保电缆和桥梁的安全。在人不易接触处，电缆可在桥上裸露敷设，但是，为了不降低电缆的输送容量和避免电缆保护层加速老化，应有避免太阳直接照射的措施。

③ 悬吊架设的电缆与桥梁构架之间的净距不应小于0.5m。

④ 在经常受到震动的桥梁上敷设的电缆，应有防震措施，以防止电缆长期受震动，造成电缆保护层疲劳龟裂，加速老化。

⑤ 对于桥梁上敷设的电缆，在桥墩两端和伸缩缝处的电缆，应留有松弛部分。

六、电缆在沟道、竖井和桥架内敷设

（一）电缆支架安装要求

1. 一般要求

（1）电缆在电缆沟内及竖井敷设前，土建专业应根据设计要求完成电缆沟及电缆支架的施工，以便电缆敷设在沟内壁的角钢支架上。

（2）电缆支架自行加工时。钢材应平直，无显著扭曲。下料后长短差应在 5mm 范围内，切口无卷边、毛刺。钢支架采用焊接时，不要有显著的变形。

（3）支架安装应牢固、横平竖直。同一层的横撑应在同一水平而上其高低偏差不应大于 5mm；支架上各横撑的垂直距离，其偏差不应大于 2mm。

（4）在有坡度的电缆沟内，其电缆支架也要保持同一坡度（此项也适用于有坡度的建筑物上的电缆支架）。

（5）支架与预埋件焊接固定时。焊缝应饱满；用膨胀螺栓固定时，选用螺栓应适配，连接紧固。

（6）沟内钢支架必须经过防腐处理。

2. 电缆沟内支架安装

电缆在沟内敷设时，需用支架支持或固定。因而支架的安装非常重要，其相互间距是否恰当，将会影响通电后电缆的散热状况、对电缆的日常巡视、维护和检修等。

（1）当设计无要求时，电缆支架最上层至沟顶的距离不应小于 150～200mm；电缆支架间平行距离不小于 100mm，垂直距离为 150～200mm；电缆支架最下层距沟底的距离不应小于 50～100mm，如图 4-32 所示。

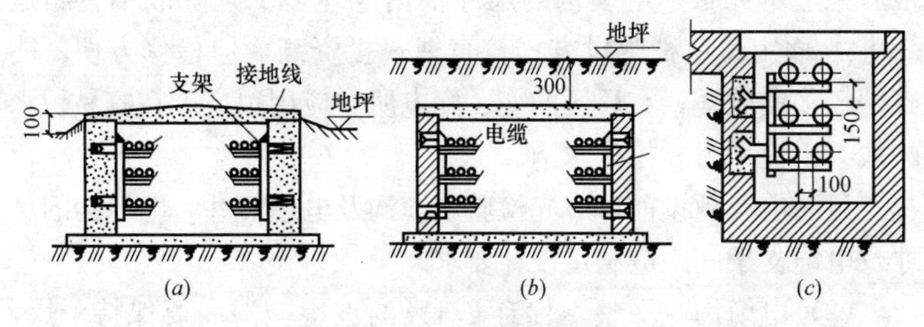

图 4-32　电缆沟敷设

（a）室外电缆沟无覆盖层；（b）室外电缆沟有覆盖层；（c）室内电缆沟

（2）室内电缆沟盖应与地面相平，对地面容易积水的地方，可用水泥砂浆将盖间的缝隙填实。室外电缆沟无覆盖时，盖板高出地面不小于 100mm（如图 4-32*a* 所示）；有覆盖层时，盖板在地面下 300mm（如图 4-32*b* 所示）。盖板搭接应有防水措施。

3. 电气竖井支架安装

电缆在竖井内沿支架垂直敷设时，可采用扁钢支架。支架的长度 W 可根据电缆的直径和根数确定。扁钢支架与建筑物的固定应采用 M10×80mm 的膨胀螺栓紧固。支架每隔 1.5m 设置 1 个，竖井内支架最上层距竖井顶部或楼板的距离不小于 150～200mm，底部与楼（地）面的距离不宜小于 300mm。

4. 电缆支架接地

为保护人身安全和供电安全，金属电缆支架、电缆导管必须与 PE 线或 PEN 线连接可靠。如果整个建筑物要求等电位联结，则更应如此。此外，接地线宜使用直径不小于 $\phi 12$ 镀锌圆钢，并应在电缆敷设前与全长支架逐一焊接。

（二）电缆沟内电缆敷设与固定

1. 电缆敷设

电缆在电缆沟内敷设，就是首先挖好一条电缆沟，电缆沟壁要用防水水泥砂浆抹面，然后把电缆敷设在沟壁的角钢支架上，最后盖上水泥板。电缆沟的尺寸根据电缆多少（一般不宜超过 12 根）而定。这种敷设方式较直埋式投资高，但检修方便，能容纳较多的电缆，在厂区的变、配电所中应用很广。在容易积水的地方，应考虑开挖排水沟。

（1）电缆敷设前，应先检验电缆沟及电缆竖井，电缆沟的尺寸及电缆支架间距应满足设计要求。

（2）电缆沟应平整，且有 0.1%的坡度。沟内要保持干燥，并能防止地下水浸入。沟内应设置适当数量的积水坑，及时将沟内积水排出，一般每隔 50m 设一个，积水坑的尺寸以 100mm×400mm×400mm 为宜。

（3）敷设在支架上的电缆，按电压等级排列，高压在上面，低压在下面，控制与通信电缆在最下面。如两侧装设电缆支架，则电力电缆与控制电缆、低压电缆应分别安装在沟的两边。

(4) 电缆支架横撑间的垂直净距，无设计规定时，一般电力电缆不小于150mm；控制电缆不小于100mm；在电缆沟内敷设电缆时，其水平间距不得小于下列数值：

电缆敷设在沟底时，电力电缆间为35mm，但不小于电缆外径尺寸；不同级电力电缆与控制电缆间为100mm；控制电缆间距不作规定。电缆支架间的距离应按设计规定施工，当设计无规定时，则不应大于表4-38的规定值。

电缆支架之间的距离　　表4-38

电缆种类	支架敷设方式/m	
	水平	垂直
电力电缆(橡胶及其他油浸纸绝缘电缆)	1.0	2.0
控制电缆	0.8	1.0

注：水平与垂直敷设包括沿墙壁、构架等处所排支架固定。

(5) 电缆在支架上敷设时，拐弯处的最小弯曲半径应符合电缆最小允许弯曲半径；电缆表面距地面的距离不应小于0.7m。穿越农田时不应小于1m；66kV及以上电缆不应小于1m。只有在引入建筑物、与地下建筑物交叉及绕过地下建筑物处，可埋设浅些，但应采取保护措施。

(6) 电缆应埋设于冻土层以下；当无法深埋时，应采取保护措施，以防止电缆受到损坏。

2. 电缆固定

(1) 垂直敷设的电缆或大于45℃倾斜敷设的电缆在每个支架上均应固定。交流单芯电缆或分相后的每相电缆固定用的夹具和支架，不形成闭合铁磁回路。

(2) 电缆排列应整齐，尽量减少交叉。当设计无要求时。电缆支持点的间距应符合表4-39的规定。

电缆支持点间距　　表 4-39

电缆种类		敷设方式/mm	
		水平	垂直
热力管道	全塑性	400	1000
	除全塑性外的电缆	800	1500
控制电缆		800	1000

（3）当设计无要求时，电缆与管道的最小净距应符合表4-40的规定，且应敷设在易燃易爆气体管道下方。

电缆与管道的最小净距　　表 4-40

管道类别		平行净距	交叉净距
一般工艺管道		400	300
易燃易爆气体管道		500	500
热力管道	有保温层	500	300
	无保温层	1000	500

（三）电缆竖井内电缆敷设

1. 电缆布线

电缆竖井内常用的布线方式为金属管、金属线槽、电缆或电缆桥架及封闭母线等。在电缆竖井内除敷设干线回路外，还可以设置各层的电力、照明分线箱及弱电线路的端子箱等电气设备。

（1）竖井内高压、低压和应急电源的电气线路，相互间应保持 0.3m 及以上距离或采取隔离措施，并且高压线路应设有明显标志。强电和弱电如受条件限制必须设在同一竖井内，应分别布置在竖井两侧，或采取隔离措施，以防止强电对弱电的干扰。

（2）电缆竖井内应敷设有接地干线和接地端子。

（3）在建筑物较高的电缆竖井内垂直布线时（有资料介绍超过 100m），需考虑以下因素：

① 顶部最大变位和层间变位对干线的影响。为保证线路的运行安全，在线路的固定、连接及分支上应采取相应的防变位措

施。高层建筑物垂直线路的顶部最大变位和层间变位是建筑物由于地震或风压等外部力量的作用而产生的。建筑物的变位必然影响到布线系统，这个影响对封闭式母线、金属线槽的影响最大，金属管布线次之，电缆布线最小。

② 要考虑好电线、电缆及金属保护管、罩等自重带来的荷重影响以及导体通电以后，由于热应力、周边的环境温度经常变化而产生的反复荷载（材料的潜伸）和线路由于短路时的电磁力而产生的荷载，要充分研究支持方式及导体覆盖材料的选择。

③ 垂直干线与分支干线的连接方法，直接影响供电的可靠性和工程造价，必须进行充分研究。尤其应注意铝芯导线的连接和铜—铝接头的处理问题。

2. 电缆敷设

敷设在竖井内的电缆，电缆的绝缘或护套应具有非延燃性。通常采用较多的为聚氯乙烯护套细钢丝铠装电力电缆，因为此类电缆能承受的拉力较大。

(1) 在多、高层建筑中，一般低压电缆由低压配电室引出后，沿电缆隧道、电缆沟或电缆桥架进入电缆竖井，然后沿支架或桥架垂直上升。

(2) 电缆在竖井内沿支架垂直布线。所用的扁钢支架与建筑物之间的固定应采用 M10×80mm 的膨胀螺栓紧固。支架设置距离为 1.5m，底部支架距楼（地）面的距离不应小于 300mm。扁钢支架上，电缆宜采用管卡子固定，各电缆之间的间距不应小于 50mm。

(3) 电缆沿支架的垂直安装，如图 4-33 所示。小截面电缆在电气竖井内布线，也可沿墙敷设，此时可使用管卡子或单边管卡子用 $\phi6\times30$mm，塑料胀管固定。

(4) 电缆在穿过楼板或墙壁时，应设置保护管，并用防火隔板、防火堵料等做好密封隔离，保护管两端管口空隙应做密封隔离。

(5) 电缆布线过程中，垂直干线与分支干线的连接，通常采

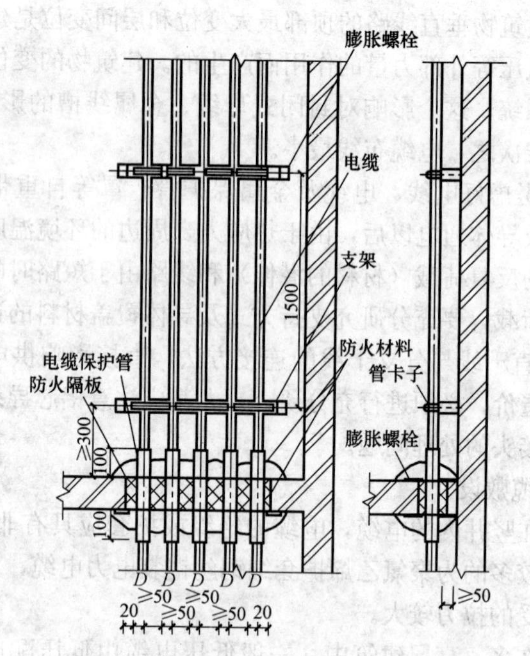

图 4-33　电缆布线沿支架垂直安装示意

用“T”接方法。为了接线方便，树干式配电系统电缆应尽量采用单芯电缆；电缆敷设过程中，固定单芯电缆应使用单边管子，以减少单芯电缆在支架上的感应涡流。

（四）应注意的质量问题

（1）电缆的排列，当设计无规定时，应符合下列要求：

电力电缆和控制电缆应分开排列；当电力电缆和控制电缆敷设在同一侧支架上时，应将控制电缆放在电力电缆下面，1kV及以下电力电缆应放在1kV以上的电力电缆的下面。充油电缆可例外。

（2）并列敷设的电力电缆，其相互间的净距应符合设计要求。

（3）电缆与热力管道、热力设备之间的净距：平行时应不小于1m；交叉时应不小于0.5m。如无法达到时，应采取隔热保护措施。电缆不宜平行敷设于热力管道的上部。

(4) 明设在室内及电缆沟、隧道、竖井内的电缆应剥除麻护层，并应对其铠装加以防腐。

(5) 电缆敷设完毕后，应及时清除杂物，盖好盖板，必要时，尚应将盖板缝隙密封，以免水、汽、油、灰等侵入。

(6) 隐蔽工程应在施工过程中进行中间验收，并做好签证。

(7) 在验收时，应进行下列检查：

① 电缆规格应符合规定，排列整齐，无机械损伤，标志牌应装设齐全、正确、清晰；

② 电缆的固定、弯曲半径、有关距离及单芯电力电缆的金属护层的接线等应符合要求；

③ 电缆终端头、电缆接头及充油电力电缆的供油系统应安装牢固，不应有渗漏现象；充油电力电缆的油压及表计整定值应符合要求；

④ 接地良好，充油电力电缆及护层保护器的接地电阻应符合设计；

⑤ 电缆终端头、电缆中间对接头、电缆支架等的金属部件，油漆完好，相色正确；

⑥ 电缆沟及隧道内应无杂物，盖板齐全。

(8) 电缆与铁路、公路等交叉以及穿过建筑物地梁处，应事先埋设保护管，然后将电缆穿在管内。管的长度除满足路面宽度外，还应在两边各伸出 2m。管的内径为：当电缆保护管的长度在 30m 以下时，应不小于电缆外径的 1.5 倍；保护管的长度超过 30m 时，应不小于电缆外径的 2.5 倍。管口应做成喇叭口。

(9) 注意电缆的排列。电缆敷设一定要根据设计图纸绘制的“电缆敷设图”进行。图中应包括电缆的根数，各类电缆的排列和放置顺序，以及与各种管道的交叉位置。对运到现场的电缆要核算、弄清每盘的电缆长度，确定好中间接头的位置。按线路实际情况，配置电缆长度，避免浪费。核算时，不要把电缆接头放在道路交叉处、建筑物的大门口以及与其他管道交叉的地方。在同一电缆沟内有数条电缆并列敷设时，电缆接头要错开，在接头处应留有备用电缆坑。

（五）桥架内电缆敷设

1. 电缆桥架的安装

（1）安装要求

① 电缆桥架水平敷设时，跨距一般为 1.5～3.0m；垂直敷设时其固定点间距不宜大于 2.0m。当支撑跨距≤6m 时，需要选用大跨距电缆桥架；当跨距＞6m 时，必须进行特殊加工订货。

② 电缆桥架在竖井中穿越楼板外，在孔洞周边抹 5cm 高的水泥防水台，待桥架布线安装完后，洞口用难燃物件封堵死。电缆桥架穿墙或楼板孔洞时，不应将孔洞抹死，桥架进出口孔洞收口平整，并留有桥架活动的余量。如孔洞需封堵时，可采用难燃的材料封堵好墙面抹平。电缆桥架在穿过防火隔墙及防火楼板时，应采取隔离措施。

③ 电缆梯架、托盘水平敷设时距地面高度不宜低于 2.5m，垂直敷设时不低于 1.8m，低于上述高度时应加装金属盖板保护，但敷设在电气专用房间（如配电室、电气竖井、电缆隧道、设备层）内除外；电缆梯架、托盘多层敷设时其层间距离一般为控制电缆间不小于 0.20m，电力电缆间不小于 0.30m，弱电电缆与电力电缆间不小于 0.5m，如有屏蔽盖板（防护罩）可减少到 0.3m，桥架上部距顶棚或其他障碍物应不小于 0.3m。

④ 电缆梯架、托盘上的电缆可无间距敷设。电缆在梯架、托盘内横断面的填充率，电力电缆应不大于 40％，控制电缆不应大于 50％。电缆桥架经过伸缩沉降缝时应断开，断开距离以 100mm 左右为宜。其桥架两端用活动插铁板连接不宜固定。电缆桥架内的电缆应在首端、尾端、转弯及每隔 50m 处设有注明电缆编号、型号、规格及起止点等标记牌。

⑤ 下列不同电压，不同用途的电缆如 11kV 以上和 1kV 以下电缆、向一级负荷供电的双路电源电缆、应急照明和其他照明

的电缆、强电和弱电电缆等不宜敷设在同一层桥架上，如受条件限制，必须安装在同一层桥架上时应用隔板隔开。

⑥ 强腐蚀或特别潮湿等环境中的梯架及托盘布线，应采取可靠而有效的防护措施。同时敷设于腐蚀气体管道和压力管道的上方及腐蚀性液体管道的下方的电缆桥架应采用防腐隔离措施。

(2) 吊（支）架的安装

吊（支）架的安装一般采用标准的托臂和立柱进行安装，也可自制加工吊架或支架进行安装。通常为了保证电缆桥架的工程质量，应优先采用标准附件。

① 标准托臂与立柱的安装

当采用标准的托臂和立柱进行安装时，其要求如下：

a. 成品托臂的安装。成品托臂的安装方式有沿顶板安装、沿墙安装和沿竖井安装等方式。成品托臂的固定方式多采用 M10 以上的膨胀螺栓进行固定。

b. 立柱的安装。成品立柱由底座和立柱组成，其中立柱由工字钢、角钢、槽型钢、异型钢、双异型钢构成，立柱和底座的连接可采用螺栓固定和焊接。其固定方式多采用 M10 以上的膨胀螺栓进行固定。

c. 方形吊架安装。成品方形吊架由吊杆、方形框组成，可采用焊接预埋铁固定或直接固定吊杆，然后组装框架。

② 自制支（吊）架的安装

自制吊架和支架进行安装时。应根据电缆桥架及其组装图进行定位画线，并在固定点进行打孔和固定。固定间距和螺栓规格由工程设计确定。当设计无规定时，可根据桥架重量与承载情况选用。自行制作吊架或支架时，应按以下规定进行：

a. 根据施工现场建筑物结构类型和电缆桥架造型尺寸与重量，决定选用工字钢、槽钢、角钢、圆钢或扁钢制作吊架或支架。

b. 吊架或支架制作尺寸和数量，根据电缆桥架布置图确定。

c. 确定选用钢材后，按尺寸进行断料制作，断料严禁气焊切割，加工尺寸允许最大误差为+5mm。

d. 型钢架的煨弯宜使用台钳用手锤打制，也可使用油压煨弯器用模具顶制。

e. 支架、吊架需钻孔处，孔径不得大于固定螺栓+2mm，严禁采用电焊或气焊割孔，以免产生应力集中。

(3) 电缆桥架敷设安装

① 根据电缆桥架布置安装图，对预埋件或固定点进行定位，沿建筑物敷设吊架或支架。

② 直线段电缆桥架安装，在直线的桥架相互接槎处，可用专用的连接板进行连接，接槎处要求缝隙平密平齐。在电缆桥架两边外侧面用螺母固定。

③ 电缆桥架在十字交叉、丁字交叉处施工时，可采用定型产品水平四通、水平三通、垂直四通、垂直三通进行连接。应以接槎边为中心向两端各不少于300mm处增加吊架或支架进行加固处理。

④ 电缆桥架在上、下、左、右转弯处，应使用定型的水平弯通、转动弯通、垂直凹（凸）弯通。上、下弯通进行连接时，其接槎边为中心两边各不少于300mm处，连接时须增加吊架或支架进行加固。

⑤ 对于表面有坡度的建筑物，桥架敷设应随其坡度变化。可采用倾斜底座，或调角片进行倾斜调节；电缆桥架与盒、箱、柜、设备接口，应采用定型产品的引下装置进行连接，要求接口处平齐，缝隙均匀严密。

⑥ 电缆桥架的始端与终端应封堵牢固；电缆桥架安装时必须待整体电缆桥架调整符合设计图和规范规定后，再进行固定。

⑦ 电缆桥架整体与吊（支）架的垂直度与横档的水平度，应符合规范要求；待垂直度与水平度合格，电缆桥架上、下各层都对齐后，最后将吊（支）架固定牢固。

⑧ 电缆桥架敷设安装完毕后，经检查确认合格，将电缆桥架内外清扫后，进行电缆线路敷设。

⑨ 在竖井中敷设合格电缆时，应安装防坠落卡，用来保护线路下坠。

⑩ 敷设在电缆桥架内的电缆不应有接头，接头应设置在接线箱内。

（4）电缆桥架保护接地

在建筑电气工程中，电缆桥架多数为钢制产品，较少采用在工业工程中为减少腐蚀而使用的非金属桥架和铝合金桥架。为了保证供电干线电路的使用安全，电缆桥架的接地或接零必须可靠。

① 电缆桥架应装置可靠的电气接地保护系统。外露导电系统必须与保护线连接。在接地孔处，应将任何不导电涂层和类似的表层清理干净。

② 为保证钢制电缆桥架系统有良好的接地性能，托盘、梯架之间接头处的连接电阻值不应大于 0.00033Ω。

③ 金属电缆桥架及其支架和引入或引出的金属导管必须与 PE 或 PEN 线连接可靠，且必须符合下列规定：

a. 金属电缆桥架及其支架与 PE 或 PEN 连接处应不少于 2 处；非镀锌电缆桥架连接板的两端跨接铜芯接地线，接地线的最小允许截面积应不小于 $4mm^2$；

b. 镀锌电缆桥架间连接板的两端不跨接接地线，但连接板两端不少于 2 个有防松螺母或防松螺圈的连接固定螺栓。

④ 为保证桥架的电气通路，在电缆桥架的伸缩缝或软连接处需采用编织铜线连接，如图 4-34 所示；对于多层电缆桥架，当利用桥架的接地保护干线时，应将各层桥架的端部用 $16mm^2$ 的软铜线并联连接起来，再与总接地干线相通。长距离电缆桥架每隔 30～50m 距离接地一次。

⑤ 在具有爆炸危险场所安装的电缆桥架，如无法与已有的接地干线连接时，必须单独敷设接地干线进行接地。

⑥ 沿桥架全长敷设接地保护干线时，每段（包括非直线段）托盘、梯架应至少有一点与接地保护干线可靠连接；在有振动的

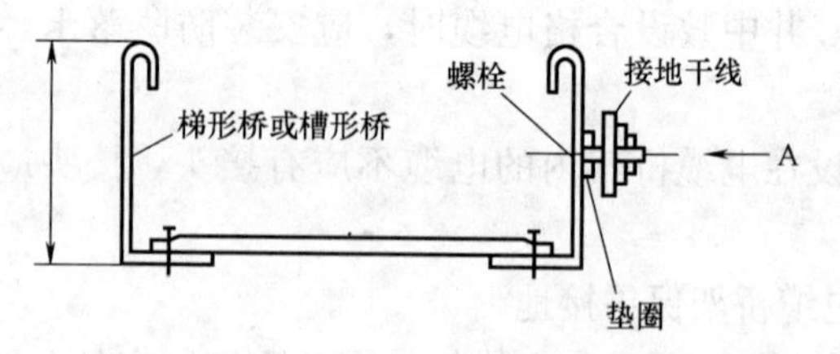

图 4-34　接地干线安装示意

场所，接地部位的连接处应装置弹簧垫圈，防止因振动引起连接螺栓松动，中断接地通路。

2. 桥架内电缆敷设

（1）一般规定

电缆在桥架内敷设时，应保持一定的间距；多层敷设时，层间应加隔栅分隔，以利通风。为了保障电缆线路运行安全，避免相互间的干扰和影响，下列不同电压不同用途的电缆，不宜敷设在同一层桥架上；如果受条件限制需要安装在同一层桥架上时，应用隔板隔开。

① 1kV 以上和 1kV 以下的电缆；

② 同一路径向一级负荷供电的双路电源电缆；

③ 应急照明和其他照明的电缆；

④ 强电和弱电电缆。

在有腐蚀或特别潮湿的场所采用电缆桥架布线时，宜选用外护套具有较强的耐酸、碱腐蚀能力的塑料护套电缆。

（2）电缆敷设

电缆沿桥架敷设前，应防止电缆排列不整齐，出现严重交叉现象，必须事先就将电缆敷设位置排列好，规划出排列图表，按图表进行施工。施放电缆时，对于单端固定的托臂可以在地面上设置滑轮施放，放好后拿到托盘或梯架内；双吊杆固定的托盘或梯架内敷设电缆，应将电缆直接在托盘或梯架内安放滑轮施放。电缆不得直接在托盘或梯架内拖拉。电缆沿桥架敷设时，应单层敷设。电缆与电缆之间可以无间距敷设，电缆在桥架内应排列整齐，不应交叉，并敷设一根，整理一根，卡固一根。垂直敷设的电缆每隔 1.5～2m 处应加以固定；水平敷设的电缆，在电缆的首尾两端、转弯及每隔 5～10m 处进行固定，对电缆在不同标高的端部也应进行固定。大于 45°倾斜敷设的电缆，每隔 2m 设一固定点。电缆固定可以用尼龙卡带、绑线或电缆卡子进行固定。为了运行中巡视、维护和检修方便，在桥架内电缆的首端、末端和分支处应设置标志牌。

电缆出入电缆沟、竖井、建筑物、柜（盘）、台处及导管管口处等做密封处理。出入口、导管管口的封堵目的是防火、防小动物入侵、防异物跌入的需要，均是为安全供电而设置的技术防范措施。在桥架内敷设电缆，每层电缆敷设完成后应进行检查；全部敷设完成后，经检验合格，才能盖上桥架的盖板。

（3）敷设质量要求

在桥架内电力电缆的总截面（包括外护层）不应大于桥架有效横断面的 40%，控制电缆不应大于 50%；电缆桥架内敷设的电缆。在拐弯处电缆的弯曲半径应以最大截面电缆允许弯曲半径为准。电缆敷设的弯曲半径与电缆外径的比值不应小于表 4-41 的规定。

电缆弯曲半径与电缆外径的比值　　　　表 4-41

电缆护套类型		电力电缆		控制电缆
		单芯	多芯	多芯
金属护套	铅	25	15	15
	铝	30	30	30
	皱纹铝套和皱纹钢套	20	20	20
非金属护套		20	15	无铠装 10 及无铠装 15

室内电缆桥架布线时，为了防止发生火灾时火焰蔓延，电缆不应有黄麻或其他易燃材料外护层。电缆桥架内敷设的电缆，应在电缆的首端、尾端、转弯及每隔 50m 处，设有编号、型号及起止点等标记，标记应清晰齐全，挂装整齐无遗漏。

桥架内电缆敷设完毕后，应及时清理杂物，有盖的可盖好盖板，并进行最后调整。

3. 电缆桥架送电试运行

电缆桥架经检查无误后，可进行以下电缆送电试验：

(1) 高压或低压电缆进行冲击试验

将高压或低压电缆所接设备或负载全部切除，刀闸开关处于断开位置，电缆线路进行在空载情况下送额定电压，对电缆线路进行三次合闸冲击试验，如不发生异常现象，经过空载运行合格并记录运行情况。

(2) 半负荷调试运行

经过空载试验合格后，将继续进行半负荷试验。经过逐渐增加负荷至半负荷试验，并观察电压、电流随负荷变化情况，同时将观测数值记录好。

(3) 全负荷调试运行

在半负荷调试运行正常的基础上，将全部负载全部投入运行，在24h运行过程中每隔2h记录一次运行电压、电流等情况。经过安装无故障运行调试后检验合格，即可办理移交手续，供建设单位使用。

第五章　电动机的安装与检修

电动机常见的有两种类型：一是直流电动机；二是交流电动机。它们都是把电能转换成机械能的动力设备。直流电动机与交流电动机比较，有下列优点：有无级调速特性；启动转矩较大；适宜于频繁启动。因此，直流电动机的应用比较广泛，凡要求广范围无级调速或者要求大启动转矩的场合都可采用。

直流电动机也存在一些缺点，如：制造中消耗有色金属较多，工艺复杂，成本较高。运行中，电流换向的故障多，维修比较麻烦，因此使用受到了限制，没有交流电动机应用那么广泛；交流电动机是目前应用最为广泛的一种动力设备。根据其用电性质和结构又可分出许多类型，比如：有三相电动机，单相电动机；有同步电动机，又有异步电动机等等。

三相异步电动机应用之广，远远超过直流电动机和其他电动机。三相异步电动机之所以广泛地被采用，主要是因为它有比较多的优点，比如结构简单、制造容易、成本低、运行可靠、便于维护等。异步电动机也有一些缺点，主要是功率因数较低，调速性能差，在要求大范围平滑调速的场合，使用起来就不太方便。但由于交流电子调速技术的迅速发展，使其调速性能有了长足进步，这必将会扩大它的应用范围。

本章重点介绍三相异步电动机的构造、安装、检修及电动机线路图的识读等方面的知识。

第一节　三相异步电动机的结构

三相异步电动机是一种被广泛地用作原动机去拖动各种机械的动力设备，如轧钢机、空压机、起重机、水泵和车床等。三相异步电动机可分为笼式和绕线式两种。异步电动机和其他电机一样，分为定子和转子两大部分。笼式和绕线式电动机的定子构造是相同的，只是转子绕组的结构不同。如图 5-1 所示为笼式三相异步电动机的结构，如图 5-2 所示为绕线式三相电动机结构。

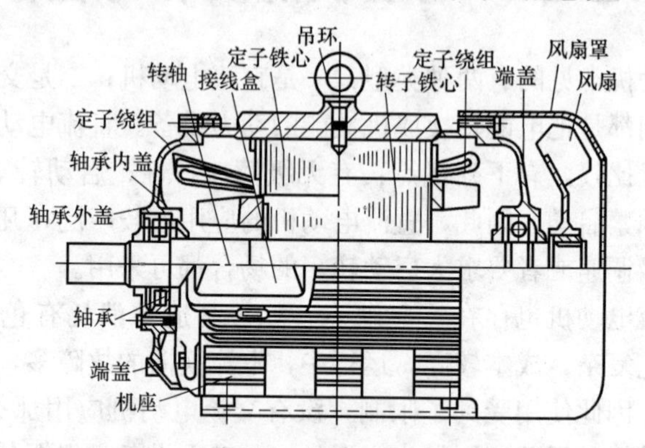

图 5-1　笼式三相异步电动机的结构图

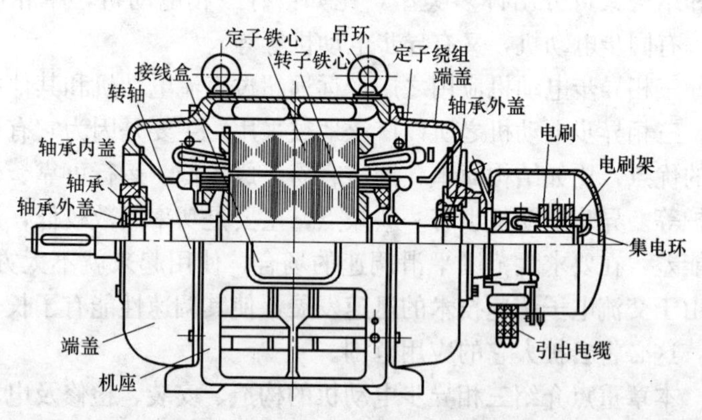

图 5-2　绕线式三相电动机的结构图

一、定子及转子

定子主要由定子铁芯、定子绕组和机座三部分组成，见图 5-1。转子是电动机的转动部分，它的作用是带动其他机械设备旋转，以提供足够的转速和转矩。转子由转子铁芯、转轴和转子绕组构成。定子及转子的组成结构说明如下：

1. 定子

（1）定子铁芯。定子铁芯，一般用 0.35～0.5mm 厚、表面涂有绝缘漆的硅钢片制成，它是磁路的一部分。硅钢片的形状如图 5-3（*a*）所示，是一个圆环状，内圆周冲有若干一定形状的槽口。如图 5-3（*b*）所示，把若干片叠压之后装进机座的内部。铁芯内表面形成了若干平行的槽，这些槽是用来嵌装定子绕组的。

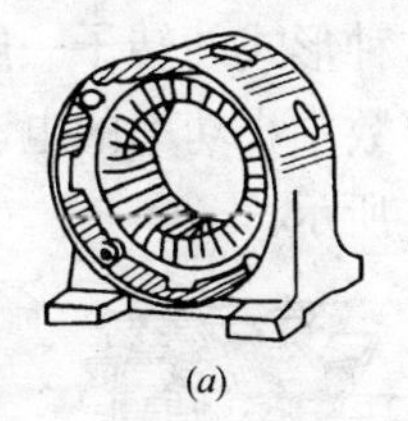

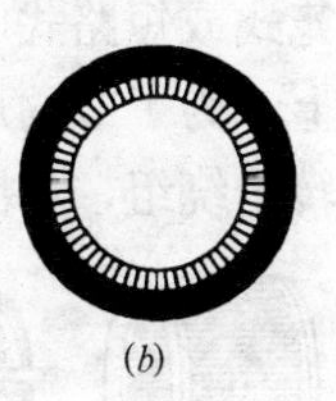

(*a*)　　　　(*b*)

图 5-3　定子机座及铁芯冲片

（*a*）定子机座；（*b*）铁芯冲片

（2）定子绕组。三相异步电动机有三个独立的绕组，统称三相绕组。每相绕组由若干只线圈按一定规律制成。线圈用绝缘的铜导线或铝导线做成，所有线圈有规律地嵌装到定子铁芯的槽中。三相绕组的作用是：向三相绕组通入三相交流电时，可以产生旋转的磁场。三相绕组的三个首端和三个末端，都引出到机座上的接线盒内，以便根据需要把绕组接成星形或三角形。

（3）机座。机座有铸铁铸成的，也有用钢板卷焊成的，小容量电动机有时用铝合金铸成。封闭式电动机的机壳外面还铸有散热片，见图 5-1 和图 5-3。机座的主要作用是作为整个电动机的支架，用它固定定子铁芯、定子绕组和端盖，整个电动机还要靠它固定在安装的基础上。因此，机座要有足够的机械强度。

2. 转子

（1）转子铁芯

转子铁芯也是用互相绝缘的硅钢片冲制叠压而成，如图 5-4 所示。外圆周上冲有均匀分布的槽口，若干冲片叠压之后，在外面圆周上形成多个平行槽，槽内可以安装转子绕组。

图 5-4 转子铁芯冲子

(2) 转子绕组

① 笼式转子绕组。笼式转子绕组是在转子铁芯的槽中装入没有绝缘的裸铜条，铜条两端用铜圆环焊接成鼠笼形式，如图 5-5 (*a*) 所示。所有铜条构成短路，形成一个鼠笼的样子，因此叫笼式或短路式电动机。这种形式的转子一般用在大功率的电动机上。为了节约用铜，在多数中小功率的电动机上已改用铝浇铸的转子绕组，如图 5-5 (*b*) 所示。

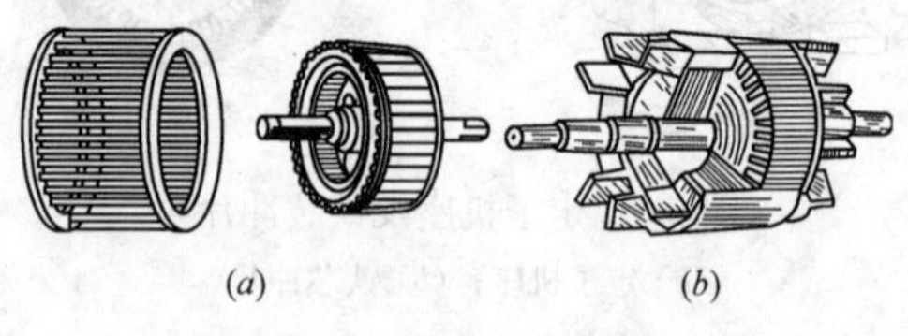

(*a*) (*b*)

图 5-5 笼式转子结构

(*a*) 插铜条；(*b*) 铸铝

② 绕线式转子绕组。绕线式转子的绕组和定子绕组相似，都是用绝缘导线制成线圈，然后再嵌入铁芯槽中，通过连接形成三相绕组。三相绕组一般接成星形。三相绕组的首端引出线接到固定的轴上三个互相绝缘的滑环上，通过电刷与外电路三个启动变阻器连接。电刷与滑环装置如图 5-6 (*a*) 所示，电路图如图 5-6 (*b*) 所示。笼式转子与绕线式转子比较，构造上后者比前者复杂，加上电动机在运转中，电刷与滑环接触面容易出现故障，因此绕线式电动机的应用没有笼式电动机那么广泛。不过由于绕线式可以改变与电刷的外加电阻的阻值来改变绕组中的电流，实现平滑调速，所以需要在不大范围内作平滑调速的场合常采用它。

为了改善电动机的启动性能，小容量电动机的转子常做成斜槽式，大容量电动机的转子则做成深槽式或双笼式。

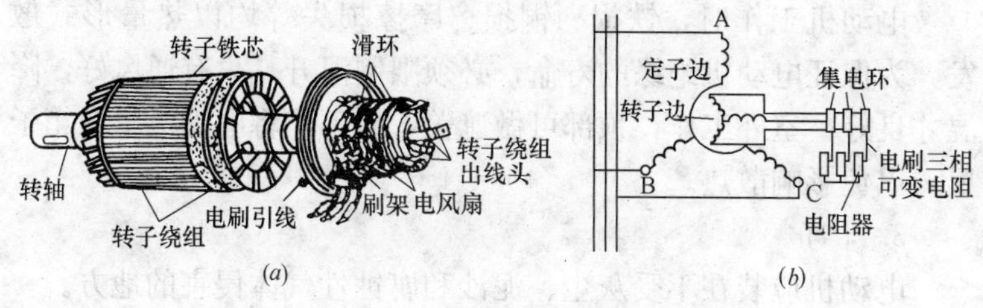

图 5-6　绕线式转子结构及其接线

二、其他部分

其他部分有端盖、轴承、接线盒等，其构造见图 5-1。

(1) 端盖。端盖一般是用铸铁或铸钢浇铸而成。其作用主要是支持转子，把转子固定在定子腔内，保证转子的均匀旋转；同时封闭机座，避免灰尘杂物进入定子腔，使电机形成一个整体。

(2) 轴承。轴承是标准件，目的是减少摩擦，保证转子的正常旋转。

(3) 接线盒。接线盒固定在机座上，接线盒内装有接线板，接线板上有接线桩，用于连接定子绕组引出线和电源引入线。

(4) 风扇及扇罩。风扇包括内风扇和外风扇。外风扇由铝或塑料制成，安装在转子的后轴端，用于散掉整个电动机外部热量。风扇罩是安装在风扇外面的铁制防护罩，其作用是保护风扇以及人身的安全。

第二节　三相异步电动机的安装与检查

一、安装地点的选择

电动机在安装前要选择好地点，选择电动机安装地点时，必须注意以下几个方面：

1. 干燥

电动机绝缘的主要危害是潮湿，安装地点必须干燥。如果是流动使用的电动机，应采取防潮措施，更不可受日晒雨淋。

2. 通风

电动机工作时，铁损、铜损、摩擦损失等均以热量形式散发，为保证电动机绝缘的寿命，必须限制温升，只有通风好，降温才良好。室外工作，顶部可做遮盖，但不能将电动机罩在箱子里，以免影响散热。

3. 干净

电动机应装在不受灰尘、泥沙和腐蚀性气体侵害的地方。

二、电动机的基础

电动机在运行中，不但受牵引力而且还产生振动，如果位置不平、基础不牢固，电动机会发生倾斜或滑动现象，故电动机应装设在基础的固定底座上。

一般中小型电动机根据工作的需要，有的装设在埋于墙壁的三角构架上，有的装设在地坪上的平面构架上，有的装设在混凝土的基础上。前两种是将电动机用螺栓固定在构架上，后一种是电动机固定在埋入基础的地脚螺栓上。电动机的基础有永久性、流动性和临时性几种。永久性基础一般采用混凝土和砖石结构。基础的边沿应大于机组外壳 10mm 左右，上水平面应高出地面 150mm 左右。在砌筑基础时，要用水平尺校正水平，还要注意预埋电动机的地脚螺栓，地脚螺栓的大小和相互间距离尺寸，应与电动机底座的螺孔相对应。

临时性的电动机，功率在 20kW 以下的，可安装在木架或铁架上，再将架腿深埋地下。流动使用的电动机，功率大都较小，可以和被拖动的机械固定在同一个架子上，到使用地点再将架体用打桩的方法固定好。

三、安装与校正

1. 电动机的安装

安装电动机时，要将电动机抬到基础上。质量 100kg 以下的小型电动机，可用人力抬，比较重的电动机可采用三脚架上挂链条葫芦或用吊车来安装，将电动机按事先画好的中心线位置找正。电动机应先初步检查水平，用水平尺校正电动机的纵向和横向水平情况，如图 5-7 所示。如果不平，可用 0.5～5mm 厚的钢片垫在机座下面来校正，切不可用木片、竹片来垫。

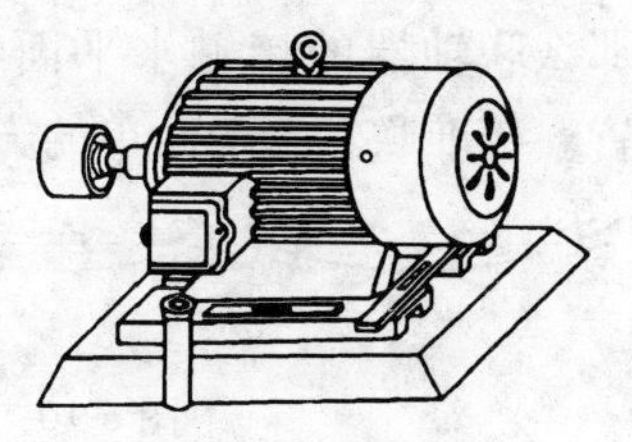

图 5-7　用水准器校正电动机的水平

2. 传动装置的校正

电动机初步水平调整好以后，就应对传动装置校正，现将皮带传动和联轴器传动时校正方法介绍如下：

（1）皮带传动

为了使电动机和它传动的机器能正常运行，必须使电动机皮带轮的轴和被传动机器皮带轮的轴保持平行，同时还要使它们的皮带轮宽度中心线在同一条直线上。如果两皮带轮的宽度是相同的，那么校正轴的平行可在皮带轮的侧面进行，如图 5-8 所示。如果皮带轮宽度不同，则首先要测量出两皮带轮的中心线，并画出其中心线位置，如图 5-9 所示的 1、2 和 3、4 两根线。然后拉一根线绳，对准 1、2 这根线，校正到 3、4 线在同一条直线上为止。

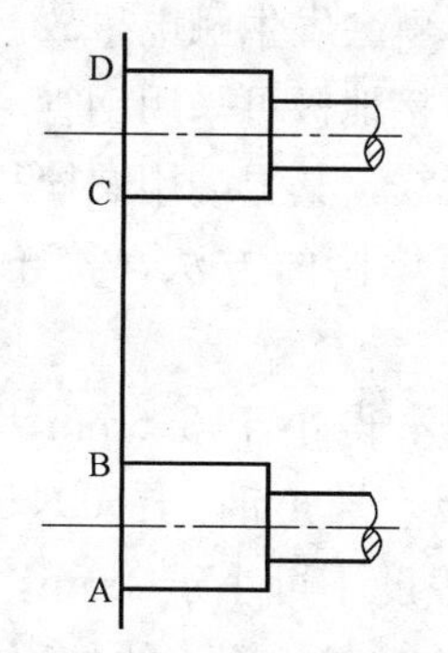

图 5-8　宽度相同皮带轮的校正方法

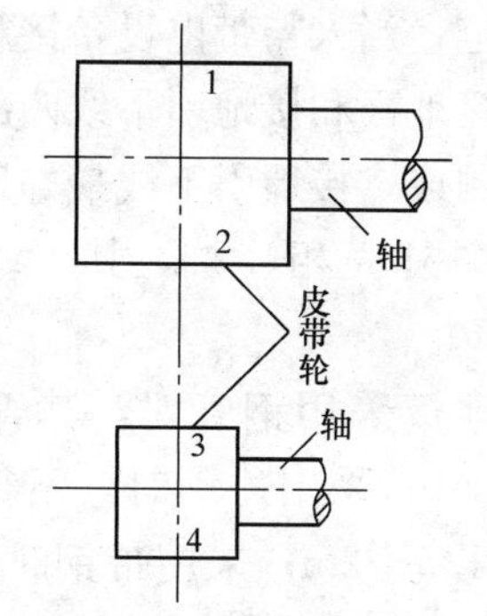

图 5-9　皮带轮宽度不同的校正方法

（2）联轴器传动

电动机的轴是有质量的，所以联轴器在垂直平面内永远有挠度，如图 5-10 所示。假如两边连接的机器转轴安装绝对水平，那么联轴器的接触水平面将不会平行，如图 5-10（*a*）所示位置。校准联轴器最简单的方法是用钢板尺校正，如图 5-11 所示。

图 5-10　电动机转子产生挠度

（*a*）两边联轴器等高；（*b*）两端轴承较高

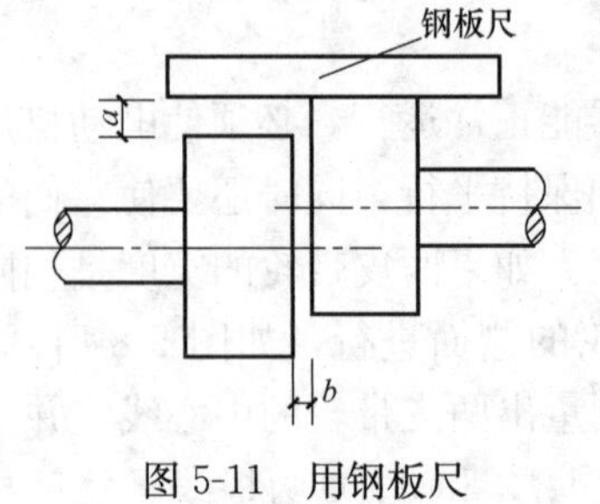

图 5-11　用钢板尺校正联轴器

四、接线

1. 电动机的接地装置

在公用配电变压器低压网络中，为了保证人身安全，用电设备都必须外壳接地，所以电动机安装中也包括将电动机外壳、铁壳式开关设备及金属保护管做良好接地。否则如果电动机等设备的绝缘损坏，造成机壳或电气设备上带电，当人与带电设备接触时，就会发生触电事故。接地装置包括接地极和接地引下线两部分。接地极可采用钢管、角铁及带钢等制成。接地引下线最好用钢绞线，其上端用螺栓与电机或电气设备外壳相连接，其下端应用焊接的方法，接于接地装置上。

接地极采用钢管时，其管壁厚不得小于 3.5mm，管径为 35～50mm；采用角钢时，不得小于 5 号角钢（∟50×50×5），长度在 1.5～2m；采用带钢时，其厚度不可小于 4mm，截面不得小于 48mm²，长度在 2.5～3m 左右。接地引下线如用裸铜线，其截面不得小于 4mm²。按规定 1000V 以下电动机保护接地电阻不应大于 4Ω。

在砂土、夹砂土及干燥地区，由于土壤电阻率较大，接地电阻值不能满足要求时，可采取适当措施，降低接地电阻。其方法为增加接地极个数或在接地极坑内加入降阻剂。接地极埋设深度，一般为距地面下0.5～0.8m。

2. 电动机接零措施。

每台电动机和电气设备均要埋设接地装置，显然价格昂贵且工作量大，而且设备单相接地时，其短路电流要经过设备接地装置和变压器中性点接地装置构成回路，增大了回路电阻，可能使相线上熔断器不动作，降低了保护的灵敏度和可靠性。为此，在单位专用变压器的供电网中的电动机和电气设备可统一采用保护接零方法。这种情况下设备绝缘击穿，单相短路电流经接零线构成回路，电阻比接地时大为减少，短路电流增加，以保证相线上熔断器熔体熔断。但在同一配电变压器低压网中，不能有的设备采用保护接地，有的设备采用保护接零。即同一网络中保护接地和保护接零不能混用，这是必须注意的重要原则。

如果同一配电变压器低压网中保护接地和保护接零混用，当保护接地的那台设备发生单相接地短路时，短路电流经相线→电动机接地电阻→变压器低压侧中性点接地电阻构成回路，其短路电流由于回路电阻大，致使电流值达不到熔断器熔断值。这样短路电流在接地电阻上的压降使变压器中性线均带上对人身有危害的电压，即在所有无故障的接零设备的外壳上均出现对人身有危险的高电压，故保护接地和保护接零不能在同一低压系统中混用。

五、三相异步电动机启动前后的安全检查

1. 启动前的检查

(1) 了解电动机铭牌所规定的事项。

(2) 电动机是否适应安装条件、周围环境和保护形式。

(3) 检查接线是否正确，机壳是否接地良好。

(4) 检查配线尺寸是否正确，接线柱是否有松动现象，有无接触不好的地方。

(5) 检查电源开关、熔断器的容量、规格与继电器是否配套。

(6) 检查传动带的张紧力是否偏大或偏小；同时要检查安装

是否正确，有无偏心。

（7）用手或工具转动电动机的转轴，是否转动灵活，添加的润滑油量和材质是否正确。

（8）集电环表面和电刷表面是否脏污，检查电刷压力、电刷在刷握内活动情况以及电刷短路装置的动作是否正常。

（9）测试绝缘电阻。

（10）检查电动机的启动方法。

2. 启动时注意事项

（1）操作人员要站立在刀闸一侧，避开机组和传动装置，防止衣服和头发卷入旋转机械。

（2）合闸要迅速果断，合闸后发现电动机不转或旋转缓慢、声音异常时，应立即拉闸，停电检查。

（3）使用同一台变压器的多台电动机，要由大到小逐一启动，不可几台同时合闸。

（4）一台电动机连续多次启动时，要保持一定的时间间隔，连续启动一般不超过 3～5 次，以免电动机过热烧毁。

（5）使用双闸刀启动、星三角启动或补偿启动器启动时，必须按规定顺序操作。

3. 启动后的检查

（1）检查电动机的旋转方向是否正确。

（2）在启动加速过程中，电动机有无振动和异常声响。

（3）启动电流是否正常，电压降大小是否影响周围电气设备正常工作。

（4）启动时间是否正常。

（5）负载电流是否正常，三相电压电流是否平衡。

（6）启动装置是否正确。

（7）冷却系统和控制系统动作是否正常。

4. 运转体的检查

（1）有无振动和噪声。

（2）有无臭味和冒烟现象。

（3）温度是否正常，有无局部过热。

（4）电动机运转是否稳定。

（5）三相电流和输入功率是否正常。

（6）三相电压、电流是否平衡，有无波动现象。

（7）传动带是否振动、打滑。

（8）有无其他方面的不良因素。

第三节　电动机线路图的识读

一、单相异步电动机的正、反转控制线路

单相异步电动机旋转方向的改变，在单相电阻式和电容分相式电动机中，只需将主绕组和辅绕组的两根接线端互换后，即可改换电动机的旋转方向，从而使单相异步电动机能进行正、反转的控制。而对于单相罩极式电动机，则必须在其定子铁心中安置一套主绕组和两套分布式罩极绕组，并利用转换开关才能进行正、反转运行控制。

1. 电阻启动正、反转控制线路

如图 5-12 所示为单相电阻启动电动机正、反转控制线路。从单相异步电动机的工作原理可以知道，要改变电动机的旋转方向，只需将主绕组或辅绕组的两根接线端互换即可，图中就是采用这种方法。

2. 电容启动与运转正、反转控制线路

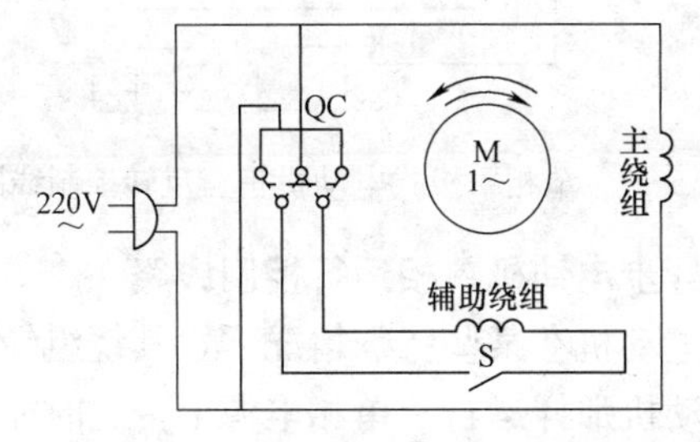

图 5-12　单相电阻启动电动机正、反转控制线路

如图 5-13 所示为单相电容启动与运转电动机正、反转控制线路。该线路中电动机的主、辅绕组内串有启动电容器 C1 和运转电容器 C2。电动机启动过程完成后，电容器 C1 与辅助绕组退出运行，只有 C2 仍参与运转。

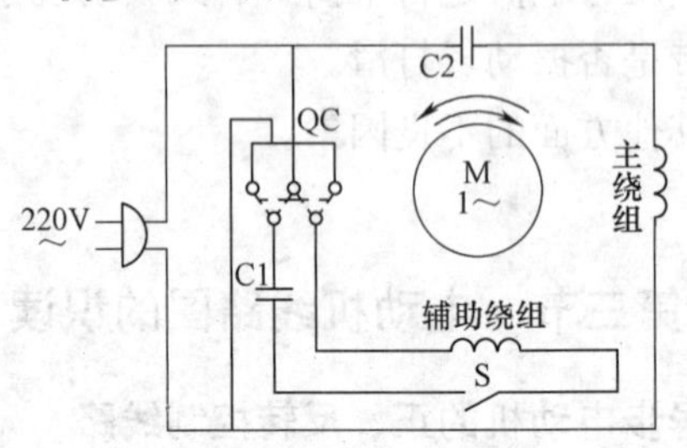

图 5-13 单相电容启动与运转电动机正、反转控制线路

3. 罩极式电动机正、反转控制线路

如图 5-14 所示为单相罩极式电动机正、反转控制线路。该电动机采用两套分布式罩极绕组，一套作为正向启动用，另一套则用于反向运转，正、反转的转换通过开关 S 来实现。分布式罩极绕组嵌在定子槽中。

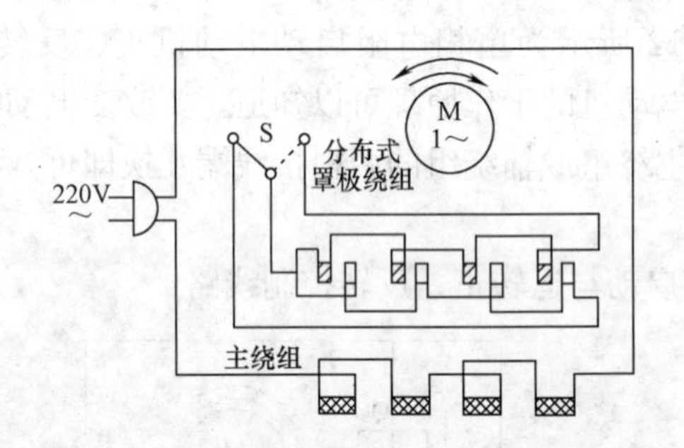

图 5-14 单相罩极式电动机正、反转控制线路

二、三相异步电动机单相运行控制线路

三相异步电动机在某些特殊情况下，其绕组经改接后也可以像单相异步电动机那样运行于单相电源上。这时原三相绕组中的一相绕组串接起电容器而作为辅助的启动绕组，另两相绕组则串

联起来作为工作的主绕组。采用这种接法后的三相异步电动机，其单相运行时的功率约为三相时功率的70%左右。下面将介绍几种三相异步电动机改单相运行时的控制线路。

1. 电容移相“Y”形接法控制线路

如图5-15所示为三相异步电动机电容移相启动、运转“Y”形接法单相运行控制线路。该线路配置有运行电容C1和启动电容C2，使电动机运行在单相电源上。

2. 电容移相拉开“Y”形接法控制线路

如图5-16所示为三相异步电动机电容移相启动拉开“Y”形接法单相运行控制线路。该线路中U相与电容器C串联作为辅助绕组，由V、W相作主绕组。

3. 电容移相“△”形接法控制线路

如图5-17所示为三相异步电动机电容移相启动、运转“△”

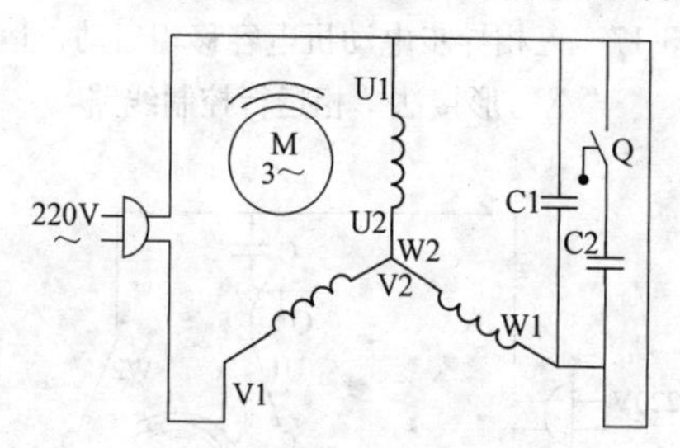

图5-15　三相异步电动机电容移相启动、运转“Y”形接法单相运行控制线路

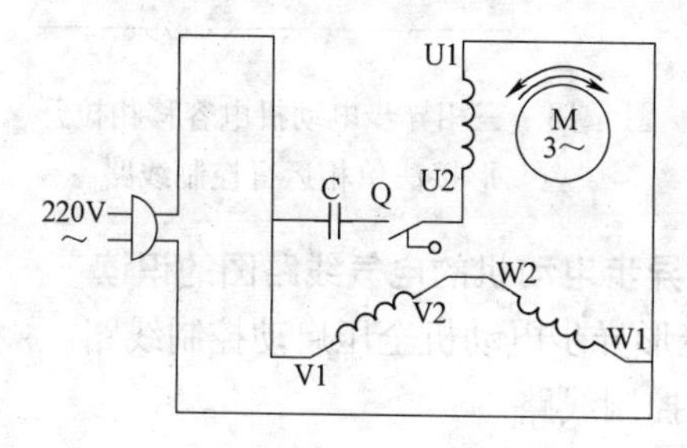

图5-16　三相异步电动机电容移相启动拉开“Y”形接法单相运行控制线路

形接法单相运行控制线路。该线路将电动机三相绕组接成“△”形，经电容C1、C2移相后用于单相电源。

4. 电容移相拉开“△”形接法控制线路

如图5-18所示为三相异步电动机电容移相拉开“△”形接法单相运行控制线路。该线路在拉开绕组后，在U相中串接了电容器C和离心开关Q。

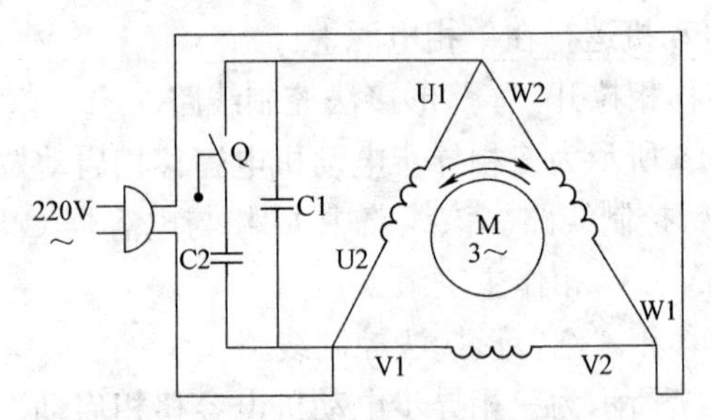

图5-17　三相异步电动机电容移相启动、运转“△”形接法单相运行控制线路

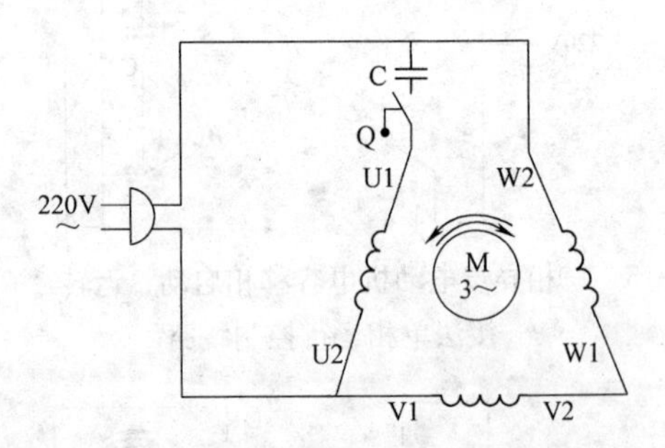

图5-18　三相异步电动机电容移相拉开“△”形接法单相运行控制线路

三、三相异步电动机的电气线路图的识读

1. 三相笼形异步电动机全压启动控制线路

（1）点动控制线路

这种控制线路常用于电动葫芦和车床拖板的快速短暂移动中，如图5-19所示即为点动控制线路。该线路由隔离开关QS、

熔断器FU1和交流接触器KM组成，熔断器FU2、按钮SB及接触器线圈组成控制线路。电动机工作时，首先接通开关QS，按下按钮SB，这时接触器线圈KM得电动作，KM的主触点闭合，电动机通电运转。停止时，松开SB、KM线圈断电，KM主触点断开，电动机断电停止运转。

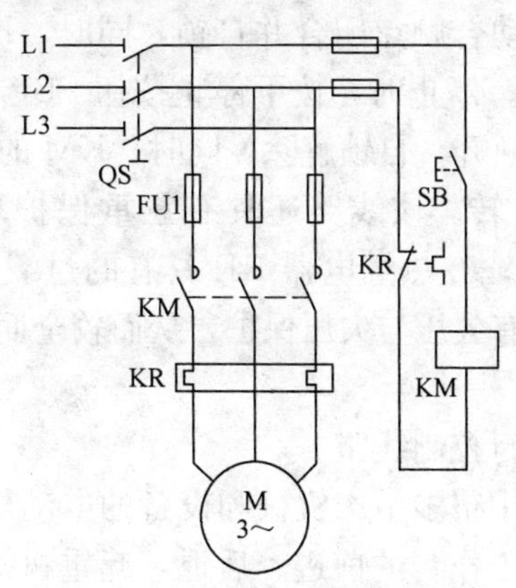

图5-19　电动机点动控制线路

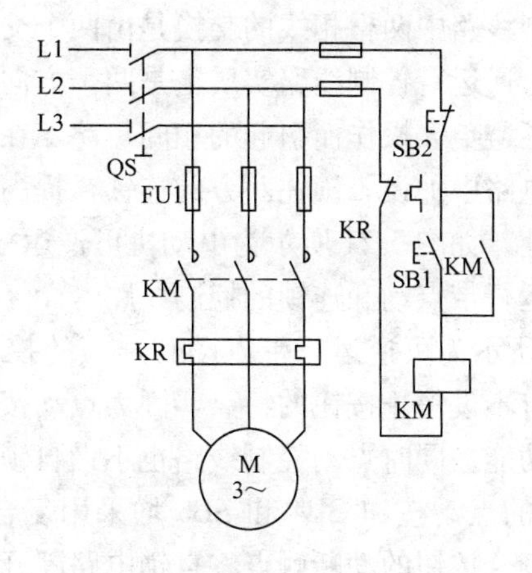

图5-20　电动机单向运行控制线路

（2）单向运行控制线路

三相笼形异步电动机单向运行控制线路如图5-20所示，它是一种最常用、最简单的控制线路。其主电路由隔离开关 QS、熔断器 FU1、接触器 KM、热继电器 KR 和电动机 M 构成，控制电路的启动、停止按钮 SB1、SB2、接触器线圈及常开辅助触点、热继电器 KR 的动断触点和熔断器 FU2 组成。该控制线路工作是，先接通隔离开关 QS，按下启动按钮 SB2，KM 线圈通电动作，KM 的动合触点闭合并自锁，同时，KM 主触点闭合，电动机通电运转。停止时，按下停止按钮 SB1，KM 线圈断电，KM 的动合触点断开，自锁解除，同时，KM 的主触点断开，电动机断电停止运转。该线路还具有三重保护环节：①熔断器 FU1 的短路保护；②热继电器 KR 具有的过载保护；③接触器 KM 电磁机构具有欠压与失压保护，从而较全面地保护了电动机的可靠运行。

（3）可逆运行控制线路

在实际生产中很多生产机械和设备的电动机都要求具有正、反转，例如机床工作台的前进、后退，起重机的上升、下降等。要达到这个要求很容易，只需将电源或电动机的相序任意调换两相即可。在控制线路中两根相线的交换是由两个交流接触器来完成的。所以，可逆运行控制线路实质上是两个方向相反的单向运行电路。但为了避免误操作而引起的相间短路，在这两个方向相反的单向运行电路中加设了锁住对方的连锁，提高了控制线路的安全性、可靠性。如图 5-21 所示为电动机可逆运行控制线路。

（4）可逆运行带点动和连锁的控制线路

如图 5-22 所示为可逆运行带点动和连锁的控制线路。其点动控制线路具有不设停止按钮的特点，因为点动按钮本身就有启动与停止两个功能。同时点动控制线路也不设自锁触点，所以在图 5-22 所示中的点动按钮 SB4 和 SB5 均采用复合按钮，在正、反转点动时，复合按钮的动断触点将自锁电路断开。此线路是按钮连锁、接触器连锁和点动控制三者结合，具有连续运行和可调整的功能。

（5）具有自动循环及限位的控制线路

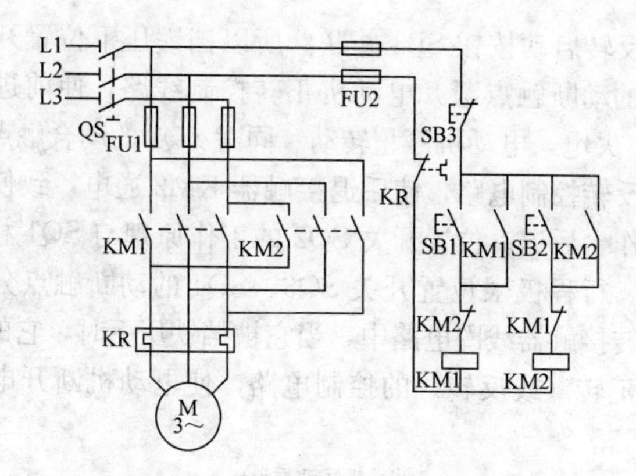

图 5-21　电动机可逆运行控制线路

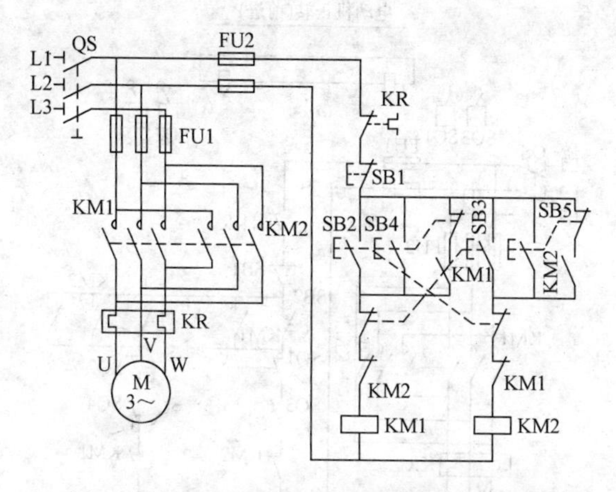

图 5-22　可逆运行带点动和连锁的控制线路

许多机床的工作台都需要自动循环方式工作，它的往返信号是由位置开关发出的。从图 5-23（*a*）中可以看出，当工作台前进档铁压下位置开关 SQ1 时，SQ1 将发出电动机反转信号，使工作台后退而 SQ1 复位；当工作台后退到挡铁压下位置开关 SQ2 时，SQ2 将发出电动机正转信号，使工作台前进，到前进结束时挡铁再次压下 SQ1，如此往复运动不断循环下去。位置开关 SQ3、SQ4 是行程极限保护开关。在图 5-23（*b*）中，位置开关 SQ1 的动断触点与正转接触器 KM1 的线圈串联，SQ1 的动合触点与反转启动按钮 SB3 并联。所以挡铁压下位置开关 SQ1 时，SQ1 的动断触点断开电动机正转控制线路，使前进接触器线圈 KM1 失电，电动机停止转动。同时 SQ1 的动合触点闭合接通电动机反转控制电路，使后退接触器 KM2 通电，致使电动机反转而工作台后退。位置开关 SQ2 的工作原理与 SQ1 相同，可自行分断。行程极限位置开关 SQ3、SQ4 的动断触点分别串联在正、反转接触器线圈电路中，当它被挡铁压下时，它的动断触点将断开正转（或反转）的控制电路，使电动机断开电源停止运转。

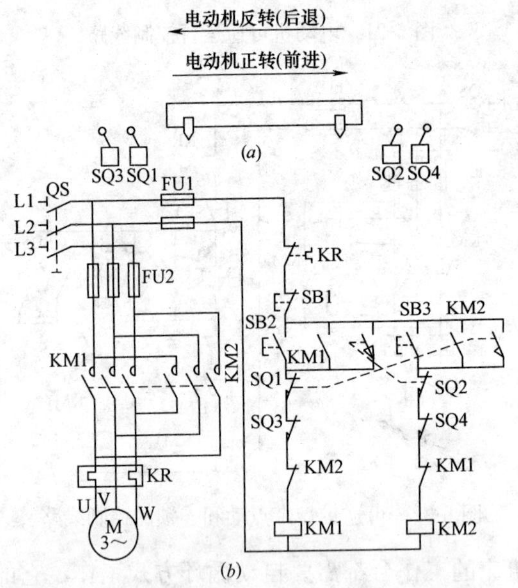

图 5-23　具有自动循环及限位的控制线路

（*a*）工作台示意图；（*b*）工作台运动控制线路

（6）两台电动机之间顺序控制线路

很多具有多台电动机的设备，常因每台电动机的用途不同而需要按一定的先后顺序来启动。例如，铣床启动时必须先启动主轴电动机，然后才能启动进给电动机，这种控制就称为顺序控制线路。如图 5-24 所示为具有两台电动机的顺序控制线路。图中接触器 KM1 有两对动合辅助触点，其中一对并联在启动按钮 SB3 两端作自锁用，另一对则串接在接触器线圈 KM2 的线路上。所以在电动机启动时，必须先启动 M1 电动机，然后才能启动 M2 电动机。同时，由于接触器 KM2 的动合辅助触点并联在停止按钮 SB1 两端，故在两台电动机停止时必须先停止 M2 电动机，然后才能停止 M1 电动机。

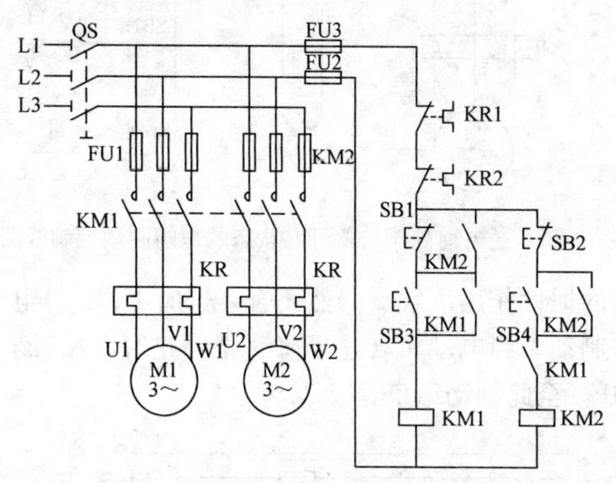

图 5-24　具有两台电动机的顺序控制线路

2. 三相笼形异步电动机制动控制线路的识读

（1）抱闸制动控制线路

如图 5-25 所示为通电前处于“松开”状态的抱闸制动控制线路。当按下启动按钮 SB1 时，接触器 KM1 得电接通电源，电动机开始启动。当按下停止按钮 SB2 时，KM1 切断电动机的电源，同时又使 KM2 接通电磁抱闸 YB 将电动机“抱紧”。

（2）反接制动控制线路

如图 5-26 所示为电动机单向运行反接制动控制线路，该线路是采取改变电动机电源的相序，进行反接制动的。当相序改变后，电动机定子的旋转磁场方向也随着改变了方向，因而电动机产生的转矩和原来的转矩相反，所以能起制动作用，制动时按下停止按钮 SB2，KM1 断电，其动断触点闭合，速度继电器 KS

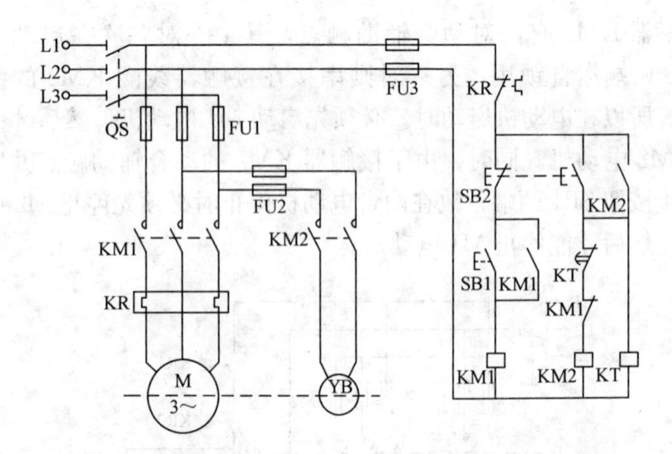

图 5-25 通电前处于“松开”状态的抱闸制动控制线路

在电动机的惯性作用下触点仍然闭合，这时 KM2 得电动作，电动机反接制动。当电动机转速下降直至停止时，KS 断开，接着 KM2 断开，至此制动结束。

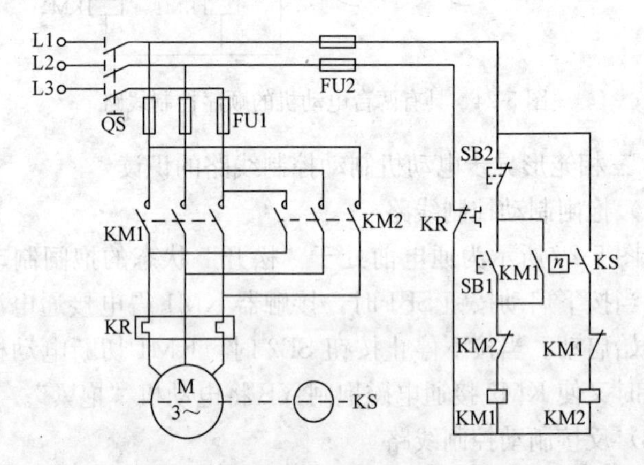

图 5-26 电动机单向运行反馈制动控制线路

（3）能耗制动控制线路

如图 5-27 所示为由时间继电器控制桥式整流能耗制动控制线路。停机制动时，按下停止按钮 SB2，于是 KM1、KT 继电，接着 KM2 得电动作，直流电进入电动机制动，最后 KM2 断电，制动结束。

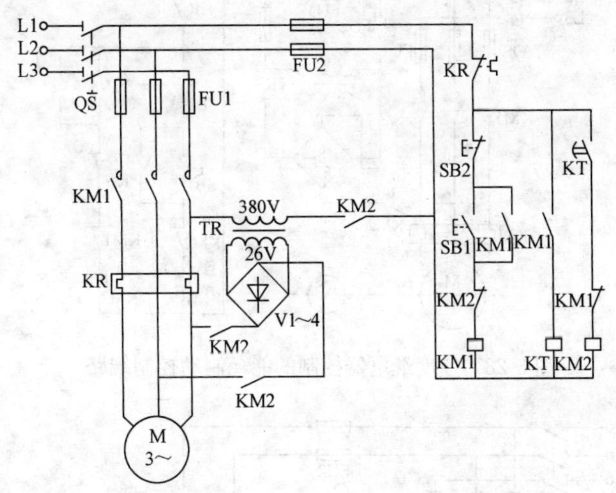

图 5-27　时间继电器控制桥式整流能耗制动控制线路

（4）速度继电器控制的能耗制动控制线路

如图 5-28 所示为采用速度继电器控制的能耗制动控制线路。速度继电器能够自动整定能耗制动时间，因而停机准确、制动平稳、效果良好。其制动过程为：按下停止按钮 SB2，接触器 KM1 释放，电动机断开电源，依惯性速度继电器 KS 保持闭合，则接通 KM2 的线圈并自锁，经接触器 KM2 的主触点给电动机定子绕组送入直流电，进行能耗制动。这时电动机转速迅速下降，当转速下降到接近 100r/min 时，速度继电器触点断开，接触器 KM2 因断电而释放，制动结束。

（5）电容制动控制线路

如图 5-29 所示为电动机电容制动控制线路。进行制动时，按下停止按钮 SB2，交流接触器 KM 失电断开主电路，其常闭触点闭合，电容器接入电动机定子绕组进行电容制动。同时 SB2 常开触点闭合，时间继电器得电动作，其主触点闭合将三相绕组短接制动，使电动机迅速停止运转。制动完毕后，时间继电器 KT 断开。

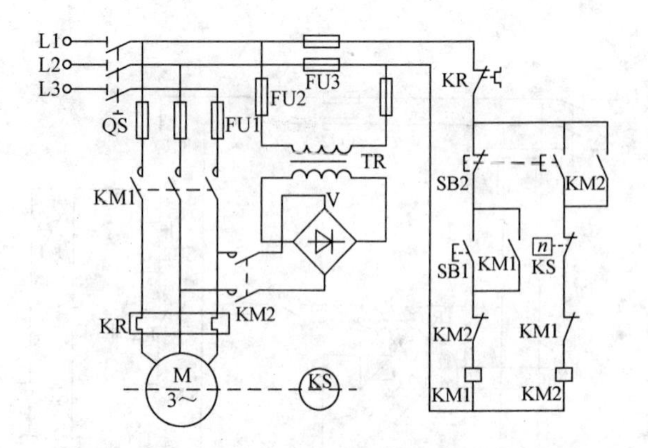

图 5-28 速度继电器控制的能耗制动控制线路

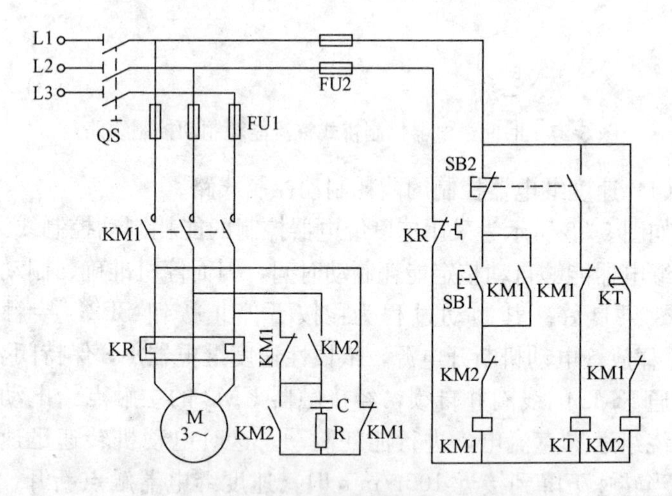

图 5-29 电动机电容制动控制线路

（6）自励发电短接制动控制线路

如图 5-30 所示为电动机自励发电短接制动控制线路，该线路将三相绕组中一相采用自励发电制动，另外两相则为短接制动。这样，既能发挥自励发电制动效果好的优点，又兼得短接制动线路简单的长处。当电动机停止运转时，接触器 KM1 断开，KM2 接通电源进行自励发电，短接制动。制动过程结束，时间继电器 KT 将 KM2 断开。本线路适用于小功率三相异步电动机。

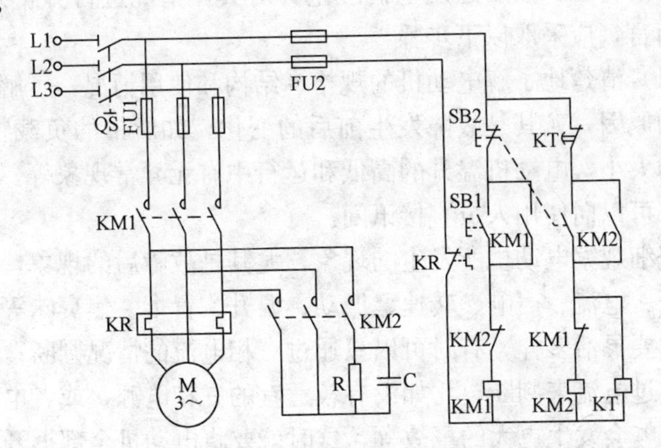

图 5-30 电动机自励发电短接制动控制线路

第四节 三相异步电动机的检修

一、如何分析、判断电动机故障

三相异步电动机的故障较多，概括起来可分为电气和机械故障两部分。

电气故障包括各种类型的开关、按钮、熔断器、定子绕组及启动设备等，在这里定子绕组故障较多，因此一提到电动机的维修，大部分都是指绕组的修理。而机械方面的故障，指轴承、风叶、机壳、联轴器、端盖、轴承盖、转轴等。发生故障之后，必须迅速、准确地掌握故障发生的原因。这项工作复杂而又细致，同时有一定的难度，因为除了造成故障的因素较多外，往往有故障现象相似，但产生的原因却不同，易于混淆，很难得出正确的结论。因此除掌握电动机的结构、原理和性能外，还需要正确使用各种检测仪表，如验电笔、万用表、兆欧表、钳形电流表等。通常情况下，检查故障的时间往往比修理的时间要长，一旦找到故障原因，故障排除就容易多了。

能迅速而又准确地判断出产生故障的原因，首先应当熟悉各种故障的特征，然后运用电机理论针对具体情况进行分析判断，一般而言，应采取以下步骤：

（1）清楚地了解电动机的规格、结构和使用情况，了解故障发生的原因，尤其是故障发生前后的变化，如所带的负载特点，负载的大小，电动机温升的高低和运行中有无异常现象等。这些情况都可以向使用人员直接讯问。

仔细观察电动机所发生的现象，尤其是故障后的现象，如电源电压、电流、声响、转速、振动、温升、冒烟、焦臭味等。观察方式要灵活多样，有时可以只通过三相电流的情况判断；有时不能通过电流来判断，比如没有较适宜的三相电源，或者电动机一旦通电会发生更大的事故等，这时就要将电动机全部拆开，检查内部的异常情况。

（2）若最初故障现象不够明显，还可以借助仪器仪表，应用电机运动理论和实践经验进行具体分析，综合判断，最后确定故障状态及损坏部位。

二、怎样确定电动机的故障

熟悉各种故障的特征，掌握电动机所表现出来的异常现象，对分析产生故障的原因，判断出故障部位是非常重要的。

为弄清楚故障的特点，首先应正确区分哪些是机械故障，哪些是电气故障，最简单的办法是将电动机接通电源试运行，若电动机接通电源运行时，故障仍存在，断开电源后故障仍存在，显然这是机械方面的故障。如断开电源故障消失，应属于电气方面的故障。电气方面的故障常见的有：

（1）定子绕组短路、断路和接地以及笼式转子断条或端环断裂等。这些故障有相同之处，也有不同之处，各有特征。如短路故障发生快，发热快，并伴有火花、冒烟，还可闻到焦臭味。

（2）断路故障若为定子绕组是一路串联的电路，运行中的电动机仍旋转，但出力要减少，电流要加大，停机后将不能再启动。

（3）断路故障若为定子绕组二路并联电路，可以启动，但三相电流将严重不平衡，电动机的电磁转矩将变小。接地故障即是电动机外壳带电，用验电笔很容易查出。

（4）若鼠笼式转子断条或端环断裂，由电机理论知，电动机电磁转矩也会变小，不能带动负载，且三相电流严重不平衡，有噪声、振动等。

三、定子绕组短路故障的检查及修复

在正常情况下。导线表面都涂有绝缘层，所以线匝与线匝之间是相互绝缘的。电流只能按规定的途径一匝一匝地通过，也可以说线圈内部的各个线匝是串联的，如图 5-31（*a*）所示。定子绕组短路故障的检查及修复类型及说明如下：

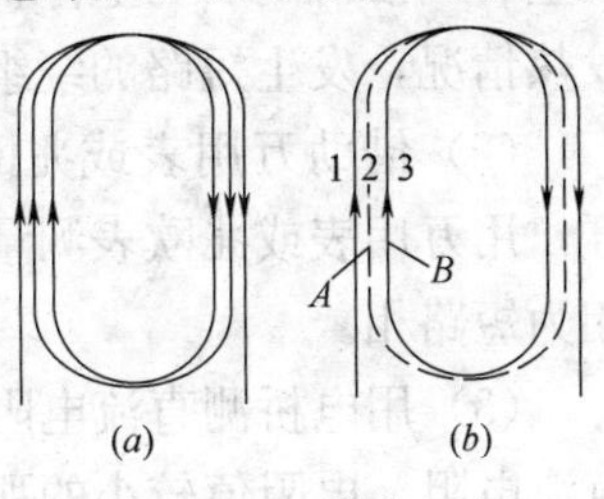

图 5-31 正常与匝间短路线圈

1. 定子绕组短路故障

（1）匝间短路。定子绕组相邻的两个线匝绝缘漆皮破损而相互连接在一起形成的短路称为匝间短路，如图 5-31（*b*）所示。线匝短路后电阻减小，在闭合回路中会产生很大的短路电流，有可能超过额定电流的若干倍，将这一组线匝或几组线匝烧毁。造成线匝之间短路的主要原因是：

① 漆包线的漆膜太薄或存在弱点。

② 绕线时损伤了匝间绝缘，或抽出转子时碰破了线圈端部的漆膜。

③ 长期高温运行使线匝之间绝缘老化变质。

（2）相间短路。三相绕组之间因绝缘损坏而造成的短路称为相间短路，相间短路会造成很大的短路电流，在短路处产生高热，严重时将导线熔断。造成相间短路的主要原因是：

① 绕组端部的相间绝缘纸或槽内层间绝缘放置不当或尺寸偏小，形成相间绝缘的薄弱环节，被电场强行击穿而短路。

② 线鼻子焊接处绝缘包扎得不好，裸露部分积灰受潮引起表面爬电而造成短路。

③ 低压电动机极相组连线的绝缘套管损坏，高压电动机烘卷式绝缘的端部蜡带脆裂积灰，也同样引起相间绝缘击穿。

2. 定子绕组短路故障的检查

检查绕组线匝之间和相间短路的方法有以下几种：

(1) 检查运行中的电动机短路故障时，当电动机停机后，迅速打开电动机，直接查看线圈烧灼焦痕、变色之处。让待查电动机空转一段时间后马上停机并迅速拆开电动机，直接用手摸线圈发热情况，发生短路的绕组温度较高，严重时有焦煳味。

(2) 借助万用表或兆欧表测试。将三相绕组的头尾全部拆开，用万用表或兆欧表测量相间电阻，阻值为零或明显小的那一相为短路相。

(3) 用电桥测直流电阻。可用双臂电桥分别测量三相绕组的直流电阻，电阻值较小的那一相为短路相。

(4) 用电流平衡找短路相、用电压降落找短路极相组和短路线圈。对于星形连接的电动机，可将三相绕组并联后，通过低电压大电流的交流电（一般可用单相交流电焊机）如图 5-32 (*a*) 所示。对三角形接法如图 5-32 (*b*) 所示。每相绕组应串联一只电流表，通电后记下电流表的读数，电流过大的那一相即存在短路。然后将故障相的极相组间连接线剥开，施加 50～100V 交流电压，用万用表测量每个极相组的电压降，如图 5-33 所示，压降小的那一相即为匝间短路。再将该组（如 S1 组）的线圈间连接线剥开，用同样的方法测量各线圈的电压降，如图 5-33 (*b*) 所示，便可找到短路点。严重时，短路的线匝明显发黑。

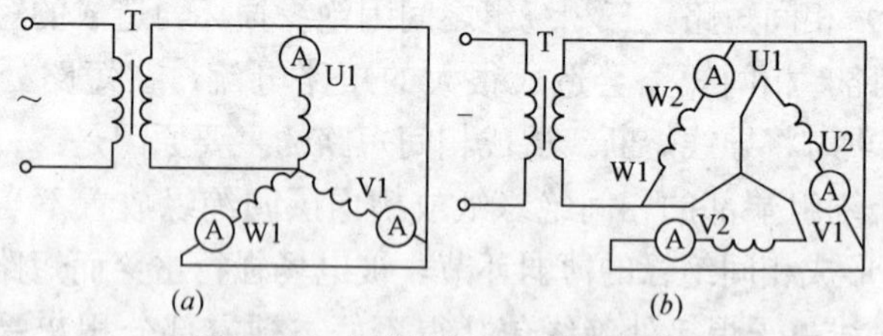

图 5-32　电流平衡法查找短路相

(*a*) 星形接法；(*b*) 三角形接法

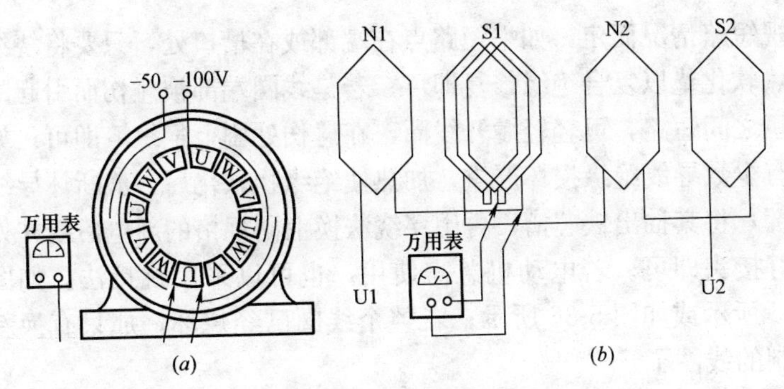

图 5-33　电压降检查法

(*a*) 检查极相组；(*b*) 检查短路线圈

（5）应用电磁感应原理的理论查找。将 12～36V 的单相交流电通入 U 相后，分别测量 V、W 相的感应电压；然后通入 V 相，分别测量 W、U 相的感应电压；再通入 W 相，分别测量 U、V 相的感应电压。逐次记录每次测量的数值进行比较，感应电压偏小的那一相即有短路故障。

（6）用专用设备短路侦察器查找。如图 5-34 所示，短路侦察器 1 是一个铁芯线圈，检查时将其放在被测线圈 2 的铁芯槽口处。侦察器 1 的线圈接上电源后由励磁电流产生磁通 $\phi1$，它沿铁芯磁路闭合（如图 5-34 中虚线所示）。这时侦察器的线圈相当于变压器的一次侧线圈，而被测电机的绕组线圈 2 相当于变压器的二次侧线圈。如果被测线圈 2 无短路故障，相当于变压器空载状态，侦察器线圈中的电流很小；如果线圈 2 是短路的，则相当于变压器的二次侧处于短路状态，侦察器线圈中的电流会变大，因此可通过侦察器线圈中的电流大小，找到电动机绕组的短路故障点。

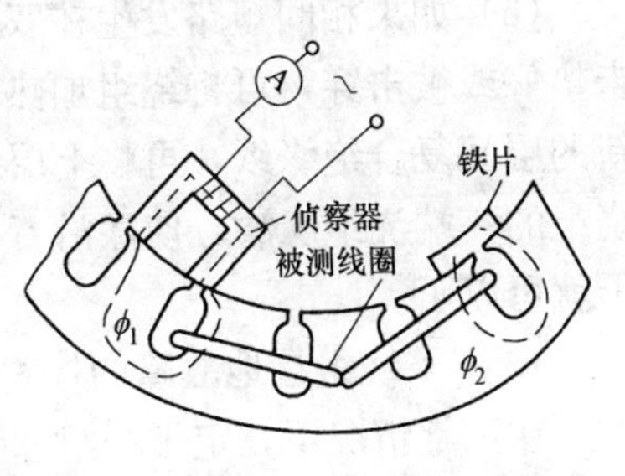

图 5-34　短路侦察器检测短路点

3. 定子绕组短路故障的修复

（1）线圈间或匝间短路。

应视短路情况而定，如果短路点在端部或在槽口处，只要将绕组加热软化垫以复合绝缘修复即可；若是线圈端部被碰伤而引起的线匝之间短路，可轻轻撬开线圈，在碰伤处刷上绝缘漆即可；如果有少数导线绝缘损坏严重，加热使绝缘物软化后，剪断坏导线端部，将其抽出铁芯槽，再用穿绕法换上同规格的新电磁线并处理好接头即可。若电动机急需使用，也可以采用跳接法，如图 5-35 所示或如图 5-36 所示；若整个线圈已经烧坏，那只有换新绕制的线圈了。

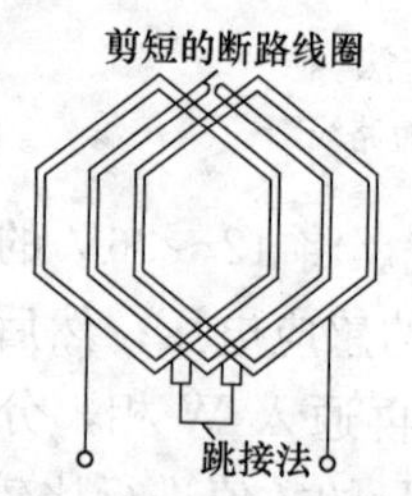

图 5-35　线圈跳接示意图

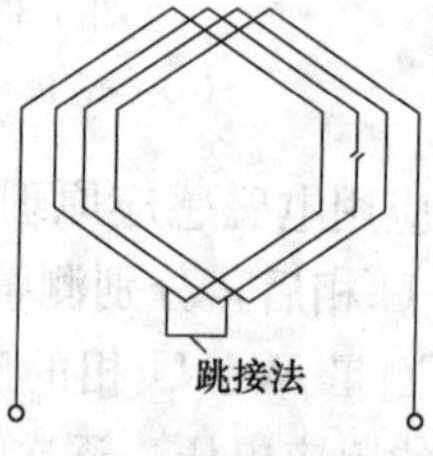

图 5-36　线匝跳接示意图

（2）线圈间短路。在短路部分垫绝缘纸或者刷绝缘漆即可。

（3）极相组间短路。大部分是由于连接线的绝缘套管未套好引起的。可将绕组加热软化后，重新套好绝缘套管或用复合纸隔开。

（4）相间短路。若短路发生在绕组端部，可将绕组加热软化后，用画线板小心撬开故障处的线包，将预先准备好的绝缘纸垫好，绑好端部，故障便排除了。

（5）如果相间短路发生在双层绕组的槽内，可能是层间绝缘未垫好或被击穿，可将绕组加热软化，拆出上层线圈，重新垫以新的层间复合绝缘纸，再将上层线圈嵌入槽内，封好槽，然后从绕组的一端浇绝缘漆，使漆沿着被修理的槽渗透到另一端，再烘干就可以了。

4. 定子绕组接地故障的检查及修复

在正常情况下，定子绕组和铁芯之间是相互绝缘的，所以电动机外壳不带电。定子绕组接地故障的检查及修复类型与说明如下：

（1）定子绕组的接地故障

如果电动机的定子绕组绝缘损坏造成与铁芯直接接触，就相当于与外壳接触，形成绕组接地故障。造成接地故障的原因很多，如线圈受潮、绝缘老化、绝缘强度降低等引起电击穿接地；嵌线时损坏了导线绝缘和局部槽绝缘，或槽内绝缘纸垫得不合适引起绕组接地；电动机在有腐蚀性气体的环境下工作，使绕组绝缘性能降低，引起绕组接地。另外，金属异物或有害尘埃等杂物进入电动机内部，加上电动机内部又有潮气和油污，也可能损坏绕组绝缘，造成接地故障。一般来说，接地处有可能在电动机运行时发生火花（弧）。且电动机外壳会不同程度地带电，容易造成人身触电。下面就电动机本身有无接地线而出现接地故障后造成的危险进行分析：

① 电动机外壳没有接地线，但出现了接地故障点，如图5-37所示。对电动机本身由于仅有一点接地，电动机外壳又没有接地线，所以构不成电流回路，因此，电动机仍能继续运行。不过若不及时排除故障，如再出现一点接地，就会造成线匝之间短路或相间短路事故。若有人体接触外壳，电流会经电动机绕组接地点通过人体及大地与电源变压器构成回路，如图5-37中虚线所示。这时人有触电感觉，就会造成人身触电事故。

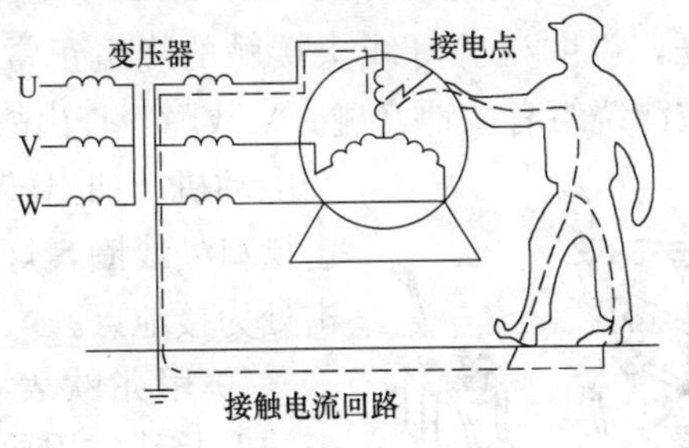

图5-37　接地人身事故

② 电动机外壳有接地线。如图5-38所示，虽有一处接地，但接地电流可以经电动机接地线构成回路，如图5-38中虚线所

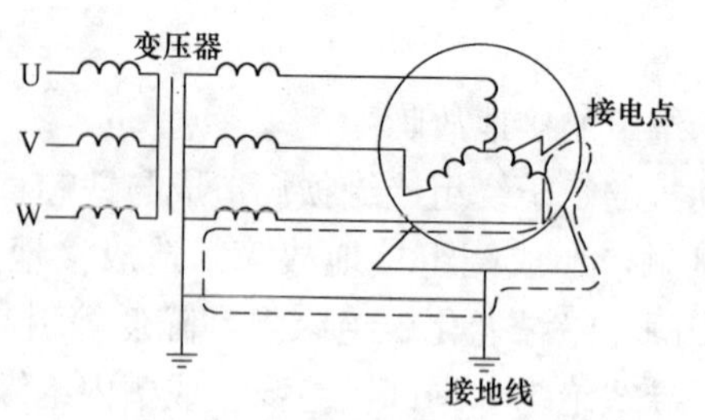

图 5-38　接地电动机事故

示。这时人体触及电动机外壳时，由于人体电阻远远大于接地线电阻，人体较为安全，但对电动机本身危害较大。因为对于接地相的绕组线圈匝数相当于减少了，该相电流增加。接地点越靠近绕组的引出线端，情况就越严重，甚至有可能烧坏绕组。

（2）定子绕组接地故障的检查

① 直接观察法。一般而言，接地点最容易发生在线圈端部或与槽口接近的地方，且绝缘外表常有破损、焦黑痕迹，易于观察。

② 用检验灯检测电动机绕组接地故障。如图 5-39 所示，拆下电动机的接线盒上盖，并且拆除绕组的铜质连接片将交流 220V 电源中性线 N 直接和接线盒内的外壳接地螺钉（或电动机的外壳）连接；检验灯的另一根引出线依次与三相绕组的引出线首端 U1、V1、W1（或尾端 U2、V2、W2）三个线头触及。如果检验灯不亮，说明检验灯线头接触的绕组正常；如果检验灯亮，则说明被测绕组有接地（碰壳）故障。查出故障后，立即拆开电动机，抽出转子。用木片敲击槽口处线圈，灯光闪动时的敲击处为接地点。

图 5-39　用接地灯检查绕组接地情况

③ 用兆欧表检查。将兆欧表的 L 接线柱用导线与某相绕组的一端相连，E 接线柱与机壳裸露部分相连，用 120r/min 的转速摇动手柄，逐相检查对地绝缘

电阻，若某相绕组绝缘电阻为零或 0.5MΩ 以下，表明该相绕组有接地故障。为进一步找到故障点，可将兆欧表与被测电动机分开一定距离（但仍接在故障相上），兆欧表接线加长长度以在电动机处听不到兆欧表工作时发出的嗡嗡声为佳。一人操作兆欧表，一人在电动机旁静听放电声，根据发声部位寻找接地点。若在黑暗处或夜间，用兆欧表摇测的同时，有放电火花的地方为接地点。

(3) 定子绕组接地故障的检修

由于绕组接地故障的部位不同，接地的原因不同，检修的方法也不一样。如果接地点在线圈端部，而且烧伤也不严重时，只要在接地处垫好绝缘纸再涂绝缘漆即可，线圈不必拆除；如果接地点在铁芯槽中，可将故障线圈拆除更换新线圈；如果是整个绕组受潮，就需要将绕组适当加热，浇上绝缘漆烘干即可；如果绕组是绝缘老化变质，就必须更换；如果属于多点接地，线圈损坏较严重时，也应把绕组全部拆除，更换新的；有时因槽内铁芯硅钢片有一片或几片凸起而割破线圈漆皮，这时应先把凸起处修平，再把导线割破绝缘漆皮的地方重新进行绝缘处理。

5. 定子绕组断路故障的检查及修复

(1) 定子绕组断路故障

电动机定子绕组的引线、连接线、引出线等断开或接线松脱，就形成断路故障。断路故障分为线圈导线断路、一相断路、并绕导线中一股断路及并联支路断路等。当定子绕组中有一相断路时，若电动机定子三相绕组是 Y 形连接，启动时转子将左右摇摆不能启动。如果负载运行时突然发生一相断路，电动机可继续运转，但电流增大并发出低沉声音，重载时突然发生一相断路，电动机会温升过高甚至冒烟。若电动机定子三相绕组是△形连接，发生断相事故后仍能启动运行，但转速低、转矩变小，三相电流不平衡并伴有异常响声。

造成绕组断路故障的原因是多方面的，如焊接线头不牢固，过热松脱；绕组受机械力的影响、碰撞、振动等断裂；保管不善发生霉变或老鼠咬伤等；局部线圈间短路又长期运行而熔断等；对多根并绕或多支路并联绕组断股未及时发现，经运行一段时间后发展为一相断路；绕组内部短路或接地故障烧断导线。

(2) 定子绕组断路故障的检查

当电动机定子绕组发生断路故障时，可以采用仪表（万用表、兆欧表等）或检验灯检查。

① 用万用表（或兆欧表）。将电动机接线盒的三相绕组的头尾全部拆开，用万用表（或兆欧表）测量各相绕组，表不通的一相为断路相（用万用表的电阻档），好的绕组每相电阻值很小。

② 用电桥。用电桥测量各相直流电阻，阻值偏大的那一相可能有断股或支路断路，再分组寻找，便可查出故障线圈。

③ 用检验灯检查。首先拆开电动机的接线盒，查看被测电动机的接线，如图 5-40 所示。

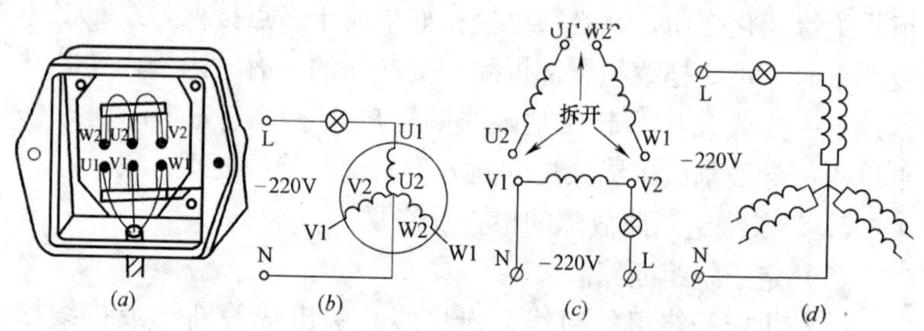

图 5-40　用检验灯检测电动机绕组断路示意图

(*a*) 拆开的接线盒；(*b*) Y 接法检测接线；(*c*) △接法检测接线；(*d*) 多路 Y 接法接线

A. 电动机的三相绕组是 Y 形接线，这时线圈尾端 U2、V2、W2 的三个线头的连接不用拆开，将 220V 电源的中性线与星形接点连接，检验灯的一根引出线线头依次与三相绕组的引出头首端 U1、V1、W1 三个线头触及，如图 5-40 (*b*)。如果检测灯亮，则说明被测绕组相正常；如果检测灯不亮，则断线故障就在被测的这一相绕组内。

B. 电动机的三相绕组是△形接线，△形接法电动机三相定子绕组六个引出线头，U1 与 W2、V1 与 U2、W1 与 V2 两两线头用铜质连接片连接，应拧开螺母，使每个线头悬空，如图5-40（c）所示。将检测灯的一根出线头与交流220V电源相线连接，手拿检测灯的另一根引出线头和电源中性线引出线头，分别与各相绕组的引出线首尾接触，即U1与U2、V1与V2、W1与W2。如果检测灯不亮，则断线故障就在被测灯不亮的绕组中。

a. 当电动机绕组是几条支路并联时，在检测之前，应该先把每相绕组的各个并联支路的端部连接线拆开，再分别用检验灯检测各支路两端（方法同三角形接线检验法），如图5-40（d）所示。如果检验灯不亮，表示断线故障就在这一支路。

说明：用检验灯查找断路故障时，为方便安全起见，电源也可用干电池，灯泡可用小电珠；当电源采用220V交流电源时，要注意操作安全。

b. 断路点查找。用上述任一方法确定断路相后，还需进一步找出断路点。此时要把电动机极相组接线拆开，用万用表的一根引线接U相首端，另一根依次与每个极相组末端相接，如图5-41所示，若表针摆动，说明该极相组完好，若表针不动，说明该极相组有断路。这样逐个测试，直到找出断路的极相组。找出断路的极相组后，用同样的方法测每一个线圈，如图5-42所示，即可找到断路点。

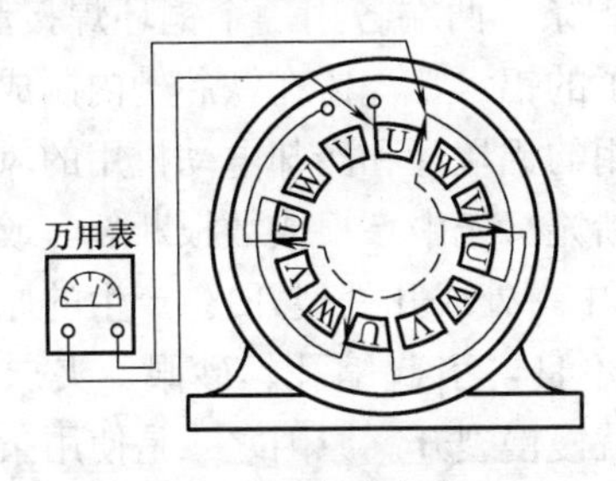

图5-41　检查断路极相组织

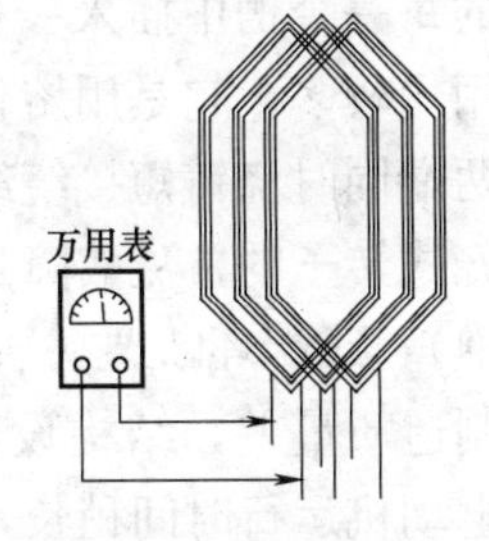

图5-42　探测断路线圈

（3）定子绕组断路故障的检修

断路故障的修复较简单，归纳为以下三方面。

① 局部修复。如果断路点是焊头松脱，重新焊接并进行绝缘处理即可；如果断路点发生在线圈端部，需将线圈适当加热软

化后再进行焊接并进行绝缘处理即可；如果原导线不够长，可接上一小段相同线径的导线再焊接。

② 面层嵌线。这是更换部分故障线圈的好方法。先将线圈加热到 110℃左右，对单层绕组，应迅速将损坏线圈拆除，并将原来压在故障线圈上面的那一部分绕组端部轻轻整理，留足新线圈面层嵌放的空位，把剩下的绕组整形，再换上新的槽绝缘，将新线圈嵌入槽内，刷漆、烘干即可。对双层绕组，用同样的方法拆除故障线圈，然后补充适当的槽绝缘，若故障线圈在下层，用等于定子铁芯高度的长铁片经铁芯槽口把保留的上层线圈边压到槽底，其面上留出嵌放新线圈的空位，将留下的线圈整好形后，放入新的层间绝缘，再将新线圈嵌入槽中；若故障线圈在上层，更换方法与单层绕组相似。

③ 把故障线圈废弃。这是一种应急修理方法。将故障线圈切除，包好两端头绝缘，将相邻两线圈跨接串联起来，事后再采取补救措施。

6. 笼式转子故障的检查及修复

(1) 笼式转子故障

笼式转子分为铜笼和铝笼。铜笼用得较少，它是在笼式转子铁芯的每一个槽中插入一根铜条，两端各用一个铜环焊接起来。铝笼用得较多，它是用熔化了的铝水，浇铸在铁芯槽内制成，在转子两端同时浇铸短接绕组用的铝端环和冷却电动机用的风扇叶片。笼式转子的常见故障是断笼（笼中一根或数根断裂，或有严重气泡），或端环断裂（端环中一处或几处裂开）。产生的原因之一是制造质量差，结构设计不良，引起缩孔、砂眼、夹层等毛病，电动机运行时间稍长，就慢慢裂开。原因之二是使用条件恶劣或使用不当，如启动频繁、正反转、超载运行等，使转子绕组（鼠笼）电流过大，产生高温作用，而造成断条。

笼式转子故障发生后，电动机带负载能力明显下降，转速降低，定子绕组三相电流不平衡，可看到电流表指针来回摆动，同时还伴有周期性的“嗡嗡”声。一般而言，当转子绕组（导条）

断裂总数约占转子总槽数的 1/7 时，电动机工作就不正常了，空载启动困难，带负载时会突然停车等。

(2) 笼式转子故障的检查

检查故障的方法较多，其归纳方法见表 5-1。

笼式转子故障的检查方法　　　　表 5-1

检查方法	说　明
观察判断法	对于有运行经验的工作人员，可以采用直接观察进行判断。先将电动机拆开．抽出转子，仔细查看转子铁芯表面，特别是在转子绕组(端环)与转子绕组直线部分(导条)交接处，如发现有裂纹或过热、变色迹象，就是转子发生断路故障的地方
用电流表测试法	将定子绕组通过调压器接到低压电源上，电压值约为额定值的10%左右(使转子不能转动，定子电流约为额定值)。用手缓慢转动转子，若转子绕组(导条)正常，定子三相电流基本上稳定不变，仅有轻微摆动；假如转子有断裂，电流表指针将产生幅度较大的周期性摆动。这种方法简单易行，但灵敏度不高，有时会因电动机气隙不均，磁路不对称引起错误判断，且不能准确找出故障点
铁粉检查法	利用磁场能吸引铁磁物质的性质，用电焊机从转子两端环中通入低压大电流，流过每根转子绕组(铝条)的电流便在其周围产生磁场，将铁粉撒在转子表面，若铁粉沿转子铁芯槽均匀、整齐地直线排列，如图 5-43 所示，说明转子绕组没有故障。若某一导条周围没有铁粉，说明转子绕组有断路点，该绕组电流为零，周围没有磁场 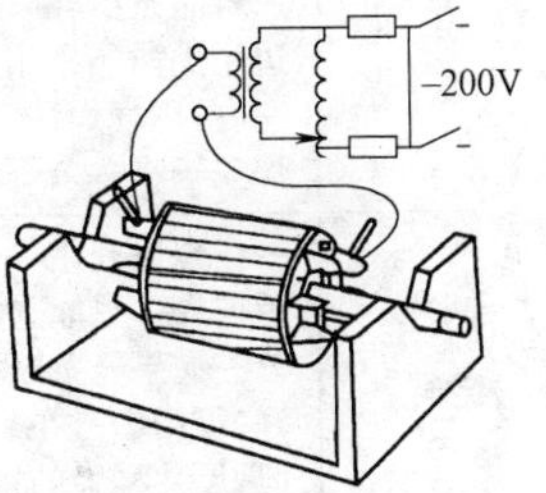 图 5-43　转子断条的铁粉检查法
短路侦查法	短路侦查器由硅钢片叠压的开放型铁芯和励磁绕组构成，励磁绕组相当于变压器的原边。使用时最好让短路侦查器与电流表配合，如图 5-44 所示。将转子从定子内腔取出，把短路侦查器接在 220V 交流电压表上，并传入一块电流表，把铁芯开口放在转子铁芯槽口上，并以此在转子铁芯表面上移动巡查。好的转子由于转子绕组(导条)是相互通过两个端环短接的，所以电流表的指示正 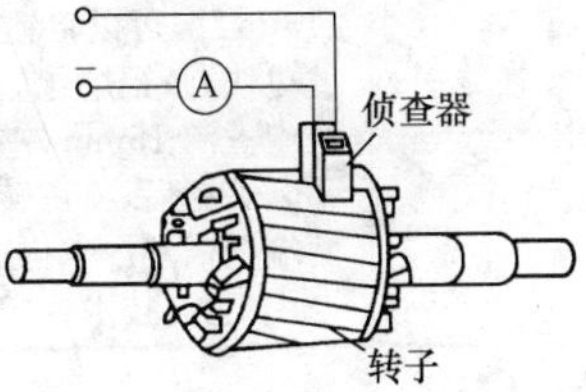 图 5-44　用侦查器检查转子故障

续表

检查方法	说　明
短路侦查法	常．数值基本不变。当沿转子表面圆周移动侦查器时，发现电流表的指示突然下降，表明该处转子绕组(导条)有断路点。测试过程中要注意移动侦查器是保持与转子铁芯的接触程度一致，以便分析比较。如果没有电流表，可以找一个薄金属片(如断锯条)，在短路侦查器跨接的铁芯槽另一端放薄金属片，如果转子绕组(笼条)完好，薄金属片在短路侦查器磁场作用下发生振动，则说明该铁芯槽内笼条断裂

(3) 笼式转子故障的修复

笼式转子故障的修理较困难，其修理方法见表 5-2。

笼式转子故障的修理方法　　表 5-2

修理方法	说　明
更换转子	最好的办法是与厂商联系，更换同一规格的新转子。若由于生产急需，也可采用临时性的补救办法
局部补焊	若断条少，断裂处在外表面，可进行补焊。在笼条或端环的裂口两边用尖凿子剔出坡口或梯形槽，将转子由喷灯或氧炔焰加热到 450℃左右，用气焊法进行补焊。焊条配方为：锡 63%，锌 33%，铝 4%。补焊完毕将多余焊料用车床车去或用铲刀铲去
冷接法	在裂口处用一只与转子铁芯槽的槽宽相近的钻头钻孔，并攻丝，然后拧入一只能与之配合的铝螺钉，再用车床或铲刀除掉螺钉的多余部分。如果笼条断裂严重，裂纹或裂口较大，只拧入一颗螺钉还不能接好，可用尖凿在裂口处凿一矩形槽，再用一块形状、体积与矩形槽相似，尺寸稍大的铝块强行压入矩形槽里，并在铝块两端与原笼结合的地方钻孔攻丝，拧入铝质螺钉并除去多余部分即可
换笼	如果电动机工作重要且断条严重，又不能更换新的转子时，可将原铝质笼熔掉，换上铜质笼。熔掉铝质笼的办法是将原有的端环用车床车去，用夹具夹住转子铁芯，浸入浓度为 60%的工业烧碱溶液中，经过 6～7h，可以将铝条腐烂掉(若将烧碱溶液加热到 80～90℃，腐蚀速度更快)。铝熔化后的转子立即用水冲洗，再投入 0.25%的冰醋酸溶液中煮沸 15min 左右，以中和残碱，再用水煮沸 1～2h 取出洗净并烘干。熔铝后，将占转子铁芯槽截面积 70%的紫铜条插入槽内并塞紧，两端把铜环焊牢构成新的笼。最后还需车削加工。此法较复杂，且需专用工具，技术性较强，应在电机修理厂进行

7. 机械故障的检查及修复

电动机的机械故障发生率不高，因为结构简单耐用。若由于安装搬运及维护不当也可能发生故障。最常见的有轴承故障；转子裂纹、弯曲、轴颈磨损；机座或端盖的破损、裂纹；风扇断叶；铁芯片与片之间短路等。机械故障的检查及修复类型及说明见表5-3。

机械故障的检查及修复类型及说明　　表5-3

修复类型	说　明
轴承的故障检查及修复	常见的轴承故障有： ①轴承内圈或外圈出现裂纹，滚珠有破碎，滚珠之间的支架断裂．轴承变色退火，滚道有划痕或锈蚀等。轴承发生故障不但本身发热，而且影响电动机的运行性能，如使气隙不均匀，磁场不平衡等。检查的方法主要是看和听。看，就是查看发热情况及运转情况，可用手触及电动机油盖，如发现温度很高，手不能长时间接触，就说明电动机有问题，轴承可能损坏，应打开检修。听，就是听轴承运转的声音，用旋具的一端触及轴承盖，另一端贴到耳朵上，如果听到的是均匀的“沙沙”声，是轴承运转正常；如果听到的是“咝咝”的金属碰撞声，可能是缺油；如果听到“咕噜、咕噜”的冲击声，可能是轴承有滚珠被轧碎。 ②轴承故障的修复按其故障的原因不同，而采取不同的处理方法，如：更换轴承，添加新的润滑油，重新装配等
机座、端盖故障及修复	目前生产的三相异步电动机机座和前后端盖等，大部分为铸铁件，若使用、搬运、拆装不慎，就可能产生裂缝、破损等 ①对于定子外壳产生的纵向或横向裂缝，只要长度不超过相应长度或宽度的50%，可以进行补焊。对于铸铁外壳可用铸铁焊条并将外壳预热700℃左右。最好用直流电焊机焊接 ②对于端盖的裂缝，也应当用铸铁焊条热焊
转轴故障及修复	电动机的转轴是用来支撑转子铁芯旋转，并保持定子与转子之间有适当的均匀气隙。电动机转轴的常见故障有弯曲、轴裂纹、轴颈磨损等： ①转轴弯曲。转轴弯曲使转子失去动平衡，运转时产生较大的振动，严重时引起转子扫膛。轴的弯曲可以在电动机旋转时通过观察它的轴跳动状况来分辨，不弯曲的轴不跳动，弯曲较严重的，跳动也严重。一般来说，轴有很小的弯曲是允许的。如果弯曲超过0.2mm时，应进行校正。 ②转轴断裂。转轴断裂一般都应更换新轴。如只是出现裂纹，其深度又未超过轴颈的10%～15%，长度不超过轴长的10%，可用堆焊修复。 ③轴颈磨损。轴颈磨损将使转子偏移，增加电动机的异常振动，严重时造成转子扫膛。若磨损不太严重，可在轴颈上镀一层铬；若磨损严重，可用热套法修复。

续表

修复类型	说　明
铁芯故障及修复	铁芯常见故障是齿端沿轴向外胀，铁芯过热，局部烧损及整体松动等。铁芯构成电机的磁路，它出故障直接影响电动机的运行性能，要针对一些具体故障情况，采取相应的措施处理： ①铁芯表面损伤。首先将硅钢片用扁锉锉掉毛刺修理平整，将连接的硅钢片分开，用汽油刷子洗净表面后，涂一层绝缘漆。 ②铁芯松动。可在机壳上另加定位螺钉，把铁芯固定，或用电焊焊接牢固。 ③铁芯过热。由于片间漆膜老化或脱落而失去绝缘作用，使涡流损耗增大而造成的。是否需要修理，应经温升试验后决定。注意拆散硅钢片时，必须对好定位孔，保持原来的顺序。将需要刷绝缘漆的硅钢片去毛刺，用汽油洗净并烘干，然后在硅钢片两面涂绝缘漆，烘干后便可重新组装
齿根烧断	由接地故障引起的少量齿根烧断，可将烧断的齿根去掉，清除毛刺，填绝缘胶。注意不要损坏绕组

注意：有一些人维修电动机时图省事，将带线圈的定子铁芯放在火中烧，为的是将带绝缘漆膜的硬线圈外部绝缘烧掉，能方便地将裸铜线从铁芯槽中抽出。但火烧会将铁芯片与片之间绝缘也烧坏，还容易变形，所以拆除电动机绕组时不能直接放在火中烧，以免损伤铁芯，影响电动机的运行性能。

8. 绝缘电阻偏低的处理

(1) 绝缘电阻偏低的原因

若每相绕组对地的绝缘电阻或相与相之间的绝缘电阻大于零而低于合格值，就是绝缘电阻偏低了。若不及时处理继续通电运行，很可能绝缘被击穿。绝缘电阻的合格值，对额定电压在1kV及以下的电动机，应在0.5MΩ以上。一般绝缘电阻偏低的原因及偏低的检查和绕组干燥处理如下：

① 绕组绝缘老化。由于电动机长时间运行，受电磁力和温升的影响，使主绝缘出现龟裂、分层、酥脆等轻度老化，或制造厂家绝缘未处理好，经使用后，绝缘状况变得更差。

② 绝缘存在薄弱环节。维修电动机时所用绝缘材料质量较

差，维修人员技术不熟练，在嵌线或绕组整形时人为损伤绝缘等，使整机或其中某一相绝缘电阻偏低。

③ 绕组受潮。此情况在用来灌溉的电动机中较多见，由于电动机较长时间停用，或储存不当，使电动机受周围潮湿空气、雨水、腐蚀性气体等侵蚀，引起绝缘电阻下降。

（2）偏低的检查和绕组干燥处理

绝缘电阻的检查用兆欧表测量。对于绕组受潮引起的绝缘电阻偏低，一般进行干燥处理就可以了。对于绝缘轻度老化或存在薄弱环节的绕组，干燥后还要再进行一次浸漆和烘干。常用的方法有以下几种：

① 利用烘箱（或烘房）干燥。这种方法比较简单，适于任何受潮程度的电动机。烘箱可用铁皮焊接而成，烘房可用耐火砖砌成，只要将受潮的电动机放入烘箱内，温度由低到高逐渐调节到100℃左右，就可连续进行烘干。

② 利用灯泡干燥。适用于维修小型轻度受潮的电动机，将待修电动机置于两个灯泡之间（最好用红外线灯泡）。为保证烘烤质量，灯泡功率按 $5kW/m^3$ 考虑，烘烤时应留排气孔排除潮气，并用温度计监视烘烤温度，也可用改变灯泡大小、数量或距离，改变烘烤温度。

③ 利用热风干燥。用红砖砌成夹层干燥室，夹层中填上石棉粉等隔热材料，利用鼓风机将电热丝产生的热量变成热风，吹拂电动机，将潮气带走。用改变电热丝的接法或数量来调节温度，利用风道阀门调节风量。电热丝的功率 P 可按下式计算，即：

$$P\approx 0.105CV(\phi_1-\phi_2)(\mathrm{kW})$$

式中 C——气的定压比热容，可取0.31；

V——干燥室容积（m^3）；

ϕ_1——环境温度（℃）；

ϕ_2——进口热风温度，一般取 $\phi_2\leqslant 95$℃。

④ 电流干燥法。电流干燥法是将电动机绕组按一定的接线

方法输入低压电流，利用绕组本身的铜损发热进行干燥。它的接线方法如下：

a. 并联加热法，如图 5-45 所示。用三相调压器将电源电压降低后向并联的三相绕组送电，一般将供电电流调到额定值的 60%左右。这种方法适用于 25kW 及以下的电动机绕组烘干。

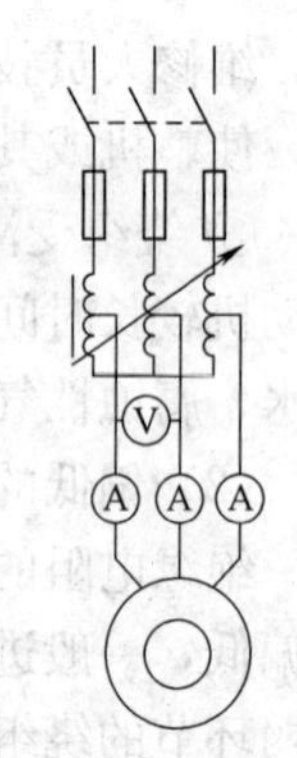

图 5-45　并联加热法

b. 串联加热法，分为开口三角形加热法和头接头、尾接尾串联加热法，如图 5-46 (*a*)、(*b*) 所示，只要三相的 6 根引出线都在接线板上的电动机均可用此法。

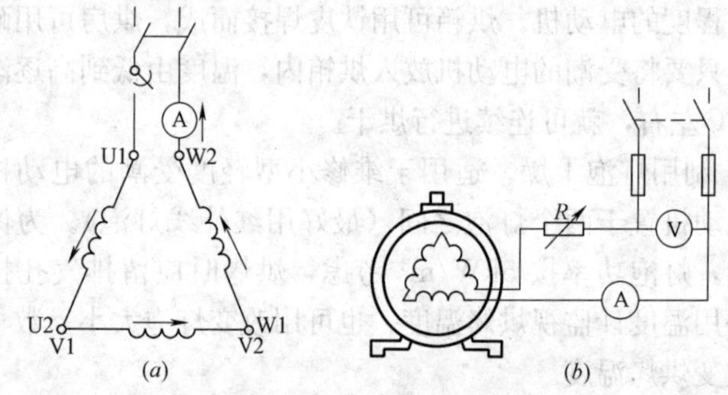

图 5-46　串联加热法

(*a*) 开口三角形加热；(*b*) 头接头，尾接尾加热

c. 混联加热法（如图 5-47 所示），适用于功率较大的电动机，先把两相绕组分别短接，然后将未短接的一相输入低压交流电源，每隔 5～6h 应依次将低压电源换接到另一相，将原来接电源的一相短接。

d. Y 加热法和△加热法（见图 5-48 所示），适用于修理现场有三相调压器的场合，其优点是不需要改动接线。

9. 绕线式转子的故障和局部检修

(1) 绕组的故障与检修

绕线式异步电动机转子绕组和定子绕组基本上是一样的，也

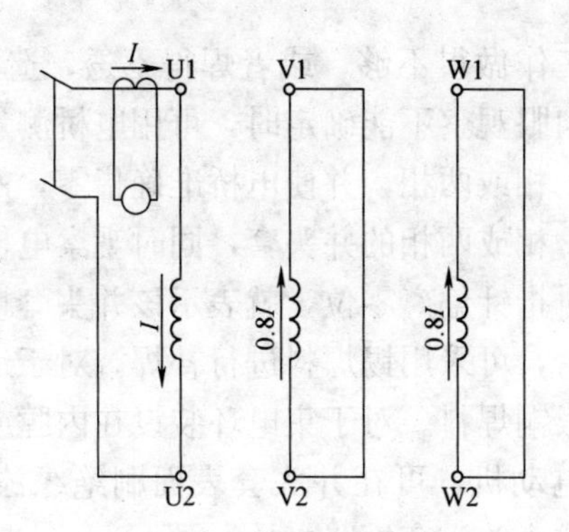

图 5-47　混联加热法

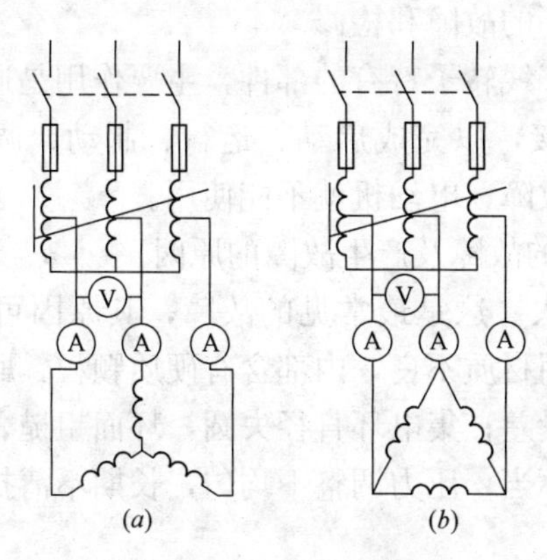

图 5-48　Y 和△加热法

(*a*) Y 加热法；(*b*) △加热法

是三相对称绕组。这种三相绕组通常接成星形，把三个尾端分别与套在机轴上的三个互相绝缘的滑环相连接。这种转子绕组的故障也与定子绕组相似，会发生绝缘电阻偏低、接地、短路、断路。其原因及检修方法，也与定子绕组差不多。

注意：由于定子绕组是在旋转状态下工作，对它的绝缘要求还高些。为保证绕组的绝缘质量，局部修理后应按有关标准做耐压试验。

(2) 并头套的补焊

绕线式转子绕组的并头套脱焊是一种常见故障，其原因主要是焊接时清理工作做得不够，或者焊得不透，造成并头套脱焊。并头套脱焊若肉眼观察不能确定时，可用电桥测量相间电阻，找出阻值偏大的一相或两相，并使电桥准确指零，然后用较软的木板逐个地撬此一相或两相的并头套，同时观察电桥指针，若撬动某一个并头套时指针偏离零位，就表示该并头套接触不良。找出脱焊的并头套后，可采用锡焊料进行补焊。对于运行温度较高的转子，可改用银铜焊料。对于集电环装设在内膛或在粉尘较多的环境下工作的电动机，可在并头套表面刷绝缘漆或用绝缘带包扎，以减少或防止并头套短路事故。

（3）集电环的故障和检修

集电环是绕线转子特有的部件，主要作用是通过电刷将绕组与外电路相连接，以完成启动、运行、制动、调速等功能。因此，一旦产生故障，电动机就不能使用。

① 集电环的故障及产生故障的原因

a. 电刷冒火。这是最常见的故障，其原因可分为以下三个方面，电刷所用材质不良，内部含有硬质颗粒，刷块与铜辫接触不良，制造质量差；集电环直径失圆，环面粗糙、斑痕及凹凸不平；电刷选择不当，压力调整不均匀，长期不清扫，刷架调整得不够好。

b. 短路环接触不良。短路环插入深度不够，刀片夹力偏小，引线与集电环焊接不好，导电杆螺母松动等接触电阻增大，电流通过时会产生高温灼伤集电环及刀片，同时使转子三相阻抗不平衡，严重时将造成单相运行。

c. 接地或短路。由于绝缘套筒老化、集电环松动、引出线接触不良、导电杆绝缘套损坏、刷握移位等，使绝缘受到机械及热破坏，引起局部击穿而接地或短路。

② 集电环的修理

常用的集电环有塑料整体式、组装式及紧圈式三种。环的材料有青铜、黄铜、低碳钢及合金等。集电环发生松动、接地、短路及引线接触不良等故障时，一般经局部检修便可修复。当环面上有斑点、刷痕、凹凸不平烧伤、失圆及剥离等缺陷时，可进行一般修理或旋修，如损坏比较严重时，应进行更新。

a. 局部修理。当发现集电环接地或短路时，清除环间的炭末及积灰，短路故障一般就排除了。如短路仍存在，对组装式集电环，可把导电杆拆下，若短路故障消失，说明短路是导电杆绝缘损坏而引起，要逐根检查导电杆绝缘，将损坏处修复。如拆下导电杆后故障仍存在，可进一步检查绝缘套与环内径的接触面有无破裂、烧焦痕迹，然后清除破裂和烧焦的痕迹，并适当挖大，摇测绝缘电阻合格后，注入环氧树脂填平。

b. 一般修理。集电环的表面轻微损伤，如斑点、刷痕、轻度磨损等，先用扁锉或油石在转动下研磨，待伤痕消除后，用砂纸在高速下抛光，使表面达到规定的光洁度便可恢复使用。

c. 旋修。当集电环失圆、表面有槽沟、烧伤及凹凸较严重时，应将转子放到车床上进行旋修。然后抛光，使环面达到规定的光洁度。

d. 更换。对塑料整体式集电环，由于配方及模具比较复杂，修理现场一般没有条件制作，可购买新的产品更换或改装成组装式集电环。对组装式集电环的更换，主要更换环、绝缘、绑带及导电杆。

第六章 照明装置

第一节 照明开关及插座安装

一、照明开关安装

照明的电气控制方式有两种：一种是单灯或数灯控制；另一种是回路控制。单灯控制或数灯控制采用室内照明开关，即通常的灯开关。灯开关的品种、型号很多。为方便实用，同一建筑物、构筑物的开关采用同一系列的产品，也可利于维修和管理。

1. 质量要求

(1) 开关通过 1.25 倍额定电流时，其导电部分的温升不应超过 40℃。

(2) 开关的绝缘能承受 2000V (50Hz) 历时 1min 的耐压试验，而不发生击穿和闪络现象。

(3) 开关在通以试验电压 220V、试验 1 倍额定电流、功率因数 $\cos\phi$ 为 0.8，操作 10000 次（开关额定电流为 1～4A)、15000 次（开关额定电流为 6～10A）后，零件不应出现妨碍正常使用的损伤（紧固零件松动、弹性零件失效、绝缘零件碎裂等），以 1500V (50Hz) 的电压试验 1min 不发生击穿或闪络，通以额定电流时其导电部分的温升不超过 50℃。

(4) 开关的操作机构应灵活轻巧，触头的接通与断开动作应由瞬时转换机构来完成。

(5) 开关的接线端子应能可靠地连接一根与两根 1～2.5mm^2 截面的导线。

(6) 开关的塑料零件表面应无气泡、裂纹、铁粉、肿胀、明显的擦伤和毛刺等缺陷，并应具有良好的光泽等。

2. 安装位置

开关的安装位置应便于操作，还应考虑门的开启方向，开关不应设在门后，否则很不方便使用。对住宅楼的进户门开关位置不但要考虑外开门的开启方向，还要考虑用户在装修时，后安装的内开门的开启方向，以防开关被挡在内开门的门后。

《建筑电气工程施工质量验收规范》GB 50303—2002 规定：开关边缘距门框边缘的距离 0.15～0.2m，开关距地面高度 1.3m。开关的安装位置，应区别不同的使用场所，选择恰当的安装地点，以利美观协调和方便操作。

3. 接线盒检查清理

用錾子轻轻地将盒子内部残留的水泥、灰块等杂物剔除，用小号油漆刷将接线盒内杂物清理干净。清理时注意检查有无接线盒预埋安装位置错位（即螺钉安装孔错位 90°）、螺钉安装孔耳缺失、相邻接线盒高差超标等现象，如果有应及时修整。如接线盒埋入较深，超过 1.5cm 时，应加装套盒。

4. 开关接线

（1）先将盒内导线留出维修长度后剪除余线，用剥线钳剥出适宜长度，以刚好能完全插入接线孔的长度为宜。

（2）对于多联开关需分支连接的应采用安全型压接帽压接分支。

（3）应注意区分相线、零线及保护地线，不得混乱。

（4）开关的相线应经开关关断。

5. 明开关安装

明开关的安装方法如图 6-1 所示。一般适用于拉线开关的同样配线条件，安装位置应距地面 1.3m，距门框 0.15～0.2m。拉线开关相邻间距一般不小于 20mm，室外需用防水拉线开关。

6. 暗开关安装

暗开关有扳把开关（如图 6-2 所示）、跷板开关、卧式开关、延时开关等等。与暗开关相同安装方法还有拉线式暗开关。根据不同布置需要有单联、双联、三联、四联等形式。

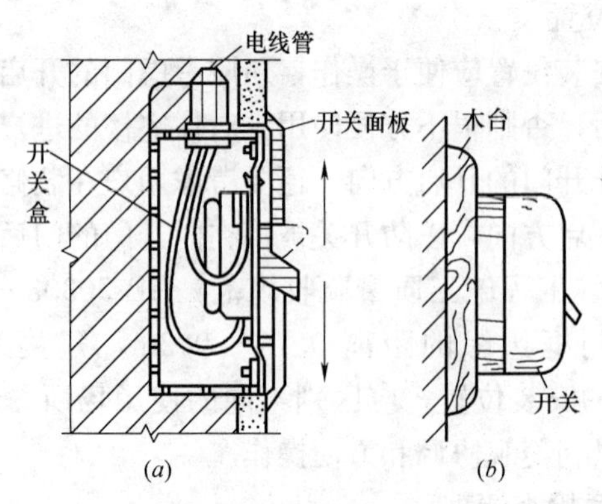

图 6-1　单极明开关安装

(a) 暗开关；(b) 明开关

照明开关要安装在相线（火线）上，使开关断开时电灯不带电。扳把开关位置应为上合（开灯）下分（关灯）。安装位置一般离地面为 1.3m，距门框为 0.15～0.2m。单极开关安装方法如图 6-1 所示，二极、三极等多极暗开关安装方法按图 6-1（a）所示的断面形式，只在水平方向增加安装长度（按所设计开关极数增加而延长）。

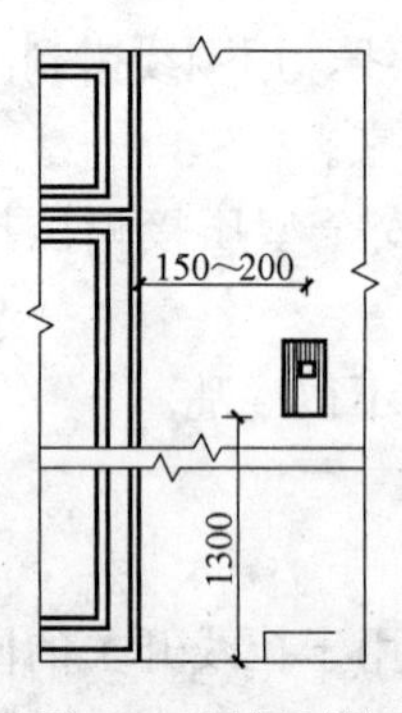

图 6-2　扳把开关安装位置

安装时，先将开关盒预埋在墙内，但要注意平正，不能偏斜；盒口面要与墙面一致。待穿完导线后，即可接线，接好线后装开关面板，使面板紧贴墙面。扳把开关安装位置如图 6-2 所示。

7. 拉线开关安装

槽板配线和护套配线及瓷珠、瓷夹板配线的电气照明用拉线开关，其安装位置离地面一般在 2～3m，离顶棚 200mm 以上，距门框为 0.15～0.2m，如图 6-3（a）所示。拉线的出口朝下，用木螺钉固定在圆木台上。但有些地方为了需要，暗配线也采用拉线开关，如图 6-3（b）所示。

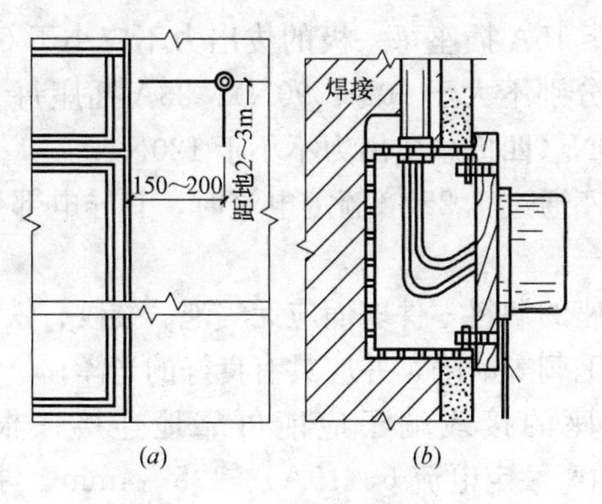

图 6-3　拉线开关安装
(*a*) 安装位置；(*b*) 暗配线安装方法

二、插座安装

插座是长期带电的电器，是各种移动电器的电源接取口，如台灯、电视机、计算机、洗衣机和壁扇等，也是线路中最容易发生故障的地方。插座的接线孔都有一定的排列位置，不能接错，尤其是单相带保护接地插孔的三孔插座，一旦接错，就容易发生触电伤亡事故。插座接线时，应仔细地辨认识别盒内分色导线，正确地与插座进行连接。

在电气工程中，插座宜由单独的回路配电，并且一个房间内的插座宜由同一回路配电。当灯具和插座混为一回路时，其中插座数量不宜超过 5 个（组）；当插座为单独回路时，数量不宜超过 10 个（组），但住宅可不受上述规定限制。

1. 技术要求

插座的形式、基本参数与尺寸应符合设计的规定。其技术要求为：

（1）插座的绝缘应能承受 2000V（50Hz）历时 1min 的耐压试验，而不发生击穿或闪络现象；

（2）插头从插座中拔出时，6A 插座每一极的拔出力不应小于 3N（二、三极的总拔出力不大于 30N）；10A 插座每一极的拔出力不应小于 5N（二、三、四极的总拔出力分别不大于 40N、

50N、70N)；15A 插座每一极的拔出力不应小于 6N（三、四极的总拔出力分别不大于 70N、90N)；25A 插座每一极的拔出力不应小于 10N（四极总拔出力不小于 120N)；

(3) 插座通过 1.25 倍额定电流时，其导电部分的温升不应超过 40℃；

(4) 插座的塑料零件表面应无气泡、裂纹、铁粉、肿胀、明显的擦伤和毛刺等缺陷，并应具有良好的光泽；

(5) 插座的接线端子应能可靠地连接一根与两根 1～2.5mm^2（插座额定电流 6、10A)、1.5～4mm^2（插座额定电流 15A)、2.5～6mm^2（插座额定电流 25A）的导线；

(6) 带接地的三极插座从其顶面看时，以接地极为起点，按顺时针方向依次为“相”、“中”线极。

2. 安装要求

(1) 当交流、直流或不同电压等级的插座安装在同一场所时，应有明显的区别，且必须选择不同结构、不同规格和不能互换的插座；配套的插头应按交流、直流或不同电压等级区别使用。

(2) 住宅内插座的安装数量，不应少于《住宅设计规范(2003 年版)》GB 50096—1999 电源插座的设置数量，见表 6-1 中的规定。

住宅插座设置数量表　　表 6-1

部　位	设置数量
厨房、卫生间	防溅水型一个单相三线和一个单相二线的组合插座一组
布置洗衣机、冰箱、排气机械和空调器等处	专用单相三线插座各一个
卧室、起居室(厅)	一个单相三线和一个单相二线的组合插座两组

(3) 暗装的插座面板紧贴墙面，四周无缝隙，安装牢固，表面光滑整洁，无碎裂、划伤，装饰帽齐全。

（4）舞台上的落地插座应有保护盖板。

（5）接地（PE）或接零（PEN）线在插座间不串联连接。

（6）地插座面板与地面齐平或紧贴地面，盖板固定牢固，密封良好。

3. 安装位置

（1）一般距地高度为1.3m，在托儿所、幼儿园、住宅及小学校等不低于1.8m；同一场所安装的插座高度应尽量一致。

（2）车间及试验室的明、暗插座一般距地不低于0.3m，特殊场所暗装插座，如图6-4所示，一般不低于0.15m；同一室内安装的插座不应大于5mm；并列安装不大于0.5mm。暗设的插座应有专用盒，盖板应紧贴墙面。

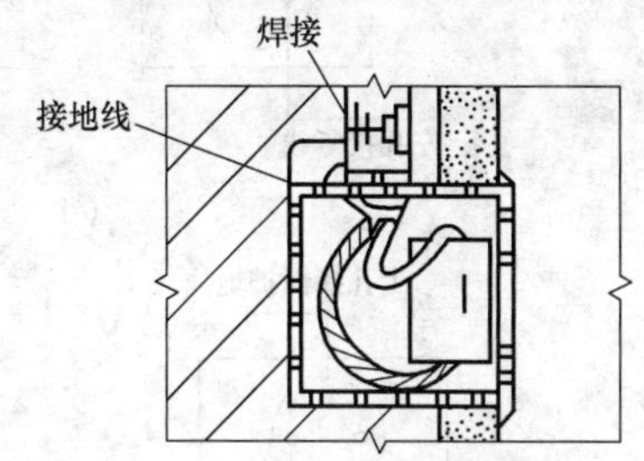

图6-4　暗插座安装

（3）特殊情况下，当接插座有触电危险家用电器的电源时，采用能断开电源的带开关插座，开关断开相线；潮湿场所采用密封型并带保护地线触头的保护型插座，安装高度不低于1.5m。

（4）为安全使用，插座盒（箱）不应设在水池、水槽（盆）及散热器的上方，更不能被挡在散热器的背后。

（5）插座如设在窗口两侧时，应对照采暖图，插座盒应设在与采暖立管相对应的窗口另一侧墙垛上。

（6）插座盒不应设在室内墙裙或踢脚板的上皮线上，也不应设在室内最上皮瓷砖的上口线上。

（7）插座盒也不宜设在小于370mm墙垛（或混凝土柱）上。如墙垛或柱为370mm时，应设在中心处，以求美观大方。

（8）住宅厨房内设置供排油烟机使用的插座，应设在煤气台板的侧上方。

（9）插座的设置还应考虑躲开煤气管、表的位置，插座边缘距煤气管、表边缘不应小于 0.15m。

(10) 插座与给水排水管的距离不应小于 0.2m；插座与热水管的距离不应小于 0.3m。

4. 插座接线

插座接线时参考如图 6-5 所示进行，同时，还应符合下列各项规定：

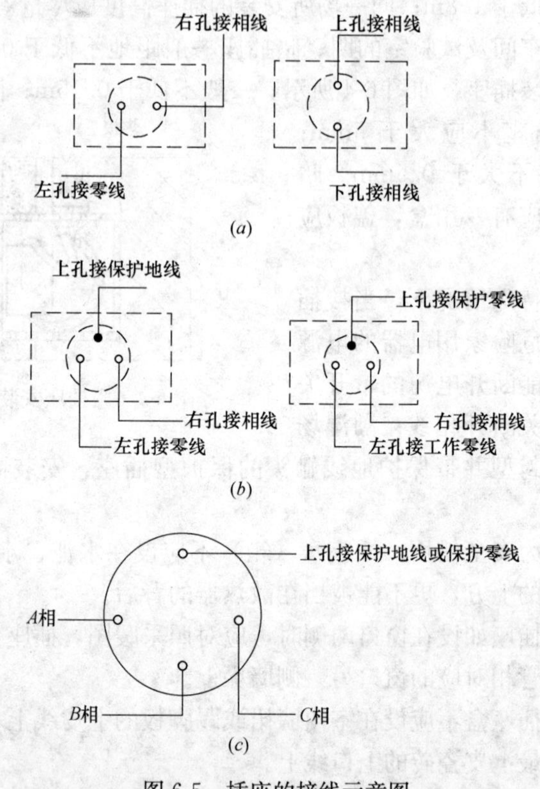

图 6-5 插座的接线示意图

(a) 两孔插座；(b) 三孔插座；(c) 四孔插座

(1) 插座接线的线色应正确，盒内出线除末端外应做并接头，分支接至插座，不允许拱头(不断线)连接。

(2) 单相两孔插座，面对插座的右孔(或上孔)与相线

（L）连接，左孔（或下孔）与中性线（N）连接。

（3）单相三孔插座，面对插座的右孔与相线（L）连接，左孔与中性线（N）连接，PE 或 PEN 线接在上孔。

（4）三相四孔及三相五孔插座的 PE 或 PEN 线接在上孔，同一场所的三相插座，接线相序应一致。

（5）插座的接地端子（E）不与中性线（N）端子连接；PE 或 PEN 线在插座间不串联连接，插座的 L 线和 N 线在插座间也不应串接，插座的 N 线不与 PE 线混同。

（6）照明与插座分回路敷设时，插座与照明或插座与插座各回路之间，均不能混同。

第二节　灯具安装

一、普通灯具

普通灯具既包括简单的白炽灯座又包括豪华的建筑灯具。近年来，随着电光源的不断发展，除了原有的钨丝白炽灯、高汞灯、日光灯、卤钨灯外，又制成了高压钠灯和其他金属卤化物灯等新型电光源。安装前，选择电气照明设备时，首先要使照度达到规定的标准，其次要解决空间亮度的合理分布的问题，创造满意的视觉条件，还应做到实用、经济、安全，便于安装和维修。

1. 施工准备

（1）进场验收

检查合格证：各类灯具应具有产品合格证，设备应有铭牌表明制造厂、型号和规格。型号、规格必须符合设计要求，附件、备件应齐全完好，无机械损伤，变形、灯罩破裂、灯箱歪翘等现象。

外观检查：灯具涂层完整，无损伤，附件齐全。普通灯具有安全认证标志。

对成套灯具的绝缘电阻、内部接线等性能进行现场抽样检测。灯具的绝缘电阻值不小于 2MΩ，内部接线为铜芯绝缘电线，芯线截面积不小于0.5mm²，橡胶或聚氯乙烯（PVC）绝缘电阻的绝缘层厚度不小于0.6mm。

（2）工序交接确认

安装灯具的预埋螺栓、吊杆和吊顶上嵌入式灯具安装专用骨架等完成，大型花灯按设计要求做过载试验合格，才能安装灯具。安装灯具的预埋件和嵌入式灯具安装专用骨架通常由施工设计出图，要注意的是有的可能在土建施工图上，也有的可能在电气安装施工图上，这就要求做好协调分工，特别是应在图纸会审时给以明确。

影响灯具安装的模板、脚手架拆除；室内装修和地面清理工作基本完成后，电线绝缘测试合格，才能安装灯具和灯具接线。高空安装的灯具，在地面通、断电试验合格，才能安装。

（3）施工作业条件

照明装置的安装应按已批准的设计进行施工。与照明装置安装有关的建筑物和构筑物的土建工程质量，应符合现行建筑工程施工的有关规定。土建工程应具备下列条件：

① 对灯具安装有妨碍的模板、脚手架应拆除；

② 顶棚、墙面等的抹灰工作及表面装饰工程已完成，并结束场地清理工作。

2. 普通电气照明设备

普通电气照明设备是由电光源、灯具、导线和安装附件等组成。安装前，应对进入施工现场所有电气设备和器材进行验收。使用的电气设备和器材均应符合国家或部委颁布的现行技术标准，并具有合格证件，还应具有铭牌。

（1）电光源

电光源是指发光元件或发光体。按发光原理区分，电光源主要分为热辐射光源和气体放电光源两种。在普通电气照明设备中，应用较多的是白炽灯和荧光灯，其次是碘钨灯、高压汞灯、高压钠灯、钠铊铟灯和镝灯等。

（2）灯座

灯座是灯具最基本的组成部分，可分为白炽灯灯座和荧光灯灯座（也称灯脚）等几种形式。白炽灯灯座一般分平座式、吊式和管接式三种。平座式和吊式灯座用于普通的平座灯和吊线灯，管接式灯座用于吸顶灯、吊链灯、吊杆灯和壁灯等成套灯具内，悬吊式铝壳灯头可用于室外吊灯。近年来出现的“组合式”灯座(如附拉线开关或胶木螺口平灯座等)，具有降低成本、提高安装工效等特点，可用于使用要求不高的场所。

① 灯座绝缘应能承受2000V(50Hz) 试验电压历时1min而不发生击穿和闪络。

② 螺口灯座在E27/27-1灯泡旋入时，人手应触不到灯头和灯座的带电部分。

③ 插口灯座两弹性触头被压缩在使用位置时的总弹力为15～25N。

④ 灯座通过125%的工作电流时，导电部分的温升不应超过40℃；胶木件表面应无气泡、裂纹、铁粉、肿胀，明显的擦伤和毛刺，并具有良好的光泽。

⑤ 平座式灯座的接线端子应能可靠连接一根与两根截面为0.5～2.5mm^2 的导线，其他灯座能连接一根截面为0.5～2.5mm^2 的导线，悬吊式灯座的接线端子当连接截面为0.5～2.5mm^2（E40用灯口为1～4mm^2）导线后，应能承受40N的拉力。

⑥ 金属之间的连接螺纹的有效连接圈数不应少于两圈，胶木之间的连接螺纹的有效连接圈数不应少于1.5圈等。

(3) 安装附件

照明灯具安装，常用的附件有吊线盒、膨胀螺栓、灯架、灯罩等。电气安装工程中，常用的吊线盒有胶木与瓷质吊线盒和塑料吊线盒。带圆台的吊线盒是近年来出现的新产品，可提高安装工效和节约木材。膨胀螺栓的形状和规格较多，可根据不同使用条件进行选择。在砖或混凝土结构上固定灯具时，应选用沉头式胀管和尼龙塞（即塑料胀管)。建筑电气安装工程中，常用吊线盒的外形、规格及安装尺寸见表6-2。

吊线盒的外形、规格及安装尺寸　　表6-2

名称	规格	外形示意	外形及安装尺寸/mm
胶木吊盒	250V 3(4)A	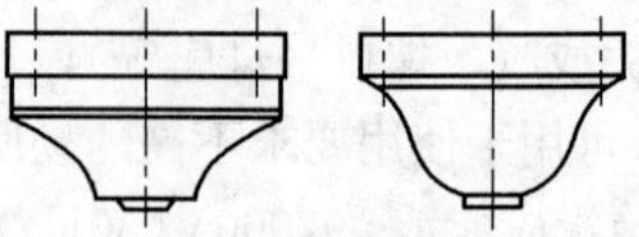	ϕ54×45 安装孔距34
胶木吊盒(白、黑)	250V 6A	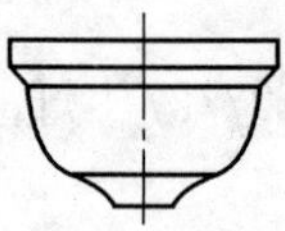	ϕ63×40 安装孔距51
瓷质吊盒	250V 3A	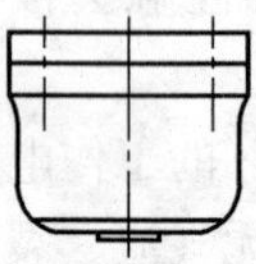	ϕ54×45 安装孔距37
白色胶木吊盒带圆台	250V 10A	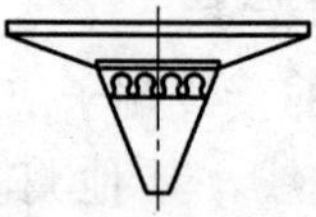	ϕ106×54 安装孔距61
	250V 6A	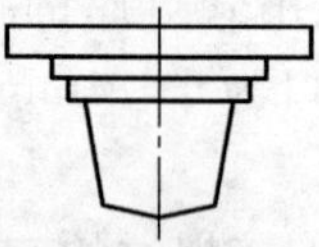	ϕ100×60 安装孔距65
白色塑料吊盒带圆台	250V 6A	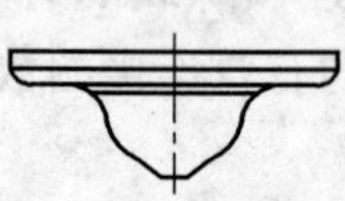	ϕ103×48 安装孔距70

3. 灯具安装

照明器具的安装，应在室内土建装饰工作全面完成，并且房门可以关锁的情况下安装；下班时要及时关锁。照明器具的运输、保管应符合国家有关物资的运输、保管规定。

(1) 安装要求

① 每一接线盒应供应一个灯具。门口第一个开关应开门口的第一只灯具，灯具与开关应相对应。事故照明灯具应有特殊标志，并有专用供电电源。每个照明回路均应通电校正，做到灯亮，开启自如。

照明灯具距地面最低悬挂高度的规定　　　　表 6-3

光源种类	灯具形式	光源功率/W	最低悬挂高度/m
白炽灯	有反射罩	≤60	2.0
		100～150	2.5
		200～300	3.5
		≥500	4.0
	有乳白玻璃漫反射罩	≤100	2.0
		150～200	2.5
		300～500	3.0
卤钨灯	有反射罩	≤500	6.0
		1000～2000	7.0
荧光灯	无反射罩	<40	2.0
		>40	3.0
	有反射罩	≥40	2.0
荧光高压汞灯	有反射罩	≤125	3.5
		250	5.0
		≥400	6.0
高压汞灯	有反射罩	≤125	4.0
		250	5.5
		≥400	6.5
高压钠灯	搪瓷反射罩	250	6.0
	铝抛光反射罩	400	7.0
金属卤化物灯	搪瓷反射罩	400	6
	铝抛光反射罩	1000	4.0

注：1. 表中规定的灯具最低悬挂高度在下列情况可降低 0.5m，但不应低于 2m。
① 一般照明的照度小于 30lx 时；
② 房间的长度不超过灯具悬挂高度的 2 倍；
③ 人员短暂停留的房间。
2. 金属卤化物灯为铝抛光反射罩时，当有紫外线防护措施的情况下，悬挂高度可以适当地降低。

② 一般灯具的安装高度应高于 2.5m。当设计无要求时，对于一般敞开式灯具，灯头对地面距离不小于下列数值（采用安全电压时除外）。室外（室外墙上安装）2.5m；厂房：2.5m；室内：2m；软吊线带升降器的灯具在吊线展开后：0.8m。也可根据表 6-3 所示确定照明灯具距地面的最低悬挂高度。

③ 当灯具距地面高度小于 2.4m 时，灯具的可接近裸露导体必须接地（PE）或接零（PEN）可靠，并应有专用接地螺栓，且有标识。在危险性较大及特殊危险场所，当灯具距地面高度小于 2.4m 时，使用额定电压为 36V 及以下的照明灯具，或有专用保护措施。

④ 变电所内高、低压盘及母线的正上方，不得安装灯具（不包括采用封闭母线、封闭式盘柜的变电所）。

⑤ 灯具的接线盒、木台及电扇的吊钩等承重结构，一定要按要求安装，确保器具的牢固性。安装过程中，要注意保护顶棚、墙壁、地面不污染、不损伤。

⑥ 灯具的固定应符合下列规定：

a. 灯具重量大于 3kg 时，固定在螺栓或预埋吊钩上。

b. 软线吊灯，灯具重量在 0.5kg 及以下时，采用软电线自身吊装；大于 0.5kg 的灯具采用吊链，且软电线编叉在吊链内，使电线不受力。

c. 灯具固定牢固可靠，不使用木楔，每个灯具固定用螺钉或螺栓不少于 2 个；当绝缘台直径在 75mm 及以下时，采用 1 个螺钉或螺栓固定。

d. 固定灯具带电部件的绝缘材料以及提供防触电保护的绝缘材料，应耐燃烧和防明火。

e. 灯具通过木台与墙面或楼面固定时，可采用木螺钉，但螺钉进木榫长度不应少于 20～25mm。如楼板为现浇混凝土楼板，则应采用尼龙膨胀栓，灯具应装在木台中心，偏差不超过 1.5mm。

⑦ 各种转、接线箱、盒的口边最好用水泥砂浆抹口。如盒、

箱口离墙面较深时，可在箱口和贴脸（门头线）之间嵌上木条，或抹水泥砂浆补齐，使贴脸与墙面平齐。对于暗开关、插座盒子沉入墙面较深时，常用的办法是垫上弓子（即以 $\phi1.2\sim\phi1.6$ 的钢丝绕一长弹簧），然后根据盒子的不同深度，随用随剪。花灯吊钩圆钢直径不应小于灯具挂销直径，且不应小于 6mm。大型花灯的固定及悬吊装置，应按灯具重的 2 倍做过载试验。装有白炽灯泡的吸顶灯具，灯泡不应紧贴灯罩；当灯泡与绝缘台间距离小于 5mm 时，灯泡与绝缘台间应采取隔热措施。

⑧ 大型灯具安装时，应先以 5 倍以上的灯具重量进行过载起吊试验，如果需要人站在灯具上，还要另外加上 200kg，做好记录进入竣工验收资料归档。

a. 大型灯具的挂钩不应小于悬挂销钉的直径，且不得小于 10mm。

b. 预埋在混凝土中的挂钩应与主筋相焊接；如无条件焊接时，也需将挂钩末端部分弯曲后与主筋绑扎。

c. 固定牢固；吊钩的弯曲直径为 $\phi50$，预埋长度离平顶为 80～90mm，其安装高度离地坪不得低于 2.5m。

d. 吊杆上的悬挂销钉必须装设防振橡胶垫及防松装置。

⑨投光灯的底座及支架应固定牢固，枢轴应沿需要的光轴方向拧紧固定。安装在室外的壁灯应有泄水孔，绝缘台与墙面之间应有防水措施。

（2）灯具配线

灯具配线应符合施工验收规范的规定。照明灯具使用的导线应能保证灯具能承受一定的机械应力和可靠的安全运行，其工作电压等级一般不应低于交流 250V。根据不同的安装场所及用途，照明灯具使用的导线最小线芯截面面积应符合表 6-4 的规定。

灯具由导线应绝缘良好，无漏电现象。灯具内配线应采用不小于 $0.4mm^2$ 的导线，并严禁外露。灯具软线的两端在接入灯口之前，均应压扁并涮锡，使软线端与螺钉接触良好。穿入灯箱内的导线在分支连接处不得承受额外应力和磨损，不应过于靠近热源，并应采取措施；多股软线的端头需盘圈、挂锡。软线吊灯的吊灯线应选用双股编织花线，若采用 0.5mm 软塑料线时，应穿软塑料管，并将该线双股并列挽保险扣。吊灯软线与灯头压线螺钉连接应将软线裸铜芯线挽成圈，再涮锡后进行安装。吊链灯的软线则应编叉在链环内。

线芯最小允许截面面积 **表 6-4**

安装场所及用途		线芯最小截面面积/mm^2		
		铜芯敷线	铜线	铝线
照明用灯头线	民用建筑室内	0.4	0.5	1.5
	工业建筑室内	0.5	0.8	2.5
	室外	1.0	1.0	2.5
移动式用电设备	生活用	0.2	—	—
	生产用	1.0	—	—

（3）木台安装

① 安装木台前先检查导线回路是否正确及选择木台是否合适。木台的厚度一般不小于 12mm，木质不腐朽。槽板配线的木台厚 32mm。安装木台时应先将木台的出线孔钻好，锯好进线槽，然后将电线从木孔中穿出后再固定木台。

② 普通软线吊灯及座灯头的木台直径 75mm，可用一个螺钉固定；直敷球灯等较重灯具的木台至少用两个螺钉固定；安装在铁制灯头盒上的木台要用机械螺钉固定。

③ 在潮湿及有腐蚀性气体的地方安装木台，应加设橡胶垫圈。木台四周应先刷一道防水漆，再刷两道白漆，以保持木质干燥。

④ 木槽板布线中用 32mm 厚的高桩木台，并应按木槽板的宽度、厚度，将木台边挖一个豁口，然后将木槽板压入木台豁口下面，压入部分不少于 10mm。瓷夹板及瓷瓶布线中的木台不能压线装设，导线应从木台上面引入。

⑤ 铅皮线和塑料护套线配线中的木台应按护套线外径挖槽，

将护套线压在槽下，压入部分护套不要剥掉。

⑥ 在砖或混凝土结构上安装木台应预埋吊钩、螺栓（或螺钉）或采用膨胀螺栓、尼龙塞。

（4）白炽灯安装

白炽灯主要由封闭的球形玻璃壳和灯头组成。当电流通过钨制灯丝时，把灯丝加热到白炽程度而发光。白炽灯泡分为真空泡和充气泡（氩气和氮气）两种，40W 以下一般为真空泡，40W 以上的为充气泡。灯泡充气后能提高发光效率和增快散热速度。白炽灯的功率一般以输入功率的瓦（W）数来表示。它的寿命与使用电压有关。白炽灯的安装方法，常用于吊灯、壁灯、吸顶灯等灯具，并安装成许多花型的灯（组）。具体安装方法见表 6-5。

白炽灯的安装方法　　　　表 6-5

安装类型	说　明
吊灯安装	安装吊灯需使用木台和吊线盒两种配件。 ①安装要求。吊灯安装时，应符合下列规定： a. 当吊灯灯具的重量超过 3kg 时，应预埋吊钩或螺栓；软线吊灯仅限于 1kg 以下，超过者应加吊链或用钢管来悬吊灯具； b. 在振动场所的灯具应有防震措施，并应符合设计要求； c. 当采用钢管作灯具吊杆时，钢管内径一般不小于 10mm； d. 吊链灯的灯具不应受拉力，灯线宜与吊链编叉在一起。 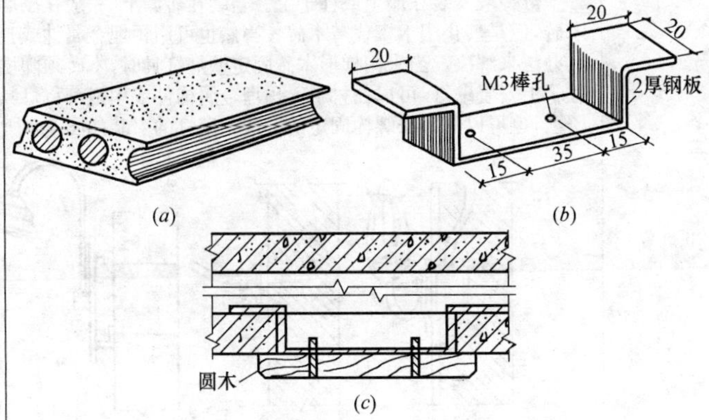 (a)　(b)　(c) 图 6-6　空心钢筋混凝土楼板木台安装示意 (a) 弓形板位置示意；(b) 弓形板示意；(c) 空心楼板用弓形板安木台

续表

安装类型	说明
吊灯安装	②木台安装。木台一般为圆形，其规格大小按吊线盒或灯具的法兰选取。电线套上保护用塑料软管从木台出线孔穿出，再将木台固定好，最后将吊线盒固定在木台上。 木台的固定，要因地制宜，如果吊灯在木梁上或木结构楼板上，则可用木螺钉直接固定。如果为混凝土楼板，则应根据楼板结构形式预埋木砖或钢丝榫。空心楼板则可用弓形板固定木台，如图 6-6 所示。 ③吊线盒安装。吊线盒要安装在木台中心，要用不少于两个螺钉固定，线吊灯一般采用胶质或塑料吊线盒，在潮湿处应采用瓷质吊线盒。由于吊线盒的接线螺钉不能承受灯具的重量，因此从接线螺钉引出的电线两端应打好结扣，使结扣处在吊线盒和灯座的出线孔处。如图 6-7 所示 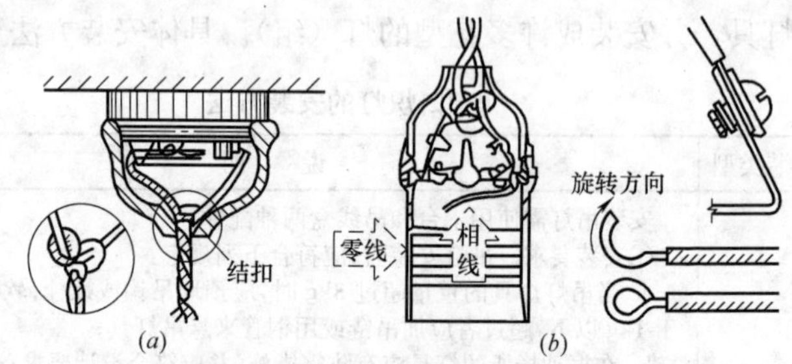 图 6-7　电线在吊灯两头打结方法示意 (*a*) 吊线盒内电线的打结方法；(*b*) 灯座内电线的打结方法
壁灯安装	壁灯一般安装在墙上或柱子上。当装在砖墙上，一般在砌墙时应预埋木砖，但是禁止用木楔代替木砖。当然也可用预埋金属件或打膨胀螺栓的办法来解决。当采用梯形木砖固定壁灯灯具时，木砖须随墙砌入。在柱子上安装壁灯，可以在村子上预埋金属构件或用抱箍将灯具固定在柱子上，也可以用膨胀螺栓固定的办法。壁灯的安装如图 6-8 所示 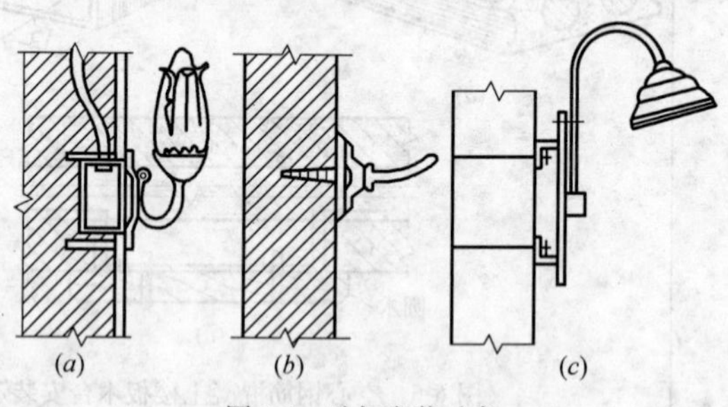 图 6-8　壁灯安装示意

续表

安装类型	说明
吸顶灯安装	安装吸顶灯时，一般直接将木台固定在天花板的木砖上。在固定之前，还需在灯具的底座与木台之间铺垫石棉板或石棉布。装有白炽灯泡及吸顶灯具，若灯泡与木台过近(如半扁罩灯)，在灯泡与木台间应有隔热措施
灯头安装	在电气安装工程中，100W及以下的灯泡应采用胶质灯头；100W以上的灯泡和封闭式灯具应采用瓷质灯头；安全行灯禁止采用带开关的灯头。安装螺口灯头时。应把相线接在灯头的中心柱上，即螺口要接零线。灯头线应无接头，其绝缘强度应不低于500V交流电压。除普通吊灯外，灯头线均不应承受灯具重量，在潮湿场所可直接通过吊线盒接防水灯头。杆吊灯的灯头线应穿在吊管内，链吊灯的灯头线应围着铁链编花穿入；软线棉纱上带花纹的线头应接相线，单色的线头接零线

(5) 荧光灯安装

荧光灯也叫日光灯，是由灯管、启辉器、镇流器和电容器组成。其安装方法见表6-6。

荧光灯安装方法　　表6-6

类型	说明
荧光灯电气原理	荧光灯的电气原理如图6-9所示，其工作步骤如下： 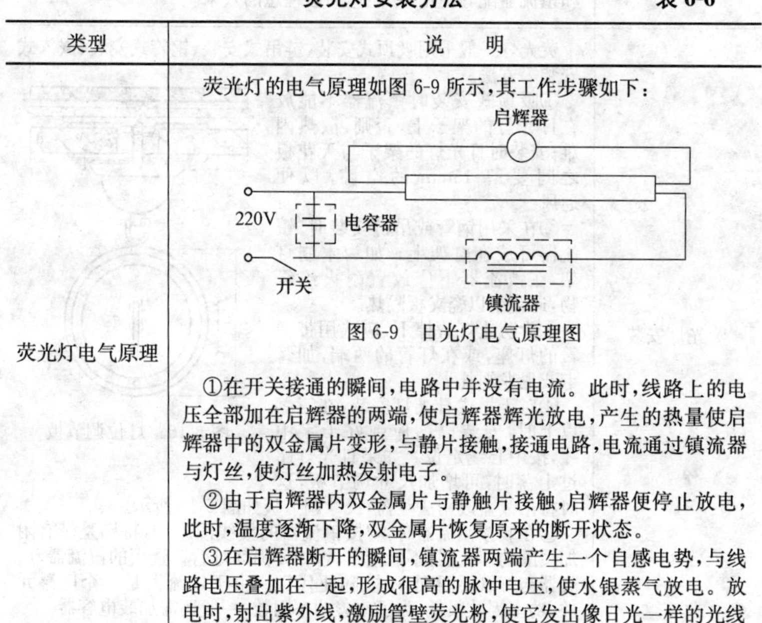 图6-9　日光灯电气原理图 ①在开关接通的瞬间，电路中并没有电流。此时，线路上的电压全部加在启辉器的两端，使启辉器辉光放电，产生的热量使启辉器中的双金属片变形，与静片接触，接通电路，电流通过镇流器与灯丝，使灯丝加热发射电子。 ②由于启辉器内双金属片与静触片接触，启辉器便停止放电，此时，温度逐渐下降，双金属片恢复原来的断开状态。 ③在启辉器断开的瞬间，镇流器两端产生一个自感电势，与线路电压叠加在一起，形成很高的脉冲电压，使水银蒸气放电。放电时，射出紫外线，激励管壁荧光粉，使它发出像日光一样的光线

续表

<table>
<tr><th>类型</th><th>说　明</th></tr>
<tr><td>镇流器的选用</td><td>

不同规格的镇流器与不同规格的日光灯不能混用。因为不同规格的镇流器的电气参数是根据灯管要求设计的，因此，可根据灯管的功率来选择镇流器。在额定电压和额定功率的情况下，应选择相同功率的灯管和镇流器，见表 6-7 所示：

镇流器与灯管的功率配套情况　　表 6-7

<table>
<tr><td rowspan="3">镇流器功率/W</td><td colspan="4">灯管功率/W</td></tr>
<tr><td>15</td><td>20</td><td>30</td><td>40</td></tr>
<tr><td colspan="4">电流值/mA</td></tr>
<tr><td>15</td><td>320</td><td>280</td><td>240</td><td>200 以下（启动困难）</td></tr>
<tr><td>20</td><td>385</td><td>350</td><td>290</td><td>215</td></tr>
<tr><td>30</td><td>460</td><td>420</td><td>350</td><td>265</td></tr>
<tr><td>40</td><td>590</td><td>555</td><td>500</td><td>410</td></tr>
</table>

由表 6-7 可知，功率相同的灯管和镇流器配套使用时，灯管的工作电流值正好符合灯管的要求，因此，应选择相同功率的灯管和镇流器配套使用，才能达到最理想的效果

</td></tr>
<tr><td>荧光灯安装</td><td>

荧光灯一般采用吸顶式安装、链吊式安装、钢管式安装、嵌入式安装等方法。

①吸顶式安装时镇流器不能放在日光灯的架子上，否则，散热困难；安装时日光灯的架子与天花板之间要留 15mm 的空隙，以便通风。

②在采用钢管或吊链安装时，镇流器可放在灯架上。如为木制灯架，在镇流器下应放置耐火绝缘物，通常垫以瓷夹板隔热。

③为防止灯管掉下，应选用带弹簧的灯座，或在灯管的两端，加管卡或尼龙绳扎牢。

④对于吊式日光灯安装，在三盏以上时，安装以前应弹好十字中线，按中心线定位。如果日光灯超过十盏时，可增加尺寸调节板，这时将吊线盒改用法兰盘，尺寸调节板如图 6-10 所示。

80
30

图 6-10　灯位调节板

⑤在装接镇流器时，要按镇流器的接线图施工，特别是带有附加线圈的镇流器，不能接错，否则要损坏灯管。选用的镇流器、启辉器与灯管要匹配，不能随便代用。由于镇流器是一个电感元件，功率因数很低，为了改善功率因数，一般还需加装电容器

</td></tr>
</table>

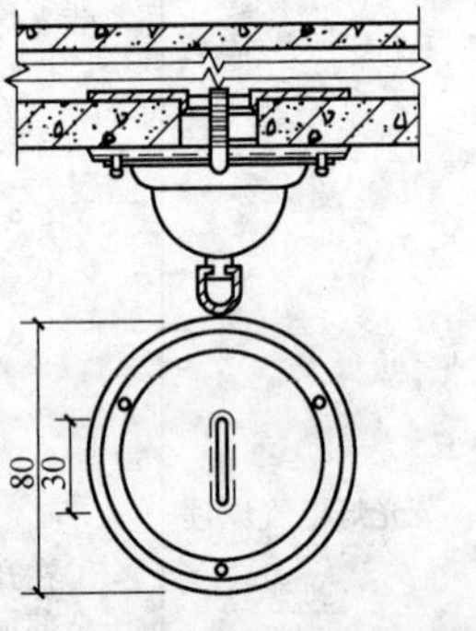

(6) 碘钨灯安装

碘钨灯的抗震性差，不宜用作移动光线或用于振动较大的场合。电源电压的变化对灯管的寿命影响也很大，当电压增大 5% 时，寿命将缩短一年。

碘钨灯也是由电流加热灯丝至白炽状态而发光的。工作温度越高，发光效率也越高，但钨丝的蒸发腐蚀加剧，灯丝的寿命缩短，碘钨灯管内充有适量的碘，其作用就是解决这一矛盾。利用碘的循环作用，使灯丝蒸发的一部分钨重新附着于灯丝上，延长了灯丝的寿命，又提高了发光效率。

碘钨灯安装时应符合下列各项规定:

① 碘钨灯接线不需要任何附件，只要将电源引线直接接到碘钨灯的瓷座上。

② 碘钨灯正常工作温度很高，管壁温度约为 600℃，因此，灯脚引线必须采用耐高温的导线。

③ 灯座与灯脚一般用穿有耐高温小瓷套管的裸导线连接，要求接触良好，以免灯脚在高温下严重氧化并引起灯管封接处炸裂。

④ 碘钨灯不能与易燃物接近，和木板、木梁等也要离开一定距离。

⑤ 为保证碘钨正常循环，还要求灯管水平安装，倾角不得大于±4°。

⑥ 使用前应用酒精除去灯管表面的油污，以免高温下烧结成污点影响透明度。使用时应装好散热罩以便散热，但不允许采取任何人工冷却措施（如吹风、雨淋等），保证碘钨正常循环。

(7) 金属卤化灯安装

金属卤化灯是在高压汞灯的基础上为改善光色而发展起来的一种新型电光源。它不仅光色好，而且发光效率高。在高压汞灯内添加某些金属卤化物，靠金属卤化物的不断循环，向电弧提供相应的金属蒸气，于是就发出表征该金属特征的光谱线。目前我国生产的金属卤化灯有钠铊铟灯、镝灯、镝钍灯、钪钠灯等，其优点是光色好，光效高。

① 金属卤化灯的工作原理。目前，常用的金属卤化物灯有钠铊铟灯和管形镝灯，其工作原理如下：

a. 钠铊铟灯的接线和工作原理：如图 6-11 所示为 400W 钠铊铟灯工作原理图。电源接通后，电流流经加热线圈 1 和双金属片 2 受热弯曲而断开，产生高压脉冲，使灯管放电点燃；点燃后，放电的热量使双金属片一直保持断开状态，钠灯进入稳定的工作状态。1000W 钠铊铟灯工作线路比较复杂，必须加专门的触发器。

b. 管形镝灯的接线及原理：因在管内加了碘化镝，所以启动电压和工作电压就升高了。这种镝灯必须接在 380V 线路中，而且要增加两个辅助电极（引燃极）3 和 4，如图 6-12 所示，使得接通电源后，首先在 1、3 与 2、4 之间放电，再过渡到主电极

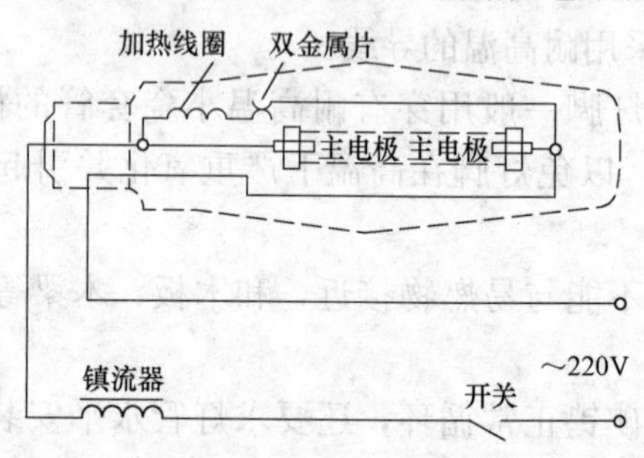

图 6-11　钠铊铟灯原理图

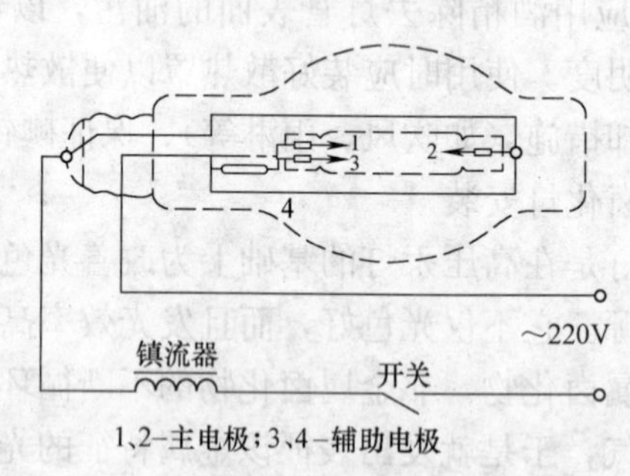

图 6-12　管形镝灯原理图

1、2间的放电。

② 金属卤化物灯安装。金属卤化物灯安装时，要求电源电压比较稳定，电源电压的变化不宜大于±5%。电压的降低不仅影响发光效率及管压的变化，而且会造成光色的变化，以致熄灭。

金属卤化物灯安装应符合下列要求：

a. 电源线应经接线柱连接，并不得使电源线靠近灯具表面。

b. 灯管必须与触发器和限流器配套使用。

c. 灯具安装高度宜在5m以上。

无外玻璃壳的金属卤化物灯紫外线辐射较强，灯具应加玻璃罩，或悬挂在高度14m以上，以保护眼睛和皮肤。

d. 管形镝灯的结构有水平点燃、灯头在上的垂直点燃和灯头在下的垂直点燃三种，安装时，必须认清方向标记，正确使用。

垂直点燃的灯安装成水平方向时，灯管有爆裂的危险。灯头上、下方向调错，光色会偏绿。

e. 由于温度较高，配用灯具必须考虑散热，而且镇流器必须与灯管匹配使用。否则会影响灯管的寿命或造成启动困难。

(8) 高压汞灯安装

高压汞灯有两个玻壳。内玻壳是一个管状石英管，管内充有水银和氩气。管的两端有两个主电极 E_1 和 E_2，如图6-13所示，这两个电极都是用钍钨丝制成的。在电极 E_1 的旁边有一个4000Ω电阻串联的辅助电极 E_3，它的作用是帮助启辉放电。外玻壳的内壁涂有荧光粉，它能将水银蒸气放电时所辐射的紫外线转变为可见光。在内外玻壳之间充有二氧化碳气体，以防止电极与荧光粉氧化。

自镇流式高压汞灯的结构与普通的高压汞灯类似，只是在石英管的外面绕上一根钨丝，这根钨丝与放电管串联，利用它起镇流作用。

高压汞灯的光效高，使用寿命长，但功率因数较低，适用于

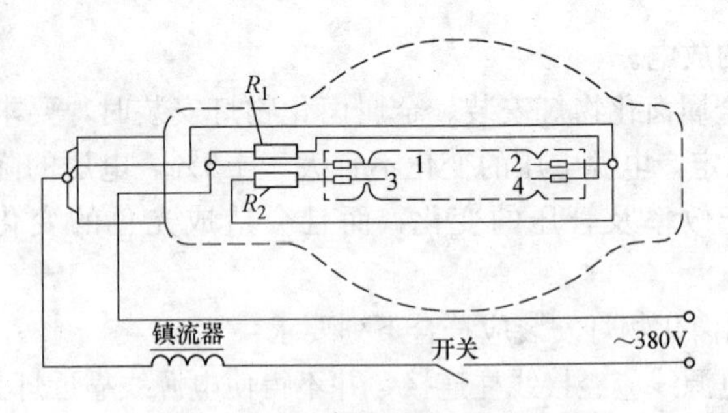

图 6-13 高压汞灯的接线图示意

1—主电极 E_1；2—主电极 E_2；3—辅助电极 E_3；4—电阻

道路、广场等不需要仔细辨别颜色的场所。目前已逐渐被高压钠灯和钪钠灯所取代。

高压汞灯的安装：高压汞灯有两种，一种需要镇流器，一种不需要镇流器，所以安装时一定要看清楚。需配镇流器的高压汞灯一定要使镇流器功率与灯泡的功率相匹配，否则，灯泡会损坏或者启动困难。高压汞灯可在任意位置使用，但水平点燃时，会影响光通量的输出，而且容易自灭。高压汞灯工作时，外玻壳温度很高，必须配备散热好的灯具。外玻壳破碎后的高压汞灯应立即换下，因为大量的紫外线会伤害人的眼睛。高压汞灯的线路电压应尽量保持稳定，当电压降低 5%时，灯泡可能会自行熄灭，所以，必要时应考虑调压措施。

(9) 高压钠灯安装

高压钠灯的光效比高压汞灯高，寿命长达 2500～5000h，紫外线辐射少，光线透过雾和水蒸气的能力强，但显色指数都比较低，适用于道路、车站、码头、广场等大面积的照明。其构造、工作原理及安装方法见表 6-8。

(10) 花灯安装

① 固定花灯的吊钩，其圆钢直径不应小于灯具吊挂销钉的直径，且不得小于 6mm。

② 大型花灯采用专用绞车悬挂固定应符合下列要求：

a. 绞车的棘轮必须有可靠的闭锁装置。

高压钠灯构造、工作原理及安装方法　　表 6-8

类型	说　明
高压钠灯的构造	高压钠灯是一种气体放电光源，放电管细长，管壁温度达700℃以上，因钠对石英玻璃具有较强的腐蚀作用，所以放电管管体采用多晶氧化铝陶瓷制成。用化学性能稳定而膨胀系数与陶瓷相接近的铌做成端帽，使得电极与管体之间具有良好的密封。电极间连接着双金属片，用来产生启动脉冲。灯泡外壳由硬玻璃制成，灯头与高压汞灯一样，制成螺口形
高压钠灯的工作原理	高压钠灯的工作原理。高压钠灯是利用高压钠蒸气放电的原理进行工作的。由于它的发光管（放电管）既细又长，不能采用类似高压汞灯通过辅助电极启辉发光的办法，而采用荧光灯的启动原理，但是启辉器被组合在灯泡内部（即双金属片），其启动原理如图 6-14 所示。接通电源后，电流通过双金属片 b 和加热线圈 H，b 受热后发生变形使触头打开，镇流器 L 产生脉冲高压使灯泡点燃 图 6-14　高压汞灯启动原理
高压钠灯安装	灯的型号规格有 NC-110、NG-215、NG-250、NG-360 和 NG-400 等多种，型号后面的数字表示功率大小的瓦数。例如 NG-400 型，其功率为 400W。灯泡的工作电压为 100V 左右，因此安装时要配用瓷质螺口灯座和带有反射罩的灯具。最低悬挂高度 NG-400 型为 7m，NG-250 型为 6m

b. 绞车的钢丝绳抗拉强度不小于花灯重量的 10 倍。

c. 钢丝绳的长度：当花灯放下时，距地面或其他物体不得少于 200mm，且灯线不应拉紧。

d. 吊装花灯的固定及悬吊装置，应作 1.2 倍的过载起吊试验。

③ 安装在重要场所的大型灯具的玻璃罩，应防止其碎裂后向下溅落措施。除设计另有要求外，一般可用透明尼龙编织的保护网，网孔的规格应根据实际情况决定。

④ 在配合高级装修工程中的吊顶施工时，必须根据建筑吊顶装修图核实具体尺寸和分格中心，定出灯位，下准吊钩。大的宾馆、饭店、艺术厅、剧场、外事工程等的花灯安装，要加强图

纸会审，密切配合施工。

⑤ 在吊顶夹板上开灯位孔洞时，应先选用木钻钻成小孔，小孔对准灯头盒，待吊顶夹板钉上后，再根据花灯法兰盘大小，扩大吊顶夹板眼孔，使法兰盘能盖住夹板孔洞，保证法兰、吊杆在分格中心位置。

⑥ 凡是在木结构上安装吸顶组合灯、面包灯、半圆球灯和日光灯具时，应在灯爪子与吊顶直接接触的部位，垫上一厚的石棉布（纸）隔热，防止火灾事故发生。

⑦ 在顶棚上安装灯群及吊式花灯时，应先拉好灯位中心线，按十字线定位。

⑧ 一切花饰灯具的金属构件，都应做良好的保护接地或保护接零。

⑨ 花灯吊钩应采用镀锌件，并需能承受花灯自重 6 倍的重力。特别重要的场所和大厅中的花灯吊钩，安装前应对其牢固程度作出技术鉴定，做到安全可靠。一般情况下，如采用型钢做吊钩时，圆钢最小规格不小于 $\phi12$；扁钢不小于 50mm×5mm。

4. 通电试运行

灯具安装完毕后，经绝缘测试检查合格后，方允许通电试运行。通电后应仔细检查和巡视，检查灯具的控制是否灵活、准确；开关与灯具控制顺序是否对应，灯具有无异常噪声，如发现问题应立即断电，查出原因并修复。

二、专用灯具安装

建筑工程施工中专用灯具包括 36V 及以下行灯、手术台无影灯、应急照明灯、防爆灯具及游泳池和类似场所灯具。专用灯具一般由制造厂家完成整体组装，现场只需检查接线即可。对于水下及防爆灯具应注意检查密封防水胶圈安装是否平顺，固定螺栓旋紧力矩是否均匀一致。

1. 一般规定

（1）根据设计要求，比照灯具底座画好安装孔的位置，打出膨胀螺栓孔，装入膨胀螺栓。

固定手术无影灯底座的螺栓应预先根据产品提供的尺寸预埋，其螺栓应与楼板结构主筋焊接。

（2）安装在专用吊件构架上的舞台灯具应根据灯具安装孔的尺寸制作卡具，以固定灯具。

（3）防爆灯具的安装位置应离开释放源，且不在各种管道的泄压口及排放口上下方安装灯具。

（4）对于温度大于 60℃的灯具，当靠近可燃物时应采取隔热、散热等防火措施。

当采用白炽灯、卤钨灯等光源时，不得直接安装在可燃装修材料或可燃物件上。

（5）重要灯具如手术台无影灯、大型舞台灯具等的固定螺栓应采用双螺母锁固。分置式灯具变压器的安装应避开易燃物品，通风散热良好。

2. 灯具接线

专用灯具安装接线应符合下列要求：

（1）多股芯线接头应搪锡，与接线端子连接应可靠牢固。

（2）行灯变压器外壳、铁芯和低压侧的任意一端或中性点接地（PE）或接零（PEN）应可靠。

（3）水下灯具电源进线应采用绝缘导管与灯具连接，严禁采用金属或有金属护层的导管，电源线、绝缘导管与灯具连接处应密封良好，如有可能应涂抹防水密封胶，以确保防水效果。

（4）水下灯及防水灯具应进行等电位联结，连接应可靠。

（5）防爆灯具开关与接线盒螺纹啮合扣数不少于 5 扣，并应在螺纹上涂以电力复合脂。

（6）灯具内接线完毕后，应用尼龙扎带整理固定，以避开有可能的热源等危险位置。

3. 行灯安装

在建筑电气工程中，除在有些特殊场所，如电梯井道底坑、技术层的某些部位为检修安全而设置固定的低压照明电源外，大都是作工具用的移动便携式低压电源和灯具。36V 及以下行灯变压器和行灯安装必须符合下列规定：

（1）行灯电压不大于36V，在特殊潮湿场所或导电良好的地面上以及工作地点狭窄、行动不便的场所行灯电压不大于12V。

（2）行灯变压器为双圈变压器，其电源侧和负荷侧有熔断器保护，熔丝额定电流分别不应大于变压器一次、二次的额定电流。

双圈的行灯变压器次级线圈只要有一点接地或接零即可钳制电压，在任何情况下不会超过安全电压，即使初级线圈因漏电而窜入次级线圈时也能得到有效保护。

（3）行灯变压器的固定支架牢固，油漆完整。

（4）变压器外壳、铁芯和低压侧的任意一端或中性点，与PE或PEN连接可靠。

（5）行灯灯体及手柄绝缘良好，坚固耐热耐潮湿；灯头与灯体结合紧固，灯头无开关，灯泡外部有金属保护网、反光罩及悬吊挂钩，挂钩固定在灯具的绝缘手柄上。

（6）携带式局部照明灯电线采用橡套软线。

4. 低压照明灯安装

在触电危险性较大及工作条件恶劣的场所，局部照明应采用电压不高于24V的低压安全灯。

低压照明灯的电源必须用专用的照明变压器供给，并且必须是双绕组变压器，不能使用自耦变压器进行降压。变压器的高压侧必须接近变压器的额定电流。低压侧也应有熔丝保护，并且低压一端需接地或接零。对于钳工、电工及其他工种用的手提照明灯也应采用24V以下的低压照明灯具。在工作地点狭窄、行动不便、接触有良好接地的大块金属面上工作时（如在锅炉内或金属容器内工作），则触电的危险增大，手提照明灯的电压不应高于12V。

手提式低压安全灯安装时，必须符合下列要求：

（1）灯体及手柄必须用坚固的耐热及耐湿绝缘材料制成。

（2）灯座应牢固地装在灯体上，不能让灯座转动。灯泡的金属部分不应外露。

（3）为防止机械损伤，灯泡应有可靠的机械保护。当采用保护网时，其上端应固定在灯具的绝缘部分上，保护网不应有小门或开口，保护网应只能使用专用工具方可取下。

（4）不许使用带开关灯头。

（5）安装灯体引入线时，不应过于拉紧，同时应避免导线在引出处被磨伤。

（6）金属保护网、反光罩及悬吊用的挂钩应固定于灯具的绝缘部分。

（7）电源导线应采用软线，并应使用插销控制。

5. 手术台无影灯安装

手术台上无影灯重量较大，使用中根据需要经常调节移动，子母式的更是如此，所以必须注意其固定和防松。

（1）固定灯座的螺栓数量不少于灯具法兰底座上的固定孔数，且螺栓直径与底座孔径相适配；螺栓采用双螺母锁固。

（2）在混凝土结构上螺栓与主筋相焊接或将螺栓末端弯曲与主筋绑扎锚固。

（3）手术台上无影灯的供电方式由设计选定，通常由双回路引向灯具。其专用控制箱由多个电源供电，以确保供电绝对可靠。配电箱内装有专用的总开关及分路开关，电源分别接在两条专用的回路上，开关至灯具的电线采用额定电压不低于750V的铜芯多股绝缘电线。施工中要注意多电源的识别和连接，如有应急直流供电的话要区别标识。

（4）手术台无影灯安装应底座紧贴顶板，四周无缝隙。

（5）手术台无影灯表面应保持整洁、无污染，灯具镀层、涂层完整无划伤。

6. 应急灯安装

应急照明是现代大型建筑物中保障人身安全和减少财产损失的安全设施之一。对于应急照明灯，其电源除正常电源外，还需另有一路电源供电。这路电源可以由独立于正常电源的柴油发电机组供电，也可由蓄电池柜供电或选用自带电源型应急灯具。在正常电源断电后，电源转换时间为：疏散照明不大于15s，备用照明不大于15s（金融商店交易所不大于1.5s），安全照明不大于0.5s。应急照明线路在敷设时，在每个防火分区应有独立的应急照明回路，穿越不同防火分区的线路应有防火隔堵措施。

在建筑电气工程中，应急照明包括备用照明（供继续和暂时继续工作的照明）、疏散照明和安全照明。

（1）备用照明安装。备用照明除安全理由以外，正常照明出现故障而工作和活动仍需继续进行时而设置的应急照明。备用照明的照度往往利用部分或全部正常照明灯具来提供。备用照明宜安装在墙面或顶棚部位。

（2）疏散照明安装。疏散照明系在紧急情况下将人安全地从室内撤离所使用的应急照明。疏散照明按安装的位置又分为：应急出口（安全出口）照明和疏散走道照明。

疏散照明多采用荧光灯或白炽灯，由安全出口标志灯和疏散标志灯组成。安全出口标志灯和疏散标志灯应装有玻璃或非燃材料的保护罩，面板亮度均匀度为1∶10（最低∶最高），保护罩应完整、无裂纹。

① 安全出口标志灯。安全出口标志灯宜安装在疏散门口的上方，在首层的疏散楼梯应安装于楼梯口的里侧上方。安全出口标志灯距地高度宜不低于2m。

疏散走道上的安全出口标志灯可明装，而厅室内宜采用暗装。安全出口标志灯应有图形和文字符号，左右无障碍设计要求时，宜同时设有音响指示信号。

可调光型安全出口标志灯宜用于影剧院的观众厅。在正常情况下减光使用，火灾事故时应自动接通至全亮状态。

② 疏散标志灯。疏散照明要求沿走道提供足够的照明，能看见所有的障碍物，清晰无误地沿指明的疏散路线，迅速找到应急出口，并能容易地找到沿疏散路线设的消防报警按钮、消防设备和配电箱。

疏散标志灯的设置应不影响正常通行，且不能在其周围设置容易混同疏散标志灯的其他标志牌等。

疏散照明宜设在安全出口的顶部、疏散走道及其转角处距地1m以下的墙面上。当交叉口处墙面下侧安装难以明确表示疏散方向时，也可将疏散标志灯安装在顶部。疏散走道上的标志灯应有指示疏散方向的箭头标志。疏散走道上的标志灯间距不宜大于20m（人防工程不宜大于10m）。

楼梯间内的疏散标志灯宜安装在休息平台板上方的墙角处或壁装，并应用箭头及阿拉伯数字清楚标明上、下层层号。疏散标志灯的设置原则如图6-15所示。

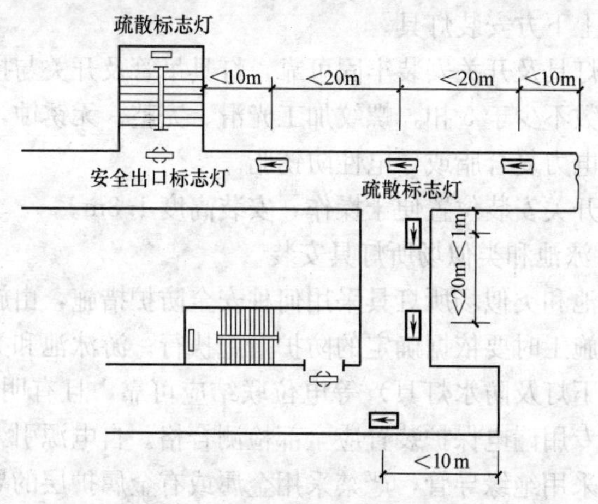

图6-15　疏散标志灯设置原则示例

疏散照明线路采用耐火电线、电缆，穿管明敷或在非燃烧体内穿刚性导管暗敷，暗敷保护层厚度不小于30mm。电线采用额定电压不低于750V的铜芯绝缘电线。

③ 安全照明安装。安全照明在正常照明故障时，能使操作人员或其他人员处于危险之中而设的应急照明。这种场合一般还必须设疏散应急照明。安全照明多采用卤钨灯或采用瞬时可靠点燃的荧光灯。

7. 防爆灯具安装

防爆灯具安装时要严格按图纸规定选用规格型号，且不混淆，更不能用非防爆产品替代。防爆灯具安装应符合下列规定：

(1) 灯具的防爆标志、外壳防护等级和温度组别与爆炸危险环境相适配。

(2) 灯具及开关的外壳完整，无损伤、无凹陷或沟槽，灯罩无裂纹，金属护网无扭曲变形，防爆标志清晰。

(3) 灯具及开关的紧固螺栓无松动、锈蚀，密封垫圈完好。

(4) 灯具配套齐全，不用非防爆零件替代灯具配件（金属护网、灯罩、接线盒等）。

(5) 灯具的安装位置离开释放源，且不在各种管道的泄压口及排放口上下方安装灯具。

(6) 灯具及开关安装牢固可靠，灯具吊管及开关与接线盒螺纹啮合扣数不少于5扣，螺纹加工光滑、完整、无锈蚀，并在螺纹上涂以电力复合脂或导电性防锈脂。

(7) 开关安装位置便于操作，安装高度1.3m。

8. 游泳池和类似场所灯具安装

游泳池和类似场所灯具采用何种安全防护措施，由施工设计确定，但施工时要依据确定的防护措施执行。游泳池和类似场所灯具（水下灯及防水灯具）等电位联结应可靠，且有明显标识，其电源的专用漏电保护装置应全部检测合格。自电源引入灯具的导管必须采用绝缘导管，严禁采用金属或有金属护层的导管。

第三节　照明线路故障及处理技能

一、照明线路常见故障及处理

1. 电气照明线路的故障检查

(1) 观察法

问：在故障发生后，应首先进行调查，向出事故时在场者或操作者了解故障前后的情况，以便初步判断故障种类及发生的部位。

闻：有无由于温度过高烧坏绝缘而发出的气味。

听：有无放电等异常响声。

看：沿线路巡视，检查有无明显问题，如导线破皮、相碰、断线，灯丝断，灯口有无进水、烧焦等，特别是大风天气中有无碰线、短路放电、打火花、起火冒烟等现象，然后再进行重点部位检查。

摸：当线路负荷过载或发生短路时，温度会明显上升，可用手去摸电气线路来判断。

（2）测试法

对线路、照明设备进行直观检查后，应充分利用试电笔、万用表、试灯等进行测试。但应注意当有缺相时，只用试电笔检查是否有电是不够的，当线路上相线间接有负荷（如变压器、电焊机等）而测量断路相时，试电笔也会发光而误认为该相未断，这时应使用万用表交流电压档测试，才能准确判断是否缺相。

（3）支路分段法

可按支路或用“对分法”分段检查，缩小故障范围，逐渐逼近故障点。对分法是指在检查有断路故障的线路时，大约在一半的部位找一个测试点，用试电笔、万用表、试灯等进行测试。若该点有电，说明断路点在测试点负荷一侧；若该点无电，说明断路点在测试点电源一侧。这时应在有问题的“半段”的中部再找一个测试点，依次类推，就能很快趋近断路点。

2. 照明线路短路、断路和漏电

照明线路短路、断路和漏电的现象、原因及检查见表 6-9。

3. 照明线路绝缘电阻降低

故障原因：电气照明线路由于使用年限过久、绝缘老化、绝缘子损坏、导线绝缘层受潮或磨损等原因都会使绝缘电阻降低。

测量方法：

（1）线间绝缘电阻的测量。首先应切除用电设备，然后切断电源，用绝缘电阻表测量线间绝缘电阻，应符合有关要求，若不符合要求应进一步检查。

照明线路短路、断路和漏电的现象、原因及检查　表 6-9

故障类型		说　明
短路故障	故障现象	熔断器熔体熔断，短路点处有明显烧痕，绝缘炭化，严重时会使导线绝缘层烧焦甚至引起火灾
	故障原因	①安装不符合规格，多股导线未拧紧或未涮锡，压接不紧，有毛刺。 ②相线、零线压接松动、距离过近，当遇到某些外力时，使其相碰造成相线对零线短路或相间短路；如果螺口灯头、顶芯与螺纹部分松动，装灯泡时使灯芯与螺纹部分相碰短路。 ③恶劣天气影响，如大风使绝缘支持物损坏，导线相互碰撞、摩擦，使导线绝缘损坏，引起短路；在雨天，电气设备的防水设施损坏，使雨水进入电气设备造成短路。 ④电气设备使用环境中有大量导电尘埃，防尘设施不当，使导电尘埃落入电气设备中引起短路。 ⑤人为因素，如土建施工时将导线、配电盘等临时移动位置，处理不当，施工时误碰架空线或挖土时损伤土中电缆等
	故障检查	短路故障的查找一般是采用分支路、分段与重点部位相结合的方法，可利用试灯进行检查。 将被测线路上的所有支路上的开关均置于断开位置，把线路的总开关拉开，将试灯串接在测线路中（可将该线路上的总熔断器的熔体取下，将试灯串接在压接熔体的位置），如图 6-16(*a*)所示，然后闭合总开关。如此时试灯能正常发光，说明该线路确有短路故障且短路故障在线路干线上，而不在支线上；如试灯不亮，说明该线路干线上没有短路故障，而故障点可能在支线上，下一步应对各支路按同样的方法进行检查。在检查到直接接照明负荷的支路时，可顺序将每只灯的开关闭合，并在每合一个开关的同时，观察试灯能否正常发光，如试灯不能正常发光，说明故障不在此灯的线路上；如在合至某一只灯时，试灯正常发光，说明故障在此灯或此灯的接线中，如图 6-16(*b*)所示 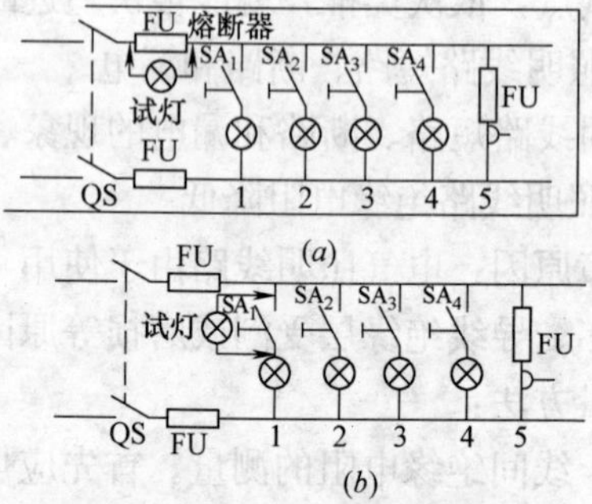 (*a*) (*b*) 图 6-16　用试灯检查照明线路 (*a*) 用试灯检查照明干线；(*b*) 用试灯检查照明支线

续表

故障类型		说明
断路故障	故障现象	相线、零线断路后，负荷将不能正常工作，如三相四线制供电线路负荷不平衡时，当零线断线后造成三相电压不平衡，负荷大的一相电压低，负荷小的一相电压高，若负荷是白炽灯，会出现一相灯光暗淡，而接在另一相上的灯又变得很亮，同时零线断口负荷侧将会出现对地电压。单相线路出现断线时，负荷将不工作
	故障原因	①负荷过大使熔体烧断； ②开关触点松动，接触不良； ③导线断线，接头处腐蚀严重(特别是铜、铝线未采用铜铝过渡接头而直接连接)； ④安装时导线接头处压接不实，接触电阻过大，造成局部发热引起连接处氧化； ⑤大风恶劣天气使导线断线； ⑥人为因素，如搬运过高物品将电线碰断，由于施工作业不注意将电线碰断及人为碰坏等
	故障检查	可用试电笔、万用表、试灯等进行测试，采用分段查找与重点部位检查相结合进行，对较长线路可采用对分法查找断路点
漏电故障	故障原因	①相线与零线间绝缘受潮或损坏，产生相线与零线间漏电； ②相线与地线之间绝缘受损，从而形成相线与地之间的漏电
	故障检查	①用绝缘电阻表测量绝缘电阻值的大小，或在被测线路的总开关上接上一只电流表，断开负荷后接通电源，如电流表的指针摆动，说明有漏电，若偏转多，说明漏电大。确定漏电后，再进一步检查。 ②断零线。如电流表指示不变或绝缘电阻不变，说明相线与大地之间漏电。如电流表指示回零或绝缘电阻恢复正常，说明相线与零线之间漏电。如电流表指示变小但不为零，或绝缘电阻有所升高但仍不符合要求，说明相线与零线、相线与大地之间均有漏电。 ③取下分路熔断器或拉开分路开关，如电流表指示或绝缘电阻不变，说明总线路漏电。如电流表指示回零或绝缘电阻恢复正常，说明分路漏电。如电流表指示变小但不为零，或绝缘电阻有所升高，但仍不符合要求，说明总线路与分线路都有漏电，这样可以确定漏电的范围。 ④按上述方法确定漏电的分路或线段后，再依次断开该段线路灯具的开关。当断开某一开关时，电流表指示回零或绝缘电阻正常，说明这一分支线漏电。如电流表指示变小或绝缘电阻有所升高，说明除这一支路漏电外，还有其他漏电处。如所有的灯具开关都断开后，电流表指示不变或绝缘电阻不变，说明该段干线漏电。 ⑤用上述方法依次将故障缩小到一个较短的线段后，便可进一步检查该段线路的接头、接线盒、电线过墙处等是否有绝缘损坏情况，并进行处理

（2）线对地的绝缘电阻测量。切除电源，并将线路上的用电设备断开，把绝缘电阻表上的一个接线柱接到被测的一条导线上，另一个接线柱接到自来水管、电气设备的金属外壳或建筑物的金属外壳等与大地有良好接触的金属物体上，然后进行测量。

二、照明灯具故障诊断

1. 白炽灯故障诊断

白炽灯由玻璃泡壳、灯丝、支架、引线灯头等组成。普通灯泡额定电压为220V、功率为10～1000W，灯头有螺丝口和卡口，100W以上采用瓷口。额定电压为6～36V、功率为100W以下的低压灯泡用于局部照明用。白炽灯照明电路由负荷、开关、导线及电源组成。白炽灯在额定电压下工作。其寿命一般为1000h，当电压升5%时寿命缩短50%，电压升高10%，其发光率提高17%，而寿命缩短28%（280h）。反之如果电压降低20%，其发光率降低37%，但寿命增加一倍。因此，灯泡工作在额定电压为宜。白炽灯常见故障诊断及处理方法见表6-10。

白炽灯常见故障诊断及处理方法　　表6-10

故障现象	故障诊断	处理方法
灯泡不亮	①灯丝烧断； ②灯丝引线焊点开焊； ③灯头或开关接线松动、触片变形、接触不良； ④线路有断线； ⑤电源无电； ⑥灯泡与电源电压不相符，电源电压过低，不足以使灯丝发光； ⑦行灯变压器一、二次侧绕组断路或熔丝熔断，使二次侧无电压； ⑧熔丝熔断、自动开关跳闸；灯头绝缘损坏；多股导线未拧紧、未涮锡引起短路；螺纹灯头，顶芯与螺丝口相碰短路；导线绝缘损坏，引起短路；负荷过大，熔丝熔断	①更换灯泡； ②重新焊好焊点或更换灯泡； ③紧固接线，调整灯头或开关的触点； ④找出断线处进行修复； ⑤检查电源电压； ⑥选用与电源电压相符的灯泡； ⑦找出断路点进行修复，或重新绕制线圈，或更换熔丝； ⑧判断熔丝熔断及断路器跳闸原因，找出故障点并排除

续表

故障现象	故障诊断	处理方法
灯泡忽亮暗或熄灭	①灯头、开关接线松动，或触点接触不良； ②熔断器触点与熔丝接触不良； ③电源电压不稳定，或有大容量设备启动或超负荷运行； ④灯泡灯丝已断，但断口处相距很近，灯丝晃动忽接忽断	①紧固压线螺钉，调整触点； ②检查熔断器触点和熔丝，紧固熔丝线压接螺钉； ③检查电源电压，调整负荷； ④更换灯泡
灯光暗淡	①灯泡寿命快到； ②电源电压过低； ③灯泡额定电压高于电源电压	①更换灯泡； ②调整电源电压； ③选用与电源电压相符的灯泡
灯泡通电后发出强烈白光，灯丝瞬时烧断	①灯泡有搭丝现象，电流过大； ②灯泡额定电压低于电源电压； ③电源电压过高	①更换灯泡； ②选用与电源电压相符的灯泡； ③调整电源电压
灯泡通电后立即冒白烟，灯丝烧断	灯泡漏气	更换灯泡

2. 荧光灯（日光灯）故障诊断

(1) 日光灯是靠汞蒸气放电时辐射的紫外线激发灯管壁内的荧光物质使之发光。日光灯由灯管、镇流器、起辉器及电容器组成。它具有结构简单、光色好、发光率高、寿命长等优点，在电气照明中广泛应用。日光灯接线图如图6-17所示。

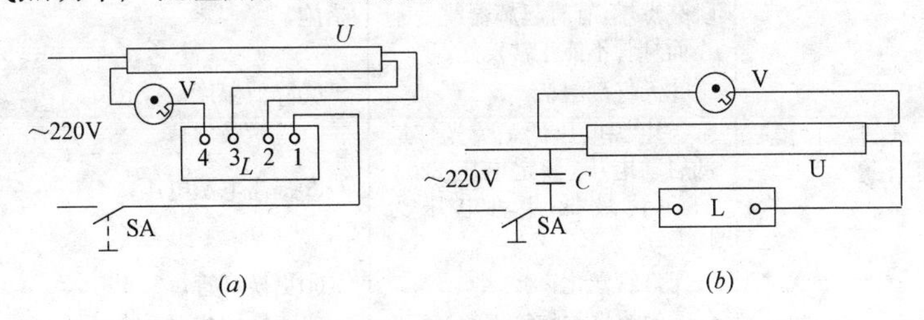

图6-17 日光灯接线示意图

(a) 四引线镇流器接线；(b) 典型接线

（2）日光灯常见故障诊断及处理方法见表 6-11。

日光灯常见故障诊断及处理方法　　　　表 6-11

故障现象	故障诊断	处理方法
灯管不发光	①电源没电； ②熔丝烧断； ③灯丝已断； ④灯脚与灯座接触不良； ⑤起辉器与起辉器座接触不良； ⑥起辉器损坏； ⑦镇流器线圈短路或断线； ⑧线路断线	①检查电源电压； ②找出原因，更换熔丝； ③用万用表测量，若已断应更换灯管； ④转动灯管，压紧灯管电极与灯座电极之间接触； ⑤转动起辉器，使电极与底座接触牢固； ⑥将起辉器取下，用电线把起辉器座内两个接触簧片短接，若灯管两端发亮，说明起辉器已坏，应更换； ⑦检修或更换镇流器； ⑧查找断线处并接通
灯管发光后立即熄灭（新灯管灯丝烧断）	①接线错误，使闭合开关灯管闪亮后立即熄灭； ②镇流器短路； ③灯管质量太差； ④闭合开关后灯管立即冒白烟，是灯管漏气	①检查线路，改正接线； ②用万用表 R×1 或 R×10 电阻档测量镇流器阻值比参考值小得越多，说明短路，应更换镇流器； ③更换灯管； ④更换灯管
灯管闪“跳”但不亮	①环境温度过低，管内气体不易分离，往往开灯很久才能跳亮点燃，有时起辉器跳动不止而灯管不能正常发光； ②天气潮湿； ③电源电压低于荧光灯最低启动电压（额定电压 220V 的灯管最低启动电压为 180V）； ④灯管老化； ⑤镇流器与灯管不配套； ⑥起辉器有问题	①提高环境温度或加保温措施； ②降低湿度； ③提高电源电压； ④更换灯管； ⑤调换镇流器； ⑥及时修复或更换起辉器

续表

故障现象	故障诊断	处理方法
镇流器过热	①电源电压过高； ②内部线圈匝间短路，而造成电流过大时，使镇流器过热，严重时出现冒烟现象； ③通风散热不好； ④起辉器中的电容器短路或动、静触头焊死，跳不开时，如果时间过长，也会过热	①检查并调整电源电压； ②更换镇流器； ③改善通风散热条件； ④及时排除起辉器故障
灯光闪烁忽亮忽暗	①接触不良； ②起辉器损坏； ③灯管质量不好； ④镇流器质量不好	①检查线路接触连接情况； ②更换起辉器； ③更换灯管； ④更换镇流器
灯管两端发光	①环境温度过低； ②电源电压过低； ③灯管陈旧； ④起辉器损坏； ⑤灯管慢性漏气	①提高环境温度或加保温罩； ②检查电源电压，并调整电压； ③更换灯管； ④可在灯管两端亮了以后，将起辉器取下，如灯管能正常发光，说明起辉器损坏，应更换，或双金属片动触点与静触点焊死，或起辉器内并联电容器击穿，应及时检修； ⑤当灯管两端发红光，中间不亮，在灯丝部位没有闪烁现象，任凭起辉器怎样跳动，灯管却不启动时，应更换灯管
灯管发光后呈螺旋形光带	①新灯管的暂时现象； ②镇流器工作电流过大； ③灯管质量有问题	①开用几次或灯管两端对调即可消失； ②更换镇流器； ③更换灯管
镇流器响声较大	①镇流器质量较差，或铁芯松动，振动较大； ②电源电压过高，使镇流器过载而加剧了电磁振动； ③镇流器过载或内部短路； ④起辉器质量不好，开启时有辉光杂声； ⑤安装位置不当，引起周围物体的共振	①更换镇流器； ②降低电源电压； ③调换镇流器； ④更换起辉器； ⑤改变安装位置

续表

故障现象	故障诊断	处理方法
灯管两端发黑或有黑斑	①灯管老化。灯管点燃时间已接近或超过规定的使用寿命，发黑部位一般在端部50～60mm，说明灯丝上的电子发射物质即将耗尽； ②电源电压过高或电压波动过大； ③镇流器配用规格不合适； ④起辉器不好或接线不牢引起长时间闪烁； ⑤若是新灯管可能是起辉器损坏； ⑥灯管内水银凝结，是细灯管常有现象； ⑦开关次数频繁	①更换灯管； ②调整电源电压，提高电压质量； ③调换合适的镇流器； ④应接好或更换起辉器； ⑤更换起辉器； ⑥启动后可能蒸发消除； ⑦减少开关频率
灯管使用寿命较短或早期端部发黑	①电源开关频繁操作； ②起辉器工作不正常，使灯管预热不足； ③镇流器配用不当，或质量差，内部短路； ④安装地点振动较大	①减少开关次数； ②更换起辉器； ③更换镇流器； ④改变安装位置，减少振动

3. 高压汞灯故障诊断

高压汞灯的结构、特点、及使用注意事项见表6-12。

高压汞灯的结构、特点及使用注意事项　　表6-12

项目	内容
高压汞灯的结构	高压汞灯分为荧光高压汞灯和自镇流高压汞灯两种。荧光高压汞灯（带外接镇流器）是玻璃壳内表面涂有荧光粉的高压汞蒸气放电灯，而自镇流高汞灯是利用钨丝绕在石英管的外面作镇流器，并与放电管串联后装入高压汞灯的外玻璃壳内，工作时利用它可限制放电管电流，同时发出可见光
高压汞灯的特点	①从启动到稳定工作大约4～10min。 ②断电后不能立即启动，必须冷却后，使灯泡内汞气压力降低后，约5～10min，才能再次启动。 ③发光率高，亮度大，耐振性能好，广泛应用在大型车间照明。其接线如图6-18所示 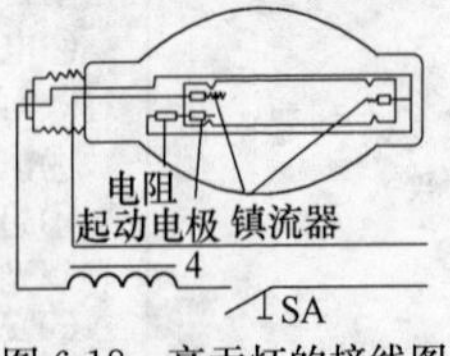 电阻 起动电极 镇流器 4 SA 图6-18　高汞灯的接线图

续表

使用注意事项	①在接线时一定分清高压汞灯是外接镇流器还是自镇流，镇流器与灯必须匹配。 ②高压汞灯应垂直安装，如水平安装其亮度要减少7%，且容易自灭。 ③高压汞灯的外玻璃壳温度很高，可达150～250℃，因此，必须使用散热良好的灯具，否则将会影响灯泡的性能和寿命。 ④当外玻璃壳破碎后，高压汞灯仍能发光，而大量的紫外线对人体有害，会灼伤人的眼睛和皮肤，应立即更换高压汞灯。要及时妥善处理防止汞害。 ⑤电源电压要尽量保持稳定，如电压降低5%，灯泡就可能自灭，而再次启动点燃时间又较长，因此高压汞灯不应接在电压波动较大的线路上。对高压汞灯作为路灯、厂房照明时，应采取调压或稳压措施

4. H形节能曝光灯故障诊断

H形节能荧光灯为预热式阴极气体放电灯，由两根顶部相通的玻璃管（管内壁有稀土三基色荧光粉）、三螺旋状灯丝（阴极）和灯头组成。H形灯与电感式镇流器配套使用时，将起辉器装在灯头塑料外壳内并与灯丝连接好，另两根灯丝引线由灯脚引出。

H形节能灯常见故障与处理方法见表6-13。

H形节能灯常见故障与处理方法　　　表6-13

故障现象	故障诊断	处理方法
灯光暗	①电源电压过低； ②灯管衰老	①提高电源电压； ②当发现玻璃管靠近灯丝部位有黑斑时说明灯管老化，应予更换
灯不启动尾部发红	起辉器故障	用手指轻轻弹击塑料壳部位，有可能恢复工作或更换起辉器
启动困难	①灯管质量不好； ②镇流器质量不良； ③电源电压过低； ④环境温度较低	①更换灯管； ②更换镇流器； ③提高电源电压； ④采取相应的防湿措施
灯不亮	①灯丝已断； ②接线有断路	①用万用表检查灯丝，若已断应更换荧光灯管； ②先用铝壳或塑料壳把连接处轻轻撬开，再用电烙铁把灯脚焊锡烫开，取下塑料壳才能进行测量
镇流器过热	线圈局部短路	更换镇流器